Wiskunde voor dummies

SPIEKBRIEF

AF854122

Symbolen voor verbanden

= Gelijk aan
≠ Niet gelijk aan
≈ Ongeveer gelijk aan
< Kleiner dan
≤ Kleiner dan of gelijk aan
> Groter dan
≥ Groter dan of gelijk aan

Volgorde van bewerkingen

1. Machtsverheffen of worteltrekken
2. Vermenigvuldigen of delen
3. Optellen of aftrekken

Formules voor grafieken

Midden tussen 2 punten $m = \frac{x_1 + x_2}{2}, \frac{y_1 + y_2}{2}$

Helling $m = \frac{y_2 - y_1}{x_2 - x_1}$

Afstand tussen 2 punten $d = \sqrt{(x_1 - x_2)^2 + (y_1 - y_2)^2}$

Regels voor exponenten

$x^a \cdot x^b = x^{a+b}$
$x^a \div x^b = x^{a-b}$
$x^0 = 1$
$x^{-1} = 1/x$
$(x^a)^b = x^{ab}$
$\sqrt[b]{x^a} = x^{a/b}$

Speciale ontbindingen

$x^2 - y^2 = (x + y)(x - y)$
$x^3 - y^3 = (x - y)(x^2 + xy + y^2)$
$x^3 + y^3 = (x + y)(x^2 - xy + y^2)$
$x^2 + 2xy + y^2 = (x + y)^2$

Speciale formules

abc-formule $x = \frac{-b \pm \sqrt{b^2 - 4ac}}{2a}$

Stelling van Pythagoras $a^2 + b^2 = c^2$

De eerste 20 perfecte kwadraten

$1^2 = 1$	$5^2 = 25$	$9^2 = 81$	$13^2 = 169$	$17^2 = 289$
$2^2 = 4$	$6^2 = 36$	$10^2 = 100$	$14^2 = 196$	$18^2 = 324$
$3^2 = 9$	$7^2 = 49$	$11^2 = 121$	$15^2 = 225$	$19^2 = 361$
$4^2 = 16$	$8^2 = 64$	$12^2 = 144$	$16^2 = 256$	$20^2 = 400$

Wiskunde voor dummies

SPIEKBRIEF

Eerste 100 priemgetallen

2	11	53	101	151	211	251	307	353	401	457	503
3	13	59	103	157	223	257	311	359	409	461	509
5	17	61	107	163	227	263	313	367	419	463	521
7	19	67	109	167	229	269	317	373	421	467	523
	23	71	113	173	233	271	331	379	431	479	541
	29	73	127	179	239	277	337	383	433	487	
	31	79	131	181	241	281	347	389	439	491	
	37	83	137	191		283	349	397	443	499	
	41	89	139	193		293			449		
	43	97	149	197							
	47			199							

De eerste 10 perfecte derde machten

$1^3 = 1$	$3^3 = 27$	$5^3 = 125$	$7^3 = 343$	$9^3 = 729$
$2^3 = 8$	$4^3 = 64$	$6^3 = 216$	$8^3 = 512$	$10^3 = 1000$

Veelgebruikte formules

$A = \pi r^2$	Oppervlakte van een cirkel is π maal de straal in het kwadraat.
$O = \pi d$	Omtrek van een cirkel is π maal de diameter.
$A = lb$	Oppervlakte van een rechthoek is lengte maal breedte.
$s = vt$	Afgelegde afstand is snelheid maal tijd.
$R = Prt$	Enkelvoudige rente is hoofdsom maal rentepercentage maal tijd.
$B = P(1 + \frac{r}{n})^{nt}$	Het bedrag dat resulteert door samengestelde rente is de hoofdsom maal 1 plus het quotiënt van het rentepercentage en het aantal rentebijschrijvingen per jaar verheven tot het product van het aantal bijschrijvingen per jaar en het aantal jaar dat het bedrag uitstaat.
$F = (\frac{9}{5})C + 32$	Temperatuur in graden Fahrenheit is $\frac{9}{5}$ maal het aantal graden Celsius plus 32.
$W = R - C$	Winst is inkomsten min kosten.
$R = xp$	Inkomsten zijn gelijk aan het aantal verkochte items (x) maal de prijs.
$S = dp$	Besparing (S) is kortingspercentage (d) maal prijs.
$C = p + tp$	Totale kosten zijn gelijk aan brutoprijs plus btw percentage (t) maal prijs.

Wiskunde

voor dummies®

Wiskunde voor dummies

Mary Jane Sterling

Gouda, 2025

Vertaling van: *Algebra For Dummies*
Indianapolis, Indiana: John Wiley & Sons, Inc., 2001
ISBN: 978 90 453 5493 4
NUR: 918 - Wiskunde algemeen
BISAC: MAT000000 MATHEMATICS / General
Thema: PB, Wiskunde
Trefw.: wiskunde

Dit is een uitgave van BBNC uitgevers bv, Gouda
www.dummies.nl

Vertaling: Jos Oomens voor Fontline
Redactie: Hessel Leistra voor Fontline
Review: Rob Bosch, Prinsenbeek
Zetwerk: Imago Mediabuilders, Amersfoort
Omslagbeeld: © Shutterstock
Druk- en bindwerk: Wilco, Amersfoort

Eerste druk, januari 2018
Zevende druk, oktober 2025

MIX
Papier | Ondersteunt verantwoord bosbeheer
FSC® C004472

Inhoud in vogelvlucht

Inhoud

Over de auteur

Mary Jane Sterling werkt sinds haar afstuderen als docent. Door les te geven op zowel de middelbare school als aan de universiteit heeft ze brede educatieve ervaring opgedaan. De afgelopen twintig jaar heeft ze gedoceerd aan de Bradley Universiteit in Peoria, Illinois, in de Verenigde Staten.

Dankwoord

De auteur wil graag van de gelegenheid gebruikmaken verschillende mensen te bedanken voor het totstandkomen van dit boek: Mike Kantor voor zijn grondige technische controle en verder iedereen bij de uitgever: Roxane Cerda voor het concept, Susan Decker voor het opstarten van dit project en in het bijzonder Kathleen Dobie en Esmeralda St. Clair voor al het werk om de tekst te polijsten, bij te schaven en te redigeren om het boek in zijn uiteindelijke vorm te gieten.

Inleiding

Even eerlijk zeggen: had je vanochtend toen je opstond gedacht dat je nu de inleiding van een boek over wiskunde, en over algebra in het bijzonder, zou zitten te lezen? Stond het bovenaan je verlanglijstje? Ik ben in ieder geval blij dat je dit leest, maar waarom eigenlijk?

Waarschijnlijk is één van de volgende situaties op jou van toepassing:

» Je bent in het diepe gesprongen en hebt dit boek gekocht.

» Je bladert het boek even door voordat je het besluit te kopen.

In beide gevallen heb je waarschijnlijk goede redenen om de moeite te nemen je te verdiepen in de wiskunde en te proberen haar te begrijpen.

Eén van de meest gestelde vragen tijdens de wiskundeles luidt: 'Waar is dit nu goed voor?' Sommige leraren zijn in staat hierop een goed en overtuigend antwoord te geven. Andere staren naar de grond en draaien er maar wat omheen. Mijn favoriete antwoord luidt: 'Algebra geeft je *macht*.' Algebra geeft je de macht om je met grotere dingen binnen de wiskunde bezig te houden. Algebra geeft je het gevoel dat jij iets weet wat je buurman niet weet. Algebra stelt je ook in staat een ander te helpen met wiskundige problemen of je kinderen de logica van wiskundige methoden uit te leggen. Algebra is een systeem van regels en symbolen dat universeel begrepen wordt, wat de gesproken taal ook is. De algebra geeft ons een duidelijke, methodologische werkwijze, die je van begin tot eind kunt begrijpen. Het is een instrument dat het beste werkt als je je aan de voorgeschreven regels houdt. Dat is nog eens macht!

Dit boek is niet geschreven als een detectiveroman met de clou aan het eind; je hoeft het niet van begin tot eind te lezen. Je kunt gewoon even spieken hoe het boek eindigt, zonder de rest van het verhaal te verpesten. Dit boek is verdeeld in een aantal algemene onderwerpen, van de grondbeginselen tot belangrijke methoden zoals het ontbinden in factoren, vergelijkingen en toepassingen. Ik heb geprobeerd veel voorbeelden te gebruiken, telkens weer een beetje anders, om zo elke keer een iets andere **draai** aan het onderwerp te geven. Om je te helpen deze voorbeelden goed te begrijpen worden ze stuk voor stuk duidelijk uitgelegd.

Het taalgebruik in dit boek is zowel begrijpelijk als wiskundig correct. Ik hoop dat je naast het *hoe*, het *waarom* zult leren. Vaak is het makkelijker iets te onthouden als je begrijpt waarom het zo werkt, dan wanneer je een betekenisloze volgorde van te doorlopen stappen uit je hoofd leert.

Over dit boek

Als je hulp kunt gebruiken met de basisregels van de algebra, dan kun je deze informatie in het eerste deel van dit boek vinden. Je kunt deze basisregels zien als de recepten die een kok nodig heeft. Je kunt geen soufflé bereiden zonder te weten dat je de eieren moet kloppen en dat je de oven op 200 graden moet zetten. Een goede voorbereiding is de basis voor het succes later. Het kan natuurlijk zijn dat je deze basisvaardigheden al onder de knie hebt. Fantastisch! Wat denk je dan van deel 2?

In het tweede deel besteed ik veel aandacht aan het ontbinden in factoren. In feite is dat niet veel meer dan het uiterlijk van een vergelijking veranderen. En in de ontbonden vorm wordt alles met elkaar vermenigvuldigd. Kijk maar eens welke van de technieken om te ontbinden in factoren je zou moeten opfrissen als je in de problemen komt met het oplossen van opgaven.

En nu vraag je je misschien af waar de vergelijkingen blijven. In deel 3 bespreek ik alle mogelijke vergelijkingen die je maar wilt, beginnend bij de eenvoudigste en eindigend met ingewikkelde. Meer regels en methoden worden geïntroduceerd als we ingewikkeldere vergelijkingen gaan behandelen. Voor de volledigheid bespreek ik ook ongelijkheden.

Deel 4 houdt zich grotendeels bezig met de vraag: 'Waar is dit allemaal goed voor?' In deze hoofdstukken komen praktische toepassingen aan bod; daarbij gaat het dus om situaties die je uit het dagelijks leven kent.

Het deel van de tientallen dient als een leuk aantal lijstjes met weetjes. Misschien heb je er maar één van nodig of misschien vind je het leuk er zomaar eens doorheen te bladeren. Doe ermee wat je wilt.

Veel plezier. Zie dit boek als de 'Help'-knop op je computer. Als je een probleem hebt, kun je hierin het antwoord vinden (en hopelijk iets beter uitgelegd dan onder de Help-functie van sommige computerprogramma's).

Goede gewoonten

Je zult twee manieren tegenkomen om getallen weer te geven: in de beschrijvingen worden getallen onder de twintig en wiskundige bewerkingen (plusteken, minteken enzovoort) voluit geschreven. In sommen en voorbeelden gebruik ik echter de cijfers en symbolen. Dat is meestal makkelijker te lezen.

Specifieke wiskundige termen worden schuingedrukt en uitgelegd. Deze termen vind je ook in de woordenlijst achter in dit boek, zodat je ze makkelijk terug kunt vinden.

Om dingen duidelijk te maken, geef ik instructies vaak stap voor stap. Eerst leg ik dan de stappen in het algemeen uit en die licht ik vervolgens toe aan de hand van een aantal voorbeelden, zodat je een goed beeld krijgt van hoe de stappen in verschillende situaties gebruikt worden.

Let op deze pictogrammen

De rare kleine tekeningetjes die je in de kantlijn van dit boek ziet, maken je attent op bepaalde stukken tekst. De pictogrammen die ik in dit boek gebruik, zijn:

BELANGRIJK

Dit zijn de basisregels van de wiskunde (of van de algebra in het bijzonder), die je in acht moet nemen om ervoor te zorgen dat alles klopt. Je kunt ze eenvoudigweg niet veranderen of negeren. Ik gebruik dit pictogram ook om een symbool of een methode te verduidelijken. Soms bespreek ik het onderwerp ook in een ander deel van het boek. Als het al een tijdje geleden is dat je naar school bent geweest, kom je er misschien achter dat de naam van sommige methoden is veranderd.

TECHNISCHE INFO

Hier vind je een definitie of een verduidelijking van een bepaalde stap in een methode, een technische term of een uitdrukking. Je ziet dit pictogram ook bij feitjes die je misschien interessant vindt, maar die je verder niet hoeft te weten. Deze weetjes zijn onbelangrijk, maar ze maken de wiskunde wat minder onpersoonlijk en abstract.

TIP

De informatie die je naast dit pictogram vindt, is niet van levensbelang, maar kan wel helpen het leven wat gemakkelijker te maken. Dat wil zeggen, je leven in de wiskunde althans.

PAS OP

Dit pictogram waarschuwt je voor iets wat erg lastig kan zijn. Er worden veel fouten gemaakt bij de methode of het onderwerp dat naast dit pictogram besproken wordt. Vandaar dat ik je op deze manier om extra aandacht vraag.

Wat je niet hoeft te lezen

Je kunt een hoop leren van dit boek door gewoon van pictogram naar pictogram te springen. De teksten naast het pictogram Wiskundige Regels geven een goede bondige samenvatting. En als je meer details wilt weten, lees je de tekst tussen de pictogrammen.

De tekst in de kaders (die kleine grijze blokken) bevatten veel historische feiten; het leven van veel wiskundigen is dan wel niet zo spannend om er een film over te maken, maar er zijn wiskundigen die toch vrij interessante dingen hebben gedaan. En er staan een paar van mijn favoriete anekdotes en verhaaltjes tussen, die je zo nu en dan wat afleiding bieden. Je kunt ze gemakkelijk los van de rest van het boek lezen.

Vreemde veronderstellingen

Ik ga er niet van uit dat je net zo gek bent op wiskunde als ik; misschien ben je er nog wel gekker op! Ik ga er wel van uit dat je een doel voor ogen hebt; je vaardigheden wat bijspijkeren, je geheugen wat opfrissen of gewoon een leuk boek lezen. Ik neem ook aan dat je al wel eens wat ervaring hebt opgedaan met wiskunde. Een jaartje wiskunde op school bijvoorbeeld, of misschien een cursus die je lang geleden hebt gevolgd, of misschien ben je alleen met enkele concepten in aanraking gekomen.

Als je in Nederland of België naar school bent geweest, heb je waarschijnlijk algebra gehad in de lessen wiskunde. Waarschijnlijk kun je net als ik ook nog wel je eerste (of enige) wiskundeleraar herinneren. Ik herinner me nog wel dat Meneer Schaffelaar zei: 'Dit is een *n*.' Mijn hele wereld van getallen die ik kende stortte plotseling in elkaar. Misschien verdiep je je nu opnieuw in de wiskunde om die lang geleden opgedane kennis weer wat op te frissen. Misschien komt je zoon of dochter wel thuis met huiswerkopgaven, die je ook niet meer kunt oplossen. Geen nood, hulp is onderweg!

Hoe dit boek is georganiseerd

Hoe vind je snel en gemakkelijk de informatie die je nodig hebt? In de verschillende delen behandelt dit boek de meest besproken en bestudeerde concepten uit de algebra.

Deel 1: Beginnen bij het begin

De 'voorvaderen' van de wiskunde baseerden hun regels op de veronderstelling dat iedereen het eerst over een aantal zaken *eens* zou zijn. In het taalgebruik zijn we het er bijvoorbeeld allemaal over eens dat het Nederlandse woord *goed* altijd dezelfde betekenis heeft wanneer het wordt gebruikt. Hetzelfde geldt voor de wiskunde. Iedereen gebruikt dezelfde regels voor optellen, aftrekken, vermenigvuldigen, delen, breuken, exponenten enzovoort. Algebra zou niet werken als verschillende mensen verschillende regels zouden hanteren. We zouden dan niet met elkaar kunnen communiceren. Dit deel geeft je een overzicht van deze basisregels, waarover iedereen het in de loop der jaren eens is geworden.

Je vindt hier de basisregels van de rekenkunde, van breuken, machten en getallen met een voorteken. Deze instrumenten heb je nodig om de stof die later aan bod komt te kunnen begrijpen. Het overzicht van wiskundige basisregels behandelt vooral de meest gebruikte algebraïsche methoden. Je kunt ook terugbladeren naar deze hoofdstukken wanneer je die bij het bestuderen van de stof verderop nodig hebt.

In deze eerste hoofdstukken introduceer ik je in de wereld van letters en symbolen. Het gebruik van getallen en symbolen bestuderen is alsof je een vreemde taal leert. Er is een vocabulaire, er zijn veelgebruikte zegswijzen en verschillende cultureel bepaalde toepassingen. De taal is het eerste dat je nodig hebt om aan een verdere studie te beginnen.

Deel 2: Ontbinden in factoren

Deel 2 gaat over het ontbinden in factoren en vereenvoudigen van vergelijkingen. Er zijn maar weinig methoden in de algebra die belangrijker zijn dan ontbinden in factoren. Het is een manier om vergelijkingen te herschrijven zodat ze gemakkelijker op te lossen zijn. Door te ontbinden in factoren verander je een vergelijking van een optelling of aftrekking, in een vermenigvuldiging of een deling. De makkelijkste manier om veel opgaven op te lossen is door gebruik te maken van de wonderlijke vermenigvuldigingseigenschappen van het getal nul. Waar het feitelijk op neerkomt, is dat iets vermenigvuldigd met nul altijd nul oplevert. Dat klinkt eenvoudig, maar het is werkelijk fantastisch.

Soms kun je heel eenvoudig ontbinden in factoren als je een bepaalde gelijkenis herkent. Er zijn ook ingewikkeldere methoden om te ontbinden in factoren, waarbij je niet alleen een patroon moet herkennen maar ook moet weten welke regel je moet gebruiken. Maar maak je geen zorgen, ik help je bij het herkennen van al deze verschillende gevallen.

Deel 3: Werken met vergelijkingen

Hier leer je alle details over het vinden van uitkomsten. Sommige methoden om vergelijkingen op te lossen zijn elegant; sommige zijn minder elegant. Ik laat je een heleboel verschillende soorten vergelijkingen zien en vele manieren om die op te lossen. Meestal geef ik je één methode om elk type vergelijking op te lossen, maar als het nuttig is, leer ik je ook alternatieven, zodat je zelf kunt zien dat sommige methoden beter werken dan andere.

Deel 4: Algebra toepassen

Wat het nut is van de algebra vind je in dit deel. Je hebt alledaagse formules en niet zo alledaagse formules. Met sommige situaties ben je bekend, met andere ben je minder of helemaal niet bekend. Ik heb niet de ruimte om je elk mogelijk probleem te laten zien, maar ik geef je voldoende praktische toepassingen en patronen om je voor te bereiden op bijna elke situatie die je kunt tegenkomen.

Deel 5: Het deel van de tientallen

Hier laat ik je de tien meest gemaakte fouten uit de algebra zien, de tien manieren om een kwadratische vergelijking te ontbinden in factoren, tien van de meest gebruikte regels om deelbaarheid aan te tonen en tien stappen om een verhalend vraagstuk op te lossen. Dit zijn leuke lijstjes die je als checklist kunt gebruiken. Als je de details wilt weten, blader je terug naar het hoofdgedeelte van het boek.

Aan het einde van het boek vind je ook nog een woordenlijst en een lijst met wiskundige termen.

Quo vadis

Als je je basisvaardigheden wilt opfrissen of je wiskundige vertrouwen wilt opkrikken, begin dan met deel 1. Als je er klaar voor bent om het ontbinden in factoren te oefenen en wilt weten welke methoden je daarvoor het beste kunt gebruiken, ga dan naar deel 2. Deel 3 is voor diegenen die vergelijkingen willen gaan oplossen; je kunt je daar uitleven op zo'n beetje elk soort vergelijking. In deel 4 wordt het pas echt leuk; hier gaat het over toepassingen en wat je allemaal met je oplossingen kunt doen. De lijsten in deel 5 bekijk je meestal pas nadat je een van de andere delen van het boek hebt gelezen, maar je kunt er natuurlijk ook meteen aan beginnen. Het is een leuk onderdeel van het boek!

Algebra oefent je ook in logisch nadenken. Als je ouder wordt, blijf je alerter en beter 'bij' naarmate je je hersencellen meer traint. 'Wat niet gebruikt wordt, gaat langzaam verloren', geldt ook voor de hersenen. Waarom zou je ze dus hier niet voor gebruiken?

De beste reden om de algebra te bestuderen is om de schoonheid ervan. Ja, dat lees je goed. Algebra is poëtisch, diepzinnig en vol artistieke uitdrukking. Kijk maar en je zult het zelf zien. En vergeet niet dat het je macht geeft.

Welkom in de wereld van de algebra! Geniet ervan!

1 Beginnen bij het begin

IN DIT DEEL . . .

Wie van jullie kan gewoon opstaan uit zijn stoel en van het ene op het andere moment op reis gaan naar een ver land? Dat kunnen maar weinig mensen. Je moet je eerst voorbereiden. Je moet eerst je paspoort laten verlengen, een visum aanvragen, je koffers pakken en iemand regelen die voor de kat zorgt. Een goede voorbereiding is de beste garantie voor een geslaagde reis.

Hetzelfde geldt voor wiskunde: met een goede voorbereiding gaat het stukken beter. Een gedegen voorbereiding voorkomt problemen later. In dit deel vind je de basisbeginselen die je nodig hebt voor een geslaagde reis.

IN DIT HOOFDSTUK

- De basiseenheden: getallen
- De belangrijkste spelers: variabelen en tekens
- Termen en bewerkingen bij elkaar voegen
- Speel het spel volgens de regels

Hoofdstuk 1
Het wiskundige gereedschap

Waarschijnlijk heb je het woord *algebra* wel eens gehoord en waarschijnlijk weet je wel dat het iets met wiskunde te maken heeft. Misschien herinner je je ook nog dat de wiskunde zo uitgebreid is dat er op school twee vakken aan gewijd werden: Wiskunde A en Wiskunde B. Maar wat is algebra eigenlijk? En waar wordt het voor gebruikt?

In dit hoofdstuk worden deze vragen beantwoord en krijg je een overzicht van de bijdragen aan de ontwikkeling van de algebra. Je leert hier ook waar algebra goed voor is en wat je nodig hebt om ermee te werken.

In een notendop is *algebra* een algemenere manier om de rekenkunde uit te drukken. Door gebruik te maken van variabelen, die elke willekeurige waarde kunnen aannemen in een formule, kunnen deze algemene formules toegepast worden op alle getallen. De algebra gebruikt positieve en negatieve getallen, gehele getallen, breuken, operatoren en symbolen om de relaties tussen waarden te analyseren. Het is een systematische benadering om de relaties tussen getallen weer te geven en daarbij geldt een aantal specifieke regels.

BELANGRIJK

Zo geeft de formule $a \times 0 = 0$ bijvoorbeeld weer dat elk willekeurig reëel getal, hier aangeduid met a, vermenigvuldigd met nul gelijk is aan nul. (Zie hoofdstuk 14 voor meer informatie over het vermenigvuldigen met nul.)

Door x te gebruiken om het getal twee weer te geven, kun je in de algebra $x + x + x = 6$ bijvoorbeeld weergeven met de formule $3x = 6$.

'Leuk en aardig allemaal,' denk je nu misschien, 'maar is dat nu allemaal wel nodig, getallen vervangen door letters en zo?' Nou, ja dus. Vroegere wiskundigen bedachten dat problemen vereenvoudigd konden worden door letters te gebruiken in plaats van getallen. En dat is nu precies waar het in de wiskunde om gaat: het vereenvoudigen van problemen. De algemene doelstelling van de wiskunde is zo al duizenden jaren hetzelfde: het oplossen van problemen met onbekende antwoorden.

Bij het begin beginnen

Wat zouden de wiskunde en de algebra zijn zonder getallen? Getallen zijn de bouwstenen van de wiskunde. Getallen geven een waarde aan de dingen zodat je ermee kunt werken.

Waar zou de huidige beschaving zijn als er geen getallen waren? Zonder getallen om de ellen op te meten had Noach zijn ark niet kunnen bouwen. Zonder getallen om de breedte, hoogte, helling en richting te berekenen hadden de piramides nooit gebouwd kunnen worden. Zonder getallen om te navigeren hadden de Vikingen Scandinavië nooit kunnen verlaten. Zonder getallen om afstanden in de ruimte te bepalen had de mensheid nooit voet op de maan kunnen zetten.

TECHNISCHE INFO

AHA, ALGEBRA!

Beginnend bij de Babyloniërs, zo'n 2000 jaar voor Christus, heeft de wiskunde zich in verschillende culturen op enigszins verschillende manieren ontwikkeld. De Babyloniërs hielden zich bezig met het oplossen van kwadratische vergelijking met drie termen, terwijl de Egyptenaren zich meer toelegden op lineaire vergelijkingen. Verdere vooruitgang werd in de zesde eeuw na Christus geboekt door de hindoes. In de zevende eeuw bedacht Brahmagupta in India algemene oplossingen voor kwadratische vergelijkingen. Bovendien had hij interessante inzichten in het getal nul. De hindoes beschouwden imaginaire getallen als werkelijke getallen en lang niet iedereen geloofde daar in die tijd in.

Alhoewel er in die tijd geen ingewikkelde telecommunicatienetwerken waren zoals nu, slaagden deze vroege beschavingen er toch in informatie uit te wisselen. In het jaar 825 na Christus schreef al-Khowarizmi in Bagdad het eerste boek over wiskunde. Eén van de eerste oplossingen voor een wiskundig probleem staat echter geschreven op een Egyptisch stuk papyrus van zo'n 3500 jaar oud. Het staat bekend als het Rhind-papyrus, genoemd naar de Schot die het 30 cm brede en 6 meter lange stuk papyrus in 1858 in Egypte kocht. Tegenwoordig bevindt het zich in het British Museum in Londen en een gedeelte ervan wordt bewaard in het Brooklyn Museum in New York. Wetenschappers hebben ontdekt dat de Egyptische schrijver Ahmes in 1650 v.C. oudere wiskundige teksten overschreef op het Rhind-papyrus.

Een van de opgaven luidt als volgt: 'Aha, het is geheel, het is een zevende, het geeft 19.' Let erop dat 'aha' hier geen uitroep is, maar een aanduiding voor de onbekende. Kun jij deze oude Egyptische opgave oplossen? In onze wiskundige symbolen zou die er zo uitzien: $x + \frac{x}{7} = 19$. De onbekende wordt weergegeven als x en de oplossing is $x = 16\frac{5}{8}$. Dat is niet moeilijk, het is alleen even stoeien.

Zelfs de simpelste handelingen en de meest alledaagse situaties vereisen een begrip van getallen. Stel dat je zou willen bepalen hoeveel benzine je nodig hebt om elke dag naar je werk en terug te rijden. Je moet dan een getal weten voor de afstand van je huis naar je werk en een getal voor het aantal kilometers dat je auto rijdt op een liter benzine.

De verschillende getallen zijn van groot belang, want zij bepalen hoe een situatie uitpakt en zij kunnen je helpen problemen op te lossen. Soms kan het handig zijn om van tevoren af te spreken: 'Ik kijk alleen naar gehele getallen voor het antwoord op deze opgave', want breuken vallen niet onder de gehele getallen. Dit kan bijvoorbeeld handig zijn bij een opgave die gaat over een aantal auto's. Wie wil er tenslotte een halve auto?

De wiskunde kent een aantal verschillende soorten getallen, zoals gehele getallen en de nu volgende, om opgaven mee op te lossen.

Echte reële getallen

TECHNISCHE INFO

Reële getallen zijn precies wat de naam al zegt. In tegenstelling tot imaginaire getallen geven ze reële waarden aan; geen nep of namaak dus. Reële getallen, de grootste verzameling getallen, beslaan het volledige spectrum aan getallen: ze kunnen dus elke vorm aannemen, breuken of gehele getallen, met of zonder decimaalkomma. Het spectrum aan reële getallen beslaat ook decimale getallen met een oneindig aantal decimalen. Er is dus een eindeloos aantal variaties.

BELANGRIJK

In dit boek heb ik het altijd over reële getallen.

Reken maar op natuurlijke getallen

Een *natuurlijk* getal is een getal van nature. Welke getallen gebruikte je het eerst? Herinner je je nog dat iemand je vroeg: 'Hoe oud ben jij?' Trots stak je vier vingers op en zei, 'Vier!' De natuurlijke getallen zijn ook de telgetallen: 1, 2, 3, 4, 5, 6, 7 en zo oneindig verder.

Natuurlijke getallen gebruik je om dingen te tellen. Soms moet je bijvoorbeeld tellen hoeveel mensen er zijn. Halve personen bestaan nu eenmaal niet (een enigszins macabere gedachte). Natuurlijke getallen gebruik je om lijsten op te stellen. Overigens wordt het getal nul tegenwoordig meestal ook tot de natuurlijke getallen gerekend.

Heel erg gehele getallen

Gehele getallen zijn niet heel anders dan natuurlijke getallen. Gehele getallen stellen je in staat je horizon iets te verbreden. Ze hebben alle kwaliteiten van de natuurlijke getallen, maar omvatten daarbij ook hun tegengestelde (lees de paragraaf 'Werken met tegengestelden' in dit hoofdstuk voor meer informatie). Gehele getallen kunnen daarom beschreven worden als positieve en negatieve gehele getallen: ... −3, −2, −1, 0, 1, 2, 3...

Gehele getallen gedragen zich als natuurlijke getallen en worden gebruikt wanneer gehele aantalen (geen breuken) in het spel zijn. Nul geeft 'geen' aan. Wiskundige problemen vragen je vaak het antwoord af te ronden naar het dichtstbijzijnde gehele getal. Dit is voor de hand liggend wanneer de opgave gaat over mensen, auto's, dieren, huizen of alles wat zich niet zo makkelijk in stukken laat delen.

Gehele getallen zijn populair in de wiskunde. Wanneer je een lange ingewikkelde opgave maakt en uitkomt op een geheel getal, kun je blij zijn, want je antwoord is dan waarschijnlijk goed. Het is tenslotte geen breuk! Dat wil natuurlijk niet zeggen dat antwoorden op wiskundeopgaven geen breuken of decimale getallen kunnen zijn, maar de meeste schoolboeken proberen vast te houden aan mooie antwoorden om de lezer op zijn gemak te stellen en zo verwarring te voorkomen. In dit boek is dat niet anders. Niemand houdt immers van rommelige uitkomsten, alhoewel die in het echt regelmatig voorkomen.

Integers

Een *integer* is een uit het Engels afkomstige term die staat voor gehele getallen. In het Nederlands worden integers meestal geassocieerd met programmeertalen voor computers. Een praktisch verschil met de oneindige reeks van gehele getallen zit 'm daarom in het beperkte geheugen van elke computer, en de daarom eindige reeks van integers.

Een redelijk alternatief: rationale getallen

Rationale getallen gedragen zich als een ratio! Wat dat wil zeggen? Dat wil zeggen dat je een *rationaal getal* altijd kunt uitdrukken als een ratio van twee getallen, een breuk dus. Dit is een van de definities van een rationaal getal. Je kunt ook stellen dat wanneer je een rationaal getal uitdrukt als een decimaal getal, dat de decimaal dan altijd ofwel eindig is, ofwel een herhalend patroon laat zien. Sommige rationale getallen hebben een decimaal die eindigt op 2, op 3,4, op 5,77623, of op −4,5. Andere rationale getallen hebben decimalen die zich telkens herhalen, zoals $3{,}164164164... = 3{,}\overline{164}$, of $0{,}66666666... = 0{,}\overline{6}$. Het horizontale streepje op de 164 en de 6 geeft aan dat deze getallen zich oneindig blijven herhalen.

Irrationale getallen in bedwang houden

Irrationale getallen zijn wat de naam al zegt: het tegenovergestelde van rationale getallen. Een *irrationaal* getal kan *niet* geschreven worden als een breuk van twee getallen en de decimaal van een irrationaal getal is oneindig en heeft bovendien geen herhalend patroon. Wauw! Dat is nog eens irrationaal! Het getal pi bijvoorbeeld, met zijn oneindig aantal decimalen, is een irrationaal getal.

CIJFERS, VINGERS EN TENEN DOOR DE EEUWEN HEEN

TECHNISCHE INFO

De hindoe-Arabische cijfers, zoals 1, 2, 3, 4, 5, 6, 7, 8, 9, stammen af van de hindoes en werden tezamen met een decimaal systeem ontwikkeld. Het woord *decimaal* is afkomstig van het Latijnse woord voor *tiende* of voor het tiende deel van iemands inkomen dat aan de kerk werd betaald. Het hindoe-Arabische systeem is een positioneel systeem, waarin de volgorde van de cijfers van belang is. Het getal 35 is verschillend van het getal 53 omdat de 3 in 35 staat voor 3 tientallen en in 53 staat de 3 voor 3 eenheden.

De belangrijkste reden dat de mensheid een decimaal, of tientallig, systeem ontwikkelde, hangt samen met het feit dat de meeste mensen 10 vingers en 10 tenen hebben. Het had net zo goed een twintigtallig of een vijftallig systeem kunnen zijn (zoals de Babyloniërs bijvoorbeeld hadden). Tussen 1700 voor Christus en ongeveer 500 na Christus gebruikten de meeste wetenschappers echter een zestigtallig systeem. Het gebruik van 60 als basiseenheid hing samen met het feit dat een jaar uit ongeveer 360 dagen bestaat en dat 360 precies 6 maal 60 is. Overblijfselen van dit op zestig gebaseerde systeem vinden we nog terug in onze minuten en seconden. Kun je je voorstellen dat je 60 verschillende cijfers zou moeten onthouden in plaats van slechts 10?

De symbolen die gebruikt werden in deze vroege telsystemen stonden altijd ergens voor: 1 van het ene, 2 van het andere enzovoort. Lange tijd bestond er geen cijfer of symbool voor nul. Het eerste symbool voor nul (een soort W ondersteboven) werd pas in 300 voor Christus geïntroduceerd. Daarvoor liet een schrijver gewoon een spatie open om aan te geven dat er niets was, maar dat was natuurlijk niet erg handig. Soms vergat de schrijver een spatie open te laten, of de opengelaten ruimte was te klein. Bovendien was er geen manier om meer dan één nul te schrijven.

Even over even en oneven getallen

Een *even* getal is een getal dat deelbaar is door twee. Twee, vier, zes, acht... het welbekende rijtje. En een *oneven* getal is een getal dat niet deelbaar is door twee. Wanneer je de gehele getallen op een rijtje zet, zie je afwisselend even en oneven getallen.

Variëren met variabelen

BELANGRIJK

Variabele is het meest algemene woord voor een letter die een onbekende voorstelt, of datgene waarvoor je probeert op te lossen in een wiskundeopgave. Een variabele stelt *altijd* een getal voor.

De wiskunde gebruikt letters, die *variabelen* genoemd worden, om getallen voor te stellen die corresponderen met een bepaalde waarde. Wanneer je letters uit het begin van het alfabet ziet, zoals *a*, *b*, *c*, dan stellen die meestal bekende of vastgestelde waarden voor. De letters uit het einde van het alfabet, zoals *x*, *y*, *z*, stellen gewoonlijk de onbekenden voor, waarden die kunnen veranderen of die je probeert op te lossen. De volgende lijst somt enige veel voorkomende variabelen op.

PAS OP

- De letter *n* bevindt zich nu niet bepaald aan het begin of het einde van het alfabet, maar wordt toch vaak gebruikt in de wiskunde. Hij stelt meestal een onbekende hoeveelheid of getal voor, waarschijnlijk omdat *n* de eerste letter van het woord *nummer* is.
- De letter *x* is vaak de variabele die je probeert op te lossen, misschien omdat de *x* voor mysterie staat: de X markeert de plek waar de schat begraven is, de *x-factor*, *The X Files*. Wat de reden voor het veelvuldig gebruik van de letter *x* ook mag zijn, deze letter wordt ook gebruikt om vermenigvuldiging aan te geven. *Als je de letter x dus gebruikt, moet het duidelijk zijn dat je niet bedoelt 'vermenigvuldigd met'.*
- *De letters C* en *k* zijn de meest populaire letters om bekende hoeveelheden of constanten aan te duiden. De letters die variabelen en getallen weergeven, worden meestal geschreven als kleine letters: *a, b, c* enzovoort. Hoofdletters worden meestal gebruikt om de uitkomst van een formule aan te geven, zoals de hoofdletter *A* staat voor de oppervlakte van een cirkel, die gelijk is aan pi maal de straal in het kwadraat: $A = \pi r^2$. (Meer informatie over de oppervlakte van een cirkel vind je in hoofdstuk 17.) Zoals gezegd is de hoofdletter *C* populair om constanten weer te geven, vooral in de natuurkunde; waarschijnlijk is het eerder een traditie dan dat er een goede reden voor is.

Algebraïsch taalgebruik

Algebra en algebraïsche symbolen zijn als een vreemde taal. Alles heeft een betekenis en kan heen en weer vertaald worden. In een vreemde taal is het belangrijk over het juiste vocabulaire te beschikken; in de algebra is dat precies zo.

TECHNISCHE INFO

- Een *uitdrukking* is een willekeurige combinatie van waarden en bewerkingen die aangeven hoe zaken zich tot elkaar verhouden en wat hun verbanden zijn. $2x^2 + 4x$ is bijvoorbeeld een uitdrukking.
- Een *term*, zoals $4xy$, is een samenvoeging van één of meer factoren (variabelen en/of getallen). Variabelen en cijfers in een term worden samengevoegd door vermenigvuldiging. Optellen en aftrekken scheidt de termen juist van elkaar. De uitdrukking $3xy + 5x - 6$ bestaat bijvoorbeeld uit drie termen.
- Een *vergelijking* gebruikt een teken om een verband aan te geven, namelijk dat twee dingen gelijk aan elkaar zijn. Door gebruik te maken van vergelijkingen, kunnen ingewikkelde problemen vereenvoudigd worden en kan de uitkomst gevonden worden. $2x^2 + 4x = 7$ is bijvoorbeeld een vergelijking. In deel 3 vind je meer over vergelijkingen.
- Een *bewerking* of *operatie* is een actie die uitgevoerd wordt op één of twee getallen, met als resultaat een nieuw getal. Bewerkingen zijn optellen, aftrekken, vermenigvuldigen, delen, worteltrekken enzovoort. In hoofdstuk 6 vind je meer over bewerkingen.
- Een *variabele* is een letter die een getal voorstelt, maar die varieert totdat hij geschreven wordt als onderdeel van een vergelijking of ongelijkheid. (Een *ongelijkheid* vergelijkt twee waarden met elkaar. Meer over ongelijkheden lees je in hoofdstuk 16.) Hier-

door wordt het lot van de variabele bepaald; een variabele kan dan opgelost worden en de waarde ervan is de uitkomst van de opgave.

- Een *constante* is een vaste waarde of getal in een vergelijking; de constante blijft altijd hetzelfde. 5 is een constante omdat 5 altijd 5 is. Een variabele kan een constante zijn als er een vaste waarde aan wordt toegekend. Een variabele met een constante waarde wordt meestal aangeduid met een van de eerste letters uit het alfabet. In de vergelijking $ax^2 + bx + c = 0$, zijn a, b, en c constanten en is x de variabele. De waarde van x hangt af van de waarden die toegekend worden aan a, b en c.
- Een *exponent* is een klein geschreven getal iets rechtsboven een variabele of getal, zoals de 2 in de uitdrukking 3^2. De exponent wordt gebruikt om herhaalde vermenigvuldiging aan te geven. De exponent wordt ook wel de *macht van* een waarde genoemd. Meer over exponenten leer je in hoofdstuk 4.

Het vizier op bewerkingen in de algebra

In de hedendaagse algebra stelt een variabele de onbekende voor (in de paragraaf 'Algebraïsch taalgebruik' eerder in dit hoofdstuk vind je meer over variabelen). Voordat het gebruik van symbolen in de mode raakte, werden opgaven uitgedrukt in lange, omslachtige omschrijvingen. Het gebruik van symbolen en operatoren zorgde voor een enorme doorbraak. In het begin werden er slechts een paar symbolen gebruikt, maar later werd de algebra geheel uitgedrukt in symbolen. Tegenwoordig zie je soms enkele woorden bij de bewerkingen om een en ander te verduidelijken, net als ondertitels bij een film. Bekijk het volgende voorbeeld om in te zien wat ik bedoel. Wat vind je het handigst om te schrijven:

> Het aantal liter water vermenigvuldigd met zes en dan drie erbij opgeteld
>
> *of*
>
> $6x + 3$

Ik zou voor de tweede mogelijkheid kiezen. Jij niet?

Door het voorbeeld van de vroege wiskundigen te volgen (een waarde voor te stellen als een variabele, enkele bewerkingen te gebruiken, zoals optellen, aftrekken, vermenigvuldigen en delen, en dan enkele vastgestelde en algemeen geaccepteerde regels te gebruiken), heb je een solide, georganiseerd systeem om een vergelijking te vereenvoudigen, op te lossen of te bevestigen. Daar draait het in de wiskunde allemaal om: dat is waar wiskunde goed voor is.

EEN WOORD IS MAAR EEN WOORD

TECHNISCHE INFO

Het woord *algebra* is afgeleid van het Arabische *al-jabr*, dat zoveel betekent als reünie of het samenvoegen van onderdelen. Het woord veranderde verder toen de Moren in de middeleeuwen het woord *algebrista* introduceerden in Spanje, dat *botzetter* (iemand die botten aan elkaar hecht) betekent.

Uithangborden boven kapperszaken in Spanje die *Algebrista y Sangradoe* vermeldden, gaven aan dat de zaak diensten van een botzetter *en* een aderlater aanboden. Eeuwenlang voerden kappers kleine medische ingrepen uit om hun inkomen aan te vullen. De klassieke rood wit gestreepte cilinder boven een kapperszaak symboliseert bloed en verband. Wellicht heeft het woord *algebra*, dat afkomstig is van *algebrista*, daarom soms een enigszins pijnlijke bijklank.

De symbolen ontcijferen

De bouwstenen van de algebra worden uitgedrukt in symbolen. De algebra gebruikt symbolen voor hoeveelheden, bewerkingen, verbanden of verzamelingen. De symbolen zijn een verkorte notatie en zijn veel handiger in gebruik dan het uitschrijven van hun betekenis in woorden. Maar je moet natuurlijk wel weten wat de symbolen betekenen en de volgende lijst vertelt je dat.

TECHNISCHE INFO

- + betekent *optellen*, *plus* of *vermeerderd met*; het resultaat van de optelling wordt de *som* genoemd.
- – betekent *aftrekken*, *min*, of *verminderd met*; het resultaat wordt het *verschil* genoemd.
- × betekent *vermenigvuldigen*, *maal*, of *keer*. De waarden die met elkaar vermenigvuldigd worden, worden *factoren* genoemd: het resultaat wordt het *product* genoemd. Andere symbolen die voor vermenigvuldiging worden gebruikt, zijn haakjes zoals ( ), [ ], { } en ook · en *. Het symbool × wordt in de wiskunde niet zo vaak gebruikt omdat het gemakkelijk verward wordt met de variabele *x*. De punt is wel populair, omdat die makkelijk te schrijven is. De haakjes gebruik je wanneer je met verschillende termen of met een ingewikkelde uitdrukking werkt. Op zichzelf hebben de haakjes niet de betekenis van vermenigvuldiging, maar als je er een waarde voor zet, betekent dat dat je moet vermenigvuldigen. Blader verder naar de paragraaf 'Groeperen' voor meer informatie over het gebruik van haakjes.
- ÷ betekent *delen door*. Het getal in de *noemer* is de *deler*. Het resultaat wordt het *quotiënt* genoemd. Andere symbolen die delen aangeven zijn de deelstreep en het schuine streepje (solidus), /.
- $\sqrt{\ }$ betekent de *vierkantswortel* trekken (ook vaak gewoon worteltrekken genoemd) uit een getal: dat wil zeggen, het getal vinden dat vermenigvuldigd met zichzelf het getal onder het wortelteken geeft (zie hoofdstuk 4 voor meer over vierkantswortels).
- | | betekent het bepalen van de absolute waarde van een getal. Dit is het getal zelf of de afstand van het getal tot nul op de getallijn.
- ... betekent *enzovoort*, *et cetera*, of *volgens hetzelfde patroon*. In de wiskunde gebruik je de puntjes om een lange lijst getallen aan te duiden, die je niet helemaal wilt uitschrijven. Als je bijvoorbeeld een lijst met getallen wilt weergeven die bij 1 begint en oneindig doorloopt, dan schrijf je '1, 2, 3, 4, ...' Of je kunt de rij getallen van 600 tot 1000 schrijven als '601, 602, 603, ... , 1000'.
- π is de Griekse letter pi die staat voor het irrationale getal 3,14159... Dit getal geeft het verband tussen de diameter en de omtrek van een cirkel weer. Meer informatie over deze relatie kun je vinden in hoofdstuk 17.

TIP

Groeperen

Wanneer een autofabrikant een auto in elkaar zet, zijn er verschillende zaken die van tevoren gedaan moeten zijn. De motorexperts moeten de motor met al zijn onderdelen in elkaar gezet hebben. De carrosserie van de auto moet op het chassis gezet zijn en vastgemaakt zijn. En er zijn nog veel meer experts, die ieder hun eigen taak uitgevoerd moeten hebben. Wanneer al deze zaken in de juiste volgorde uitgevoerd zijn, kan de auto in elkaar gezet worden. Hetzelfde geldt voor de wiskunde. Je moet eerst doen wat er binnen de groeperingsymbolen staat, voordat je het resultaat ervan in de rest van de vergelijking kunt gebruiken.

Wanneer je haakjes of andere symbolen ziet die termen groeperen, weet je dat je eerst de termen binnen de haakjes moet behandelen *voordat* je met het grotere geheel aan de slag kunt.

BELANGRIJK

De belangrijkste symbolen om termen te groeperen zijn:

- ( ) haakjes (Deze worden het meest gebruikt.)
- [ ] vierkante haakjes
- { } accolades

In de uitdrukking $8 - (4 - 2)$ moet je bijvoorbeeld eerst doen wat er binnen de haakjes staat. Dat is verschillend van $(8 - 4) - 2$. De eerste uitdrukking levert 6 op, de tweede levert 2 op.

De drie verschillende symbolen (de haakjes, de vierkante haakjes en de accolades) worden zowel alleen als in combinatie met elkaar gebruikt. Wanneer ze in combinatie met elkaar gebruikt worden, is dat meestal om een ingewikkeld probleem beter te organiseren.

TECHNISCHE INFO

HET BEGIN VAN HET =-TEKEN

Robert Recorde gebruikte het =-teken voor het eerst in het midden van de zestiende eeuw. Hij schreef: 'Zoals ik vaker doe in mijn geschriften, zal ik een paar evenwijdige streepjes van gelijke lengte, dus ==, gebruiken, omdat er geen twee meer gelijke dingen zijn.' Niet alle wiskundigen accepteerden het gelijkteken echter meteen. Sommige van hen gaven de voorkeur aan twee rechtopstaande evenwijdige streepjes. Een symbool dat lijkt op de Griekse alfa (α) maar dan met langere 'staartjes', was ook lange tijd erg populair. Tegen het midden van de zeventiende eeuw werd het gelijkteken algemeen geaccepteerd.

Relaties definiëren

In de algebra gaat het om relaties: niet om liefdesrelaties, maar om verbanden tussen getallen of tussen de termen in een vergelijking. Hoewel relaties in de algebra net zo ingewikkeld kunnen zijn als romantische relaties, kunnen algebraische relaties altijd logisch verklaard worden, zodat je ze met een beetje geluk altijd kunt begrijpen. De symbolen die gebruikt worden om de verbanden aan te geven, worden hierna opgesomd.

TECHNISCHE INFO

- $=$ betekent dat de eerste waarde *gelijk is aan,* oftewel hetzelfde is als, de waarde die volgt.
- $\neq$ betekent dat de eerste waarde *niet gelijk is aan* de waarde die volgt.
- $\approx$ betekent dat de ene waarde *ongeveer gelijk is aan* de waarde die volgt. Deze notatie wordt soms gebruikt wanneer er met afgeronde getallen wordt gewerkt.
- $\leq$ betekent dat de eerste waarde *kleiner is dan of gelijk is aan* de waarde die volgt.
- $<$ betekent dat de eerste waarde *kleiner is dan* de waarde die volgt.
- $\geq$ betekent dat de eerste waarde *groter is dan of gelijk is aan* de waarde die volgt.
- $>$ betekent dat de eerste waarde *groter is dan* de waarde die volgt.

Werken met tegengestelden

Wanneer je wiskundige vergelijkingen moet oplossen, is het vaak handig het *tegenovergestelde* te doen om aan het antwoord te komen. Bewerkingen die op een variabele uitgevoerd zijn, moet je weer *ongedaan* maken. Het tegenovergestelde van een bewerking is een andere bewerking die je weer terugbrengt bij het uitgangspunt. Het wordt voornamelijk gebruikt om getallen die voor een variabele staan kwijt te raken, zodat je in een vergelijking kunt oplossen voor die variabele.

Tegen de draad in: de tegenovergestelde bewerking uitvoeren

Het tegenovergestelde van ergens drie bij optellen, is er drie van aftrekken. Als je drie optelt bij 100, krijg je 103. Als je er dan weer drie van aftrekt, ben je weer terug bij af.

- Het tegenovergestelde van optellen is aftrekken.
- Het tegenovergestelde van aftrekken is optellen.
- Het tegenovergestelde van vermenigvuldigen is delen.
- Het tegenovergestelde van delen is vermenigvuldigen.
- Het tegenovergestelde van worteltrekken is kwadrateren (een waarde vermenigvuldigen met zichzelf).
- Het tegenovergestelde van kwadrateren is worteltrekken.
- Het tegenovergestelde van het trekken van de derdemachtswortel is verheffen tot de derde macht.

Getallen en hun tegenovergestelde waarden

TECHNISCHE INFO

Een getal heeft in feite twee tegenovergestelde waarden: zijn *tegengestelde* en zijn *omgekeerde*:

- » Het *tegengestelde* is het getal met het tegengestelde voorteken. –3 is dus het tegengestelde van 3, en 16 is het tegengestelde van –16. Dit kun je gebruiken wanneer 3 of 16 bij een variabele is opgeteld en je wilt weten wat de variabele zelf is: met andere woorden, je kunt dit gebruiken wanneer je de waarde van de variabele wilt oplossen.
- » Het *omgekeerde* van een waarde wordt ook wel de *inverse* of *reciproque* genoemd. De inverse vind je door een breuk te schrijven waarin het originele getal onder de streep staat en er een 1 boven de streep staat. $\frac{1}{2}$ is dus het omgekeerde van 2, en 25 is omgekeerde van $\frac{1}{25}$. Als een getal al als een breuk geschreven is, is zijn inverse gewoon die breuk ondersteboven. Het omgekeerde van $\frac{4}{7}$ is dus $\frac{7}{4}$. Dit kun je gebruiken wanneer een variabele vermenigvuldigd wordt met of gedeeld wordt door een getal: voer de omgekeerde bewerking uit om de variabele zelf op te lossen.

Speel volgens de regels

De wiskundige basisbegrippen leren betekent ook dat je je aan de regels moet houden, net als in het verkeer. Als iedereen zich aan dezelfde regels houdt, is de kans op ongelukken en ernstige chaos veel kleiner. Hetzelfde geldt voor de wiskunde. Wanneer je met variabelen, getallen en symbolen werkt, moet je je aan de regels van de wiskunde houden. Het spel spelen volgens de regels is vooral belangrijk wanneer je opgaven oplost, omdat je niet weet voor welk getal een variabele staat. De regels werden lang geleden ontwikkeld en iedereen houdt zich aan dezelfde regels: daarom is de taal der wiskunde zo universeel.

De wiskunde werkt met symbolen, bijvoorbeeld voor variabelen en bewerkingen, waarmee je wiskundige uitdrukkingen beter leesbaar en makkelijker te gebruiken kunt maken. Je kunt vraagstukken bijvoorbeeld vereenvoudigen, ontbinden in factoren en dan oplossen: dit gaat nu eenmaal makkelijker als het vraagstuk eerst opgebroken wordt in zijn basisonderdelen. Gebruikmaken van symbolen is in feite veel makkelijker dan je door een hele berg woorden heen worstelen.

- » *Vereenvoudigen* betekent het combineren van alles wat gecombineerd kan worden, het aantal termen terugbrengen en een uitdrukking schrijven in een makkelijk te begrijpen vorm. Meer over vereenvoudigen vind je in hoofdstuk 13.
- » *Ontbinden in factoren* betekent het omschrijven van twee of meer termen als slechts één term. Lees deel 2 voor meer over ontbinden in factoren.
- » *Oplossen* betekent het vinden van het antwoord. In de wiskunde betekent het dat je uitvindt waarvoor een variabele staat.

Het is leuk om vergelijkingen op te lossen, omdat er altijd iets achter steekt. Je lost ergens voor op (meestal een variabele, zoals x) en je krijgt een antwoord waarvan je kunt testen of het goed of fout is. Het is net een puzzel. Sommige mensen nemen genoegen met elke willekeurige waarde voor x. Wat wil je nog meer? Maar door vergelijkingen op te lossen heb je een doel voor ogen. En het wordt pas echt mooi wanneer je een probleem uit de dagelijkse realiteit kunt oplossen, een toepassing uit de praktijk. Vraagstukken met een verhaaltje er omheen, ben je er klaar voor? Deze vraagstukken maken de wiskunde pas echt de moeite waard. Waarom zou je wiskunde studeren zonder dat er een goede reden voor is? O sorry, misschien vind je het gewoon leuk om vergelijkingen op te lossen voor de lol. Ja, dat soort mensen heb je ook. Maar sommige mensen vinden het gewoon leuk om een ingewikkelde passage uit de Nederlandse literatuur te veranderen in een nette, precieze uitdrukking, zoals 'Het antwoord is drie bananen.'

Door elke stap af te werken en al het gereedschap te gebruiken, is dit inderdaad mogelijk. Vereenvoudig, ontbind in factoren, los op en test. Zo hoort het! Tijd om te beginnen!

IN DIT HOOFDSTUK

- **Een teken geven aan getallen**
- **Bewerkingen in verschillende systemen**
- **De eigenschappen van 'niets'**
- **Wiskundige bewerkingen uitvoeren op getallen met een voorteken**
- **Associatieve en commutatieve eigenschappen**

Hoofdstuk 2
Tekens toekennen: positieve en negatieve getallen

Getallen hebben vele eigenschappen: ze kunnen groot zijn of klein, even, oneven, geheel, gebroken, positief, negatief en soms zelfs koel en afstandelijk. Dat laatste is natuurlijk maar een grapje. In hoofdstuk 1 werden de getallen in verschillende categorieën ingedeeld en kregen ze verschillende namen. In dit hoofdstuk zullen we ons concentreren op één van hun eigenschappen: hun positieve of negatieve aard.

Positief en *negatief* zijn woorden die je elke dag tegenkomt:

> 'Hij heeft een *positieve* invloed op me.'

> 'Ik voel hier een *negatieve* atmosfeer.'

Dit hoofdstuk leert je hoe je optelt, aftrekt, vermenigvuldigt en deelt met getallen met een teken ervoor, of de getallen nu allemaal hetzelfde voorteken hebben of dat ze allemaal door elkaar heen staan.

Een teken geven

Al vroeg realiseerden wiskundigen zich dat het gebruik van plus- en mintekens en regels daarvoor heel handig zou zijn in hun wereld van getallen. Als ze het minteken zouden gebruiken, zo realiseerden ze zich, zou er geen behoefte meer zijn aan een hele set nieuwe symbolen voor negatieve getallen. Positieve en negatieve getallen zijn nu eenmaal aan elkaar gerelateerd en het toevoegen van een klein minteken was erg praktisch. Negatieve getallen hebben een positief evenbeeld en omgekeerd ook. Dat wil zeggen dat er een verband is tussen −3 en +3. Er hoefde dus geen nieuw symbool, zoals ϑ, gecreëerd te worden om −3 weer te geven: het gebruik van een minteken volstond. Als je weet wat het is om zes bananen te hebben, dan weet je ook hoe het voelt als je *geen* zes bananen hebt.

Getallen die het tegenovergestelde teken hebben, maar verder hetzelfde zijn, worden *tegengesteld* aan elkaar genoemd.

TECHNISCHE INFO

Twee getallen zijn tegengesteld aan elkaar als hun som gelijk is aan 0, $a + (-a) = 0$. Tegengestelde getallen liggen op een getallijn altijd even ver van 0 af, maar wel in tegengestelde richting. Het tegengestelde van −6 is bijvoorbeeld +6; het tegengestelde van $+\frac{1}{5}$ is $-\frac{1}{5}$.

De positieve getallen er uitpikken

Positieve getallen zijn meer, groter of hoger dan nul. Ze staan aan de andere kant van nul ten opzichte van de negatieve getallen. Als je een potje touwtrekken organiseert tussen de positieve en de negatieve getallen, dan staan de positieve getallen rechts van nul, zoals figuur 2.1 laat zien.

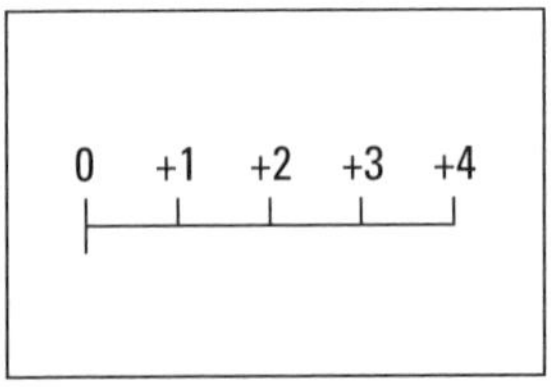

FIGUUR 2.1: Enkele positieve getallen op een rijtje.

Positieve getallen worden steeds groter naarmate ze verder van 0 verwijderd liggen: 81 is groter dan 25 omdat het verder van 0 af ligt. Het kookpunt van ijzer, 2861°C, ligt verder van 0 dan 1538°C, de temperatuur waarbij ijzer vloeibaar wordt. Beide zijn positieve getallen, al lijkt de een meer positief dan de ander.

Negatieve getallen zijn zo slecht nog niet

Het concept dat een getal minder dan 0 is, kan misschien moeilijk te bevatten zijn. Oké, je kunt best zeggen 'minder dan 0', je zou zelfs een film kunnen maken met die titel, maar wat betekent het nu werkelijk? Stel je voor dat je het hoofdkwartier van de geheime dienst binnenstapt op de begane grond. Je gaat de lift in en kunt ervoor kiezen omhoog te gaan naar de eerste, tweede, derde of vierde verdieping, of omlaag te gaan naar de eerste, tweede, derde vierde of vijfde kelderverdieping (waar alle geheimen bewaard worden). Hoe verder je weg bent van de begane grond, des te verder de verdieping van 0 is. De tweede kelderverdieping zou je –2 kunnen noemen, maar misschien vind je dat geen goed getal voor een verdieping.

TECHNISCHE INFO

NEGATIEF

Vroege Chinese beschavingen hebben veel belangrijke ontdekkingen en uitvindingen op hun naam staan. Het buskruit, de druktechniek, het papier en het kompas worden allemaal toegeschreven aan de Chinezen. Ze hadden ook een uitgekiende methode om met negatieve getallen om te gaan, lang voordat negatieve getallen formeel erkend werden.

De Chinezen gebruikten twee sets rekenlatten: een rode set voor positieve getallen en een zwarte set voor negatieve getallen. Om onbekende redenen werden de kleuren in de loop van de tijd omgedraaid en rood staat nu voor een financieel tekort (zoals in 'rood staan') en zwart betekent goed, oftewel een positief saldo.

Negatieve getallen zijn kleiner dan nul. Op een lijn met nul in het midden, liggen de negatieve getallen aan de linkerkant, zoals je ziet in figuur 2.2.

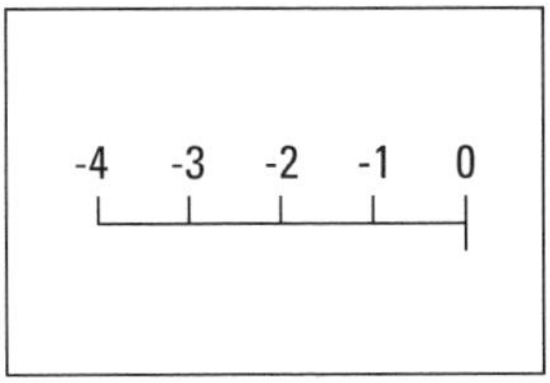

FIGUUR 2.2: Negatieve getallen op een rijtje links van nul.

Negatieve getallen worden steeds kleiner naarmate ze verder weg liggen van 0. Dat klinkt misschien wat verwarrend, want je zou kunnen denken dat –200 *groter* is dan –12. Maar denk dan gewoon aan –200°C en –12°C. Als je –12°C al onaangenaam vindt, denk dan maar niet aan –200°C: kouder, lager, kleiner.

BELANGRIJK

Voor negatieve getallen geldt dat het getal dat het dichtst bij nul ligt, het *grootste* getal is.

Positieve en negatieve getallen vergelijken

Hoewel mijn moeder me altijd vertelde mezelf niet te vergelijken met anderen, is het vaak wel nuttig om getallen met elkaar te vergelijken. En als je getallen vergelijkt, zijn de symbolen voor groter dan (>) en kleiner dan (<) erg handig. In tabel 2.1 heb ik ze daarom gebruikt om enkele positieve en negatieve getallen in hun perspectief te plaatsen.

TECHNISCHE INFO

HET PLUSTEKEN (+) EN HET MINTEKEN (–)

Plus- en mintekens (+ en –) verschenen voor het eerst in gedrukte vorm toen het ging om overschotten en tekorten in zakelijke transacties en dus niet om rekenkundige bewerkingen. Maar voordat deze tekens officieel in gedrukte vorm gebruikt werden, werden ze al veelvuldig gebezigd. Plus- en mintekens werden bijvoorbeeld op vaten geschilderd om aan te geven of ze vol waren of niet.

TABEL 2.1 Positieve en negatieve getallen vergeleken

Vergelijking	Wat het betekent
6 > 2	6 is groter dan 2; 6 ligt verder van 0 af dan 2.
10 > 0	10 is groter dan 0; 10 is positief en is groter dan 0.
–5 > –8	–5 is groter dan –8; –5 ligt dichter bij 0 dan –8.
–300 > –400	–300 is groter dan –400.
0 > –6	–6 is negatief en kleiner dan 0.
7 > –80	Positieve getallen zijn altijd groter dan negatieve getallen.

Als je de getallen 6, –2, –18, 3, 16 en –11 dus van klein naar groot in volgorde wilt zetten, dan krijg je –18, –11, –2, 3, 6 en 16. De punten op de getallijn in figuur 2.3 geven deze volgorde aan.

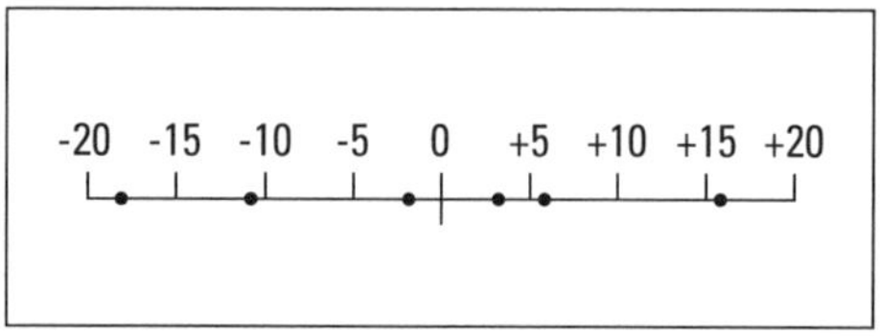

FIGUUR 2.3: Positieve en negatieve getallen op een getallijn.

Focus op nul

Maar hoe zit het met nul? Om getallen te vergelijken heb ik telkens gekeken hoe ver ze van nul af liggen. Is nul nu positief of negatief? Het antwoord is geen van beide. Nul is het enige getal dat noch positief noch negatief is. De nul scheidt de positieve van de negatieve getallen. Ga er maar aan staan!

Aan de slag met binaire bewerkingen

Bewerkingen worden in de algebra ook wel operaties genoemd. In feite is de algebra een veralgemenisering van de rekenkunde, en de rekenkundige regels en bewerkingen werken dan ook hetzelfde in de algebra. Maar er komt ook een aantal nieuwe bewerkingen bij, zodat het allemaal wat interessanter wordt dan alleen optellen, aftrekken, vermenigvuldigen en delen. Eén van deze nieuwe bewerkingen zal ik introduceren nadat ik heb uitgelegd wat het verschil is tussen binaire en niet-binaire bewerkingen.

Te beginnen met binaire bewerkingen

Geen paniek, ik ben echt niet plotseling overgegaan naar *Computers voor Dummies*. Het binaire in deze paragraaf staat voor bewerkingen met twee getallen en niet voor binaire getallen.

TECHNISCHE INFO

MAAK JE EIGEN BINAIRE BEWERKING

Om een binaire bewerking te creëren hoef je alleen maar een regel te verzinnen over hoe die bewerking werkt en welke getallen gebruikt kunnen worden. Je zou bijvoorbeeld kunnen zeggen: 'Ik heb hier een nieuwe binaire bewerking die ik ster noem, *. Wanneer je twee getallen samen stert, plaats je een 0 tussen hen in.' Zo geldt bijvoorbeeld 4*7 = 407. Je ziet nu dat 4*7 niet hetzelfde is als 7*4.

Nu denk je misschien: 'Waar is deze bewerking goed voor?' Nergens voor, zover ik het inzie. Maar misschien waardeer je de al bestaande binaire bewerkingen nu beter. Die zijn daadwerkelijk ergens goed voor.

Bi betekent 2. Het *bi*naire talstelsel waarop computers gebaseerd zijn, kent slechts twee cijfers, 0 en 1. En een *bi*gamist heeft twee echtgenoten. Een *bi*naire bewerking wordt uitgevoerd op twee getallen. Optellen, aftrekken, vermenigvuldigen en delen zijn allemaal *binaire bewerkingen* omdat je twee getallen nodig hebt om ze uit te voeren. Je kunt wel 3 + 4 optellen, maar je kunt niet 3 + optellen als er niets achter het plusteken staat. Je hebt daarvoor nog een tweede getal nodig.

Niet-binaire bewerkingen introduceren

Een *niet-binaire* bewerkingen heeft slechts één getal nodig. Een niet-binaire bewerking voert zijn taak uit en geeft het antwoord. Worteltrekken is een niet-binaire bewerking. Je vindt $\sqrt{4}$ door deze bewerking op slechts één getal uit te voeren. In hoofdstuk 4 vind je meer over worteltrekken.

Eén van de belangrijkste niet-binaire bewerkingen is het bepalen van de *absolute waarde* van een getal. De absolute waarde vertelt je hoe ver een getal van nul af ligt. Het maakt niet uit of het getal groter of kleiner is dan nul: deze bewerking geeft je alleen de *afstand* tot nul.

TECHNISCHE INFO

Het symbool voor de absolute waarde bestaat uit twee verticale streepjes: | |.

BELANGRIJK

Wanneer a een reëel getal, positief of negatief, voorstelt, dan is de absolute waarde van a:

- $|a| = a$, als $a \geq 0$;
- $|a| = -a$, als $a < 0$ (negatief), zodat $-a$ positief is.

De absolute waarde uitvoeren, ziet er zo uit:

- $|3| = 3$
- $|-4| = 4$
- $|-87| = 87$
- $|0| = 0$

In feite vertelt de absolute waarde je hoe ver een getal van nul af ligt. Het maakt niet uit of het getal positief of negatief is, het gaat alleen om de afstand tot nul.

Bewerkingen op getallen met een voorteken

Wanneer je in een groot gebouw met vier verdiepingen en ook nog vijf kelderverdiepingen bent, kun je je lekker vermaken in de lift: op alle knopjes drukken en bewerkingen uitvoeren op getallen met een voorteken. Waarschijnlijk ben je te jong, maar vroeger betaalden ze zelfs mensen om de hele dag in de lift te spelen en op alle knopjes te drukken. Ik vraag me af of deze mensen eerst getest werden op hun wiskundige kennis. Als je vanaf de derde kelderverdieping vijf verdiepingen omhoog gaat, kom je uit op de tweede verdieping.

Getallen met hetzelfde voorteken optellen

Toen je op de lagere school leerde dat één plus één gelijk is aan twee, vertelde de juf er vast niet bij dat dit pas het begin was van het grote verhaal van optellen. Ze vertelde vast ook niet dat het optellen van twee positieve getallen eigenlijk een speciaal geval is. Stel dat ze je wel het hele verhaal over optellen had verteld (dat je positieve en negatieve getallen kunt optellen en dat je elke willekeurige combinatie van positieve en negatieve getallen kunt optellen), dan had je waarschijnlijk op dat moment je rugzakje en je broodtrommel gepakt en was je opgestapt.

Alleen positieve getallen optellen is slechts een klein onderdeel van het hele verhaal over optellen, maar het was genoeg om je toen van start te laten gaan. Deze paragraaf vertelt je het hele verhaal, alle informatie die je nodig hebt om getallen met een voorteken te kunnen optellen.

Laten we, nu we getallen met een voorteken gaan optellen, met het gemakkelijkste geval beginnen: getallen met hetzelfde voorteken. Kijk wat er gebeurt:

» Je hebt 3 appels en je vriend geeft je er nog 4.

(+3) + (+4) = +7

Nu heb je 7 appels.

» Je was Jan € 8 schuldig en je moet nog € 2 van hem lenen.

(–8) + (–2) = –10

Nu bedraagt je schuld € 10.

BELANGRIJK

Wanneer de voortekens hetzelfde zijn, krijg je de som en het voorteken van de som is hetzelfde als dat van de opgetelde getallen.

Deze regel is geldig voor elk willekeurig paar reële getallen a en b:

$$(+a) + (+b) = +(a + b)$$

$$(-a) + (-b) = -(a + b)$$

Stel dat je –3 en –2 bij elkaar optelt. De voortekens zijn hetzelfde, dus moet je de som van 2 en 3 bepalen, 5 dus. Het voorteken van de som is hetzelfde als de voortekens van –2 en –3, dus de *som* is ook negatief.

Bekijk deze voorbeelden eens:

» (+8) + (+11) = +19. De voortekens zijn allemaal positief.

» (–14) + (–100) = –114. Het voorteken van de som is hetzelfde als dat van de opgetelde getallen.

» (+4) + (+7) + (+2) = +13. Omdat alle getallen positief zijn, kun je ze optellen en de som ook positief maken.

» (–5) + (–2) + (–3) + (–1) = –11. Nu zijn alle voortekens negatief, dus kun je ze optellen en het antwoord van een minteken voorzien.

Getallen met hetzelfde voorteken optellen is een koud kunstje!

Verschillende voortekens optellen

Kun je ook getallen met verschillende voortekens optellen? Jazeker, dat gaat heel goed. Je moet alleen weten hoe dat in zijn werk gaat en in deze paragraaf leer ik je dat.

BELANGRIJK

Wanneer het voorteken van twee getallen verschillend is, vergeet die voortekens dan eerst even en bepaal het *verschil* tussen de twee getallen. Dit is het verschil tussen hun *absolute waarden*. (Blader even terug naar de paragraaf 'Niet-binaire bewerkingen introduceren' om het begrip absolute waarde op te frissen.) Het getal dat het verst van nul ligt, bepaalt het voorteken van de uitkomst.

$(+a) + (-b) = +(|a| - |b|)$ als de positieve a het verst van nul ligt.

$(+a) + (-b) = -(|a| - |b|)$ als de negatieve b het verst van nul ligt.

Kijk wat er gebeurt wanneer je positieve en negatieve getallen optelt:

- Je had € 20 in je portefeuille en gaf € 12 uit voor een bioscoopkaartje.

  $(+20) + (-12) = +8$

  Nadat de rekening betaald is, heb je nog € 8 over.

- Ik heb € 20, maar het kost me € 32 om mijn auto vol te tanken.

  $(+20) + (-32) = -12$

  Ik zal € 12 moeten lenen om mijn auto vol te kunnen gooien.

De volgende voorbeelden laten nog enkele combinaties zien:

- $(+6) + (-7) = -1$. Het verschil tussen 6 en 7 is 1. 7 ligt verder van 0 dan 6, dus het antwoord is -1.
- $(-6) + (+7) = +1$. Nu is de 7 positief. Hij ligt nog steeds verder van 0 dan de 6. Het antwoord is daarom nu $+1$.
- $(-4) + (+3) + (+7) + (-5) = +1$. Als je de getallen in de volgorde van links naar rechts optelt (hoewel de volgorde van optellen er niet toe doet), tellen de eerste twee getallen op tot -1. Tel dat op bij het volgende getal en je krijgt $+6$. Wanneer je dat optelt bij het laatste getal, krijg je $+1$.

Getallen met voortekens aftrekken

Getallen met voortekens aftrekken is echt gemakkelijk: dat hoef je namelijk niet te doen. In plaats van nieuwe regels te bedenken voor het aftrekken van getallen met een voorteken, bedachten wiskundigen dat het handiger was om aftrekken te veranderen in optellen en vervolgens de regels te gebruiken die ik in de vorige paragraaf heb uitgelegd.

Denk daar maar even over na. Je verandert de opgave waarin wordt afgetrokken gewoon in een opgave waarin wordt opgeteld. Dat klinkt raar, of niet? Iedereen weet toch dat je niet zomaar een rekenkundige bewerking kunt veranderen en toch hetzelfde, juiste, antwoord kunt krijgen. Je weet donders goed dat $10 - 4$ niet hetzelfde is als $10 + 4$. Je kunt niet zomaar de bewerking veranderen en verwachten dat het allemaal wel goed komt.

Om dit dus te laten werken, moet je eigenlijk twee dingen tegelijk veranderen, zodat de twee effecten elkaar opheffen.

BELANGRIJK

Wanneer je getallen met een voorteken van elkaar aftrekt, verander dan het minteken in een plusteken *en* verander het getal waar het minteken voor stond in zijn tegengestelde. Vervolgens tel je de getallen gewoon op volgens de regels voor het optellen van getallen met een voorteken. In hoofdstuk 1 vind je meer over getallen en hun tegengestelden.

- $(+a) - (+b) = (+a) + (-b)$
- $(+a) - (-b) = (+a) + (+b)$
- $(-a) - (+b) = (-a) + (-b)$
- $(-a) - (-b) = (-a) + (+b)$

BELANGRIJK

EEN UITKOMST VAN NIKS

Stel je voor dat je twee getallen met een verschillend voorteken optelt, maar die dezelfde absolute waarde bezitten:

$(+3) + (-3)$

$(-5) + (+5)$

Het verschil tussen de getallen afgezien van hun voorteken is nul. En omdat nul noch positief noch negatief is (nul heeft nooit een voorteken), hoef je je ook niet af te vragen wat het voorteken van de uitkomst is door te bepalen welk van de twee getallen het verst van nul ligt. Geen winnaar! In de volgende voorbeelden is de uitkomst dus altijd nul.

$(-10) + (+10) = 0$

$(-a) + (+a) = 0$

$(+abc) + (-abc) = 0$

In de laatste twee voorbeelden wordt aangenomen dat *a, b,* en *c* in de gehele uitdrukking hetzelfde getal vertegenwoordigen.

In het alledaagse bestaan kun je deze concepten bijvoorbeeld tegenkomen in de volgende gevallen:

- Varend op een diepte van 60 voet, gaf de kapitein het bevel 'Duiken!' en de onderzeeer ging nog eens 40 voet omlaag.

  $-60 - (+40) = -60 + (-40) = -100$

  Verander aftrekken in optellen. Verander de 40 in zijn tegengestelde, –40, en gebruik vervolgens de regels voor optellen. De onderzeeër bevindt zich nu op een diepte van 100 voet.

- Kinderen spelen een spelletje waarbij ze hun moeder telkens vragen: 'Mama, mag ik 3 stappen naar voren doen?' Als mama antwoordt met 'ja' dan mag die speler 3 stappen in de richting van zijn moeder doen. Als mama antwoordt met 'Nee' dan moet de speler 3 stappen terug doen. Maar een speler kan ook vragen 'Mama, mag ik 4 stappen naar achteren doen?' In dit geval betekent het antwoord 'Nee' dat de speler 4 stappen naar voren mag doen. Het nettoresultaat van deze twee antwoorden is:

$(-3) - (-4) = (-3) + (+4) = +1$

Verander –4 in zijn tegengestelde om aftrekken te kunnen veranderen in optellen. De speler is na twee beurten 1 stap dichter bij zijn moeder.

BELANGRIJK

Om getallen met een voorteken van elkaar af te trekken, verander je het minteken in een plusteken en verander je het voorteken van het getal dat erop volgt.

Getallen met een voorteken vermenigvuldigen en delen

Vermenigvuldigen en delen van getallen met een voorteken zijn heel gemakkelijke bewerkingen. Als je gewoon kunt vermenigvuldigen en delen, zijn de bewerkingen niet alleen eenvoudig, ze zijn ook voor beide bewerkingen hetzelfde.

BELANGRIJK

Wanneer je twee getallen met een voorteken vermenigvuldigt of deelt, geldt er: als de twee voortekens hetzelfde zijn, is de uitkomst *positief* en als de twee voortekens verschillend zijn, is de uitkomst *negatief*:

$(+a) \times (+b) = +ab \qquad (+a) \div (+b) = +(a \div b)$

$(+a) \times (-b) = -ab \qquad (+a) \div (-b) = -(a \div b)$

$(-a) \times (+b) = -ab \qquad (-a) \div (+b) = -(a \div b)$

$(-a) \times (-b) = +ab \qquad (-a) \div (-b) = +(a \div b)$

Let op in welke gevallen de uitkomst positief is en in welke gevallen ze negatief is. Je ziet ook dat vermenigvuldigen en delen gaat zoals gewoonlijk, op de plus- en mintekens na. Bekijk nu de volgende voorbeelden eens:

- $(-8) \times (+2) = -16$
- $(-5) \times (-11) = +55$
- $(+24) \div (-3) = -8$
- $(-30) \div (-2) = +15$

Je kunt deze bewerkingen ook door elkaar heen gebruiken zodat je verschillende vermenigvuldigingen of delingen, of een combinatie daarvan, kunt uitvoeren. Hierbij gebruik je de even-onevenregel.

BELANGRIJK

De even-onevenregel stelt: wanneer je een aantal getallen vermenigvuldigt en deelt, tel dan het aantal negatieve getallen om het uiteindelijke voorteken te bepalen. Een even aantal negatieve getallen betekent dat de uitkomst *positief* is. Een oneven aantal negatieve getallen betekent dat de uitkomst *negatief* is. De volgende voorbeelden laten zien hoe dat in zijn werk gaat.

- $(+2) \times (-3) \times (+4) = -24$: deze opgave heeft slechts één negatief getal. Omdat 1 een oneven getal is, is de uitkomst negatief.
- $(+2) \times (-3) \times (+4) \times (-1) = +24$: 2 negatieve getallen geven een positieve uitkomst, omdat 2 even is.
- $(+4) \times (-3) / (-4) = +3$: een even aantal mintekens geeft een positieve uitkomst.
- $(-12) \times (-6) / (-4) \times (+3) = -6$: 3 negatieve getallen geven een negatief resultaat.
- $(-1)(-1)(-1)(-1)(-1)(-1)(-1)(-1)(-1)(-1)(-1)(-1)(-1)(-1)(-1) = -1$: een oneven aantal mintekens levert een negatief resultaat op.

Nu kun je eindelijk aan je moeder uitleggen dat twee fouten soms toch een goed resultaat geven.

Wat doe je met niks: nul en getallen met een voorteken

Welke rol speelt 0 (nul) in het spel van positieve en negatieve getallen? Welke invloed heeft 0 op het voorteken van de uitkomst van een opgave? Welnu, bij optellen en aftrekken hangt het ervan af waar de 0 staat. Maar bij vermenigvuldigen en delen heeft 0 de neiging alle getallen weg te vagen, zodat je op niets uitkomt.

TECHNISCHE INFO

Hier zijn enkele algemene richtlijnen voor het getal 0:

- **Nul optellen.** $0 + a$ is gewoon a. 0 verandert de waarde van a niet. (Dat geldt ook voor $a + 0$).
- **Nul aftrekken.** $0 - a = -a$. Gebruik hier de regels om getallen met een voorteken van elkaar af te trekken: verander de bewerking van aftrekken in optellen en verander het voorteken van het tweede getal. Net zo geldt $a - 0 = a$. Door nul af te trekken, verandert de waarde van a niet.
- **Vermenigvuldigen met 0.** $a \times 0 = 0$. Als je aan het stappen bent met een aantal vrienden en geen van jullie heeft nog geld, dan resulteert het vermenigvuldigen van het aantal vrienden met hun vermogen in 0. Even goed geldt $0 \times a = 0$.

  Een getal met 0 vermenigvuldigen levert altijd 0 op.

BELANGRIJK

- **Delen door 0.** $0 \div a = 0$. Kijk nog eens naar jezelf en je vrienden: als geen van jullie iets heeft, dan levert het verdelen van dat *niets* in gelijke delen gewoon op dat elk deel niets is. En je kunt 0 niet als deler (in de noemer) gebruiken, want als je a hebt, kun je dat niet in 0 stukken verdelen.

Rekenen met 0 is dus niet zo moeilijk. Je gebruikt gewoon de normale regels voor optellen en aftrekken en je onthoudt dat vermenigvuldigen en delen met 0 letterlijk niets oplevert.

Associatieve en commutatieve uitdrukkingen

Wiskundige bewerkingen volgen bepaalde regels en die regels hebben een aantal eigenschappen. In deze paragraaf bespreek ik twee van die eigenschappen, namelijk de commutatieve en de associatieve eigenschap.

Bewerkingen herschikken: de commutatieve eigenschap

Denk voordat we commutatieve eigenschap bespreken eens aan de weg die je iedere dag naar school of naar je werk aflegt. Je weet dat het niet uitmaakt of je ernaartoe gaat of terugkomt, de afstand is in beide gevallen hetzelfde. De afstand verandert niet ook al verander je de richting (hoewel het in de spits soms langer lijkt).

Hetzelfde geldt voor *sommige* wiskundige bewerkingen: het maakt niet uit of je $1 + 2$ optelt of $2 + 1$. De uitkomst is in beide gevallen 3. Evenzo levert het vermenigvuldigen van 2×3 en 3×2 allebei 6 op.

TECHNISCHE INFO

De *commutatieve eigenschap* betekent dat je de volgorde van de getallen in een bewerking kunt veranderen zonder dat de uitkomst verandert. Optellen en vermenigvuldigen zijn commutatieve bewerkingen. Aftrekken en delen zijn dat niet. Daarom geldt:

$a + b = b + a$

$a \times b = b \times a$

$a - b \neq b - a$ (behalve in enkele speciale gevallen)

$a \div b \neq b \div a$ (behalve in enkele speciale gevallen)

Aftrekken en delen zijn in het algemeen *niet* commutatief. De speciale gevallen treden op wanneer je de getallen precies juist uitkiest. Als je voor a en b bijvoorbeeld hetzelfde getal kiest, dan lijkt het alsof aftrekken een commutatieve bewerking is, omdat de uitkomst dan niet verandert door de getallen te verwisselen. En als je twee getallen die tegengesteld aan elkaar zijn, op elkaar deelt krijg je altijd -1, onafhankelijk van de volgorde waarin je de getallen zet. Daarom zijn bewijzen zo belangrijk in de wiskunde. Soms geldt iets wel voor een paar speciale gevallen, maar een echte regel of een theorema moet altijd werken.

Bekijk de volgende voorbeelden eens:

- $4 + 5 = 9$ en $5 + 4 = 9$ en dus geldt $4 + 5 = 5 + 4$
- $3 \times (-7) = -21$ en $(-7) \times 3 = -21$ en dus geldt $3 \times (-7) = (-7) \times 3$
- $(-5) - (+2) = -7$ en $(+2) - (-5) = +7$ zodat $(-5) - (+2) \neq (+2) - (-5)$
- $(-6) \div (+1) = -6$ en $(+1) \div (-6) = -\frac{1}{6}$ zodat $(-6) \div (+1) \neq (+1) \div (-6)$

BELANGRIJK

Onthoud dat alleen optellen en vermenigvuldigen commutatief zijn.

Uitdrukkingen groeperen: de associatieve eigenschap

Als een bewerking commutatief is, heeft dat te maken met de volgorde waarin je de getallen zet. Als een bewerking associatief is, heeft dat te maken met de manier waarop je de getallen groepeert wanneer dat er meer dan twee zijn.

Denk aan de betekenis van het woord *associëren*. Wanneer je je met iemand associeert, ben je dicht bij die persoon in de buurt of je vormt een groep met hem. Stel dat Anneke, Bettie en Cora zich associëren. Of Anneke nu naar Bettie rijdt en ze samen Cora ophalen, of dat Cora bij Bettie is en Anneke ze allebei tegelijk ophaalt, het resultaat is hetzelfde. Uiteindelijk zitten dezelfde personen in de auto.

TECHNISCHE INFO

Als een bewerking *associatief* is, betekent dat dat de uitkomst hetzelfde blijft onafhankelijk van de groepering van de bewerking. (Als je vergeten bent hoe groeperen in zijn werk gaat, blader dan even terug naar hoofdstuk 1.) Optellen en vermenigvuldigen zijn associatief. Aftrekken en delen zijn *niet-associatieve* bewerkingen. Er geldt dus:

$$a + (b + c) = (a + b) + c$$

$$a \times (b \times c) = (a \times b) \times c$$

$a - (b - c) \neq (a - b) - c$ (behalve in enkele speciale gevallen)

$a \div (b \div c) \neq (a \div b) \div c$ (behalve in enkele speciale gevallen)

Het is altijd mogelijk enkele gevallen te vinden waarvoor de relatie wel werkt, hoewel dat in het algemeen niet zo is. Wanneer je bijvoorbeeld de vergelijking $5 - (4 - 0) = (5 - 4) - 0$ uitwerkt, lijkt de associatieve eigenschap toch te werken. En bij deze deling $6 \div (3 \div 1) = (6 \div 3) \div 1$ lijkt dat ook zo te zijn. Een regel moet echter *altijd* werken, ongeacht of er uitzonderingen zijn.

Voor de duidelijkheid zijn hier zijn een paar voorbeelden met echte getallen.

- $4 + (5 + 8) = 4 + 13 = 17$ en $(4 + 5) + 8 = 9 + 8 = 17$. Dus $4 + (5 + 8) = (4 + 5) + 8$
- $3 \times (2 \times 5) = 3 \times 10 = 30$ en $(3 \times 2) \times 5 = 6 \times 5 = 30$. Dus $3 \times (2 \times 5) = (3 \times 2) \times 5$
- $13 - (8 - 2) = 13 - 6 = 7$ en $(13 - 8) - 2 = 5 - 2 = 3$. Dus $13 - (8 - 2) \neq (13 - 8) - 2$
- $48 \div (16 \div 2) = 48 \div 8 = 6$ en $(48 \div 16) \div 2 = 3 \div 2 = \frac{3}{2}$. Dus $48 \div (16 \div 2) \neq (48 \div 16) \div 2$

Commutatieve en associatieve eigenschappen zijn handig als je met wiskundige uitdrukkingen werkt. Je kunt de volgorde van sommige getallen of de manier waarop ze gegroepeerd zijn veranderen om je werk wat te vereenvoudigen of minder rommelig te maken. Onthoud gewoon dat optellen en vermenigvuldigen commutatief en associatief zijn, maar dat aftrekken en delen dat niet zijn.

IN DIT HOOFDSTUK

- Gehele getallen opbreken in decimalen
- Het uiterlijk van breuk veranderen
- Oefenen met bewerkingen op breuken
- Een hele taart in stukken delen

Hoofdstuk 3
Breuken en decimalen

Bijna alle wiskundestudenten verlangen er wel eens naar dat de wereld slechts uit gehele getallen bestond. Maar juist de niet-gehele getallen, de gebroken getallen, zorgen ervoor dat de wereld zo'n wonderlijke plek is. (Nou ja, dat is misschien wat overdreven.) In ieder geval bestaan gebroken getallen nu eenmaal en in dit hoofdstuk gaan we dieper in op de eigenschappen van deze getallen.

Vergelijk het leren waarderen van gebroken getallen met het kijken naar, of zelfs beoefenen van een sport: als je van het spel wilt genieten, moet je de regels kennen. Je weet dat dat geldt voor het kijken naar een voetbalwedstrijd. Die buitenspelregel is moeilijk te begrijpen, maar als je eenmaal begrijpt hoe hij werkt en je de basisregels van het spel leert kennen, dan kun je pas echt plezier beleven aan een wedstrijd. Dit hoofdstuk leert je de basisregels van het werken met gebroken getallen, zodat je dat spel ook kunt spelen. Misschien denk je dat decimalen niet thuishoren in een hoofdstuk over gebroken getallen, maar in feite is er geen betere plaats voor ze. Decimalen zijn eigenlijk een verkorte schrijfwijze voor een van de meest gebruikte breuken. Voor vaak gebruikte woorden worden afkortingen gebruikt, zoals Dr., d.w.z., m. vr. gr., enz. Net zo worden breuken waarbij in de noemer 10, 100, 1000 enzovoort staat, afgekort met decimalen.

Getallen uit elkaar pluizen en weer in elkaar zetten

Wanneer je met gebroken getallen (oftewel breuken) werkt, helpt het als je ze begrijpt, weet waar ze vandaan komen en weet waarom ze er zo uitzien. Een breuk bestaat uit twee onderdelen:

$\frac{\text{boven}}{\text{onder}}$ of $\frac{\text{teller}}{\text{noemer}}$

BELANGRIJK

De *noemer*, of het onderste getal, geeft het totaal aantal delen weer. De *teller*, het bovenste getal, vertelt je over hoeveel van het totaal aantal delen (het onderste getal) we het nu hebben.

Misschien kun je beter onthouden wat de noemer is en wat de teller is, door te bedenken dat het woord 'teller' begint met de 't' van top, het bovenste getal dus.

In alle breuken is het zo dat de noemer je vertelt hoeveel *gelijke* delen of stukken er zijn. Zonder het woord 'gelijk' zouden de verschillende delen verschillende afmetingen kunnen hebben. Stel bijvoorbeeld dat er in een recept staat dat je een $\frac{1}{2}$ kopje bloem nodig hebt. Als je niet zou weten dat één deel een deel van twee *gelijke* delen was, dan zouden er ook twee *ongelijke* delen kunnen zijn, een groot deel en een klein deel. Zou je dan het grote of het kleine deel moeten gebruiken om de koekjes te bakken?

Behalve teller en noemer moet je ook weten dat breuken in drie categorieën voorkomen: *echte breuken, onechte breuken* en *gemengde getallen*. Hierna behandel ik deze drie.

Een buiging voor echte breuken

De eenvoudigste breuk die je je kunt voorstellen is een echte breuk, die altijd slechts een gedeelte van één geheel aangeeft. Echte breuken kunnen bijvoorbeeld een gedeelte van één hele taart aangeven. Eén heel toneelstuk kan verdeeld worden in verschillende akten, nog een voorbeeld van echte breuken.

TECHNISCHE INFO

ROMEINSE BREUKSTREPEN

De Romeinen gebruikten niet dezelfde symbolen zoals wij die nu gebruiken om breuken aan te duiden: ze gebruikten geen breukstreep en ook niet de getallen die nu gebruikt worden. Maar ze kenden breuken wel en ze hadden er speciale woorden voor:

$\frac{11}{12}$ werd *deunx* genoemd, oftewel $\frac{1}{12}$ weggenomen

$\frac{10}{12}$ werd *dextans* genoemd, oftewel $\frac{1}{6}$ weggenomen

$\frac{9}{12}$ werd *dodrans* genoemd, oftewel $\frac{1}{4}$ weggenomen

$\frac{8}{12}$ werd *bi* genoemd, oftewel $\frac{1}{3}$ weggenomen

Interessant genoeg zagen de Romeinen breuken als het gedeelte dat weggenomen was: misschien noemden ze een glas liever half leeg dan half vol.

In de dertiende eeuw was Fibonacci de eerste Europese wiskundige die de breukstreep gebruikte zoals die vandaag de dag gebruikt wordt. De streep wordt al gevonden in geschriften uit de middeleeuwen, maar in druk werd die vaak weggelaten, waarschijnlijk vanwege typografische moeilijkheden.

TECHNISCHE INFO

In een *echte breuk* is de teller altijd kleiner dan de noemer en de waarde van een echte breuk is daarom altijd minder dan één.

Hierna volgen enkele voorbeelden van echte breuken:

- $\frac{5}{6}$: Snijd een cake in 6 plakken (de zes geeft aan uit hoeveel delen het geheel bestaat). Als je één stuk opeet, heb je nog 5 plakken over.
- $\frac{4}{12}$: Je hebt 4 maanden van het jaar gebruikt om een belangrijk project af te ronden.
- $\frac{1}{5}$: Een pond gehakt is gelijk aan 5 ons. Voor dit recept gebruik je één ons gehakt per persoon.

Kennismaken met onechte breuken

Een *onechte* breuk is meer dan een geheel getal, maar dat is niet uit arrogantie hoor. Niettemin zijn deze topzware breuken in veel gevallen erg handig. Het onderste getal vertelt je hoe groot de delen zijn. Het verschil is dat er bij onechte breuken meer dan genoeg delen zijn om één geheel te maken.

TECHNISCHE INFO

Onechte breuken zijn breuken waarvan de teller, of het bovenste getal, groter is dan de noemer.

- $\frac{15}{8}$: Na het feestje legde Maartje alle overgebleven stukken pizza bij elkaar. Er waren nog 15 stukjes die elk $\frac{1}{8}$ deel van een pizza groot waren.
- $\frac{4}{3}$: Als ik twee keer zoveel suiker wil toevoegen als aangegeven in het recept, heb ik vier hoeveelheden suiker nodig die elk $\frac{1}{3}$ kopje bedragen.

Ze mogen dan wel onecht genoemd worden, deze breuken kom je in het echte leven toch vaak tegen.

Alles door elkaar met gemengde getallen

Onechte breuken kunnen een beetje onhandig worden in het gebruik. Gemengde getallen helpen een beetje orde te brengen in de chaos. Een *gemengd* getal bestaat uit een geheel getal en een (echte) breuk en kan worden gebruikt in plaats van een onechte breuk: hierdoor wordt het soms wat handiger om met dit soort getallen te werken. In plaats van de onechte breuk $\frac{4}{3}$, kun je bijvoorbeeld het gemengde getal $1\frac{1}{3}$ gebruiken. Zo kun je recepten gemakkelijker lezen of hoedmaten beter vergelijken.

BELANGRIJK

Een *gemengd getal* bestaat uit zowel een geheel getal *en* een breuk, zoals de voorbeelden laten zien.

- $4\frac{1}{2}$: Volgens het recept heb je 4 en een half kopje bloem nodig.
- $7\frac{3}{8}$: De maat van de hoed is 7 plus $\frac{3}{8}$, zodat hij niet te strak zit.
- $5\frac{7}{12}$: 5 jaar en 7 maanden geleden is ze naar Amerika vertrokken.

Ga op het kleinebreukendieet

Net wanneer je dacht alle diëten gehad te hebben, komt hier nog een manier om te reduceren. Vereenvoudigen! Waren alle diëten maar zo gemakkelijk!

Wanneer je met breuken moet werken, wil je dat die zo eenvoudig mogelijk zijn. Eenvoudig betekent in dit geval dat de getallen in de teller en de noemer zo klein mogelijk zijn. Kleine getallen zijn nu eenmaal makkelijker te behappen, makkelijker voor te stellen en makkelijker te begrijpen, dan grote getallen. En met kleine getallen is het ook makkelijker rekenen.

TECHNISCHE INFO

Elk probleem kan het best bekeken worden in zijn eenvoudigste vorm: een breuk zie je ook het liefst in zijn eenvoudigste vorm. Een breuk is uitgedrukt in zijn *eenvoudigste vorm* waneer er geen getal (anders dan 1) bestaat waardoor zowel de noemer als de teller deelbaar zijn.

Uitzoeken welke breuken gelijkwaardig zijn

Als je de teller en de noemer van een breuk beide vermenigvuldigt met hetzelfde getal, dan verandert de waarde van de breuk niet. In feite vermenigvuldig of deel je telkens met één, want als de teller en de noemer van een breuk hetzelfde zijn, is de breuk gelijk aan één. Als je de teller en de noemer van $\frac{16}{32}$ beide deelt door 4, dan deel je $\frac{16}{32}$ in feite door $\frac{4}{4}$ en dat is gelijk aan één.

- $\frac{4}{5}$ heeft dezelfde waarde als $\frac{48}{60}$, en dat heeft weer dezelfde waarde als $\frac{32}{40}$
- $\frac{4}{5} = \frac{4 \times 12}{5 \times 12} = \frac{48}{60}$
- $\frac{32}{40} = \frac{32 \div 8}{40 \div 8} = \frac{4}{5}$
- $\frac{32}{40} = \frac{32 \times 1{,}5}{40 \times 1{,}5} = \frac{48}{60}$

Niet alle breuken met grote getallen kunnen echter veranderd worden in breuken met kleine getallen. Er moeten namelijk wel bepaalde regels in acht genomen worden, zodat de breuk zijn oorspronkelijke waarde behoudt.

TECHNISCHE INFO

BREUKEN OMREKENEN OP WALL STREET

De koers van aandelen op de beurs van New York werd genoteerd door breuken te gebruiken voor de fracties van een dollar. De koers van een aandeel was bijvoorbeeld $16\frac{3}{4}$ of de koers was gekelderd met $\frac{5}{8}$ dollar. Schijnbaar is dit gebruik begonnen in de tijd dat munten in stukken gebroken konden worden: het is nu eenmaal handig om iets in tweeën te breken en dan de helft weer in tweeën te breken (kwart) en vervolgens het kwart weer in tweeën te delen (achtste) enzovoort. In het jaar 2000, veranderde de beurs dit systeem voor het berekenen van aandelenkoersen in het decimale systeem.

Niet dat de Amerikaanse beurs hiermee het (Europese) metrische systeem wilde aannemen. Het was alleen bedoeld om de koersverschillen kleiner te maken. In het systeem van achtsten wordt de koers van een aandeel verdeeld in acht gelijke delen en in het decimale systeem in tien gelijke delen. De tienden zijn kleiner dan de achtsten en dus gingen aandelen in kleinere stappen omlaag (of omhoog).

Om breuken te vereenvoudigen tot hun eenvoudigste vorm, ga je als volgt te werk:

Vereenvoudig bijvoorbeeld $\frac{48}{60}$ tot zijn eenvoudigste vorm.

1. **Zoek getallen die delers zijn van zowel de noemer als de teller.**

   In het voorbeeld is zowel 48 als 60 deelbaar door 12.

2. **Voer de deling uit.**

   $\frac{48 \div 12}{60 \div 12} = \frac{4}{5}$

3. **Gebruik de vereenvoudigde breuk verder in de opgave.**

In plaats van te werken met $\frac{48}{60}$, werk je nu dus verder met $\frac{4}{5}$.

Wanneer kun je deze methode om breuken te vereenvoudigen gebruiken? Stel dat je 48 minuten in de rij hebt gestaan om een vliegticket te kopen. Dat is 48 minuten op een totaal van 60 voor een heel uur. Als breuk kun je dat schrijven als $\frac{48}{60}$. Je ziet dat 48 een flinke hap is uit een totaal van 60 minuten. Om beter te zien wat er aan de hand is, schrijf je de breuk in zijn eenvoudigste vorm: zowel 48 als 60 is deelbaar door 12.

Je hebt dus $\frac{4}{5}$ deel van een uur staan wachten in de rij.

Realiseer je waarom kleiner beter is

Waarom is $\frac{4}{5}$ beter dan $\frac{48}{60}$? De meeste mensen kunnen zich beter een voorstelling maken van kleine getallen. Je kunt je 4 van de 5 dingen beter voor de geest halen dan 48 van de 60: bekijk figuur 3.1 als je me niet gelooft. Nog een paar voorbeelden om dit in te zien!

» Een enquête toonde aan dat 162 van de 198 mensen Pipo Pindakaas het lekkerst vonden. De breuk $\frac{162}{198}$ kan vereenvoudigd worden tot $\frac{9}{11}$, wat een duidelijker beeld geeft over de pindakaasvoorkeuren.

» Een reclame op tv beweert: 'Negen van de tien ondervraagde tandartsen beveelt Toeter tandpasta aan.' Ik vraag me dan altijd af hoeveel tandartsen er nu eigenlijk ondervraagd werden. De breuk $\frac{9}{10}$ geeft een goed beeld van de voorkeur voor tandpasta, maar werden er nu slechts tien tandartsen ondervraagd of waren het er duizend?

Figuur 3.1 laat zien waarom kleiner in dit geval beter is. Links zie je in totaal zestig hokjes. Rechts zie je vijf hokjes.

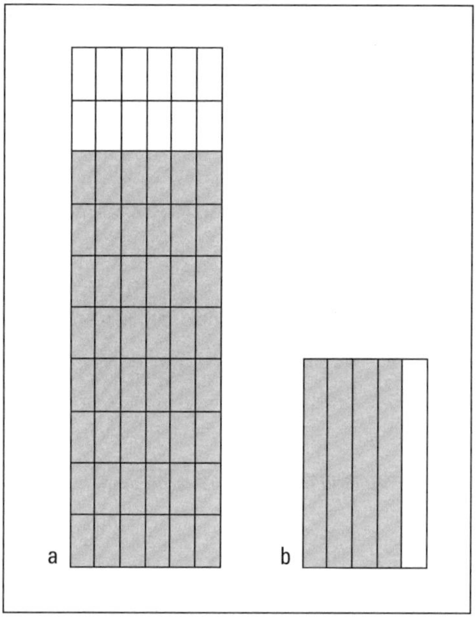

FIGUUR 3.1: Achtenveertig uit zestig of vier uit vijf? Kies maar.

» Voor een tv die je op afbetaling kocht, heb je 18 van de 36 termijnen betaald. Beide getallen zijn deelbaar door 18: 18 gaat één keer (1) in 18 en twee keer (2) in 36. Je weet dus dat je de helft ($\frac{1}{2}$) van de termijnen afbetaald hebt.

Dat wil zeggen $\frac{18}{36} = \frac{18 \div 18}{36 \div 18} = \frac{1}{2}$

Je hebt de helft al afbetaald of je moet de helft nog afbetalen, afhankelijk van je persoonlijke instelling.

» Je favoriete voetballer heeft dit jaar 960 minuten in de basis gestaan. Omdat een wedstrijd 90 minuten duurt, heeft hij $\frac{960 \text{ minuten}}{90 \text{ minuten}}$ per wedstrijd = $10\frac{6}{9}$ wedstrijden gespeeld.

Omdat $\frac{960}{90} = \frac{96}{9}$ een onechte breuk is, deel je 96 eerst door 9 en schrijf je de rest op als een breuk. $\frac{96}{9} = 10\frac{6}{9} = 10\frac{2}{3}$ wedstrijd.

TECHNISCHE INFO

De *rest* is de waarde die overblijft wanneer twee getallen op elkaar gedeeld worden.

Het uiterlijk veranderen zonder de waarde te veranderen of wat te doen wanneer je niet lager kunt

Het is altijd fijn als je een breuk kunt vereenvoudigen zodat die handiger in gebruik is. De breuk $\frac{3}{4}$ is veel fijner dan $\frac{447}{596}$. Maar soms werkt de breuk gewoon niet mee. Maar ook dan zijn er nog mogelijkheden: je kunt naar boven of naar beneden afronden en dan kun je vermenigvuldigen met, of delen door, één.

Naar boven of naar beneden afronden

Probeer $\frac{25}{36}$ eens te vereenvoudigen tot de eenvoudigste vorm. 25 is deelbaar door 5 of 25 en 36 is deelbaar door 2, 3, 4, 6, 9, 12, 18 en 36, maar daar zit geen 5 of 25 bij. Ook al zijn 25 en 36 geen van beide priemgetallen, ze hebben geen gemeenschappelijke deler, oftewel factor. De breuk kan niet vereenvoudigd worden.

In het geval dat een breuk niet vereenvoudigd kan worden kun je hem laten zoals hij is, of, als je wilt, kun je de teller of de noemer afronden zodat de breuk wel vereenvoudigd kan worden.

De breuk $\frac{301}{498}$ is bijvoorbeeld niet te vereenvoudigen. Maar als je de teller afrondt op 300 en de noemer op 500, dan kun je de breuk benaderen als $\frac{300}{500}$ en dan vereenvoudigen tot $\frac{3}{5}$. In dit geval verandert de waarde niet veel door het afronden. Je zult zelf moeten beoordelen wanneer dit geoorloofd is en wanneer niet.

Delen door één

BELANGRIJK

Elk getal gedeeld door 1 is dat getal zelf: voor elk reëel getal geldt:

$n \div 1 = n$

Met deze kennis kun je het uiterlijk van een breuk veranderen zonder dat de waarde ervan verandert. Zie je hoe dit werkt in het volgende voorbeeld?

$\frac{8}{12} \div 1$ kan geschreven worden als $\frac{8}{12} \div \frac{4}{4} = \frac{2}{3} = \frac{8}{12}$

Omdat je boven en onder hetzelfde hebt gedaan, heb je eigenlijk alleen door één gedeeld en dat verandert de waarde van de breuk niet, alleen hoe die eruitziet.

Vermenigvuldigen met één

BELANGRIJK

Elk getal vermenigvuldigd met 1 is gelijk aan dat getal zelf: voor elk reëel getal *n* geldt:

$n \times 1 = n$

Net als door te delen, kun je door te vermenigvuldigen met 1 het uiterlijk van een breuk veranderen zonder dat de waarde ervan verandert. Dat wil zeggen:

$4 \times 1 = 4 \qquad -8 \times 1 = -8 \qquad \frac{3}{4} \times 1 = \frac{3}{4}$

In het geval van breuken gebruik je in plaats van 1 een breuk die gelijk is aan 1.

$1 = \frac{3}{3} = \frac{7}{7} = \frac{10}{10}$

Door één geschreven als breuk te gebruiken, kun je de breuk er anders uit laten zien zonder de waarde ervan te veranderen.

$\frac{2}{3} \times 1$ kan ook geschreven worden als $\frac{2}{3} \times \frac{4}{4} = \frac{8}{12} = \frac{2}{3}$

Tabel 3.1 somt enkele alledaagse breuken op.

TABEL 3.1 **Enkele gelijkwaardige breuken**

Breuken	Gelijk aan
$\frac{1}{2} = \frac{2}{4} = \frac{3}{6} = \frac{4}{8} = \frac{5}{10}$	1 helft van een voetbalwedstrijd
$\frac{2}{3} = \frac{4}{6} = \frac{6}{9} = \frac{8}{12} = \frac{10}{15}$	2 periodes van een ijshockeywedstrijd
$\frac{4}{7} = \frac{8}{14} = \frac{12}{21} = \frac{16}{28} = \frac{20}{35}$	4 dagen in de week
$\frac{5}{9} = \frac{10}{18} = \frac{15}{27} = \frac{20}{36} = \frac{25}{45}$	5 innings van een honkbalwedstrijd
$\frac{7}{12} = \frac{14}{24} = \frac{21}{36} = \frac{28}{48} = \frac{35}{60}$	7 maanden per jaar
$\frac{23}{24} = \frac{46}{48} = \frac{69}{72} = \frac{92}{96} = \frac{115}{120}$	23 uur per dag

Breuken bij elkaar laten passen

Om breuken te kunnen optellen, aftrekken of vergelijken, heb je breuken met hetzelfde aantal gelijke delen nodig. Met andere woorden, de noemers moeten gelijk zijn.

Breuken gelijknamig maken

Voor het optellen, aftrekken en vergelijken van breuken zijn gemeenschappelijke noemers (delers), oftewel dezelfde getallen in de noemer, vereist. Door een juiste breuk gelijk aan één te kiezen en daarmee te vermenigvuldigen, verander je de waarde van de breuk niet, maar kun je er wel voor zorgen dat twee breuken dezelfde getallen in de noemer krijgen. Dit wordt ook wel het *gelijknamig* maken van breuken genoemd.

De volgende stappen helpen je een gemeenschappelijke noemer te vinden voor twee breuken en de breuken gelijknamig te maken. Gebruik de breuken $\frac{7}{18}$ en $\frac{5}{24}$ als voorbeeld:

1. **Probeer een gemeenschappelijke noemer te vinden door goed te kijken.**

   De getallen 18 en 24 zijn vrij groot en op het eerste gezicht springt er niets uit. Als je er *wel* een hebt gevonden, kun je gelijk verder gaan naar stap 4.

2. **Bepaal welke van de twee breuken de grootste noemer heeft.**

   In dit geval is 24 de grootste van de twee noemers.

3. **Kijk of de grootste noemer deelbaar is door de kleinste noemer.** Als dat niet zo is, probeer dan een veelvoud van de grootste noemer te vinden, dat deelbaar is door de kleinste noemer.

   Het getal 24 is niet deelbaar door 18. Twee keer 24 is 48, maar dat is ook niet deelbaar door 18. Drie keer 24 is 72 en dat is *wel* deelbaar door 18. De gemeenschappelijke noemer is 72.

4. **Schrijf elk van de breuken als gelijkwaardige breuken met de gemeenschappelijke noemer.**

   Het getal 24 gaat 3 keer in 72, dus wordt de breuk $\frac{5}{24}$ vermenigvuldigd met $\frac{3}{3}$:

   $\frac{5 \times 3}{24 \times 3} = \frac{15}{72}$

   Het getal 18 gaat 4 keer in 72, dus wordt de breuk $\frac{7}{18}$ vermenigvuldigd met $\frac{4}{4}$:

   $\frac{7 \times 4}{18 \times 4} = \frac{28}{72}$

Ga nu aan de hand van dezelfde stappen aan het werk met de breuken $\frac{3}{8}$ en $\frac{5}{12}$:

1. **Vind een gemeenschappelijke noemer.**

   Het getal 24 is zowel een veelvoud van 8 als van 12. Als je dit meteen ziet, kun je direct naar stap 4 gaan.

2. **Bepaal welke van de breuken het grootste getal in de noemer heeft.**

   In dit geval is 12 de grootste van de twee noemers.

3. **Test de veelvouden.**

   Het getal 12 is niet deelbaar door 8. Twee keer 12 is 24 en dat is wel deelbaar door 8. De gemeenschappelijke noemer is dus 24.

4. **Herschrijf als gelijkwaardige breuken.**

   12 past twee keer in 24, dus vermenigvuldig je de breuk $\frac{5}{12}$ met $\frac{2}{2}$:

   $\frac{5 \times 2}{12 \times 2} = \frac{10}{24}$

   8 pas 3 keer in 24, dus vermenigvuldig je de breuk $\frac{3}{8}$ met $\frac{3}{3}$:

   $\frac{3 \times 3}{8 \times 3} = \frac{9}{24}$

TIP

Soms kun je twee breuken snel gelijknamig maken door de twee noemers met elkaar te vermenigvuldigen. Deze methode levert niet altijd de beste of de kleinst mogelijke gemeenschappelijke noemer op, maar is wel erg efficiënt.

Maak de breuken $\frac{5}{8}$ en $\frac{4}{9}$ gelijknamig. De twee noemers met elkaar vermenigvuldigen, levert $8 \times 9 = 72$ op. Nu zie je vanzelf waar dit toe leidt:

» $\frac{5}{8} = \frac{?}{72}$ en $\frac{4}{9} = \frac{?}{72}$

Door de getallen in de teller met dezelfde factoren te vermenigvuldigen, vind je:

$\frac{5 \times 9}{8 \times 9} = \frac{45}{72}$ en $\frac{4 \times 8}{9 \times 8} = \frac{32}{72}$

» Vind een gemeenschappelijke noemer voor $\frac{3}{5}$ en $\frac{5}{12}$.

Vermenigvuldig 5×12 en je vindt 60 als gemeenschappelijke noemer.

$\frac{3}{5} = \frac{36}{60}$ en $\frac{5}{12} = \frac{25}{60}$

Rekenen met onechte breuken

Onechte breuken (zie de paragraaf 'Kennismaken met onechte breuken' eerder in dit hoofdstuk voor een introductie) vermenigvuldigen en delen is niet moeilijker dan andere breuken vermenigvuldigen of delen. Het resultaat begrijpen is echter gemakkelijker als je het antwoord schrijft als een gemengd getal (zie de paragraaf 'Alles door elkaar met gemengde getallen' eerder in dit hoofdstuk).

Om een onechte breuk te veranderen in een gemengd getal, deel je de teller door de noemer. Het aantal keer dat de noemer in de teller past, geeft het gehele getal dat voorop staat en de rest (wat overblijft na het delen) schrijf je als een echte breuk, waarvan de teller kleiner is dan de noemer. Bekijk de overeenkomsten en de verschillen tussen gemengde getallen en onechte breuken in de volgende voorbeelden:

» $\frac{11}{9} = 1\,\frac{2}{9}$: Het getal 9 past één keer in 11 en dan blijft er 2 over.

» $\frac{26}{7} = 3\,\frac{5}{7}$: Het getal 7 past 3 keer in 26 en dan blijft er 5 over.

» $\frac{402}{11} = 36\,\frac{6}{11}$: 11 past 36 keer in 402 en dan blijft er 6 over. Dit laatste voorbeeld maakt vooral duidelijk waarom een gemengd getal beter te begrijpen is.

Breuken aan het werk

Nu je een expert in breuken bent en ze bij hun werkelijke naam kent, hun karaktereigenschappen en sterke en zwakke punten kent, is het tijd ze aan het werk te zetten. De regels voor het optellen, aftrekken, vermenigvuldigen en delen van breuken zijn hetzelfde als voor variabelen. Dat is een hele geruststelling! De regels blijven hetzelfde.

Breuken optellen en aftrekken

Breuken optellen en aftrekken vereist wat extra aandacht. Je kunt kilo's en ponden optellen als je ze om kunt rekenen in dezelfde eenheid. Hetzelfde geldt voor breuken. Je kunt zesden en derden optellen als je ze kunt uitdrukken in een gemeenschappelijke noemer.

TECHNISCHE INFO

Om breuken op te tellen of af te trekken, ga je als volgt te werk:

1. **Maak de breuken gelijknamig.**
   Hoe je dit doet, vind je in de paragraaf 'Breuken gelijknamig maken'.
2. **Tel de tellers op (of trek ze af) en laat de noemers met rust.**
3. **Vereenvoudig het antwoord als dat nodig is.**

Een vraagstuk over de voetballer Abel laat dit zien:

» In de voetbalwedstrijd van gisteren speelde Abel een halfuur mee en in die van vandaag 20 minuten. Hoe lang heeft Abel bij elkaar gespeeld?

Stel een eenvoudige vergelijking op, zoals $\frac{1}{2} + \frac{1}{3}$, voor het aantal uren dat Abel gespeeld heeft.

Een half en een derde passen niet bij elkaar. Je kunt niet zomaar de tellers en de noemers optellen, want tweevijfde is complete onzin ($\frac{1}{2} + \frac{1}{3}$ is niet gelijk aan $\frac{2}{5}$). Maar je weet dat $\frac{1}{2}$ ook $\frac{2}{4}, \frac{3}{6}, \frac{4}{8}, \frac{5}{10}$ en nog veel andere dingen kan zijn, net als $\frac{1}{3}$ ook nog veel andere dingen kan zijn. Dus je kunt de twee breuken bij elkaar laten passen door zowel de teller als de noemer met hetzelfde getal te vermenigvuldigen: vermenigvuldig $\frac{1}{2}$ met $\frac{3}{3}$ zodat je $\frac{3}{6}$ krijgt: vermenigvuldig $\frac{1}{3}$ met $\frac{2}{2}$ zodat je $\frac{2}{6}$ krijgt ($\frac{3}{3} = 1 = \frac{2}{2}$).

Nu zie je dat zowel $\frac{1}{2}$ als $\frac{1}{3}$ herschreven kunnen worden met een 6 in de noemer, zodat ze wel bij elkaar passen: $\frac{1}{2}$ en $\frac{1}{3}$ zijn gelijk aan $\frac{3}{6}$ en $\frac{2}{6}$.

Nu kun je de tellers van $\frac{3}{6}$ en $\frac{2}{6}$ optellen.

Je lost dan deze vergelijking op: $\frac{1}{2} + \frac{1}{3} = \frac{3}{6} + \frac{2}{6} = \frac{3+2}{6} = \frac{5}{6}$

Abel speelde in totaal $\frac{5}{6}$ van een uur.

Een ander uit het leven gegrepen voorbeeld laat zien hoe je breuken bij elkaar kunt laten passen, zodat je ze kunt aftrekken.

» In haar testament heeft Ellie laten vastleggen dat $\frac{4}{7}$ van haar geld naar de Humanitaire Stichting gaat en $\frac{1}{3}$ van haar geld naar andere liefdadigheidsinstellingen. Hoeveel is er dan over voor de erfenis aan de kinderen?

De breuken $\frac{4}{7}$ en $\frac{1}{3}$ passen niet bij elkaar. Je kunt ze niet samenvoegen of vergelijken.

De breuk $\frac{4}{7}$ kan ook geschreven worden als $\frac{8}{14}, \frac{12}{21}, \frac{16}{28}$ of nog veel meer.

De breuk $\frac{1}{3}$ kan ook geschreven worden als $\frac{2}{6}, \frac{3}{9}, \frac{4}{12}, \frac{5}{15}, \frac{6}{18}, \frac{7}{21}$ en nog veel meer.

Soms duurt het wel even voordat je een goede match vindt, maar $\frac{4}{7} = \frac{12}{21}$ en $\frac{1}{3} = \frac{7}{21}$.

Tel de tellers bij elkaar op om het totale deel te vinden dat Ellie aan liefdadigheid nalaat.

$\frac{12}{21} + \frac{7}{21} = \frac{19}{21}$

Trek dat deel af van het geheel van Ellie's bezittingen om te bepalen welk deel er overblijft voor haar kinderen.

$\frac{21}{21} - \frac{19}{21} = \frac{2}{21}$

Ellie's kinderen krijgen dus $\frac{2}{21}$ deel van haar vermogen.

Breuken vermenigvuldigen

Breuken vermenigvuldigen is een stuk eenvoudiger dan ze optellen of aftrekken. Je hoeft ze daarvoor namelijk niet eerst gelijknamig te maken. De enige truc is gemengde getallen eerst te veranderen in een onechte breuk. Daarna moet je helemaal aan het einde de onechte breuk misschien weer terug veranderen in een gemengd getal.

Om breuken te vermenigvuldigen, voer je deze stappen uit:

1. **Verander alle gemengde getallen in onechte breuken.**
2. **Vermenigvuldig de tellers met elkaar en de noemers met elkaar.**
3. **Vereenvoudig het antwoord als dat nodig is.**

Aan de hand van de verhaaltjes van Fred en Frida vermenigvuldigen we breuken:

» Fred at $\frac{2}{3}$ van een $\frac{3}{4}$-pondspak drop op. Hoeveel drop heeft hij opgegeten?

$\frac{2}{3} \times \frac{3}{4} = \frac{6}{12} = \frac{1}{2}$ pond drop (en een heleboel calorieën).

» Frida maakte $10\frac{2}{3}$ overuren waarvoor ze anderhalf keer zo veel uitbetaald krijgt. Voor hoeveel uur wordt ze dus betaald?

$10\frac{2}{3} \times 1\frac{1}{2} = \frac{32}{3} \times \frac{3}{2} = \frac{96}{6} = 16$ werkuren, die vermenigvuldigd moeten worden met het uurloon.

TIP

Breuken vereenvoudigen voordat je ze vermenigvuldigt, maakt het leven vaak makkelijker. Kleinere getallen zijn meestal makkelijker om mee te werken en als je een breuk vereenvoudigt voordat je vermenigvuldigt, hoef je dat naderhand niet meer te doen.

Een andere manier om Freds snoepprobleem te bekijken, gaat als volgt:

» In de uitdrukking $\frac{2}{3} \times \frac{3}{4}$ staat er een 2 in de eerste teller en een 4 in de tweede noemer. Zelfs al staan deze twee getallen niet in dezelfde breuk, het gaat hier om vermenigvuldigen. Vermenigvuldigen is een commutatieve bewerking en het maakt dus niet uit in welke volgorde je de getallen vermenigvuldigt. Je kunt dus doen alsof de 2 en de 4 wel in dezelfde breuk staan.

Door de eerste teller en de tweede noemer allebei door 2 te delen, krijg je dus:

$\frac{2}{3} \times \frac{3}{4} = \frac{1}{3} \times \frac{3}{2}$

Maar in $\frac{1}{3} \times \frac{3}{2}$ staat er een 3 in de eerste noemer en ook een 3 in de tweede teller. Die kun je dus allebei delen door 3!

Dus $\frac{1}{3} \times \frac{3}{2} = \frac{1}{1} \times \frac{1}{2} = \frac{1}{2}$, hetzelfde antwoord als in het eerste voorbeeld.

In het vorige voorbeeld waren beide methoden, vereenvoudigen voor of na het vermenigvuldigen, vrij eenvoudig. Het volgende voorbeeld laat zien hoe belangrijk het kan zijn te vereenvoudigen *voordat* je vermenigvuldigt.

» Vermenigvuldig de twee breuken $\frac{360}{121} \times \frac{77}{900}$.

De teller van de eerste breuk en de noemer van de tweede breuk zijn allebei deelbaar door 180.

$\frac{360}{121} \times \frac{77}{900} = \frac{2}{121} \times \frac{77}{5}$

De noemer van de eerste breuk en de teller van de tweede breuk zijn beide deelbaar door 11.

$\frac{2}{121} \times \frac{77}{5} = \frac{2}{11} \times \frac{7}{5}$

Nu is het vermenigvuldigen eenvoudig:

$\frac{2}{11} \times \frac{7}{5} = \frac{14}{55}$

Dat is toch veel makkelijker dan de oorspronkelijke opgave!

Optellen en vermenigvuldigen hebben nog een interessante eigenschap die aftrekken en delen niet hebben. Je kunt deze bewerkingen namelijk uitvoeren op meer dan twee breuken tegelijkertijd.

» Het volgende voorbeeld laat zien hoe je drie breuken met elkaar vermenigvuldigt. Je komt deze situatie bijvoorbeeld tegen wanneer je twee kortingen op de originele prijs berekent.

$\frac{5}{6} \times \frac{3}{8} \times \frac{4}{7} = \frac{5 \times 3 \times 4}{6 \times 8 \times 7} = \frac{60}{336} = \frac{5}{28}$

Je kunt dit gemakkelijker maken als je eerst vereenvoudigt: de 4 en de 8 in de derde teller en de tweede noemer en de 3 en de 6 in de tweede teller en de eerste noemer.

» In dit voorbeeld komen gemengde getallen voor:

$3\frac{1}{3} \times 5\frac{1}{4} \times 2 = \frac{10}{3} \times \frac{21}{4} \times \frac{2}{1}$

Eerst vereenvoudigen betekent boven en onder delen:

$\frac{10}{3} \times \frac{21}{4} \times \frac{2}{1} = \frac{10}{1} \times \frac{7}{2} \times \frac{1}{1} = \frac{70}{2} = 35$

Breuken delen

Breuken delen is makkelijk zat! Denk daarbij aan het overgebleven stuk taart verdelen in genoeg stukjes voor iedereen aan tafel. Eigenlijk is het net als het vermenigvuldigen van breuken, behalve dat de teller en de noemer van de tweede breuk van plek verwisselen.

BELANGRIJK

Als je breuken op elkaar deelt, volg dan deze stappen:

1. **Verander alle gemengde getallen in onechte breuken.**
2. **Draai de tweede breuk om zodat de teller de noemer wordt en de noemer de teller.**
3. **Vermenigvuldig nu de twee breuken.**

Het volgende voorbeeld laat zien hoe dit werkt:

» Je hebt $6\frac{1}{2}$ ons kogelbiefstuk gekocht en wilt het in stukjes van $\frac{3}{4}$ ons per stuk snijden.

$6\frac{1}{2} \div \frac{3}{4} = \frac{13}{2} \div \frac{3}{4} = \frac{13}{2} \times \frac{4}{3} = \frac{52}{6} = 8\frac{4}{6} = 8\frac{2}{3}$

De uitkomst van $8\frac{2}{3}$ stuk betekent dat je de biefstuk in 8 stukken van $\frac{3}{4}$ ons kunt snijden en dat je dan een klein stukje overhoudt.

TECHNISCHE INFO

MISBRUIK VAN DE DECIMAALKOMMA

Verkeerd gebruik van de decimaalkomma kan een dure grap zijn. Negenennegentig cent kan geschreven worden als 99 cent of met het euroteken als € 0,99. Onzorgvuldigheid of gewoon onkunde zorgt ervoor dat je soms 0,99 cent ziet staan. Je gaat er dan maar van uit dat er 99 cent bedoeld wordt, maar dat *staat* er niet. Een prijs van 0,99 cent betekent negenennegentig honderdsten van een cent, net geen cent dus.

Een vriend van me hield een hamburgerrestaurant eens aan deze prijs. Ze adverteerden met een superhamburger voor de normale prijs en elke extra voor 0,99 cent. Hij bestelde een normaal geprijsde hamburger en nog twee voor één cent per stuk. (Hij was zo aardig het bedrag op een hele cent af te ronden.) Toen de verbaasde verkoper eindelijk door had wat er aan de hand was, gaf hij mijn vriend gelijk. Die wilde er eigenlijk helemaal niet zo'n punt van maken. Hij wilde ze alleen wijzen op de fout die ze gemaakt hadden. Reken maar dat die komma snel op de juiste plaats werd gezet.

Hoe ga je om met decimalen

Decimale getallen zijn niet anders dan veredelde breuken. Ze zijn speciaal omdat er in de noemer altijd 10, 100, 1000 enzovoort staat, machten van 10 dus. Omdat ze zo speciaal zijn, hoef je je niet eens om de noemer te bekommeren. Je schrijft alleen de teller op en gebruikt een decimaalkomma om aan te geven dat het eigenlijk een breuk is.

PAS OP

De decimaalkomma ziet er hetzelfde uit als een komma in een zin, een heel klein teken dus, waar je gemakkelijk overheen kijkt. Nog belangrijker is dat je goed kijkt *waar* in het getal de komma staat. Tenslotte is het goed om te weten dat soms een punt wordt gebruikt in plaats van een komma: in veel landen, vooral Angelsaksische landen, is dit zelfs de enige correcte schrijfwijze.

BELANGRIJK

Het aantal getallen achter de komma is gelijk aan de macht van tien die impliciet in de noemer gebruikt wordt.

Bekijk de plaats van de decimaalkomma in de volgende voorbeelden:

- 0,3 heeft slechts één cijfer (3) rechts van de decimaalkomma. 0,3 staat dus voor $\frac{3}{10}$.
- 0,408 heeft drie cijfers (408) rechts van de decimaalkomma. 0,408 is dus gelijk aan $\frac{408}{1000}$.
- 60,0003 heeft vier cijfers (0003) rechts van de decimaalkomma. 60,0003 is dus gelijk aan 60 plus $\frac{3}{10.000}$.

TECHNISCHE INFO

Een *cijfer* is één enkel getal van nul tot negen.

Decimale breuken zijn geweldig omdat je ze zo makkelijk kunt optellen, aftrekken, vermenigvuldigen en delen. Daarom is het vaak handig een breuk om te zetten in een decimaal getal.

Breuken omzetten in decimale getallen

Alle breuken kunnen omgezet worden in decimale getallen. In hoofdstuk 1 heb ik je verteld dat rationale getallen een decimaal hebben die exact geschreven kan worden als breuk. Rationale getallen hebben een eindige decimaal of een decimaal die een herhalend patroon laat zien. Hier laat ik zien hoe je breuken kunt veranderen in decimale getallen.

BELANGRIJK

Om een breuk te veranderen in een decimaal getal, deel je de teller door de noemer in een staartdeling.

$\frac{3}{4}$ wordt dan	4 / 3,00 \ 0,75	
0,7	2,80	
0,05	0,20	
	0,20	
	0	

dus $\frac{3}{4}$ = 0,75.

$\frac{15}{8}$ wordt dan	8 / 15,000 \ 1,875	
1	8	
	7,000	
0,8	6,400	
	0,600	
0,07	0,560	
	0,040	
0,005	0,040	
	0	

dus $\frac{15}{8}$ = 1,875.

Als er geen eindig getal uit de deling komt, kun je na een bepaald aantal decimalen stoppen en het getal *afronden*.

BELANGRIJK

Op de volgende manier rond je getallen af:

1. **Bepaal het aantal decimalen dat je wilt weergeven en ga er dan één verder.**
2. **Verhoog het laatste cijfer dat je wilt weergeven met één als het volgende cijfer vijf of meer is.**
3. **Laat het laatste cijfer dat je wilt weergeven zoals het is als het volgende cijfer lager dan 5 is.**

De breuk $\frac{5}{9}$ komt niet uit op een mooi rond getal en geschreven als decimaal gaat het getal oneindig verder. Je moet dus delen en beslissen waar je wilt stoppen.

Verander de breuk $\frac{5}{9}$ in een decimaal getal.

	9 / 5,000 \ 0,5555...
0,5	4,500
	0,500
0,05	0,450
...	0,050

Als je besluit af te ronden op drie decimalen, dan geldt $\frac{5}{9}$ = 0,5555... ≈ 0,556.

BELANGRIJK

Het symbool ≈ betekent *ongeveer gelijk aan*. Het is een handig symbool wanneer je getallen moet afronden.

» Probeer nu 1 $\frac{5}{8}$ te veranderen in een decimaal getal.

$1\frac{5}{8} = \frac{13}{8}$

	8 / 13,000 \ 1,625
1	8
	———
	5,000
0,6	4,800
	———
	0,200
0,02	0,160
	———
	0,040
0,005	0,040
	———
	0

» Probeer $\frac{4}{7}$ te veranderen in een decimaal getal.

7/4,000000000000...\0,571428571428...

Als je dit afrondt op 4 decimalen dan is het antwoord $\frac{4}{7}$ ≈ 0,5714.

Als je dit afrondt op 5 decimalen dan is het antwoord $\frac{4}{7}$ ≈ 0,57143.

Decimalen omzetten in breuken

TECHNISCHE INFO

Om een decimaal te veranderen in een breuk, zet je de getallen achter de komma in de teller van de breuk. In de noemer zet je een één en daarna net zo veel nullen als er cijfers in de teller staan. Vervolgens vereenvoudig je de breuk zo nodig.

» Verander 0,36 in een breuk:

$0{,}36 = \frac{36}{100} = \frac{9}{25}$

Het getal 36 bestaat uit twee cijfers, dus de 1 in de noemer wordt gevolgd door twee nullen.

» Verander 0,403 in een breuk:

$0{,}403 = \frac{403}{1000}$

Het getal 403 heeft drie cijfers, dus de 1 in de noemer wordt gevolgd door drie nullen.

» Verander 0,0005 in een breuk:

$0{,}0005 = \frac{5}{10.000} = \frac{1}{2000}$

Vergeet niet de nullen (achter de komma) voor de 5 mee te tellen als je het aantal cijfers telt.

» Verander 3,025 in een breuk:

$3{,}025 = 3\frac{25}{1000} = 3\frac{1}{40}$

Makkelijk zat als je decimaalplaatsen en nullen kunt tellen.

IN DIT HOOFDSTUK

- Gigantische getallen weergeven met exponenten
- Het minuscule bereikbaar maken
- Bewerkingen uitvoeren met exponenten en wortels
- Werken met wortels

Hoofdstuk 4

Exponenten en wortels

Exponenten zijn die kleine getalletjes die je iets verhoogd rechts van getallen ziet staan. Ze werden ontwikkeld zodat wiskundigen zichzelf niet steeds hoefden te herhalen! Maar wat is een exponent? Een *exponent* is het kleine getal dat in superscript rechtsboven een groter getal gedrukt staat, en vertelt je hoe vaak het grotere getal, het grondtal, met zichzelf vermenigvuldigd wordt. Drie tot de vierde macht (3^4) is dus bijvoorbeeld drie, vier keer met zichzelf vermenigvuldigd. Begrepen? Kijk maar wat er gebeurt.

$$3^4 = 3 \times 3 \times 3 \times 3 = [(3 \times 3) \times 3] \times 3 = 81$$

Dus eigenlijk is 3 tot de 4e macht (3^4) een andere manier om 81 te zeggen.

BELANGRIJK

Wanneer je haakjes of andere groeperingsymbolen tegenkomt, doe je eerst wat binnen de haakjes staat, voordat je de andere bewerkingen uitvoert. Meer informatie over het gebruik van haakjes vind je in hoofdstuk 1.

Hetzelfde telkens weer vermenigvuldigen

Toen de wiskunde voor het eerst helemaal met symbolen werd opgeschreven, in plaats van met woorden, bestonden er nog geen exponenten. Wanneer je de variabele y zes maal met zichzelf wilde vermenigvuldigen, schreef je *yyyyyy*. Dezelfde variabele steeds opnieuw opschrijven was nogal omslachtig en dus werd het wonderlijke systeem van exponenten bedacht.

BELANGRIJK

Een *variabele* geeft een onbekend getal weer of datgene waarvoor je probeert op te lossen in een wiskundige vergelijking.

EEN KONINKLIJKE SCHULD EXPONENTIEEL AFBETAALD

TECHNISCHE INFO

Er gaat een oud verhaal over een koning die zijn belofte aan een ridder, die zijn kasteel redde van een vuurspuwende draak, niet nakwam. De koning sprak met de dappere ridder af hem twee zakken goud te betalen als hij met succes de draak zou verslaan.

Nadat de ridder de draak inderdaad had verslagen, had de koning niet meer zoveel zin hem te betalen: er liep immers geen vuurspuwende draak meer rond! Uit frustratie hierover gooide de ridder, die zijn zuur verdiende loon graag wilde incasseren, het op een akkoordje met de koning: op 1 januari zou de koning hem 1 cent betalen en op iedere daaropvolgende dag zou de koning het bedrag verdubbelen totdat het eind april was. Op 2 januari zou de koning hem dus 2 cent betalen, op 3 januari 4 cent enzovoort. Op 4 januari zou de koning hem 8 cent betalen. Op 5 januari zou de koning hem 16 cent betalen. En dit zou zo doorgaan tot 30 april. De koning dacht dat dit een goede deal was. De ridder vroeg hem immers slechts om een paar van zijn allerkleinste munten. Dus hij ging op het aanbod in en begon de ridder te betalen. Tot eind januari ging alles vrij goed. Op 20 januari moest de koning 524.288 cent betalen. Maar toen, op 20 februari, moest hij 109.951.162.800 cent betalen. Op de laatste dag, 30 april, moest hij meer dan 66.461.399.790.000.000.000.000.000.000.000.000 cent betalen. Als je alle centen van alle dagen optelt, kom je op een totaal van meer dan 132.922.799.600.000.000.000.000.000.000.000.000 cent.

Dat is meer dan een triljoen euro. Drie keer raden wie er toen koning was!

De exponentiële notatie aan de macht

Getallen noteren met exponenten is één ding, maar weten wat deze exponenten betekenen en wat je ermee kunt doen is een tweede. Het gebruik van exponenten is zo handig dat het de moeite loont de regels ervoor goed te onthouden.

BELANGRIJK

Een exponent is een klein gedrukt getal rechtsboven het grondtal, het getal dat je met zichzelf vermenigvuldigt. De exponent wordt gewoonlijk in een kleiner lettertype gedrukt dan het grondtal. Het grondtal kan elk willekeurig reëel getal zijn (in de woordenlijst vind je een definitie van een reëel getal). De exponent, ook wel de macht, kan ook elk willekeurig reëel getal zijn. De exponent kan positief of negatief zijn, een breuk of zelfs een wortel. Het volgende voorbeeld laat zien hoe handig het gebruik van exponenten kan zijn.

$x^n = x \cdot x \cdot x \cdot x \cdot x \ldots n\ keer$

x: het grondtal	x kan elk willekeurig reëel getal zijn
n: de macht of de exponent	n kan elk willekeurig reëel getal zijn

BELANGRIJK

Hoewel in de uitdrukking x^n zowel de x als de n elk willekeurig reëel getal kunnen zijn, kunnen ze niet allebei tegelijkertijd 0 zijn. 0^0 heeft geen betekenis in de wiskunde. Het vergt een cursus calculus (ook wel analyse genoemd) om aan te tonen dat dit zo is. Ook geldt er dat als x gelijk is aan 0, n dan niet negatief kan zijn.

In de voorbeelden hierna wordt het grondtal n maal vermenigvuldigd en wordt de exponentiële uitdrukking uitgerekend.

$$2^4 = 2 \cdot 2 \cdot 2 \cdot 2 = 16$$

$$3^5 = 3 \cdot 3 \cdot 3 \cdot 3 \cdot 3 = 243$$

$$10^8 = 10 \cdot 10 \cdot 10 \cdot 10 \cdot 10 \cdot 10 \cdot 10 \cdot 10 = 100.000.000$$

TIP

Voor machten van 10 vertelt de exponent je hoeveel nullen er in het antwoord staan.

In het volgende voorbeeld worden er verschillende grondtallen met elkaar vermenigvuldigd. Elk grondtal heeft zijn eigen afzonderlijke exponent. De x, y en z stellen reële getallen voor.

$$3^3x^2y^4z^6 = 3 \cdot 3 \cdot 3 \cdot x \cdot x \cdot y \cdot y \cdot y \cdot y \cdot z \cdot z \cdot z \cdot z \cdot z \cdot z$$

Nu zie je waarom het zo handig is om exponenten te gebruiken. En in het volgende voorbeeld bestaat het grondtal uit twee termen. De haakjes geven aan dat je de twee waarden eerst moet optellen voordat je de exponent toepast.

$$(a + b)^3 = (a + b) \cdot (a + b) \cdot (a + b)$$

Exponenten vergelijken

Waarden vergelijken is gemakkelijker als je exponenten gebruikt. Probeer deze twee getallen eens te vergelijken: 943.260.000.000.000.000.000.000 en 8.720.000.000.000.000.000.000.000. Het eerste getal lijkt misschien groter vanwege de eerste drie cijfers, maar dat is niet zo. Om de echte waarde van een groot getal te ontdekken volg je de volgende stappen. Herschrijf de getallen door te vermenigvuldigen en exponenten te gebruiken:

1. **Schrijf het getal als een getal tussen 1 en 10, maal een macht van 10.**

   Met de hiervoor genoemde getallen krijg je dan dit:

   943.260.000.000.000.000.000.000 =
   9,4326 × 100.000.000.000.000.000.000.000

en

8.720.000.000.000.000.000.000.000 =
8,72 × 1.000.000.000.000.000.000.000.000

2. **Schrijf elke macht van 10 als een exponentiële uitdrukking, waarbij de macht het aantal nullen weergeeft.**

   In dit voorbeeld wordt dit dan:

   943.260.000.000.000.000.000.000 = 9,4326 × 10^{23}

   en

   8.720.000.000.000.000.000.000.000 = 8,72 × 10^{24}

3. **Vergelijk de getallen.**

   Het getal met de hoogste macht van 10 is het grootste getal. Als de machten gelijk zijn, vergelijk dan de getallen waarmee de machten van 10 vermenigvuldigd worden.

   8,72 × 10^{24} > 9,4326 × 10^{23}

Waarom is het getal met de grootste macht van 10 het grootst? Kijk eens naar deze twee getallen, die wat beter te behappen zijn (ze hebben wat minder nullen).

Vergelijk 8 × 10^2 en 9 × 10^1. Je vergelijkt dus 8 × 100 = 800 en 9 × 10 = 90. Ook al is de 9 groter dan de 8, de grootste macht van 10 'wint'.

De wetenschappelijke notatie noteren

Als je het hebt over de afstand tussen planeten, het aantal zandkorrels in een emmer zand of de staatsbegroting, dan heb je het over grote getallen. Hele kleine getallen worden gebruikt als je plant- of diercellen wilt opmeten, als je het over de afmetingen van atomen hebt of over andere minuscule zaken. De standaardmethode om zulke hele grote en hele kleine getallen op te schrijven is de *wetenschappelijke notatie*, die ervoor zorgt dat deze getallen passen op de regel van een boek en dat ze makkelijker te vergelijken zijn. Getallen in deze vorm zijn ook handiger om berekeningen mee uit te voeren.

TECHNISCHE INFO

EXPONENTEN

De eerste exponenten verschenen rond 1636, toen het grondtal gewoon op de regel werd geschreven en de exponent iets hoger rechts daarvan. De eerste exponenten werden met Romeinse cijfers aangegeven, dus *y* tot de macht drie zou geschreven worden als y^{III}. In het begin waren er nog veel mensen die deze nieuwe schrijfwijze maar niets vonden en gewoon *yyy* bleven gebruiken voor *y* tot de derde macht. René Descartes had de gewoonte twee niet als exponent te gebruiken. Hij gaf er de voorkeur aan a^2 te blijven schrijven als *aa*. Het was Isaac Newton die als eerste ook negatieve getallen en breuken in de exponent gebruikte.

TECHNISCHE INFO

De algemene vorm van een getal in de wetenschappelijke notatie is: $N \times 10^a$, waarin *N* een getal is tussen 1 en 10 (zonder 10 zelf) en waarin *a* een geheel getal is (positief of negatief).

Je kunt grote en kleine getallen schrijven in de wetenschappelijke notatie door de decimaalkomma naar links of naar rechts te verplaatsten totdat de nieuwe vorm een getal is tussen 1 en 10 en vervolgens het aantal plaatsen dat de komma verschoven is aan te geven als de macht van 10.

BELANGRIJK

Of de macht van 10 positief of negatief is, is afhankelijk van de richting waarin je de decimaalkomma hebt verschoven, naar rechts of naar links. De komma naar rechts verplaatsen, geeft je een negatieve exponent; de komma naar links verplaatsen, geeft je een positieve exponent. De volgende voorbeelden laten zien hoe dit werkt.

» $41.000 = 4{,}1 \times 10^4$

Verschuif de decimaalkomma 4 plaatsen naar links en vermenigvuldig met 10 tot de macht 4.

» $312.000.000.000 = 3{,}12 \times 10^{11}$

De plek van de decimaalkomma is 11 plaatsen naar links verschoven.

» $0{,}00000031 = 3{,}1 \times 10^{-7}$

De decimaalkomma is nu 7 plaatsen naar *rechts* verschoven. Dit is een heel *klein* getal en daarom is de exponent negatief.

» $0{,}2 = 2 \times 10^{-1}$

De decimaalkomma is 1 plaats naar rechts opgeschoven.

Exponentiële uitdrukkingen verkennen

Door hele grote en hele kleine getallen uit te drukken in machten van 10, zijn ze veel gemakkelijker te gebruiken! Dat geldt ook wanneer je dezelfde bewerking telkens weer moet uitvoeren.

Stel je een kat voor die achter een muis aan zit. Ze zijn ongeveer 100 centimeter van elkaar verwijderd. Telkens als de muis aan het stuk kaas begint te knabbelen, maakt de kat gebruik van het feit dat de muis even afgeleid is en sluipt naderbij over een tiende van hun onderlinge afstand. Hij wil de muis tot een centimeter of 6 naderen, zodat hij een tik kan uitdelen. Hoe ver zijn ze van elkaar verwijderd na 4 sluipbewegingen? En na 10 stappen? En hoe lang duurt het voordat de kat kan toeslaan?

Gebruik de volgende stappen om achter je eigen muizen aan te gaan (of om een afstand in het algemeen te bepalen).

1. **Druk de toe- of afname in afstand uit als een fractie, een breuk dus.**

   In het voorbeeld is dat gemakkelijk want de kat sluipt telkens een tiende van de afstand dichterbij.

2. **Vermenigvuldig de totale afstand met de fractie zodat je de grootte van de stap vindt.**

   De kat en de muis bevinden zich 100 cm van elkaar vandaan en daarom vermenigvuldig je 100 keer $\frac{1}{10}$, zodat je 10 cm vindt.

3. **Trek de lengte van de stap af van de huidige afstand.**

   100 cm min 10 cm laat nog een afstand van 90 cm tussen hen.

4. **Vermenigvuldig de huidige afstand met de fractie om de grootte van de tweede sluipbeweging te vinden.**

   Voor de tweede stap vermenigvuldig je 90 met $\frac{1}{10}$ zodat je 9 cm krijgt.

5. **Trek de grootte van de stap af van de huidige afstand.**

   90 cm min 9 cm levert een nieuwe afstand van 81 cm op.

6. **Vermenigvuldig de huidige afstand met de fractie om de grootte van de derde stap te vinden.**

   Voor de derde stap vermenigvuldig je 81 met $\frac{1}{10}$, zodat je 8,1 cm krijgt.

7. **Trek de lengte van de derde stap af van de huidige afstand.**

   81 cm min 8,1 cm = 72,9 cm die hen scheidt.

Enzovoort, enzovoort. (Ben je niet blij dat de kat geen 200 cm weg was?)

Er is echter een eenvoudigere manier. In plaats van telkens een tiende van de overgebleven afstand uit te rekenen en die af te trekken, kun je telkens de overblijvende afstand bepalen als negen tiende van de afstand voordat de kat een stap maakt. Eén tiende plus negen tiende is immers gelijk aan één, de gehele afstand dus.

Bij elke stap vermenigvuldig je nu $\frac{9}{10}$ (de fractie van de afstand die overblijft) met de huidige afstand. Negen tiende maal de huidige afstand = de nieuwe afstand. Zo hoef je telkens maar één bewerking uit te voeren.

1. **Bepaal de onderlinge afstand nadat de kat de eerste stap heeft gemaakt door $\frac{9}{10}$ te vermenigvuldigen met de huidige afstand.**

   $\frac{9}{10}$ van 100 = $\frac{9}{10} \times 100 = 90$ cm tussen hen in.

2. **Bepaal de onderlinge afstand nadat de kat de tweede stap heeft gemaakt door $\frac{9}{10}$ te vermenigvuldigen met de huidige afstand.**

   $\frac{9}{10}$ van 90 = $\frac{9}{10} \times 90 = 81$ cm tussen hen in.

3. **Bepaal de onderlinge afstand nadat de kat de derde stap heeft gemaakt door $\frac{9}{10}$ te vermenigvuldigen met de huidige afstand.**

   $\frac{9}{10}$ van 81 = $\frac{9}{10} \times 81 = 72{,}9$ cm tussen hen in.

4. **Bepaal de onderlinge afstand nadat de kat de vierde stap heeft gemaakt door $\frac{9}{10}$ te vermenigvuldigen met de huidige afstand.**

   $\frac{9}{10}$ van 72,9 = $\frac{9}{10} \times 72{,}9 = 65{,}61$ cm tussen hen in.

BELANGRIJK

Zoals je ziet, wordt dit opnieuw een vervelende bezigheid. De beste manier om het antwoord te vinden is door exponenten te gebruiken. Het antwoord bepalen door gebruik te maken van machten, oftewel exponenten, kan de berekening veel eenvoudiger maken. Driemaal is scheepsrecht voor het berekenen van de afstand tussen de kat en de muis. Volg gewoon deze stappen:

Afstand tot toeslaan = $100(\frac{9}{10})^n$, waarin n het aantal stappen is dat de kat heeft gemaakt.

De bewerking binnen de haakjes moet je eerst uitvoeren.

Omdat de breuk $\frac{9}{10}$ binnen de haakjes staat, moet je het machtsverheffen toepassen op de hele breuk. Je vermenigvuldigt de breuk dus n keer met zichzelf, voordat je hem met 100 vermenigvuldigt.

» Bepaal de afstand tussen de kat en de muis door deze formule te gebruiken: na de derde keer is de afstand tussen hen $100(\frac{9}{10})^3 = 72{,}9$ cm.

Na de tiende beweging bedraagt hun onderlinge afstand $100(\frac{9}{10})^{10} \approx 34{,}87$ cm. Dit is nog te ver om toe te kunnen slaan. Ik gebruik hier het symbool ≈ om de uitkomst bij benadering aan te geven, want in feite heeft het antwoord nog veel meer decimalen, maar die zijn niet belangrijk.

Na de 26e stap is de afstand gereduceerd tot $100(\frac{9}{10})^{26} = 6{,}46$ cm.

Nog één stap en de muis komt binnen de 6-cm reikwijdte van de kat. Denk je echt dat de muis het na 26 keer nog niet in de gaten had? Als dat het geval is, dan verdient hij het om opgevreten te worden.

Nog een paar snelle voorbeelden:

» Bepaal de bevolkingsgrootte van een stad als die met 5 procent per jaar groeit en in 1990 10.000 bedroeg. De vergelijking die je hiervoor nodig hebt, luidt:

Bevolking = $10.000(1{,}05)^n$. Hierin staat n voor het aantal jaar dat verstreken is sinds 1990. In 1995 is n gelijk aan 5, zodat de bevolking $10.000(1{,}05)^5 \approx 12.763$ bedraagt.

Je moet hier natuurlijk op een geheel getal afronden en het 'ongeveer gelijk aan'-symbool gebruiken, omdat mensen niet in fracties voorkomen.

» Je wilt de totale afstand bepalen die een stuiterbal aflegt wanneer die n keer stuitert en telkens weer omhoog stuitert tot 75 procent van de afstand die hij omlaag viel. Je laat de stuiterbal vanaf een hoogte van 40 meter uit een flatgebouw op een vlak trottoir vallen.

De vergelijking die je hiervoor gebruikt, luidt:

Afstand = $40 + 240[1 - 0{,}75^n]$.

Hierin staat n voor het aantal keer dat de bal stuitert. De totale afstand kan dan gevonden worden met de formule.

Na 1 keer stuiteren en vlak voor de tweede keer, bedraagt de totale afstand 40 meter + 30 meter + 30 meter = 100 meter.

Controleer dit met de formule:

Afstand = $40 + 240[1 - 0{,}75^1] = 100$ meter.

Na 10 keer stuiteren, bedraagt de totale afstand 40 meter + 30 meter + 30 meter + 22,5 meter + ... WAAAH! Gebruik liever de formule!

Afstand = $40 + 240[1 - 0{,}75^{10}] \approx 266{,}48$ meter.

Ik geef je hier alleen de formule, zonder alle stappen die eraan ten grondslag liggen om de bevolking of de afstand te bepalen. Maar je ziet nu hoe het mogelijk is dit soort opgaven op te lossen. Je hebt wellicht nog iets meer informatie nodig over rijen en series, maar het wiskundige gedeelte kun je nu aan.

Exponenten vermenigvuldigen

Je kunt exponentiële uitdrukkingen met elkaar vermenigvuldigen zonder dat je ze eerst hoeft uit te schrijven in de kleine of grote getallen waar ze voor staan. De enige vereiste is dat de grondtallen van de exponentiële uitdrukkingen allemaal hetzelfde zijn. Het antwoord is dan ook een nette exponentiële uitdrukking.

BELANGRIJK

x^n; x is het grondtal: het kan elk willekeurig reëel getal zijn. n is de macht of de exponent: dit kan ook elk reëel getal zijn. Om twee van dit soort getallen met elkaar te vermenigvuldigen, moeten de grondtallen hetzelfde zijn. Je kunt dus wel $2^4 \cdot 2^6$ en $a^6 \cdot a^8$ vermenigvuldigen, maar je kunt niet $3^5 \cdot 4^5$ vermenigvuldigen, omdat de grondtallen niet hetzelfde zijn (ook al zijn de exponenten dat wel).

BELANGRIJK

Om twee machten van hetzelfde grondtal te vermenigvuldigen, tel je de exponenten bij elkaar op:

$x^a \cdot x^b = x^{a+b}$

Bekijk deze voorbeelden:

- $2^4 \cdot 2^9 = 2^{4+9} = 2^{13}$
- $a^5 \cdot a^8 = a^{13}$
- $4^a \cdot 4^2 = 4^{a+2}$

Wanneer er in een uitdrukking meerdere grondtallen met machten voorkomen, kun je de getallen met dezelfde grondtallen combineren, de waarden voor de exponenten vinden en ze zo herschrijven als in de volgende voorbeelden:

- $3^2 \cdot 2^2 \cdot 3^3 \cdot 2^4 = 3^{2+3} \cdot 2^{2+4} = 3^5 \cdot 2^6$
- $4x^6y^5x^4y = 4x^{6+4}y^{5+1} = 4x^{10}y^6$

BELANGRIJK

Wanneer er geen exponent staat, zoals bij de y in dit voorbeeld, mag je aannemen dat de exponent gelijk is aan 1, dus in dit voorbeeld schrijf je dan y^1.

Verdelen en heersen

Je kunt exponentiële uitdrukking op elkaar delen zolang de grondtallen hetzelfde zijn. Het resultaat is daarbij weer een exponentiële uitdrukking. Delen is het tegenovergestelde van vermenigvuldigen, dus is het logisch dat wanneer je exponenten optelt bij het vermenigvuldigen van getallen met hetzelfde grondtal, dat je dan exponenten van elkaar aftrekt wanneer je getallen met hetzelfde grondtal deelt. Simpel toch?

BELANGRIJK

Om machten van hetzelfde grondtal op elkaar te delen, trek je de exponenten van elkaar af: $x^a \div x^b = x^{a-b}$ waarin x elk willekeurig reëel getal behalve 0 kan zijn, want je kunt niet delen door 0.

Deze voorbeelden laten zien hoe de regels voor delen werken:

» $2^{10} \div 2^4 = 2^{10-4} = 2^6$

Deze exponenten zijn een andere weergave van de vergelijking $1024 \div 16 = 64$. In exponenten geschreven is de opgave veel gemakkelijker.

» $\frac{4x^6y^3z^2}{2x^4y^3z} = 2x^{6-4}y^{3-3}z^{2-1} = 2x^2y^0z^1 = 2x^2z$

De variabelen staan voor getallen, dus je had deze vergelijking ook helemaal uit kunnen schrijven:

$$\frac{2 \cdot 2 \cdot x \cdot x \cdot x \cdot x \cdot x \cdot x \cdot y \cdot y \cdot y \cdot z \cdot z}{2 \cdot x \cdot x \cdot x \cdot x \cdot y \cdot y \cdot y \cdot z}$$

Door alle gelijksoortige factoren in de noemer en de teller tegen elkaar weg te strepen blijft er alleen $2x^2z$ over.

Hoe zit het nu met die exponent van 0 op de y? Lees verder.

De macht van nul

Als x^3 staat voor $x \cdot x \cdot x$, waar staat x^0 dan voor? Het staat in ieder geval niet voor x maal 0, dus het antwoord is niet 0. x staat voor een onbekend reëel getal: het mag alleen geen 0 zijn. Om te begrijpen hoe dit werkt, gebruik je de volgende regel voor het delen van exponentiële uitdrukkingen waar 0 in voorkomt.

BELANGRIJK

Elk getal dat tot de nulde macht wordt verheven is gelijk aan 1, zolang het grondtal maar geen 0 is.

Voor deze deling, $2^4 \div 2^4$, kun je bijvoorbeeld de regel voor het delen van exponentiële uitdrukkingen gebruiken. Die zegt dat je de exponenten van elkaar mag aftrekken wanneer het grondtal hetzelfde is. Als je dat doet, dan vind je dat het antwoord $2^4 \div 2^4 = 2^0$ is. Maar $2^4 = 16$, dus $2^4 \div 2^4 = 16 \div 16 = 1$. Dat betekent dat $2^0 = 1$. Dit geldt voor alle getallen die als een deling geschreven kunnen worden, dus geldt het voor alle getallen waarvoor het grondtal niet 0 is.

Hieronder zie je hoe de macht van 0 werkt:

- $m^2 \div m^2 = m^{2-2} = m^0 = 1$
- $4x^3y^4z^7 \div 2x^3y^3z^7 = 2x^{3-3}y^{4-3}z^{7-7} = 2x^0y^1z^0 = 2y$
- $\frac{(2x^2+3x)^4}{(2x^2+3x)^4} = (2x^2+3x)^{4-4}(2x^2+3x)^0 = 1$

Merk op dat de x en de z met hun exponenten gelijk aan 0 allebei 1 worden. En als je iets met 1 vermenigvuldigt, dan verandert er niets.

Negatieve exponenten

Negatieve exponenten zijn een grappig bedenksel. Ze hebben een specifieke betekenis en moeten met zorg behandeld worden, maar ze zijn o zo handig.

Je gebruikt negatieve exponenten om een breuk weer te geven zonder een breuk te schrijven! Het is een manier om uitdrukkingen met hetzelfde grondtal te combineren, of die nu in de teller of in de noemer staan. Het is een manier om delen te veranderen in vermenigvuldigen.

TECHNISCHE INFO

RENTE BEREKENEN

In de oudheid werd er op grote schaal geld geleend. In Mesopotamië gebruikten bankiers tabellen met exponenten om uit te rekenen hoe lang het zou duren voor hun geld verdubbelde als het uitstond tegen een rente van 20 procent per jaar. Misschien moet je op zoek naar een bank in Mesopotamië om je spaargeld weg te zetten. Maar van de andere kant zou ik daar niet graag een lening aangaan.

Negatieve exponenten worden gebruikt om machten van breuken of decimale getallen weer te geven, zonder de breuk of het decimale getal werkelijk te schrijven. In plaats van $\left(\frac{1}{10}\right)^{14}$ te schrijven, kun je bijvoorbeeld 10^{-14} schrijven.

BELANGRIJK

De *reciproque* van een getal wordt ook wel zijn *inverse* of *omgekeerde* genoemd. Het product van een getal en zijn inverse is gelijk aan 1.

De inverse van x^a is $\frac{1}{x^a}$, dat ook geschreven kan worden als x^{-a}. De variabele x kan elk willekeurig reëel getal behalve 0 zijn en a kan elk willekeurig reëel getal zijn. En omgekeerd geldt dus ook $x^{-a} = \frac{1}{x^a}$.

In de volgende voorbeelden zie je hoe je kunt veranderen van positieve naar negatieve exponenten en vice versa.

- $2^{-3} = \frac{1}{2^3} = \frac{1}{8}$

  De inverse van 2^3 is dus $\frac{1}{2^3} = 2^{-3}$

» $z^{-4} = \frac{1}{z^4}$

De inverse van z^4 is $\frac{1}{z^4} = z^{-4}$. In dit geval mag z niet gelijk aan 0 zijn.

» $6^{-1} = \frac{1}{6}$

De inverse van 6 is $\frac{1}{6} = 6^{-1}$

Maar hoe zit het als je begint met een negatieve exponent in de noemer? Wat gebeurt er dan? De inverse van $\frac{1}{3^4}$ is 3^4. Hier begin je met een negatieve exponent want $\frac{1}{3^4} = 3^{-4}$. De reciproque waarde is dan $\frac{1}{3^{-4}} = 3^4$.

Een negatieve exponent in de noemer komt dus naar boven in de teller waarbij het teken verandert zodat er een positieve exponent ontstaat. Hier zijn nog twee voorbeelden:

» $\frac{x^2 y^3}{3z^{-4}} = \frac{x^2 y^3 z^4}{3}$

» $\frac{4a^3 b^5 c^6 d}{a^{-1} b^{-2}} = 4a^3 a^1 b^5 b^2 c^6 d = 4a^4 b^7 c^6 d$

Machten van machten

Omdat exponenten symbolen zijn die gebruikt kunnen worden om herhaalde vermenigvuldiging weer te geven, kun je $(x^3)^6$ schrijven als $x^3 \cdot x^3 \cdot x^3 \cdot x^3 \cdot x^3 \cdot x^3$. Volgens de regel voor vermenigvuldiging tel je alle exponenten gewoon op, zodat je krijgt $x^{3+3+3+3+3+3} = x^{18}$. Zou het niet geweldig zijn als de regel voor het machtsverheffen van machten gewoon inhield dat je de machten moest vermenigvuldigen? Welnu, dan heb je geluk!

BELANGRIJK

Voor het machtsverheffen van een macht geldt: $(x^n)^m = x^{n \cdot m}$. Wanneer je de hele uitdrukking x^n verheft tot de m-de macht, vind je de nieuwe macht van x door m en n met elkaar te vermenigvuldigen.

Deze voorbeelden laten zien hoe het machtsverheffen van een macht in zijn werk gaat.

» $(6^{-3})^4 = 6^{-3 \cdot 4} = 6^{-12} = \frac{1}{6^{12}}$

» $(3^2)^{-5} = 3^{2(-5)} = 3^{-10} = \frac{1}{3^{10}}$

» $(x^{-2})^{-3} = x^{(-2)(-3)} = x^6$

» $(3x^2 y^3)^2 = 3^2 x^{2 \cdot 2} y^{3 \cdot 2} = 9x^4 y^6$

(Elke factor binnen de haakjes wordt tot de macht buiten de haakjes verheven.)

$(3x^{-2} y)^2 (2xy^{-3})^4 = (3^2 x^{-2 \cdot 2} y^{1 \cdot 2})(2^4 x^{1 \cdot 4} y^{-3 \cdot 4}) = (9x^{-4} y^2)(16x^4 y^{-12})$

$= 144x^0 y^{-10} = \frac{144}{y^{10}}$

Merk op dat de bewerkingen hier in de juiste volgorde moeten worden toegepast. Eerst moet je de uitdrukkingen binnen de haakjes machtsverheffen en daarna vermenigvuldig je de twee uitdrukkingen met elkaar. Je ziet dat je exponenten kunt vermenigvuldigen (als je een macht tot een macht verheft) en kunt optellen (als je getallen met hetzelfde grondtal vermenigvuldigt). Hierna volgt nog een voorbeeld met negatieve exponenten.

$$(x^{-2}y^{3})^{-2}(x^{-2}y^{-3})^{-4} = (x^{(-2)(-2)}y^{3(-2)})(x^{(-2)(-4)}y^{(-3)(-4)}) = (x^{-4}y^{-6})(x^{8}y^{12})$$
$$= x^{-4+8}y^{-6+12} = x^{4}y^{6}$$

De vierkantswortel

Het symbool voor de vierkantswortel is het wortelteken, $\sqrt{\ }$.

Worteltrekken is een niet-binaire bewerking (die slechts op één getal inwerkt) die je de vraag stelt: 'Welk getal vermenigvuldigd met zichzelf geeft je het getal onder het wortelteken?' Je kunt ook zeggen dat als

$\sqrt{a} = b$, dan geldt $b^2 = a$.

Worteltrekken is een veelgebruikte bewerking in de wiskunde, maar het is niet altijd duidelijk hoe je met wortels werkt en hoe je ze combineert met andere bewerkingen.

TECHNISCHE INFO

Uitdrukkingen met wortels kunnen vermenigvuldigd of gedeeld worden zolang de macht van de wortel *of* de waarde onder het wortelteken hetzelfde is. Uitdrukkingen met wortels kun je niet optellen of aftrekken tenzij *zowel* de macht van de wortel *als* de waarde onder het wortelteken hetzelfde zijn.

Hier zijn enkele voorbeelden die laten zien wat ik bedoel.

- $\sqrt{2} + \sqrt{3}$

  Je kunt deze termen *niet* combineren omdat het om optellen gaat en de waarde onder het wortelteken niet hetzelfde is.

- $\sqrt{2} \cdot \sqrt{3} = \sqrt{6}$

  Deze kun je *wel* combineren omdat het om vermenigvuldigen gaat en omdat de macht van de wortel hetzelfde is.

- $\sqrt{8} \div \sqrt{4} = \sqrt{2}$

  Deze kunnen ook *wel* gecombineerd worden omdat het een deling is en de macht van de wortel hetzelfde is.

- $\sqrt{3} - \sqrt[4]{3}$

  Deze kunnen *niet* gecombineerd worden omdat er wordt afgetrokken en de macht van de wortel niet hetzelfde is.

- $4\sqrt{3} + 2\sqrt{3} = 6\sqrt{3}$

  Deze kunnen *wel* gecombineerd worden omdat de macht van de wortel en het getal onder het wortelteken hetzelfde is.

Wanneer de getallen onder de worteltekens hetzelfde zijn, kun je termen dus mooi combineren met optellen en aftrekken. Vermenigvuldiging en deling kunnen uitgevoerd worden of de getallen onder de worteltekens nu hetzelfde zijn of niet. De *macht van de wortel* verwijst naar de vierkantswortel $\sqrt{}$, de derdemachtswortel $\sqrt[3]{}$, de vierdemachtswortel $\sqrt[4]{}$ enzovoort.

De regels voor het optellen, aftrekken, vermenigvuldigen en delen van uitdrukkingen met wortels worden hierna samengevat.

BELANGRIJK

Regels voor worteltrekken: neem aan dat *a* en *b* positieve getallen zijn.

- $m\sqrt{a} + n\sqrt{a} = (m + n)\sqrt{a}$

  Je mag optellen en aftrekken als de waarde onder het wortelteken en de macht van de wortel hetzelfde zijn.
- $m\sqrt{a} - n\sqrt{a} = (m - n)\sqrt{a}$
- $\sqrt{a} \cdot \sqrt{a} = \sqrt{a^2} = a$
- $\sqrt{a} \cdot \sqrt{b} = \sqrt{ab}$

  Je mag vermenigvuldigen en delen als de machten van de wortels hetzelfde zijn.
- $\sqrt{a} \div \sqrt{b} = \sqrt{a \div b}$

Tabel 4.1 somt enkele bekende vierkantswortels op.

TABEL 4.1 **Bekende vierkantswortels**

$\sqrt{1} = 1$	$\sqrt{4} = 2$	$\sqrt{9} = 3$
$\sqrt{16} = 4$	$\sqrt{25} = 5$	$\sqrt{36} = 6$
$\sqrt{49} = 7$	$\sqrt{64} = 8$	$\sqrt{81} = 9$
$\sqrt{100} = 10$	$\sqrt{10.000} = 100$	$\sqrt{1.000.000} = 1000$

TIP

Merk op dat de vierkantswortel uit een 1 gevolgd door een even aantal nullen altijd gelijk is aan een 1 gevolgd door de helft van het aantal nullen.

Wiskundigen hebben afgesproken dat een breuk in de exponent staat voor een wortelbewerking.

- $\sqrt{x} = x^{1/2}$
- $^3\sqrt{x} = x^{1/3}$
- $^4\sqrt{x} = x^{1/4}$
- $\sqrt{4ab} = (4ab)^{1/2} = (4)^{1/2}\, a^{1/2}\, b^{1/2} = 2a^{1/2}\, b^{1/2}$
- $\sqrt[3]{x^2y} = (x^2)^{1/3}\, y^{1/3} = x^{2/3}\, y^{1/3}$

TIP

Als er geen klein gedrukt getal linksboven het wortelteken staat, mag je ervan uitgaan dat de macht van de wortel 2 is, een vierkantswortel dus.

Denk eraan dat wanneer je een macht tot een macht verheft, je de exponenten moet vermenigvuldigen. Dit wordt besproken in de paragraaf 'Machten van machten' eerder in dit hoofdstuk.

BELANGRIJK

Wanneer je overgaat van de schrijfwijze met wortels naar die met exponenten:

- $\sqrt[n]{a} = a^{1/n}$

  De *n*-de machtswortel uit *a* kan geschreven worden als *a* tot de macht 1 gedeeld door *n*.

- $\sqrt[n]{a^m} = a^{m/n}$

  Wanneer je de *n*-de machtswortel uit a^m trekt, verhef je a^m tot de $\frac{1}{n}$-de macht. Volgens de regels uit 'Machten van machten', moet je *m* en $\frac{1}{n}$ dan met elkaar vermenigvuldigen.

Met deze regel kun je de volgende uitdrukkingen vereenvoudigen. Let op dat de grondtallen nog steeds hetzelfde moeten zijn wanneer je de regels uit 'Machten van machten' toepast.

- $6x^2 \cdot \sqrt[3]{x} = 6x^2 \cdot x^{1/3} = 6x^{2+1/3} = 6x^{7/3}$
- $3\sqrt{x} \cdot \sqrt[4]{x^3} \cdot x = 3x^{1/2} \cdot x^{3/4} \cdot x^1 = 3x^{9/4}$

  Laat de exponent staan als $\frac{9}{4}$ en schrijf hem niet als een gemengd getal.

- $4\sqrt{x} \cdot \sqrt[3]{a} = 4x^{1/2}\, a^{1/3}$

De factoren kunnen niet gecombineerd worden omdat de grondtallen niet hetzelfde zijn.

In de spiekbrief worden deze regels om met machten te werken samengevat. Kijk maar eens of je er niet van in de war raakt.

IN DIT HOOFDSTUK

- Bewerkingen organiseren in hapklare brokken
- Een opgave oplossen van begin tot eind
- Controleren of je antwoord juist is
- Het antwoord juist opschrijven

Hoofdstuk 5

Bewerkingen in de juiste volgorde uitvoeren en je antwoord controleren

In het begin werden wiskundige uitdrukkingen helemaal in woorden opgeschreven. Alles werd letterlijk helemaal uitgespeld. Toen er steeds meer symbolen en letters werden geïntroduceerd, werd het eenvoudiger om algebraïsche uitdrukkingen te manipuleren. Naarmate er meer symbolen bijkwamen, werden de regels die bij de symbolen hoorden ook onderdeel van de algebra. Deze verkorte notatie is erg handig als je de regels tenminste kent en de stappen volgt die erbij horen. De volgorde van bewerkingen is erg belangrijk en deze zul je vaak gebruiken. De vraag is wat je in een opgave eerst moet doen, en wat daarna en wat als laatste, of termen nu binnen haakjes staan of in exponenten of niet.

En omdat je je de juiste volgorde misschien niet altijd kunt herinneren, is het belangrijk dat je je antwoorden controleert. De laatste stap in het oplossen van een opgave is altijd het controleren dat je antwoord zinvol is en dat het daadwerkelijk de opgave oplost. En de allerlaatste stap is het opschrijven van het antwoord op een manier zodat anderen het gemakkelijk kunnen begrijpen.

Dit hoofdstuk behandelt de volgorde van bewerkingen, het controleren van je antwoorden en het juist opschrijven ervan.

Bewerkingen in de goede volgorde zetten

Wanneer maakt het iets uit in welke volgorde je dingen doet? Maakt dat überhaupt iets uit? Kijk bijvoorbeeld eens naar deze alledaagse voorbeelden:

» Als je het huis schoonmaakt, maakt het niet uit of je eerst de keuken schoonmaakt of eerst de huiskamer.

» Als je je aankleedt, maakt het wel uit of je eerst je sokken aantrekt of eerst je schoenen.

Soms maakt het wel uit in welke volgorde je dingen doet en soms niet. Het maakt wel uit in welke volgorde je *verschillende* wiskundige bewerkingen uitvoert. Als je alleen wilt optellen of vermenigvuldigen, dan maakt het niet uit. Maar zo gauw je verschillende bewerkingen wilt combineren in één uitdrukking, moet je goed opletten dat je alles in de juiste volgorde doet. Je kunt niet zomaar eerst doen wat je leuk vindt en dan het volgende en ten slotte het laatste.

Kijk bijvoorbeeld eens naar de verschillende manieren waarop deze opgave opgelost zou kunnen worden als er geen regels waren. Je ziet dat er hier vier verschillende bewerkingen worden toegepast.

Los de volgende opgave op: $8 - 3 \times 4 + 6 \div 2 =$

Eén manier om het probleem op te lossen, is door gewoon van links naar rechts te gaan:

1. **$8 - 3 = 5$**
2. **$5 \times 4 = 20$**
3. **$20 + 6 = 26$**
4. **$26 \div 2 = 13$**

Het antwoord is dan dus 13.

Een andere benadering is om eerst 3×4 te groeperen. Onthoud dat je bewerkingen binnen haakjes eerst moet uitvoeren.

1. **$8 - (3 \times 4) = 8 - 12 = -4$**
2. **$-4 + 6 = 2$**
3. **$2 \div 2 = 1$**

Nu is het antwoord dus 1.

TECHNISCHE INFO

HET VERSCHIL TUSSEN HAAKJES UITREKENEN

In de wiskunde worden haakjes en accolades gebruikt om termen te groeperen. De bewerking binnen de haakjes moet eerst uitgevoerd worden, voordat de gehele term gebruikt kan worden in de bewerkingen buiten de haakjes. Alle verschillende soorten haakjes zijn even belangrijk: het is niet zo dat de ene soort belangrijker is of zich anders gedraagt dan een andere. Dat geldt echter niet voor de meeste grafische rekenmachines. In deze calculators hebben haakjes en accolades vaak een heel andere betekenis. In de meeste calculators worden:

- **haakjes** gebruikt om een matrix aan te geven, een in een rechthoekige vorm geplaatste verzameling getallen;
- **accolades** gebruikt om een rij getallen aan te geven.

Dit verschil zorgt ervoor dat je soms in wat onhandige situaties verzeild raakt wanneer je verschillende groepen wilt aangeven binnen één uitdrukking. Omdat je alleen haakjes kunt gebruiken en omdat ze allemaal hetzelfde zijn, kan het wel eens verwarrend zijn welke linkse haakjes bij welke rechtse horen.

Als je andere manieren om te groeperen gebruikt, kun je antwoorden krijgen die uiteen lopen van 25 of 60 tot zelfs 0. Ik ga nu niet verder uitleggen hoe je op deze antwoorden kunt komen, omdat ze toch allemaal fout zijn.

Om ervoor te zorgen dat iedereen de uitdrukking op dezelfde manier oplost en tot hetzelfde antwoord komt, hebben wiskundigen regels bedacht. In het geval dat er meerdere bewerkingen en voortekens in het spel zijn, moet je opgaven in een bepaalde volgorde oplossen, van de eerste tot de laatste. Dit wordt de *volgorde van bewerkingen* genoemd.

BELANGRIJK

De volgorde van bewerkingen: voer bewerkingen in deze volgorde uit:

1. **Machtsverheffen of worteltrekken**
2. **Vermenigvuldigen of delen**
3. **Optellen of aftrekken**

Als ezelsbruggetje om deze volgorde te onthouden, wordt vaak de zin '**M**eneer **v**an **D**ale **w**acht **o**p **a**ntwoord' gebruikt. Omdat worteltrekken voor vermenigvuldigen en delen komt, is dit eigenlijk niet correct.

Twee bewerkingen van hetzelfde 'niveau', kun je in willekeurige volgorde uitvoeren. Dus als je zowel moet machtsverheffen als worteltrekken, dan kun je ze allebei eerst uitvoeren. Als er meer dan twee bewerkingen zijn, dan voer je die van links naar rechts uit, in de volgorde van de bewerkingen.

TIP

Als een opgave dingen tussen haakjes bevat, doe dan eerst wat er tussen de haakjes staat en houd je vervolgens aan de volgorde van bewerkingen. Symbolen die gegroepeerde termen aangeven, zijn:

» **Haakjes ( )** Haakjes zijn de meest gebruikte symbolen om termen te groeperen.

» **Vierkante haakjes [ ] en accolades { }** Vierkante haakjes en accolades worden ook vaak gebruikt om termen te groeperen en hebben hetzelfde effect als gewone haakjes. Het gebruik van verschillende soorten haakjes is vaak handig als er meer dan één groep gevormd moet worden. Zo kun je makkelijker zien waar een groep begint en waar die eindigt.

» **Wortelteken** $\sqrt{\ }$ Dit symbool wordt gebruikt om wortels te bepalen.

» **Breukstreep** — De breukstreep zorgt er ook voor dat termen gegroepeerd worden: alles boven de streep in de teller wordt een groep en alles onder de breukstreep in de noemer wordt ook een groep.

Hoewel de volgorde van bewerkingen en het gebruik van haakjes vrij voor de hand liggend is, is het moeilijk alle mogelijke situaties die kunnen voorkomen in woorden te beschrijven. De voorbeelden in dit hoofdstuk zullen je helpen dit duidelijk te maken.

De volgende opgave bevat geen haakjes die aangeven welke bewerking eerst uitgevoerd moet worden, maar de regel die de volgorde van bewerkingen vaststelt (eerder in deze paragraaf vermeld), zegt dat vermenigvuldigen en delen voor optellen en aftrekken gaan. Om het antwoord op bijvoorbeeld $8 - 3 \times 4 + 6 \div 2$ te vinden, volg je deze stappen:

1. **Vermenigvuldig 3 × 4 en deel 6 ÷ 2 zodat je 12 en 3 krijgt.**

   Haakjes kunnen helpen te benadrukken wat je eerst moet doen.

   $8 - (3 \times 4) + (6 \div 2) = 8 - 12 + 3$

2. **Nu kun je van links naar rechts optellen en aftrekken.**

   $8 - 12 + 3 = -1$

   $8 - 3 \times 4 + 6 \div 2 = -1$

Om je te helpen, zijn de bewerkingen in dit voorbeeld gegroepeerd.

$$[8 \div (5 - 3)] \times 5 =$$

1. **Trek binnen de haakjes 3 van 5 af zodat je 2 krijgt.**
2. **Deel 8 door 2 en vermenigvuldig de uitkomst met 5.**

   $[8 \div 2] \times 5 =$

3. **Vermenigvuldig 4 met 5.**

   $[8 \div 2] \times 5 = 4 \times 5 = 20$

Laat je niet afschrikken door de breukstreep in de volgende opgave. Het is niet moeilijk!

Los op: $\frac{4(7+5)}{2+1}$

1. Tel de 7 en de 5 in de teller op en dan de 2 en de 1 in de noemer.

$$\frac{4(12)}{3}$$

BELANGRIJK

Denk eraan dat de breukstreep ook termen groepeert. De 2 en de 1 in de noemer horen daarom bij elkaar en moeten dus eerst opgeteld worden, voordat je de teller erdoor kunt delen.

2. Vermenigvuldig en deel zodat je dit krijgt:

$$\frac{4(12)}{3} = \frac{48}{3} = 16$$

Met uitzondering van bewerkingen die tussen haakjes staan, gaan exponenten en wortels volgens de eerder genoemde volgorde voor alle andere bewerkingen. Je kunt nu dus ook opgaven met exponenten aan.

$$2 + 3^2(5 - 1) =$$

1. Trek binnen de haakjes 1 van 5 af zodat je 4 krijgt.

$$2 + 3^2(4) =$$

2. Verhef 3 tot de tweede macht zodat je 9 krijgt.

$$2 + 9(4) =$$

3. Vermenigvuldig 9 met 4 zodat je 36 krijgt.

$$2 + 9(4) = 2 + 36$$

4. Nu kun je het uiteindelijke resultaat uitrekenen.

$$2 + 36 = 38$$

Probeer nu deze opgave waarin een wortel voorkomt eens uit te rekenen. Denk eraan dat je bewerkingen binnen haakjes eerst uitvoert.

$$(3 + 4)\sqrt{25} - 8$$

1. Tel 3 en 4 op.

$$7\sqrt{25} - 8$$

2. Bepaal nu de vierkantswortel van 25.

$$7 \cdot 5 - 8$$

3. Vermenigvuldig de 7 en de 5.

$$35 - 8$$

4. Los het probleem nu op.

Omdat $35 - 8 = 27$, geldt er dus $(3 + 4)\sqrt{25} - 8 = 27$.

PAS OP

Let erop dat je het verschil ziet tussen deze twee uitdrukkingen: -2^4 en $(-2)^4$. De eerste uitdrukking $-2^4 = -16$ omdat de volgorde van bewerkingen voorschrijft eerst te machtsverheffen en dan het minteken toe te passen.

De tweede uitdrukking $(-2)^4 = 16$ omdat het hele getal tussen de haakjes tot de vierde macht wordt verheven. -2 moet je dus 4 keer met zichzelf vermenigvuldigen. Dat zijn dus een even aantal mintekens en dus is de uitkomst positief.

Als je een negatief getal tot een macht wilt verheffen, zet je in het algemeen het negatieve getal binnen haakjes en de macht erbuiten.

Je antwoorden controleren

Je antwoorden op wiskundeopgaven controleren is altijd een goed idee, net zoals het goed is je bankafschriften te controleren. Je antwoorden controleren is eigenlijk ook nog leuker dan het controleren van je betaalrekening. Behalve als jouw saldo leuker is dan het mijne.

Controleer je antwoorden in de wiskunde op twee niveaus.

- **Niveau 1.** Is het antwoord geen onzin?

  Als je huishoudboekje een saldo van 40 miljoen euro aangeeft, is dat dan geen onzin? Natuurlijk zouden we allemaal wel blij zijn met zo'n saldo, maar voor de meesten van ons is dit toch een teken dat er iets mis is met onze berekeningen.

- **Niveau 2.** Als je het antwoord invult in de opgave, krijg je dan een waar argument? *Werkt* het antwoord?

  Dit is een betere controle want je krijgt er preciezere informatie over het antwoord door. Niveau 1 helpt je de allergrootste fouten eruit te halen. Maar dit is de definitieve controle.

TECHNISCHE INFO

PIRAMIDES ONTWERPEN

De Egyptenaren waren goed in geometrie en ontwikkelden formules om ruwweg het volume van massieve vormen te bepalen. Deze kennis gebruikten ze bij het bouwen van de piramides, die niet alleen wonderen der constructie zijn, maar ook wonderen der wiskunde. Met relatief primitieve instrumenten, zoals een hefboom en een schietlood, waren de Egyptenaren in staat stenen af te snijden met een precisie van 0,3 mm, en die vervolgens met een precisie van 0,05 mm naast en op elkaar te leggen. De Piramide van Cheops heeft vier zijden die binnen een tiende graad precies naar het noorden, zuiden, oosten en westen liggen.

De volgende paragrafen leren je hoe je deze controles uitvoert.

Geen onzin op niveau 1

Om te kunnen controleren of een antwoord geen absolute onzin is, moet je iets over het onderwerp weten. Het helpt als je bekend bent met de situatie in de opgave. Gebruik gewoon je gezonde verstand.

Het antwoord op een wiskundeopgave kan bijvoorbeeld $x = 5$ zijn. Als het antwoord het gewicht van je vriend Henri in kilo's voorstelt, dan zou ik de opgave nog maar eens goed bekijken, tenzij je vriend een teckel is. In de context van deze opgave, is 5 kilo geen zinvol antwoord.

Als de vraag echter gaat over het aantal stuivers dat iemand in zijn zak heeft, dan is 5 een heel redelijk antwoord. Als het het aantal doelpunten voorstelt dat een voetballer tijdens een wedstrijd maakt, dan lijkt 5 op het eerste gezicht ook een redelijk antwoord. Hoewel, 5 doelpunten in 1 wedstrijd is wel veel, zelfs voor Johan Cruyff of Romario. Misschien moet je je antwoord nog maar eens controleren.

Invullen op niveau 2

Om het antwoord in te vullen, moet je de wiskundige bewerkingen van de opgave opnieuw doorlopen. Je moet optellen, aftrekken, vermenigvuldigen en delen om te kijken of je uitkomt op een ware bewering als je het gevonden antwoord invult.

Stel bijvoorbeeld dat Kars 4 knikkers meer heeft dan Lotte. Als ze samen 14 knikkers hebben, hoeveel knikkers heeft Lotte dan? Is $x = 5$ een juist antwoord?

1. **Schrijf het probleem op.**

   Laat x het aantal knikkers zijn dat Lotte heeft. Kars heeft dan $x + 4$ knikkers. En dat betekent weer dat $x + (x + 4) = 14$.

   Het aantal knikkers van Lotte plus het aantal knikkers van Kars is gelijk aan 14.

2. **Vul het antwoord in in de vergelijking.**

   Vervang de variabele door 5 zodat je krijgt $5 + (5 + 4) = 14$.

3. **Voer de bewerkingen uit en controleer of het antwoord klopt.**

   $5 + 9 = 14$ is een bewering die waar is, dus het antwoord klopt.
   Lotte heeft 5 knikkers: Kars heeft er 4 meer, oftewel 9 knikkers.
   Samen hebben ze 14 knikkers.

Als variatie op de voorgaande stappen, kun je controleren of $x = 2$ een juiste oplossing is voor de volgende vergelijking:

$5x[x + 3(x^2 - 3)] + 1 = 0$

Vervang de variabele door 2 zodat je dit krijgt: $5 \cdot 2[2 + 3(2^2 - 3)] + 1 = 0$

Voer de bewerkingen uit en vereenvoudig:

Kwadrateren van de 2 levert $5 \cdot 2[2 + 3(4 - 3)] + 1 = 0$

Aftrekken binnen de haakjes levert $5 \cdot 2[2 + 3(1)] + 1 = 0$

Optellen binnen de vierkante haakjes levert $5 \cdot 2[5] + 1 = 0$

Vermenigvuldigen van 5, 2 en 5 levert $50 + 1 \neq 0$

Nu klopt het antwoord niet. Je zult opnieuw moeten proberen een waarde te vinden voor x die wel werkt.

Antwoorden begrijpelijk opschrijven

Een wiskundige uitdrukking kan op veel verschillende manieren opgeschreven worden die allemaal wel correct zijn, maar die niet per se allemaal mooi, handig of nuttig zijn. Maar de algebra kán wel mooi zijn en in deze paragraaf laat ik je zien hoe.

Bekijk deze drie versies van hetzelfde antwoord op een opgave eens. Welke versie heeft je voorkeur?

A) $3adce - becd4 + aed5b - 2$

B) $3acde - 4bcde + 5abde - 2$

C) $ed3ac - b4edc - 2 + 5bade$

Welke versie kies je? Is er één antwoord bij dat zich beter en gemakkelijker laat lezen dan de andere? (Ik kies voor antwoord B.) Door je aan bepaalde wiskundige afspraken te houden, krijg je een uniforme, begrijpelijke notatie, die gemakkelijker te vergelijken is met andere wiskundige uitdrukkingen.

BELANGRIJK

In één en dezelfde term schrijf je de getallen eerst en daarna de letters in alfabetische volgorde. Wortels schrijf je als laatste.

Om $ed3ac$ in de uniforme notatie te schrijven zet je de getallen vooraan, gevolgd door de letters in alfabetische volgorde: $3acde$.

Wanneer je een serie termen hebt, organiseer die dan zo dat je alle termen in dezelfde variabele op een rij zet op volgorde van toenemende of afnemende machten van die variabele. Om termen bijvoorbeeld op volgorde van afnemende machten van een variabele te zetten, zoek je eerst de term met de hoogste macht van die variabele en schrijft die als eerste op. Dan zoek je de term in de volgende hoogste macht van die variabele en schrijft die als tweede op enzovoort. De keuze van de variabele en of je een afnemende of toenemende volgorde van machten kiest, hangt af van de situatie en wat je met de uitdrukking gaat doen. Als de opdracht is op te lossen voor de waarde van de variabele x en de uitdrukking termen in verschillende machten van x bevat, schrijf de termen dan op in, toenemende of afnemende, volgorde van machten van x.

Bekijk ter illustratie de volgende voorbeelden eens. Elke individuele term is correct opgeschreven, maar de termen moeten in de juiste volgorde geplaatst worden.

- De eerste optie is te kiezen voor *toenemende* machten van x. De laagste macht van x komt dus eerst.

  $3xy^2 + 8x^2y^3 - 4x^3y$

- De tweede optie is te kiezen voor *afnemende* machten van x. Nu komt de hoogste macht van x dus eerst.

  $-4x^3y + 8x^2y^3 + 3xy^2$

- Je kunt van variabele wisselen en de uitdrukking opschrijven op volgorde van *toenemende* machten van y.

  $-4x^3y + 3xy^2 + 8x^2y^3$

- Nog steeds met y als variabele maar schrijf de termen nu op in volgorde van *afnemende* machten van y.

- $8x^2y^3 + 3xy^2 - 4x^3y$

Door je aan deze afspraken te houden is je notatie een stuk begrijpelijker voor mensen die je werk lezen.

IN DIT HOOFDSTUK

- Jezelf wiskundig uitdrukken
- Werken met veronderstellingen
- Optellen en aftrekken onder de loep
- Coëfficiënten en variabelen vermenigvuldigen en delen

Hoofdstuk 6
Klaar voor de start

In de algebra wordt er gewerkt met variabelen (letters) en symbolen (meer over het gebruik van variabelen en symbolen vind je in hoofdstuk 1). Dit is een soort stenonotatie: sneller en gemakkelijker dan dat je alle lange woorden helemaal opschrijft. Maar bij die verkorte schrijfwijze moet je natuurlijk wel weten waar alles voor staat en hoe de dingen samengevoegd worden. De eenvoudige rekenkundige regels worden in de algebra regels voor het optellen, aftrekken, vermenigvuldigen en delen van variabelen. Getallen weergeven als variabelen geeft je veel meer flexibiliteit, maar je moet wel zorgvuldig zijn: het is net een gemaskerd bal.

Enkele beperkingen

Wanneer de algebra variabelen gebruikt om getallen weer te geven die opgeteld, afgetrokken, vermenigvuldigd en gedeeld kunnen worden, dan neem je aan dat de variabelen *waarden* of *hoeveelheden* vertegenwoordigen die daadwerkelijk opgeteld, afgetrokken, vermenigvuldigd en gedeeld kunnen worden. Het gebruik van zo'n weergave is niet zo simpel en eenvoudig als het lijkt. Zelfs wanneer je alleen getallen bij elkaar optelt, gelden er bepaalde beperkingen. Zo gelden er ook beperkingen wanneer je variabelen, of variabelen en getallen, bij elkaar optelt.

Wacht eens even! Welke *beperkingen* zijn er dan voor het gewoon optellen van *getallen*? Wat kan daar nou mee aan de hand zijn? Is één plus één soms geen twee meer? Natuurlijk wel, behalve als het gelijk is aan vier. Maar nu even serieus, bedenk wat er gebeurt als je zes kwartjes en vier dubbeltjes optelt. Wat krijg je als je alleen de getallen bij elkaar optelt (behalve genoeg geld voor een kop koffie)? Tien kwartjes? Tien dubbeltjes? Tien kwubbeltjes?

Nee, dit is natuurlijk maar een grap. Maar het laat wel zien wat ik bedoel met de beperkingen die er gelden voor het optellen van getallen. Als je kwartjes en dubbeltjes wilt optellen, tel dan het aantal munten en zeg dat je tien *munten* hebt. Of tel de geldwaarde van de munten op en zeg dat je 1,90 euro hebt. Wanneer je hoeveelheden of waarden optelt, moet je wel zeker weten dat die waarden opgeteld *kunnen* worden. Dat is nog kritischer als je letters gaat optellen, want stomme fouten zijn dan niet zo snel te herkennen. Je moet er dus voor zorgen dat je correct optelt.

Getallen met letters weergeven

In de wiskunde worden er aldoor letters gebruikt om getallen weer te geven. Onthoud dat letters, oftewel variabelen, *altijd* staan voor getallen.

Het weergeven van hoeveelheden met variabelen kan een probleem vereenvoudigen en een mooie nette situatie opleveren, omdat je niet langer een hele hoop omslachtige woorden hoeft te gebruiken. Soms zijn de situaties wel wat gecompliceerder, maar maak je geen zorgen! Een paar simpele regels kunnen zelfs de ingewikkeldste situaties begrijpelijk maken.

Factoren en coëfficiënten

Een van de leuke dingen aan algebra is dat het energie bespaart, namelijk de energie die nodig is om vermenigvuldigingstekens tussen symbolen te schrijven. Zelfs het zetten van een puntje tussen de letters kost tijd en dus werd er een simpeler systeem bedacht. Wanneer er een getal voor een variabele staat, zoals in $3x$, dan betekent dat dat de 3 en de x vermenigvuldigd worden. De 3 wordt in dit geval een *coëfficiënt* genoemd.

TECHNISCHE INFO

Een getal dat voor een variabele staat is een *coëfficiënt*. Het getal 4 is bijvoorbeeld een coëfficiënt wanneer je $a + a + a + a$ schrijft als $4a$.

Wanneer meerdere variabelen met elkaar vermenigvuldigd worden, hoef je geen vermenigvuldigingstekens te gebruiken. De term $3xyz$ betekent dat alle vier factoren met elkaar vermenigvuldigd worden.

Als het getal direct voor de variabele staat, betekent $2a$ dat 2 en a met elkaar vermenigvuldigd worden. Dus $2a$ betekent 2 keer a. Als a voor 10 appels staat, dan geeft $2a$ 2 keer 10, oftewel 20 appels weer.

TECHNISCHE INFO

BOOLEAANSE ALGEBRA

Het gebruik van symbolen voor beweringen en ingewikkelde relaties beperkt zich niet tot de algebra. De Engelsman George Boole ontwikkelde symbolen om moeilijke logische problemen mee weer te geven. Zijn systeem werd booleaanse algebra genoemd. Een v ondersteboven, $\wedge$, stelt het woord *en* voor. Een v rechtop, $\vee$, stelt het woord *of* voor. De letters P, Q en R stellen beweringen voor, zoals P: het regent: Q: de zon schijnt.

Wanneer er een bewering zoals P ∧ Q wordt gedaan (het regent en de zon schijnt), dan kan worden nagegaan of die bewering waar of niet waar is. In de logica gebruikt men een systeem van waarheidstabellen om de geldigheid van een argument te controleren op basis van de beweringen. Het systeem van Boole wordt tegenwoordig nog altijd gebruikt.

Als a bijvoorbeeld het aantal appels in de mand weergeeft, waar staat $2a$ dan voor?

- *Nog 2* appels?
- *2 keer zoveel* appels?
- De *helft* van het aantal appels?

Het antwoord luidt: $2a$ geeft 2 keer het aantal appels in de mand weer.

De symbolen + en – kunnen een heleboel dingen betekenen. In de algebra kunnen ze ook een aantal verschillende dingen betekenen. Dat hangt van de context af. Deze symbolen scheiden altijd verschillende termen, groepjes variabelen en getallen die door vermenigvuldiging en deling met elkaar verbonden zijn. Plus- en mintekens scheiden de termen van elkaar.

In algebraïsch taalgebruik betekent een plusteken *en, opgeteld bij, vermeerderd met* enzovoort. De uitdrukking $2 + a$ zou kunnen staan voor:

- De a euro die ik heb gekregen gevoegd bij de 2 euro die ik al had.
- 2 mensen gingen naar binnen en daarna volgden er nog a.
- De temperatuur was 2 graden en steeg toen a graden.

Dit is allemaal verschillend van de term $2a$, waarin de coëfficiënt 2 de waarde van de variabele a verdubbelt.

Het minteken betekent *minus, verminderd met, afgetrokken van* enzovoort. De uitdrukking $a - 2$ kan bijvoorbeeld staan voor:

- Er waren a gemeenteambtenaren, maar 2 zijn er ontslagen.
- Er waren 2 minder dan a krokodillen in de rivier.
- Wilhelm Tell had a appels toen hij begon en 2 minder toen hij klaar was.

Hoewel je een beetje moet oppassen wanneer je letters gebruikt om getallen weer te geven, weegt het voordeel en het gemak van werken met variabelen wel op tegen de mogelijke moeilijkheden. Je hoeft niet alleen minder op te schrijven, je kunt je ook beter concentreren op een probleem, dat bovendien minder plaats in beslag neemt. Daardoor kun je het probleem beter overzien. Wiskundige symbolen zijn ook heel precies. De verborgen of dubbele betekenissen die opgeschreven woorden kunnen hebben, zijn er niet in de algebra. Het is een universele taal die niet gebonden is aan grenzen die opgelegd worden door tijd of taal. Het volgende voorbeeld laat zien waarom variabelen zo handig zijn:

Stel dat je de taak hebt om de munten die tijdens een inzamelingsactie zijn verworven te verzamelen, sorteren en erover te rapporteren. (Ik zal het hier hebben over oude Nederlandse munten, omdat die van die leuke namen hebben, zoals stuivers, dubbeltjes en kwartjes.)

> Laat s de waarde van de stuivers in een rol stuivers zijn.
>
> Laat d de waarde van de dubbeltjes in een rol dubbeltjes zijn.
>
> Laat k de waarde van de kwartjes in een rol kwartjes zijn.

Nadat het geld is ingezameld, krijg je de volgende informatie van je collega's:

> Wendy zamelde 6 rollen stuivers, 4 rollen dubbeltjes en 9 rollen kwartjes in, oftewel $6s + 4d + 9k$
>
> Aad zamelde 5 rollen stuivers, 3 rollen dubbeltjes en 7 rollen kwartjes in, oftewel $5s + 3d + 7k$
>
> Magda zamelde 15 rollen stuivers, 2 rollen dubbeltjes en 6 rollen kwartjes in, oftewel $15s + 2d + 6k$
>
> Jos zamelde 1 rol stuivers, 3 rollen dubbeltjes en 4 rollen kwartjes in, oftewel $s + 3d + 4k$

Stel een vergelijking op om alle stuivers, dubbeltjes en kwartjes op te tellen:

$(6 + 15 + 5 + 1)s + (4 + 3 + 2 + 3)d + (9 + 7 + 6 + 4)k = 27s + 12d + 26k$

Het totale geldbedrag kan nu berekend worden als je weet dat:

> Een rol stuivers 2 gulden waard is, dus $s = 2$.
>
> Een rol dubbeltjes 5 gulden waard is, dus $d = 5$.
>
> Een rol kwartjes 10 gulden waard is, dus $k = 10$.

Dus $27s + 12d + 26k = 27(2) + 12(5) + 26(10) = 374$

Er is dus een totaalbedrag van 374 gulden opgehaald.

Als je gewoon telt in aantal rollen en pas op het laatst het totale bedrag in gulden uitrekent, dan houd je de berekening veel eenvoudiger. De getallen worden dan niet zo groot.

Het rekenen kan beginnen

Optellen was waarschijnlijk de eerste bewerking die je ontdekte. Ongeacht hun leeftijd kunnen mensen zich daarvan het beste een voorstelling maken. Optellen in de algebra is een beetje ingewikkelder omdat je vaak gewoon niet *kunt* optellen. Maar als dat wel kan, is het een mooie methode.

Variabelen optellen en aftrekken

Als je optelt, kun je in plaats van $a + a + a + a$ op de lange manier uit te drukken gewoon $4a$ schrijven, waarmee je hetzelfde zegt maar dan op een efficiëntere manier, want vermenigvuldigen is gewoon herhaald optellen. In het geval van $4a$, wordt het getal dat weergegeven is als a vier keer opgeteld. Of je kunt zeggen dat a met vier wordt vermenigvuldigd.

Door $a + a + a + a$ uit te drukken als $4a$, creëer je echter één enkele term, wiskundig jargon voor coëfficiënt(en) en/of variabele(n) samen gegroepeerd en soms gescheiden van andere termen door een plus- of minteken. De volgende uitdrukking, waarin de variabelen a, b en c elk een willekeurig reëel getal kunnen voorstellen, bestaat dus uit drie *termen*:

$$10ab + 3c - 7c$$

TECHNISCHE INFO

Wanneer je termen met precies dezelfde variabelen optelt of aftrekt, combineer dan de coëfficiënten.

Wat is het resultaat wanneer je $2a + 5a + 4a$ optelt?

Omdat je drie verschillende hoeveelheden hebt en elk van hen een a bevat, kun je ze optellen zolang de a in elke term hetzelfde voorstelt. De ene a kan niet het aantal appels voorstellen terwijl de andere a het aantal aardvarkens voorstelt. In één opgave stellen ze altijd allemaal hetzelfde voor.

Een variabele die meer dan eens voorkomt in een uitdrukking of vergelijking, stelt altijd hetzelfde getal voor. Als de variabele meer dan een ding zou kunnen voorstellen, dan is de bewering sowieso onzin, omdat je de ene betekenis niet van de andere zou kunnen onderscheiden.

Het is handig als de variabele die gekozen wordt om een bepaald aantal weer te geven de beginletter is van wat de variabele voorstelt, zoals a voor het aantal aardvarkens. Maar dit is niet vereist. Een verband tussen letter en naam is handig wanneer een probleem over meer dan een variabele gaat, maar alles zorgvuldig opschrijven en de variabelen goed identificeren werkt even goed.

Probeer in het volgende voorbeeld dezelfde variabele op te tellen:

$$2a = a + a$$

$$5a = a + a + a + a + a$$

$$4a = a + a + a + a$$

Dat zijn bij elkaar 11 variabelen a. Je ziet dat de getallen voor de variabelen, de coëfficiënten 2, 5 en 4, ook optellen tot 11.

$$2a + 5a + 4a = (2 + 5 + 4)a = 11a$$

TECHNISCHE INFO

Wanneer je termen in dezelfde variabele (zoals n of x in de volgende voorbeelden) optelt of aftrekt, moet je de coëfficiënten (de getallen voor de variabele) optellen of aftrekken en het resultaat opschrijven voor de variabele. Als a, b en c coëfficiënten zijn van de variabele x, dan geldt:

$$ax + bx - cx = (a + b - c)x$$

De volgende voorbeelden laten nog eens zien hoe je termen in dezelfde variabele optelt:

$$3x + 2x = 5x$$

$$9n + 6n + n = 16n$$

BELANGRIJK

Wanneer er geen getal voor de variabele staat, wordt er impliciet aangenomen dat er een één voor staat. (Dit is een van de weinige keren dat je iets gewoon kan aannemen zonder jezelf te kijk te zetten.)

$$a = 1a$$

$$x = 1x$$

Het volgende voorbeeld laat zien hoe de ene variabele opgeteld kan worden bij een andere term in dezelfde variabele.

$$a + 3a + x + 2x = 1a + 3a + 1x + 2x = 4a + 3x$$

Je ziet dat je termen uitgedrukt in dezelfde variabele kunt optellen, omdat ze dezelfde dingen voorstellen. Termen in verschillende variabelen hoef je niet te proberen op te tellen. In de volgende voorbeelden komen twee of meer variabelen voor:

$$5a + 2a + 6b + 8b + 11c = 7a + 14b + 11c$$

$$3x + 4y - 2x - 8y + x = 2x - 4y$$

Wanneer je termen van elkaar aftrekt, gebruik dan de regels voor het optellen en aftrekken van getallen met een voorteken en pas ze toe op de coëfficiënten. (Bekijk hoofdstuk 2 voor meer informatie over het werken met getallen met een voorteken.)

$$5a + 4a - 2a + 6 + 3b - 2b = 7a + b + 6$$

Optellen en aftrekken met machten

De volgende voorbeelden laten zien hoe je verschillende termen met variabelen moet optellen en aftrekken. Je ziet dat de termen die samengenomen kunnen worden altijd uitgedrukt zijn in dezelfde variabele en in dezelfde macht van die variabele. Voor meer over machten (exponenten) blader je naar hoofdstuk 4.

- $x + x + x = 3x$
- $x^2 - 2x^2 + 3x^2 + 3x^2 = 5x^2$
- $x + 3x + 4x^2 + 5x^2 + 6x^3 = 4x + 9x^2 + 6x^3$
- $4x^4 - 3x^3 + 2x^2 + x - 1$

In het laatste voorbeeld is geen van de machten (exponenten) hetzelfde en dus kun je de getallen voor de variabelen niet optellen, ook al zijn de variabelen hetzelfde.

BELANGRIJK

Om termen in dezelfde variabele te kunnen optellen of aftrekken, moeten de exponenten van de variabele hetzelfde zijn. Voer de bewerkingen uit op de coëfficiënten en laat de variabele en de exponent onveranderd.

Omdat x en x^2 niet dezelfde waarde voorstellen, kunnen ze niet opgeteld worden.

$$3a^3 + 3a^2 + 3a + a + 2a^2 + 2a^4 = 2a^4 + 3a^3 + (3 + 2)a^2 + (3 + 1)a = 2a^4 + 3a^3 + 5a^2 + 4a$$

TIP

Merk op dat de exponenten van hoog naar laag zijn genoteerd. Dit is algemeen gebruik en maakt het eenvoudiger om antwoorden te vergelijken.

$$2m + 3m^2 + 5m^3 - 2m^2 - 3m - 1 = 5m^3 + (3 - 2)m^2 + (-3 + 2)m - 1 = 5m^3 + m^2 - m - 1$$

Een uitdrukking zoals $5x + 3x^2 + 2y - 4y^2 + 3$ kan niet verder vereenvoudigd worden. Er zijn termen met dezelfde exponent ($3x^2$ en $4y^2$) maar de variabelen (x en y) zijn niet hetzelfde.

Variabelen vermenigvuldigen en delen

Variabelen vermenigvuldigen is eigenlijk makkelijker dan ze optellen of aftrekken, maar je moet het wel zorgvuldig doen. Wanneer je variabelen deelt, moet je een aantal regels strikt in acht nemen. In de volgende paragrafen leer ik je die regels en geef ik je enkele tips.

Variabelen vermenigvuldigen

Wanneer je dezelfde variabelen vermenigvuldigt met elkaar, worden ze in één enkele factor (variabele) 'samengeperst'. Maar verschillende variabelen kun je nog steeds niet combineren.

BELANGRIJK

Wanneer je variabelen vermenigvuldigt, vermenigvuldig dan gewoon de coëfficienten en de variabelen. Als de grondtallen hetzelfde zijn, kun je ze vermenigvuldigen door de exponenten op te tellen. (Meer over het vermenigvuldigen van exponenten vind je in hoofdstuk 4.) Schrijf vervolgens het resultaat in een compacte vorm.

Kijk naar de volgende voorbeelden waarin de letters de variabelen zijn en tegelijkertijd ook de grondtallen.

- $a \cdot a \cdot b \cdot c = a^2bc$
- $2 \cdot a \cdot a \cdot a \cdot b \cdot b \cdot c = 2a^3b^2c$
- $2 \cdot a \cdot a \cdot a \cdot a \cdot 3 \cdot b \cdot b \cdot b \cdot 4 \cdot c \cdot c = 24a^4b^3c^2$
- $2 \cdot a^2 \cdot a^3 \cdot 3 \cdot b \cdot b \cdot b^6 \cdot 5 \cdot c \cdot c \cdot c^{10} = 30a^5b^8c^{12}$
- $(2a^2b^2c^3)(4a^3b^2c^4) = 8a^{2+3}b^{2+2}c^{3+4} = 8a^5b^4c^7$
- $(3x^2yz^{-2})(4x^{-2}y^2z^4)(3xyz) = 36x^{2-2+1}y^{1+2+1}z^{-2+4+1} = 36x^1y^4z^3$

Variabelen delen

Wanneer je een combinatie van variabelen en getallen wilt delen, deel de getallen dan gewoon alsof je een breuk vereenvoudigt (zie hoofdstuk 3 voor het vereenvoudigen van breuken). Variabelen kunnen alleen op elkaar gedeeld worden als ze hetzelfde zijn.

Wanneer je deelt, is het resultaat niet altijd een geheel getal. Er kan een rest zijn, de waarde die overblijft als het ene getal door het andere gedeeld wordt. Maar hier wil je geen rest overhouden (dat zouden nieuwe termen worden). Dus zorg ervoor dat je geen restjes overlaat.

BELANGRIJK

Als je variabelen deelt, schrijf de opgave dan als een breuk. Gebruik de grootste gemeenschappelijke deler, deel de getallen en vereenvoudig. Gebruik de regels voor het delen van exponenten (zie hoofdstuk 4 of de spiekbrief) om variabelen die hetzelfde zijn te delen.

Variabelen delen is vrij eenvoudig. Elke variabele wordt apart beschouwd. De coëfficiënten (de getallen) worden vereenvoudigd zoals in een gewone breuk.

Je kunt dit uitleggen aan de hand van lege flessen: 4 vrienden besloten lege flessen te verzamelen om te recyclen (en om geld te verdienen). Ze verzamelden $12x^3$ flessen en ontvingen per fles een bedrag van y^2 cent. In totaal verdienen ze dus $12x^3y^2$ cent. Hoe gaan ze dat verdelen?

TECHNISCHE INFO

DE BREUKSTREEP

De schuine streep die gebruikt wordt om breuken aan te geven, wordt ook wel *solidus* genoemd. Het streepje kom je ook vaak tegen in niet-wiskundige geschriften, zoals in en/of en in km/uur. In de poëzie wordt het schuine streepje ook wel *virgule* genoemd en geeft het de verdeling van een versregel in versvoeten aan. Een chique woord voor de horizontale breukstreep, dat overigens nauwelijks wordt gebruikt, is *vinculum*.

Het totale bedrag deel je door 4 om het bedrag dat elk van de vrienden ontvangt te bepalen. Dat is dus $\frac{12x^3y^2}{4} = 3x^3y^2$ cent per persoon. De coëfficiënt is hier het enige dat je kunt delen.

Als je wilt weten hoeveel flessen ieder van de vrienden uitbetaald krijgt, dan deel je $\frac{12x^3y^2}{4y^2} = 3x^3$ flessen.

Waarom zou je variabelen gebruiken in plaats van gewoon getallen te gebruiken? Omdat als de getallen veranderen, je dan nog steeds ieders deel hebt vastgesteld. Stel dat de x en de y veranderen in waarde. Bekijk de volgende voorbeelden om erachter te komen hoe je moet delen met variabelen, coëfficiënten en exponenten:

» Als a het aantal appels voorstelt, dan resulteert het verdelen van 10 appels in groepjes van 5 in 2 groepjes (en niet in 2 appels).

$\frac{10a}{5a} = 2$

10 appels verdeeld over 5 groepjes, resulteert daarentegen in 2 appels per groep.

» $\frac{6a^2}{3a} = 2a$

6 gedeeld door 3 is 2. De regels voor het delen van exponenten leveren $a^2 \div a = a$.

Ik vind het fijner het antwoord op te schrijven met x in de noemer en een positieve exponent, dan met x in de teller en een negatieve exponent.

» $\frac{14x^2}{7x^4} = 2x^{-2} = \frac{2}{x^2}$

» $\frac{6x^3y^2}{18xy^4} = \frac{x^2}{3y^2}$

Alles tegelijk

De vier belangrijkste bewerkingen, optellen, aftrekken, vermenigvuldigen en delen, zijn behandeld in de voorgaande paragrafen. In de meeste wiskundeopgaven komen meerdere bewerkingen voor. Bekijk daarom de volgende stappen om te zien hoe je een combinatie van bewerkingen aanpakt.

In dit voorbeeld worden de bewerkingen uitgevoerd op:

$$4a^2b^3(2a^3b^2) + 5ab^{-2}(2a^4b^7) + 5$$

1. **Vermenigvuldig de variabelen in elke term apart.**

   $4 \cdot 2a^2\, a^3\, b^3\, b^2 + 5 \cdot 2aa^4\, b^{-2}\, b^7 + 5$

2. **Tel de exponenten van gelijke variabelen op.**

   $8a^{2+3}\, b^{3+2} + 10a^{1+4}\, b^{-2+7} + 5 =$

   $8a^5\, b^5 + 10a^5\, b^5 + 5$

   Je ziet dat de eerste twee termen hetzelfde zijn voor wat betreft de variabelen en hun exponenten en daarom kun je ze bij elkaar optellen.

3. Neem gelijksoortige termen bij elkaar.

$= (8 + 10)a^5 b^5 + 5 = 18a^5 b^5 + 5$

Oké. Nu je erin geslaagd bent verschillende bewerkingen uit te voeren op een ingewikkeld voorbeeld, waarom zou je nu niet proberen deze stappen nog eens te volgen om een combinatie van bewerkingen uit te voeren op een ander voorbeeld?

$$3m^2 (2mn) - 4m^3 n^3 (2n^{-2}) + 5m^2 n^3 - 6mn (mn)$$

1. Vermenigvuldig de variabelen in elke term apart.

$3 \cdot 2m^2 mn - 4 \cdot 2m^3 n^3 n^{-2} + 5m^2 n^3 - 6mnmn$

2. Tel de exponenten van gelijke variabelen op.

$6m^{2+1} - 8m^3 n^{3-2} + 5m^2 n^3 - 6m^{1+1} n^{1+1} =$

$6m^3 n - 8m^3 n + 5m^2 n^3 - 6m^2 n^2$

3. Neem gelijksoortige termen bij elkaar.

In dit geval kunnen alleen de eerste twee termen gecombineerd worden: zowel hun variabelen als hun exponenten zijn hetzelfde.

$(6 - 8)m^3 n + 5m^2 n^3 - 6m^2 n^2 =$

$-2m^3 n + 5m^2 n^3 - 6m^2 n^2$

Het volgende voorbeeld is je kans te laten zien wat je waard bent. Vermenigvuldigen heb je gedaan, dus nu is het tijd om te delen (wat eigenlijk niets anders is dan gewoon aftrekken). Aan de slag!

In dit voorbeeld werken we met deze uitdrukking:

$$\frac{4x^2y^3}{2xy} - \frac{15xy^5}{3y^3} + \frac{13x^{-2}y^{11}}{x^{-5}y^8} + \frac{11x^4y^{7/2}}{xy^{1/2}}$$

1. Voer de delingen uit door exponenten van hetzelfde grondtal af te trekken.

De getallen kun je gewoon op elkaar delen. Je mag aannemen dat een grondtal zonder exponent een 1 als exponent heeft. In deze opgave staan er zowel in de teller als in de noemer negatieve exponenten.

$2x^{2-1} y^{3-1} - 5xy^{5-3} + 13x^{-2+5} y^{11-8} + 11x^{4-1} y^{7/2-1/2}$

2. Voltooi het aftrekken in de exponenten.

Let op: toen de negatieve exponent (–5) die in de noemer stond omhoog gehaald werd, werd hij positief en wordt nu opgeteld. Breuken in exponenten werken hetzelfde als gehele getallen in exponenten: je moet ze op dezelfde manier optellen en aftrekken.

$= 2xy^2 - 5xy^2 + 13x^3 y^3 + 11x^3 y^3$

3. Termen in precies dezelfde variabele(n) met dezelfde exponenten kun je nu optellen en aftrekken.

$(2 - 5)xy^2 + (13 + 11)x^3 y^3 =$

$-3xy^2 + 24x^3 y^3$

In dit laatste voorbeeld wordt de regel voor het vermenigvuldigen van exponenten toegepast op twee van de termen. Meer hierover vind je in de spiekbrief en in hoofdstuk 4.

Voer de bewerkingen uit op $(3x^2 y)^2 + 5x^4 y - (2xy^{1/2})^4 - 16xy^4$:

1. **Machten van machten bereken je door de exponenten te vermenigvuldigen.**

   $3^{1 \cdot 2} x^{2 \cdot 2} y^{1 \cdot 2} + 5x^4 y - 2^{1 \cdot 4} x^{1 \cdot 4} y^{(1/2) \cdot 4} - 16\, xy^4$

2. **Vermenigvuldig de waarden in de exponenten.**

   $3^2 x^4 y^2 + 5x^4 y - 2^4 x^4 y^2 - 16xy^4 =$

   $9x^4 y^2 + 5x^4 y - 16x^4 y^2 - 16xy^4$

3. **Neem gelijksoortige termen samen.**

   $(9 - 16)x^4 y^2 + 5x^4 y - 16xy^4 =$

   $-7x^4 y^2 + 5x^4 y - 16xy^4$

Eerst werk je de exponenten die buiten de haakjes staan uit. Daarna kun je termen samennemen die precies dezelfde exponent in x en in y hebben.

2 Ontbinden in factoren

IN DIT DEEL . . .

In deze hoofdstukken leer je hoe je algebraïsche uitdrukkingen kunt herschikken, zodat ze handiger in het gebruik zijn. Ontbinden in factoren heeft zoals altijd een hoge prioriteit en wordt uitvoerig behandeld, net als bekende en minder bekende methodes om algebraïsche uitdrukkingen te manipuleren, waaronder de papegaaienbekmethode in hoofdstuk 10. Als je deze methoden onder de knie hebt, kun je de rest ook aan.

IN DIT HOOFDSTUK

- De mysterieuze priemgetallen
- Grote getallen klein maken: deelbaarheid, daar draait het om!
- Samengestelde getallen onderzoeken: ontbinden in priemfactoren
- Methoden om te ontbinden in factoren

Hoofdstuk 7
Het nut van priemgetallen

Al eeuwenlang hebben zowel wiskundigen als niet-wiskundigen het over *priemgetallen* (gehele getallen die alleen deelbaar zijn door één en door zichzelf). Het mysterie der priemgetallen inspireert filosofen, ingenieurs en astronomen. Deze en andere lieden hebben heel veel informatie over priemgetallen verzameld, maar veel beweringen blijven vooralsnog onbewezen.

Het grootste mysterie is waarschijnlijk de vraag wat het volgende priemgetal is dat ontdekt wordt. Computers hebben een belangrijke bijdrage geleverd aan de zoektocht naar priemgetallen, maar omdat getallen oneindig doorlopen en omdat nog niemand een patroon of een methode heeft gevonden om priemgetallen op te sommen, blijft de vraag wat *het volgende* priemgetal is.

Beginnen bij het begin

Priemgetallen zijn belangrijk in de wiskunde omdat je daarmee kunt werken met de kleinst mogelijke getallen. Grote getallen zijn vaak onhandig en zorgen vaker voor fouten in berekeningen. Om opgaven hanteerbaarder te maken, zijn het vereenvoudigen van breuken en het ontbinden van uitdrukkingen in hun factoren enkele van de basismethoden van de wiskunde.

TECHNISCHE INFO

Een priemgetal is een geheel getal groter dan één dat alleen deelbaar is door één en door zichzelf.

Het eerste en kleinste priemgetal is twee. Het is het enige *even* priemgetal. Alle priemgetallen daarna zijn oneven omdat alle even getallen deelbaar zijn door één, door zichzelf en door twee. En daarom voldoen ze dus niet aan de definitie van een priemgetal.

TECHNISCHE INFO

Als een getal deelbaar is door drie, dan levert het optellen van de cijfers van het getal een veelvoud van drie. In hoofdstuk 22 vind je meer regels voor deelbaarheid.

Tabel 7.1 somt de eerste twintig priemgetallen op. Reken zelf na dat elk van deze getallen *alleen* deelbaar is door één en door zichzelf.

TABEL 7.1 **Priemgetallen kleiner dan 100**

2	3	5	7	11
13	17	19	23	29
31	37	41	43	47
53	59	61	67	71
73	79	83	89	97

Wanneer je een getal als priemgetal herkent, hoef je verder geen moeite te doen delers te vinden als je bijvoorbeeld een breuk vereenvoudigt of een uitdrukking ontbindt in factoren. Er bestaan zoveel priemgetallen dat je ze nooit allemaal kunt onthouden of herkennen, maar alleen de priemgetallen onder de honderd onthouden kan goed van pas komen. In de spiekbrief voor in dit boek staat een lijst met de eerste honderd priemgetallen.

Samengestelde getallen samenstellen

Het is interessant om over priemgetallen na te denken, maar priemgetallen betekenen ook het einde van de reis als het gaat om uitdrukkingen ontbinden in factoren of breuken vereenvoudigen. Samengestelde getallen zijn het tegengestelde van priemgetallen: ze kunnen uit elkaar gehaald worden in hun factoren, hun herleidbare onderdelen.

TECHNISCHE INFO

WAAROM IS HET GETAL 1 GEEN PRIEMGETAL?

Het getal 1 wordt traditioneel, en ook per definitie trouwens, niet gezien als priemgetal. De definitie van een priemgetal is een getal dat alleen deelbaar is door zichzelf en door 1. In dit geval zouden dat 2 vliegen in 1 klap zijn, want 1 is zichzelf.

Veel theorema's en veronderstellingen zouden niet werken als 1 wel een priemgetal was. Wiskundigen in de tijd van Pythagoras beschouwden het getal 2 soms zelfs niet als priemgetal, omdat ze 1 en 2 geen *echte getallen* vonden: zij waren slechts de voortbrengers van alle andere even en oneven getallen. Soms lijkt het wel alsof sommige regels wat arbitrair zijn. In dit geval werkt al het andere gewoon beter als 1 geen priemgetal is.

TECHNISCHE INFO

PRIEMGETALLEN VAN MERSENNE

Mersennepriemgetallen zijn speciale priemgetallen die geschreven kunnen worden als een macht van 2 minus 1. Bijvoorbeeld, $2^2 - 1 = 3$: $2^3 - 1 = 7$: en $2^4 - 1 = 15$. 3 en 7 zijn priemgetallen, maar 15 is geen priemgetal. Deze formule levert dus niet altijd een priemgetal op, maar er zijn gewoon veel priemgetallen die zo geschreven kunnen worden.

In 1996 ging de grote zoektocht naar Mersennepriemgetallen op internet van start. Het was een wedstrijd om grote Mersennepriemgetallen te vinden. Iemand vond op zijn thuiscomputer een voldoende groot Mersennepriemgetal en ontving van de Electronic Frontier Foundation een prijs van 50.000 dollar. Intussen zijn er 49 Mersennepriemgetallen gevonden en zoekt en rekent men nog steeds door. Als je er 1 vindt, ga dan naar de website www.mersenne.org.

TECHNISCHE INFO

Gehele getallen groter dan 1 die geen priemgetal zijn, zijn *samengestelde getallen* die herleid kunnen worden tot priemgetallen die vermenigvuldigd met elkaar gelijk zijn aan dat samengestelde getal. Elk samengesteld getal kan dus geschreven worden als het product van priemgetallen, een proces dat ook wel *ontbinding in priemfactoren* wordt genoemd. Elk getal wordt op een unieke manier in zijn priemfactoren ontbonden.

Hier volgen enkele voorbeelden van samengestelde getallen en hun ontbinding in priemfactoren:

» $6 = 2 \cdot 3$

» $12 = 2 \cdot 2 \cdot 3 = 2^2 \cdot 3$

» $16 = 2 \cdot 2 \cdot 2 \cdot 2 = 2^4$

» $250 = 2 \cdot 5 \cdot 5 \cdot 5 = 2 \cdot 5^3$

» $510.510 = 2 \cdot 3 \cdot 5 \cdot 7 \cdot 11 \cdot 13 \cdot 17$

» $42.059 = 137 \cdot 307$

Oké, die laatste is wel een beetje listig. Zonder rekenmachine, computer of lijst met priemgetallen deze ontbinding in priemfactoren vinden, is niet gemakkelijk. Het is niet altijd voor de hand liggend wat de priemfactoren van een getal zijn.

Ontbinden in priemfactoren

Een samengesteld getal ontbinden in zijn priemfactoren is een goede manier om er zeker van te zijn dat je alle mogelijkheden hebt geprobeerd. Dit proces geeft je de enige manier waarop een getal ontbonden kan worden in priemfactoren.

TECHNISCHE INFO

Een slimme manier om te ontbinden in priemfactoren is door een deling als het ware ondersteboven uit te voeren. Je schrijft een priemfactor (een priemgetal waardoor het getal waar je mee werkt deelbaar is) links van dat getal. Het resultaat van de deling (hoeveel keer de priemfactor in je getal gaat), het quotiënt, schrijf je eronder. Dit quotiënt deel je weer door een priemfactor die je weer links ervan opschrijft en dit proces blijf je herhalen totdat je uitkomt op een priemgetal. Dan ben je klaar. De volgorde waarin je door priemfactoren deelt, is niet belangrijk. Je vindt hetzelfde resultaat, dezelfde lijst van priemfactoren, onafhankelijk van de volgorde die je gebruikt.

Het getal 120 wordt dan als volgt ontbonden in priemfactoren:

2|120

2|60

2|30

3|15

5

Bekijk het linker rijtje getallen en het getal onderaan. Ze doen hetzelfde als delers in een breuk, alleen nu zijn het allemaal priemgetallen. Er zijn natuurlijk een heleboel samengestelde getallen die je had kunnen kiezen als delers van 120, maar als je wilt ontbinden in priemfactoren mag je alleen priemgetallen als delers gebruiken.

Wanneer je deze methode gebruikt, begin je meestal te delen door 2, als dat niet meer gaat door 3 en dan door 5 enzovoort. Dit maakt de methode gemakkelijker, maar je kunt het in elke willekeurige volgorde doen: $120 = 2 \cdot 2 \cdot 2 \cdot 3 \cdot 5 = 2^3 \cdot 3 \cdot 5$. In het volgende voorbeeld kun je beter met 13 beginnen, omdat het direct duidelijk is dat dat een priemfactor is. Verder staan de factoren in willekeurige volgorde.

Ontbind 13.000 in factoren:

13|13.000

5|1000

2|200

2|100

5|50

$2\underline{|10}$

5

Dus 13.000 = $13 \cdot 5 \cdot 2 \cdot 2 \cdot 5 \cdot 2 \cdot 5 = 2^3 \cdot 5^3 \cdot 13$

Uitkomen op de priemfactor

Ontbinden in factoren is gemakkelijker als je direct ziet welke getallen samengestelde getallen zijn en welke priemgetallen zijn. Als je weet tot welk van deze categorieën een getal behoort, dan weet je wat je ermee moet doen. Probeer deze kennis hier te gebruiken!

Priemfactoren in rekening brengen

Gebruik ontbinding in priemfactoren om breuken te vereenvoudigen. Begin met alleen getallen en voeg daarna variabelen (letters die een willekeurig reëel getal voorstellen) toe.

Vereenvoudig de breuk $\frac{120}{165}$ door de volgende stappen toe te passen:

1. **Ontbind de teller in priemfactoren.**

   120 is gelijk aan $2^3 \cdot 3 \cdot 5$

2. **Ontbind de noemer in priemfactoren.**

   165 is gelijk aan $3 \cdot 5 \cdot 11$

3. **Schrijf de breuk vervolgens met de priemfactoren.**

   $\frac{120}{165} = \frac{2^3 \cdot 3 \cdot 5}{3 \cdot 5 \cdot 11}$

4. **Streep gelijke factoren in de teller en de noemer tegen elkaar weg.**

   $\frac{120}{165} = \frac{2^3 \cdot 3 \cdot 5}{3 \cdot 5 \cdot 11} = \frac{2^3 \cdot \cancel{3} \cdot \cancel{5}}{\cancel{3} \cdot \cancel{5} \cdot 11} = \frac{2^3}{11} = \frac{8}{11}$

Probeer nu de breuk $\frac{100}{243}$ te vereenvoudigen.

1. **Ontbind de teller in priemfactoren.**

   $100 = 2^2 \cdot 5^2$

2. **Ontbind de noemer in factoren.**

   $243 = 3^5$

3. **Herschrijf de breuk met de priemfactoren.**

   $\frac{100}{243} = \frac{2^2 \cdot 5^2}{3^5}$

Bekijk de priemfactoren. Je ziet dat de teller en de noemer helemaal niets gemeenschappelijks hebben. De breuk kan niet vereenvoudigd worden. De twee getallen zijn *relatief priem*. Het mooie aan priemgetallen is dat je nu honderd procent zeker kunt zijn dat de breuk niet vereenvoudigd kan worden: je hebt geen mogelijkheid over het hoofd gezien. Je kunt de breuk zo laten staan, uitgeschreven in de factoren, of terug gaan naar de eenvoudiger vorm $\frac{100}{243}$. Dat hangt af van je eigen voorkeur.

Vereenvoudig de breuk $\frac{48x^3y^2z}{84xy^2z^3}$

1. **Ontbind de teller in priemfactoren.**

   $48x^3y^2z = 2^4 \cdot 3 \cdot x^3y^2z$

2. **Ontbind de noemer in priemfactoren.**

   $84xy^2z^3 = 2^2 \cdot 3 \cdot 7 \cdot xy^2z^3$

3. **Schrijf de breuk met de priemfactoren.**

   $\frac{48x^3y^2z}{84xy^2z^3} = \frac{2^4 \cdot 3 \cdot x^3y^2z}{2^2 \cdot 3 \cdot 7 \cdot xy^2z^3}$

4. **Streep de gemeenschappelijke factoren tegen elkaar weg.**

   $\frac{2^{\cancel{4}2} \cdot \cancel{3} \cdot x^{\cancel{3}2}\cancel{y^2}\cancel{z}}{\cancel{2^2} \cdot \cancel{3} \cdot 7 \cdot \cancel{xy^2}z^{\cancel{3}2}} = \frac{4x^2}{7z^2}$

Door de breuk uit te schrijven in priemfactoren kun je er zeker van zijn dat er geen factoren zijn die de teller en de noemer gemeenschappelijk hebben.

De factoren er uithalen, de rest laten staan

Er is een goede reden om de gemeenschappelijke factoren uit een serie termen te halen, of uit de som of het verschil van een serie termen. Het is iets wat je vaak tegenkomt als je uitdrukkingen wilt vereenvoudigen of vergelijkingen wilt oplossen. De gemeenschappelijke factor die het grootste verschil maakt in deze opgaven, heet de GGD, oftewel de grootste gemeenschappelijke deler. Als je de GGD herkent en alle termen erdoor deelt, dan scheelt dat een hoop rekenwerk.

TECHNISCHE INFO

De *grootste gemeenschappelijke deler* (GGD) is de grootst mogelijke factor waardoor elke term in een uitdrukking van twee of meer termen deelbaar is. In het taalgebruik wordt de GGD ook vaak de grootste *gemene* deler genoemd.

Bij het ontbinden in priemfactoren is de GGD de meest gebruikte en gemakkelijkste manier om te vereenvoudigen en wordt daarom meestal als eerste toegepast. En de GGD is handig om vergelijkingen op te lossen. Een uitdrukking met twee of meer termen kun je begrijpelijker en beter hanteerbaar maken door de grootste gemeenschappelijke deler te vinden.

Als je de GGD direct herkent en uit een serie termen kunt wegdelen, is dat verreweg het eenvoudigst. Soms is de GGD echter niet zo herkenbaar, bijvoorbeeld wanneer die vreemde factoren zoals 7, 13 of 23 bevat. Het is niet het einde van de wereld als je deze getallen niet als vermenigvuldigingsfactoren herkent, maar het is gewoon fijner als je ze wel herkent.

De drie termen in de uitdrukking $12x^2y^4 + 16xy^3 - 20x^3y^2$ hebben gemeenschappelijke factoren. Wat is de GGD? Met de volgende stappen kom je daar achter.

1. **Bepaal de gemeenschappelijke numerieke factoren.**

   Elke term bevat een coëfficiënt die deelbaar is door 4.

2. **Bepaal de gemeenschappelijke variabele factoren.**

   Elke term bevat factoren *x* en *y*. Ontbinden in priemfactoren helpt je de GGD te bepalen.

3. **Schrijf de ontbinding in priemfactoren op voor elke term.**

   $12x^2y^4 = 2^2 \cdot 3 \cdot x^2y^4$

   $16xy^3 = 2^4 \cdot xy^3$

   $-20x^3y^2 = -2^2 \cdot 5 \cdot x^3y^2$

   De GGD is het product van de factoren die alle drie de termen gemeen hebben.

4. **Bepaal de GGD.**

   De GGD bevat het getal en de laagste macht van elke variabele die in elke term voorkomen. Elke term in het voorbeeld bevat een factor 2. Als de laagste macht van 2 die in elk van de termen voorkomt 2^2 is, dan maakt 2^2 deel uit van de GGD.

   In elke term komt de factor *x* voor. Als de laagste macht van *x* die in elke term voorkomt 1 is, dan maakt x^1 deel uit van de GGD.

   In elke term komt de factor *y* voor. Als de laagste macht van *y* die in elke term voorkomt 2 is, dan maakt y^2 deel uit van de GGD.

   De GGD is dus $2^2xy^2 = 4xy^2$

   TIP

   Wanneer je de grootste gemeenschappelijke deler (GGD) van een aantal termen zoekt, bepaalt de laagste macht (exponent) van een factor die in alle termen voorkomt de macht van die factor in de GGD.

   De GGD van $12x^2y^4 + 16xy^3 - 20x^3y^2$ is $4xy^2$

5. **Deel elke term door de GGD.**

   De respectievelijke termen worden als volgt gedeeld:

   $$\frac{12x^2y^4}{4xy^2} = 3xy^2$$

   $$\frac{16xy^3}{4xy^2} = 4y$$

   $$\frac{-20x^3y^2}{4xy^2} = -5x^2$$

Merk op dat *alle drie* de uitkomsten van de deling niets gemeenschappelijks meer hebben. De eerste twee termen hebben een *y* en de eerste en de derde term hebben een *x*, maar geen enkele factor komt in alle drie de termen voor. Dit is het best mogelijke resultaat en dat is wat je wilt.

Herschrijf de oorspronkelijke uitdrukking met de GGD buiten haakjes gehaald:

$$12x^2y^4 + 16xy^3 - 20x^3y^2 = 4xy^2(3xy^2 + 4y - 5x^2)$$

Deze laatste voorbeelden laten je nog een paar mogelijke variaties zien.

» Haal de GGD buiten haakjes voor de uitdrukking $40a^5x + 80a^5y - 120a^5z$.

De GGD is $40a^5$, dus kun je deze uitdrukking herschrijven als:

$40a^5(x + 2y - 3z)$

» Haal de GGD buiten haakjes voor $18x^2y + 25z^3 + 49z^2$

Hoewel geen van de coëfficiënten een priemgetal is, hebben ze toch niets met elkaar gemeen: er is niets waardoor ze alle drie deelbaar zijn. De volgende ontbinding in priemfactoren laat dat zien:

$18x^2y = 2 \cdot 3^2x^2y$

$25z^3 = 5^2z^3$

$49z^2 = 7^2z^2$

De laatste twee termen hebben een *z* gemeen, maar die factor komt niet voor in de eerste term. Deze uitdrukking wordt priem genoemd omdat er niets buiten haakjes gehaald kan worden.

IN DIT HOOFDSTUK

Het prijzengeld eerlijk verdelen

Tweetermen en drietermen vermenigvuldigen

Dezelfde patronen leren herkennen

Hoofdstuk 8

Eerlijk verdelen: haakjes wegwerken

Algebra zit vol tegenstrijdigheden. Eerst wordt je gevraagd factoren buiten haakjes te halen (zie hoofdstuk 9 voor de feiten over ontbinden in factoren) en dan weer om *haakjes weg te werken*, wat juist het tegenovergestelde is. Met andere woorden, eerst wordt je gevraagd breuken te vereenvoudigen en dan moet je ze weer vermenigvuldigen en zo grotere getallen creëren. Eerst wordt je gevraagd een breuk te veranderen in een decimaal getal en dan weer om een decimaal getal te schrijven als een breuk.

Maar wees ervan overtuigd dat er goede redenen zijn om deze schijnbaar tegenstrijdige processen uit te voeren. Een verjaardagscadeau pak je ook eerst zorgvuldig in om het de volgende dag weer te laten uitpakken. Je besproeit en bemest je gazon om het gras te laten groeien, zodat je het daarna weer kunt maaien. Zie je wel, het leven zit vol tegenstrijdigheden! In dit hoofdstuk vertel ik je wanneer, waarom en hoe je moet ontbinden in factoren of juist het tegenovergestelde moet doen. Je wilt graag goed gefundeerde beslissingen nemen en dan de vaardigheid hebben om die beslissingen goed te kunnen uitvoeren. Wat heb je er aan een vliegtuig te kopen als je niet weet hoe je het moet besturen?

Geef ieder er één

Wanneer dingen eerlijk verdeeld worden, krijgt iedereen of alles wat meedoet een gelijk aandeel, gewoon één van de delen, en niet twee keer zoveel als de anderen. Als een kind op zijn verjaardag op school trakteert, gaat het van: 'Eén voor jou en één voor jou...' In het spel mankala worden de steentjes in een beker verdeeld zodat elk steentje in een nieuwe beker belandt totdat de steentjes op zijn. Als je het anders doet, speel je vals! Als het prijzengeld uitgekeerd wordt aan het winnende team, krijgt elk teamlid een deel van dat geld. In de algebra gaat haakjes wegwerken op een soortgelijke manier: iedereen krijgt een deel.

Dingen distribueren wil zeggen dat je ze gelijkmatig verspreidt. In de algebra kun je gebruikmaken van de distributieve eigenschap van vermenigvuldigen om haakjes weg te werken, waarbij je een term die buiten de haakjes staat als het ware distribueert over (dat wil zeggen, vermenigvuldigt met) elk van de termen binnen de haakjes.

BELANGRIJK

Om haakjes weg te werken, gebruik je de distributieve eigenschap en vermenigvuldig je elk van de termen binnen de haakjes met de term erbuiten. Haakjes wegwerken is het vermenigvuldigen van elk van een serie termen binnen de haakjes met een term buiten de haakjes.

$$a(b + c) = a \cdot b + a \cdot c$$

$$a(b - c) = a \cdot b - a \cdot c$$

BELANGRIJK

Een term bestaat uit variabele(n) en/of getal(len) samengevoegd door vermenigvuldiging of deling. Termen worden van elkaar gescheiden door optellen of aftrekken.

1. **Vermenigvuldig iedere term met het getal en/of de variabele(n) buiten de haakjes.**

   Werk de haakjes weg door het getal 2 te vermenigvuldigen met termen binnen de haakjes.

   $2(4x + 3y - 6) =$

   $2(4x) + 2(3y) - 2(6)$

2. **Voer de vermenigvuldiging uit voor elk van de termen.**

   $8x + 6y - 12$

Heb je in de gaten hoe het werkt? Probeer dan de volgende situatie eens in wiskundige termen uit te drukken. Bij een autodealer verkochten 5 verkopers, A, B, C, D en E, vorige maand respectievelijk 2, 8, 6, 5 en 9 auto's. Opgeteld zijn dat 2 + 8 + 6 + 5 + 9 = 30 auto's. De eigenaar van het autobedrijf wil de verkoop deze maand verdubbelen. Hij wil dat zijn verkoopteam deze maand 60 auto's verkoopt. Als elk van de verkopers 2 keer zo veel auto's zou verkopen als vorige maand, kijk dan eens wat er gebeurt.

1. **Vermenigvuldig iedere term met het getal en/of de variabele(n) buiten de haakjes.**

   $2(2 + 8 + 6 + 5 + 9) = 2(2) + 2(8) + 2(6) + 2(5) + 2(9)$

2. **Voer de vermenigvuldiging uit voor elk van de termen.**

   4 + 16 + 12 + 10 + 18 = 60 auto's

Of je nu eerst haakjes wegwerkt of eerst optelt wat er binnen de haakjes staat, maakt voor de uitkomst natuurlijk niets uit. Ik laat het aan jezelf over dat aan te tonen. Eerst haakjes wegwerken om het antwoord te krijgen kan een betere keuze zijn wanneer je door elke term te vermenigvuldigen mooiere getallen krijgt. Breuken of decimale getallen binnen de haakjes worden soms mooie ronde getallen wanneer je eerst de haakjes wegwerkt. De andere optie, eerst optellen, is te verkiezen wanneer haakjes wegwerken te veel problemen met het vermenigvuldigen oplevert. Soms is het makkelijk te zien wat de beste keuze is. Maar soms zul je ook moeten raden wat het handigst is.

Eerst haakjes wegwerken

Neem altijd eerst even de tijd om de opgave goed te bekijken. Soms kun je door goed te kijken al zien of het handiger is de haakjes weg te werken voor- of nadat je de termen binnen de haakjes optelt. Even de tijd nemen om goed te kijken wat de beste methode is, kan je later een hoop werk besparen.

Het volgende voorbeeld laat goed zien hoe de juiste beslissing soms kan betekenen dat je eerst de haakjes wegwerkt.

» Bedenk eens hoe ingewikkeld het is 60 te vermenigvuldigen met $\frac{1}{2}+\frac{3}{5}-\frac{3}{4}+\frac{13}{15}$ door eerst de breuken op te tellen. Je moet eerst een gemeenschappelijke noemer vinden en dan de breuken optellen en aftrekken.

$60(\frac{30}{60}+\frac{36}{60}-\frac{45}{60}+\frac{52}{60})=$

$60(\frac{73}{60})=73$

» En bekijk nu de betere keuze: eerst haakjes wegwerken.

$60(\frac{1}{2}+\frac{3}{5}-\frac{3}{4}+\frac{13}{15})$

Door te vermenigvuldigen met 60, raak je alle breuken kwijt en hoef je dus niet meer op zoek naar een gemeenschappelijke noemer.

$60(\frac{1}{2})+60(\frac{3}{5})-60(\frac{3}{4})+60(\frac{13}{15})=$

$30+36-45+52=73$

Zie je nu dat het in dit geval veel voordeliger is om eerst haakjes weg te werken? In het volgende voorbeeld is het echter veel handiger om eerst op te tellen en af te trekken wat er binnen de haakjes staat.

Eerst optellen

Kijk voor je begint aan een opgave over haakjes wegwerken eerst even naar de grootte van de getallen. Als de getallen groot zijn, dan leidt het wegwerken van de haakjes alleen maar tot nog grotere getallen, die nog lastiger hanteerbaar zijn. In het geval van grote getallen kan het soms handiger zijn om eerst op te tellen en af te trekken binnen de haakjes voordat je de haakjes wegwerkt.

» Werk eerst de haakjes weg (oef).

$43(160 - 159 + 433 - 432) =$

$43(160) - 43(159) + 43(433) - 43(432) =$

$6880 - 6837 + 18.619 - 18.576 =$

86

» Bekijk nu de slimmere keuze, waarbij je eerst de bewerkingen binnen de haakjes uitvoert.

$43(160 - 159 + 433 - 432) =$

$43(1 + 1) = 43(2) = 86$

Deze twee voorbeelden zijn een beetje overdreven. Het is niet altijd meteen duidelijk wat de beste keuze is. Maar als je je ogen openhoudt voor de verschillende mogelijkheden, dan kun je jezelf een hoop tijd en werk besparen.

Voortekens en haakjes wegwerken

PAS OP

Positieve (+) en negatieve (–) voortekens zijn geen probleem bij het wegwerken van haakjes, maar het vermenigvuldigen van mintekens kan wel fouten veroorzaken. Meer tegenstrijdigheden!

Positieve voortekens en haakjes wegwerken

BELANGRIJK

Een positief voorteken verandert het voorteken van de verschillende termen niet.

» $+(4x + 2y - 3z + 7)$ is hetzelfde als alle termen vermenigvuldigen met +1.

$+(4x + 2y - 3z + 7) = +1(4x) + 1(2y) + 1(-3z) + 1(7) =$

$4x + 2y - 3z + 7$

Zelfs wanneer er een ander positief getal dan 1 buiten haakjes staat, heeft dat geen effect op de voortekens.

» $+3(4x + 2y - 3z + 7) = +3(4x) + 3(2y) + 3(-3z) + 3(7) =$

$12x + 6y - 9z + 21$

Het is vast geen verrassing dat de voortekens in de uitdrukking hetzelfde zijn gebleven.

Negatieve voortekens en haakjes wegwerken

BELANGRIJK

Wanneer er een negatief voorteken buiten de haakjes staat, verandert het voorteken van iedere term bij het wegwerken van de haakjes: van positief naar negatief of van negatief naar positief.

Werk de haakjes weg met een negatief voorteken buiten haakjes.

» $-(4x + 2y - 3z + 7)$ is hetzelfde als vermenigvuldigen met -1.

$-1(4x + 2y - 3z + 7) = -1(4x) - 1(2y) - 1(-3z) - 1(7) =$

$-4x - 2y + 3z - 7$

Verander elke term in het tegengestelde voorteken.

PAS OP

Voorkom bij het wegwerken van haakjes met mintekens de fout dat je niet *alle* termen van voorteken verandert. Dit kan vooral gebeuren wanneer het proces *verborgen* is. Met verborgen bedoel ik dat het minteken soms niet voor de hele uitdrukking staat, waar het opvalt. Het minteken kan ook tussen termen in staan, waar het een verschil aangeeft en daardoor niet herkend zou kunnen worden voor wat het is. Laat je niet in de luren leggen door mintekens.

1. **Werk de haakjes weg.**

   $4x\,(x - 2) - (5x + 3)$

   Vermenigvuldig de $4x$ met de x en de 2 door beide termen één voor één te vermenigvuldigen met $4x$:

   $4x\,(x - 2) = 4x(x) - 4x(2)$

2. **Vermenigvuldig de mintekens.**

   Vermenigvuldig het minteken met de $5x$ en de 3 door het voorteken van elk van de termen te veranderen. Wees zorgvuldig: je maakt snel de fout het minteken alleen met de $5x$ te vermenigvuldigen.

   $-(5x + 3) = -(+5x) - (+3)$

3. **Vermenigvuldig en neem de gelijksoortige termen samen.**

   $4x(x) - 4x(2) - (+5x) - (+3) = 4x^2 - 8x - 5x - 3 =$

   $4x^2 - 13x - 3$

TECHNISCHE INFO

PALINDROMEN

Het woord *palindroom* komt van het Griekse *palindromos,* dat *weer teruggaan* betekent. Een palindroom is een woord, zin of zelfs een heel gedicht dat achterstevoren hetzelfde gespeld wordt als gewoon van links naar rechts. Als eerbetoon aan de man die het Panamakanaal bouwde, schreef Leigh Mercer in het Engels bijvoorbeeld 'A man, a plan, a canal, Panama'. Er zijn ook woorden die palindromen zijn, zoals *lepel* en *parterretrap.*

Door de eeuwen heen worden wiskundigen al gebiologeerd door numerieke palindromen. De perfecte kwadraten zijn palindromen: 121 en 14641, bijvoorbeeld. Een datum als palindroom is bijvoorbeeld 10 september 1901 (1091901). Als je de volgorde van de cijfers van een getal omkeert en dat vervolgens optelt bij het oorspronkelijke getal, kun je naar het schijnt vaak een palindroom creëren. Als het niet werkt, moet je de stappen gewoon herhalen totdat je wel een palindroom vindt. Neem bijvoorbeeld 146 en keer de volgorde van de cijfers om, zodat je 641 krijgt. Tel ze op en je hebt 146 + 641 = 787.

De rollen omdraaien bij het wegwerken van haakjes

Haakjes wegwerken in een uitdrukking die bestaat uit meerdere termen opgeteld of afgetrokken, is een uitbreiding van gewoon vermenigvuldigen. Maar hoe zit het met de *commutatieve* eigenschap van vermenigvuldigen?

BELANGRIJK

Vermenigvuldigen is commutatief: dat wil zeggen dat de volgorde waarin je vermenigvuldigt niets uitmaakt: $a \times b = b \times a$.

Wat gebeurt er als je bij het wegwerken van haakjes de volgorde verandert? Er komt tenslotte ook optellen en aftrekken aan te pas.

1. **Werk de haakjes weg door de term buiten haakjes te vermenigvuldigen met alle termen erbinnen.**

   Beschouw $3(x^2 + y - 7 - z)$ en vergelijk dat met $(x^2 + y - 7 - z)3$. In de eerste uitdrukking staat de 3 voor de haakjes.

   $3(x^2 + y - 7 - z) = 3(x^2) + 3(y) + 3(-7) + 3(-z)$

2. **Vermenigvuldig elke term.**

   $3x^2 + 3y - 21 - 3z$

3. **Werk de haakjes weg door elke term te vermenigvuldigen met de term achter de haakjes.**

   In de tweede uitdrukking staat de 3 achter de haakjes.

   $(x^2 + y - 7 - z)3 = x^2(3) + y(3) - 7(3) - z(3)$

   In elk van de termen kunnen de factoren omgedraaid worden, want vermenigvuldigen is commutatief.

4. **Vermenigvuldig en herschrijf.**

   $3x^2 + 3y - 21 - 3z$

   De uitkomsten zijn precies hetzelfde. Hoera! Dat is gemakkelijk.

Getallen en variabelen door elkaar

Als er variabelen buiten haakjes staan en je de haakjes wegwerkt, moet je de regels voor vermenigvuldigen en voor exponenten in acht nemen. Variabelen kun je vermenigvuldigen door ze gewoon naast elkaar te schrijven, zonder symbool ertussen. Als er bij het wegwerken van haakjes dezelfde variabele wordt vermenigvuldigd, worden de exponenten opgeteld.

BELANGRIJK

Wanneer exponenten in hetzelfde grondtal worden vermenigvuldigd, moeten de exponenten opgeteld worden:

$a^2 \cdot a^3 = a^5$

Deze regel voor het vermenigvuldigen van exponenten in hetzelfde grondtal wordt gebruikt in de volgende opgave.

1. **Werk de haakjes weg door de term buiten haakjes te vermenigvuldigen met de termen erbinnen.**

   Vermenigvuldig a met de uitdrukking $a^4 + 2a^2 + 3$.

   $a(a^4 + 2a^2 + 3) = a \cdot a^4 + a \cdot 2a^2 + a \cdot 3$

2. **Voer de vermenigvuldiging verder uit.**

   $a^5 + 2a^3 + 3a$

En nog eens:

1. **Werk de haakjes weg door de term buiten haakjes te vermenigvuldigen met de termen erbinnen.**

   Vermenigvuldig a^3 met de uitdrukking $a^4 + 2a^2 + 3$.

   $a^3(a^4 + 2a^2 + 3) = a^3 \cdot a^4 + a^3 \cdot 2a^2 + a^3 \cdot 3$

2. **Tel de exponenten op.**

   $a^{3+4} + 2a^{2+3} + a^3 \cdot 3$

3. **Voltooi de bewerkingen.**

   $a^7 + 2a^5 + 3a^3$

Optellen van exponenten is niet anders met negatieve getallen of breuken als exponent. Bijvoorbeeld: $4 + (-2) = 2$ of $4 + (-4) = 0$ of $4 + \frac{1}{3} = 4\frac{1}{3} = \frac{13}{3}$.

BELANGRIJK

1. **Werk de haakjes weg door de term buiten haakjes te vermenigvuldigen met de termen erbinnen.**

   Vermenigvuldig z^4 met elk van de termen.

   $z^4 (2z^2 - 3z^{-2} + z^{-4} + 5z^{1/3}) = z^4 \cdot 2z^2 - z^4 \cdot 3z^{-2} + z^4 \cdot z^{-4} + z^4 \cdot 5z^{1/3}$

2. **Tel de exponenten op.**

   $2z^{4+2} - 3z^{4-2} + z^{4-4} + 5z^{4+1/3}$

3. **Voltooi de bewerkingen.**

$2z^6 - 3z^2 + z^0 + 5z^{13/3} = 2z^6 - 3z^2 + 1 + 5z^{13/3}$

BELANGRIJK

Een 0 in de exponent betekent dat de waarde van de factor gelijk aan 1 is, wat het grondtal ook is.

$x^0 = 1$

Exponenten met een verschillend voorteken combineer je met de regels voor het optellen en aftrekken van getallen met een voorteken. Breuken in de exponent kun je combineren nadat je een gemeenschappelijke noemer hebt gevonden. Onechte breuken mag je in die vorm laten staan.

Hier nemen we een aantal verschillende situaties door die kunnen ontstaan bij het wegwerken van haakjes, zoals wanneer er zowel een getal als een variabele buiten de haakjes staat, er verschillende machten in meer dan een variabele buiten haakjes staan, er negatieve getallen buiten de haakjes staan, er negatieve exponenten herschreven moeten worden als termen met breuken, er breuken in de exponent buiten de haakjes staan en er wortels buiten de haakjes staan. Zo behandelen we zo'n beetje alles wat je maar kunt tegenkomen.

» Combineer de variabelen door de regels voor exponenten te gebruiken.

Vermenigvuldig iedere term met $5x$.

$5x(2x^2 + 3x - 4) = 5x \cdot 2x^2 + 5x \cdot 3x - 5x \cdot 4$

Vermenigvuldig de getallen en de variabelen in elk van de termen.

$10x^3 + 15x^2 - 20x$

» Combineer de variabelen met hetzelfde grondtal volgens de regels voor exponenten. De voortekens van de uitkomsten worden bepaald door de regels voor het vermenigvuldigen van getallen met een voorteken.

$-6y(5xy - 4x - 3y + 2)$

Vermenigvuldig elke term met $-6y$.

$-6y(5xy) - 6y(-4x) - 6y(-3y) - 6y(2)$

Voer de vermenigvuldiging uit op elke term.

$-30xy^2 + 24xy + 18y^2 - 12y$

» Je ziet dat de laatste term in het antwoord op de volgende opgave het tegengestelde is van de term buiten de haakjes. Dit komt doordat de laatste term binnen de haakjes -1 is en de term buiten de haakjes daarmee vermenigvuldigd wordt.

$5x^2y^3(16x^2 - 2x + 3xy + 4y^3 - 11y^5 + z - 1)$

Vermenigvuldig elke term met $5x^2y^3$.

$5x^2y^3 \cdot 16x^2 - 5x^2y^3 \cdot 2x + 5x^2y^3 \cdot 3xy + 5x^2y^3 \cdot 4y^3 - 5x^2y^3 \cdot 11y^5 + 5x^2y^3 \cdot z - 5x^2y^3$

Voer de vermenigvuldiging in elke term uit. Tel waar mogelijk de exponenten op.

$80x^4y^3 - 10x^3y^3 + 15x^3y^4 + 20x^2y^6 - 55x^2y^8 + 5x^2y^3z - 5x^2y^3$

Er zijn geen gelijksoortige termen die gecombineerd kunnen worden.

Haakjes wegwerken met negatieve getallen buiten haakjes

Staat er een minteken buiten de haakjes en wil je de haakjes wegwerken, verander dan het teken van elk van de termen.

» Bekijk de volgende opgave, die bol staat van de mintekens.

$-4xyzw(4 - x - y - z - w)$

Vermenigvuldig iedere term met $-4xyzw$.

$-4xyzw(4) -4xyzw(-x) -4xyzw(-y) -4xyzw(-z) -4xyzw(-w)$

Voer de vermenigvuldiging in elk van de termen uit.

$-16xyzw + 4x^2yzw + 4xy^2zw + 4xyz^2w + 4xyzw^2$

» In het volgende voorbeeld leidt het wegwerken van de haakjes ertoe dat je de eerste twee termen met $-5x$ vermenigvuldigt en de laatste 2 met $4x^2$.

$-5x(3x + 2) + 4x^2(5 - 3x)$

Vermenigvuldig de termen met de twee factoren.

$-5x \cdot 3x - 5x \cdot 2 + 4x^2 \cdot 5 + 4x^2 \cdot (-3x)$

Vermenigvuldig elk van de termen.

$-15x^2 - 10x + 20x^2 - 12x^3$

De twee termen in x^2 kunnen tot één term gecombineerd worden.

$- 10x + 5x^2 - 12x^3$

Negatieve exponenten geven breuken als antwoord

Zoals de titel al suggereert, kan een grondtal met een negatieve exponent veranderd worden in een breuk. Het grondtal en de exponent vormen daarbij de noemer, maar het minteken verdwijnt. Tot slot zet je een één in de teller.

BELANGRIJK

De formule om negatieve exponenten te veranderen in breuken luidt: $a^{-n} = \frac{1}{a^n}$. Zie hoofdstuk 4 voor meer informatie over negatieve exponenten.

Het volgende voorbeeld laat zien hoe een negatieve exponent kan leiden tot een breuk.

» Werk de haakjes weg door $5a^{-3}b^{-2}$ te vermenigvuldigen met de termen binnen de haakjes.

$5a^{-3}b^{-2}(2ab^3 - 3a^2b^2 + 4a^4b - ab) =$

$5a^{-3}b^{-2}(2ab^3) - (5a^{-3}b^{-2})(3a^2b^2) + (5a^{-3}b^{-2})(4a^4b) - (5a^{-3}b^{-2})(ab)$

Tel de exponenten op.

$10a^{-3+1}\,b^{-2+3} - 15a^{-3+2}\,b^{-2+2} + 20a^{-3+4}\,b^{-2+1} - 5a^{-3+1}\,b^{-2+1}$

De factor b tot de macht 0 is gelijk aan 1.

$10a^{-2}\,b^{1} - 15a^{-1}\,b^{0} + 20a^{1}\,b^{-1} - 5a^{-2}\,b^{-1}$

De volgende stap toont het eindresultaat waarbij er geen negatieve exponenten meer voorkomen. Maak hiervoor gebruik van de formule om negatieve exponenten te veranderen in breuken, die eerder werd vermeld.

$\frac{10b}{a^2} - \frac{15}{a} + \frac{20a}{b} - \frac{5}{a^2b}$

Breuken als exponenten

Een breuk in de exponent gedraagt zich hetzelfde als een geheel getal in de exponent. Ze worden bij elkaar opgeteld. De enige truc is dat de breuken dezelfde noemer moeten hebben om opgeteld te kunnen worden.

» Probeer de haakjes weg te werken in de volgende uitdrukking met breuken in de exponenten om een idee te krijgen van hoe dat werkt.

$x^{1/4}y^{2/3}(x^{1/2} + x^{3/4}y^{1/3} - y^{-1/3})$

Vermenigvuldig de termen met $x^{1/4}y^{2/3}$.

$x^{1/4}y^{2/3} \cdot x^{1/2} + x^{1/4}y^{2/3} \cdot x^{3/4}y^{1/3} - x^{1/4}y^{2/3} \cdot y^{-1/3}$

Herschik de variabelen en tel de exponenten op.

$x^{1/4}x^{1/2}y^{2/3} + x^{1/4}x^{3/4}y^{2/3}y^{1/3} - x^{1/4}y^{2/3}y^{-1/3}$

$x^{1/4+1/2}y^{2/3} + x^{1/4+3/4}y^{2/3+1/3} - x^{1/4}y^{2/3-1/3}$

Tel de breuken op.

$x^{3/4}y^{2/3} + x^{1}y^{1} - x^{1/4}y^{1/3}$

BELANGRIJK

Wortels kunnen vervangen worden door uitdrukkingen met breuken in de exponent. Dit is handig als je termen met hetzelfde grondtal wilt combineren en je dat grondtal onder verschillende wortels ziet staan.

» $\sqrt{x} = x^{1/2}$

» $\sqrt{xy} = \sqrt{x}\,\sqrt{y} = x^{1/2}\,y^{1/2}$

» $\sqrt{x^3} = (x^3)^{1/2} = x^{3/2}$

Haakjes wegwerken is in dit geval handiger als je eerst alles verandert in gebroken exponenten. (Meer over bewerkingen met exponenten in wortels vind je in hoofdstuk 4.)

BELANGRIJK

De macht van de wortel wordt de noemer van de breuk in de exponent. Bijvoorbeeld: $\sqrt[n]{a} = a^{1/n}$ en $\sqrt[n]{a^m} = a^{m/n}$.

BELANGRIJK

Wanneer je een product binnen haakjes wilt machtsverheffen tot een bepaalde macht, moet je elk van de machten binnen de haakjes vermenigvuldigen met die erbuiten. Bijvoorbeeld: $(x^4y^3)^2 = x^8y^6$.

1. **Verander de wortelnotatie in gebroken exponenten.**

   $\sqrt{xy^3}\,(\sqrt{x^5y} - \sqrt{xy^7} = (xy^3)^{1/2}\,[(x^5y)^{1/2} - (xy^7)^{1/2}]$

2. **Voer het machtsverheffen uit.**

   $x^{1/2}y^{3/2}\,[x^{5/2}y^{1/2} - x^{1/2}y^{7/2}]$

3. **Werk de haakjes weg door de termen binnen de haakjes te vermenigvuldigen met de factor ervoor.**

   $x^{1/2}y^{3/2}\,(x^{5/2}y^{1/2}) - x^{1/2}y^{3/2}\,(x^{1/2}y^{7/2})$

4. **Tel de exponenten van de variabelen op.**

   $x^{6/2}y^{4/2} - x^{2/2}y^{10/2}$

5. **Vereenvoudig de breuken.**

   $x^3y^2 - x^1y^5$

BELANGRIJK

Vereenvoudigen betekent datgene combineren dat gecombineerd kan worden en de uitdrukking zo in haar meest begrijpelijke vorm weergeven.

In het volgende voorbeeld kunnen we er alleen voor zorgen dat we de gebruikelijke conventies volgen, zodat de getallen vooraan komen te staan gevolgd door de variabelen in alfabetische volgorde.

» Zoals je ziet valt er niets te combineren in het volgende voorbeeld.

$(4 - 5x^2y + mnp)$

Vermenigvuldig $a^3b^4c^6$ met elk van de termen en werk de haakjes weg.

$a^3b^4c^6\,(4) - a^3b^4c^6\,(5x^2y) + a^3b^4c^6\,(mnp)$

Vermenigvuldig elke term.

$4a^3b^4c^6 - 5a^3b^4c^6x^2y + a^3b^4c^6\,mnp$

Haakjes wegwerken met meer dan een term

De voorgaande paragrafen in dit hoofdstuk beschrijven gevallen waar er telkens slechts één term buiten de haakjes staat, die vervolgens vermenigvuldigd wordt met meerdere termen binnen de haakjes. In deze paragraaf leer je hoe je te werk gaat als er een tweeterm, een polynoom bestaande uit twee termen, voor de haakjes staat. Je leert ook wat je moet doen als er vermenigvuldigd wordt met een polynoom die uit drie of meer termen bestaat.

TECHNISCHE INFO

Het woord *polynoom* komt van *poly* dat *veel* betekent en *nomen* dat *naam* of *toekenning* betekent. Een polynoom is een algebraïsche uitdrukking die uit meerdere termen bestaat en wordt daarom in het Nederlands ook wel *veelterm* genoemd. Een polynoom met twee termen wordt bijvoorbeeld een *binomium* of gewoon *tweeterm* genoemd: een polynoom bestaande uit drie termen wordt *drieterm* of chic ook wel *trinomium* genoemd. De *graad* van een polynoom wordt bepaald door de hoogste macht die in een van de termen voorkomt: $x^3 + 1$ is bijvoorbeeld een derdegraads tweeterm.

Haakjes wegwerken met tweetermen

Haakjes wegwerken in het geval dat je wilt vermenigvuldigen met een tweeterm is eigenlijk gewoon twee keer haakjes wegwerken met een enkele factor buiten de haakjes. De volgende stappen laten je dit zien:

1. **Breek de eerste tweeterm op in zijn twee termen.**

   In dit geval, $(x^2 + 1)(y - 2)$, breek je de eerste tweeterm op in zijn termen, x^2 en 1.

2. **Vermenigvuldig elke term van de eerste tweeterm met de andere termen.**

   Vermenigvuldig de eerste term, x^2, van de eerste tweeterm $(x^2 + 1)$, met de tweede tweeterm en vermenigvuldig dan de tweede term, 1, van de eerste tweeterm met de tweede tweeterm.

   $x^2 (y - 2) + 1 (y - 2)$

3. **Werk twee keer de haakjes weg.**

   $x^2 (y - 2) + 1 (y - 2) = x^2 y - 2x^2 + y - 2$

4. **Vereenvoudig en neem indien mogelijk termen bij elkaar.**

   In dit geval zijn er geen gelijksoortige termen.

Nu je het idee te pakken hebt, kun je proberen haakjes weg te werken voor de vermenigvuldiging van polynomen met variabelen in alle termen.

1. **Breek de eerste tweeterm op in zijn twee termen.**

   $(a + b)(a^2 - ab + b^2)$

   Breek de tweeterm op in zijn twee termen en vermenigvuldig die met de andere termen.

2. **Vermenigvuldig elke term van de eerste tweeterm met de andere termen.**

   Vermenigvuldig *a* en *b* met de andere termen.

   $a(a^2 - ab + b^2) + b(a^2 - ab + b^2)$

3. **Werk twee keer de haakjes weg.**

   $a^3 - a^2b + ab^2 + a^2b - ab^2 + b^3$

4. **Vereenvoudig en neem indien mogelijk termen bij elkaar.**

Er zijn termen die gecombineerd kunnen worden. Je ziet dat de tweede en de vierde term tegengesteld aan elkaar zijn en dat de derde en de vijfde term dat ook zijn.

$a^3 + b^3$

Dat vereenvoudigt de zaak.

Wanneer je de volgende opgave uitwerkt, let er dan op dat het minteken vermenigvuldigd wordt met de laatste drie termen en dat de middelste twee termen gecombineerd kunnen worden.

1. **Breek de tweeterm op in de twee termen x^2 en $-y^2$.**

   $(x^2 - y^2)(x^2 + 2xy + y^2)$

2. **Vermenigvuldig elk van de termen van de tweeterm met de andere termen.**

   $x^2 (x^2 + 2xy + y^2) - y^2 (x^2 + 2xy + y^2)$

3. **Werk twee keer de haakjes weg.**

   $x^2 (x^2) + x^2 (2xy) + x^2(y^2) - y^2 (x^2) - y^2(2xy) - y^2(y^2)$

4. **Vereenvoudig en neem indien mogelijk termen bij elkaar.**

   Vermenigvuldig en tel de exponenten op.

   $x^4 + 2x^3y + x^2y^2 - x^2y^2 - 2xy^3 - y^4$

   Neem termen waar mogelijk bij elkaar.

   $x^4 + 2x^3y - 2xy^3 - y^4$

Haakjes wegwerken met drietermen

Een drieterm, dat wil zeggen, een polynoom bestaande uit drie termen, kan ook vermenigvuldigd worden met een andere uitdrukking. Elke term uit de eerste factor wordt dan vermenigvuldigd met de termen van de tweede factor en vervolgens wordt de gehele uitdrukking vereenvoudigd en worden gelijksoortige termen bij elkaar opgeteld of van elkaar afgetrokken.

De volgende opgave leert je hoe je een drieterm vermenigvuldigt met een andere uitdrukking.

1. **Breek de drieterm op in de drie termen *x*, *y* en 2.**

   $(x + y + 2)(x^2 - 2xy + y + 1)$

2. **Vermenigvuldig iedere term van de drieterm met de andere termen.**

   $x(x^2 - 2xy + y + 1) + y(x^2 - 2xy + y + 1) + 2(x^2 - 2xy + y + 1)$

3. **Werk de haakjes drie keer weg.**

   $x^3 - 2x^2y + xy + x + x^2y - 2xy^2 + y^2 + y + 2x^2 - 4xy + 2y + 2$

4. **Vereenvoudig en neem gelijksoortige termen bij elkaar.**

   $x^3 - x^2y + 2x^2 + x - 2xy^2 + y^2 - 3xy + 3y + 2$

Een drieterm maal een polynoom

Hier ontdekken we een regel die algemeen weergeeft hoe je factoren met een willekeurig aantal termen met elkaar vermenigvuldigt. Deze algemene regel kun je gebruiken voor vier, vijf of zelfs nog veel meer termen.

BELANGRIJK

Als je een polynoom vermenigvuldigt met een andere factor bestaande uit meerdere termen, vermenigvuldig dan elke term uit de eerste factor met alle termen uit de tweede factor. Vervolgens kun je alle gelijksoortige termen optellen en aftrekken en zo vereenvoudigen.

Het volgende voorbeeld bestaat alleen maar uit variabelen, die allemaal verschillend zijn.

1. **Neem elke term uit de eerste factor apart.** Vermenigvuldig elke term uit de eerste factor met de tweede factor.

   $(a + b + c + d + \ldots)(z + y + x + w + \ldots) =$

   $a(z + y + x + w + \ldots) + b(z + y + x + w + \ldots) + c(z + y + x + w + \ldots) + \ldots$

2. **Werk de haakjes weg door te vermenigvuldigen.**

   $az + ay + ax + ay + \ldots + bz + by + bx + bw + \ldots + cz + cy + cx + cw + \ldots$

3. **Combineer gelijksoortige termen.**

   In dit geval zijn er geen termen die opgeteld kunnen worden, maar je moet dit altijd checken.

Het volgende voorbeeld laat zien hoe je twee drietermen vermenigvuldigt.

1. **Neem elke term uit de eerste factor apart.** Vermenigvuldig elke term uit de eerste factor met de tweede factor.

   $(x^2 + x + 2)(3x^2 - x + 1) =$

   $x^2 (3x^2 - x + 1) + x(3x^2 - x + 1) + 2(3x^2 - x + 1)$

2. **Werk de haakjes weg door te vermenigvuldigen.**

   $3x^4 - x^3 + x^2 + 3x^3 - x^2 + x + 6x^2 - 2x + 2$

3. **Combineer gelijksoortige termen.**

   $3x^4 + 2x^3 + 6x^2 - x + 2$

De volgende opgave gebruikt dezelfde variabelen als in de uitdrukking die resulteerde in de som van twee derdemachtstermen. Verder is de eerste factor een tweeterm en de tweede factor een drieterm. Maar deze opgave is een beetje anders.

1. **Neem elke term uit de eerste factor apart.** Vermenigvuldig elke term uit de eerste factor met de tweede factor.

   $(a^2 - b^2)(a^2 - ab - b^2) =$

   $a^2(a^2 - ab - b^2) - b^2(a^2 - ab - b^2)$

2. **Werk de haakjes weg door te vermenigvuldigen.**

$a^4 - a^3b - a^2b^2 - a^2b^2 + ab^3 + b^4$

Wees zorgvuldig bij het vermenigvuldigen van de tweede, negatieve factor van de tweeterm met de andere termen.

3. **Combineer gelijksoortige termen.**

$a^4 - a^3b - 2a^2b^2 + ab^3 + b^4$

Haakjes wegwerken in speciale gevallen

Er bestaan verschillende kortere routes om het haakjes wegwerken makkelijker te maken. Een tweeterm vermenigvuldigen met andere termen is niet moeilijk, maar je kunt tijd besparen als je opgaven herkent waarin je een kortere route kunt nemen. Als het je niet opvalt dat er een kortere route mogelijk is, hoef je je geen zorgen te maken. Maar achteraf sla je jezelf misschien voor je hoofd dat je geen gebruikgemaakt hebt van de eenvoudigere methode.

Het perfecte kwadraat van een tweeterm

BELANGRIJK

Wanneer een tweeterm met zichzelf wordt vermenigvuldigd, dus wanneer de twee termen vermenigvuldigd worden met een tweede tweeterm die hetzelfde is, dan bestaat de resulterende drieterm uit de kwadraten van de tweetermen en tweemaal hun product:

$$(a + b)^2 = (a + b)(a + b) = a^2 + 2ab + b^2$$

» Het resultaat van de volgende bewerking is de som van de kwadraten van x en 3 en tweemaal hun product.

$(x + 3)(x + 3)$

Het kwadraat van x is x^2.

Het kwadraat van 3 is 9.

Tweemaal het product van x en 3 is $2(3x) = 6x$.

$(x + 3)(x + 3) = x^2 + 6x + 9$.

Merk op dat de termen in de gebruikelijke volgorde zijn opgeschreven: in afnemende machten van x.

» Probeer de volgende tweetermen met negatieve getallen te vermenigvuldigen. Vergeet niet zowel de y als de 4 te kwadrateren.

$(4y - 5)(4y - 5)$

Het kwadraat van $4y$ is $16y^2$.

Merk op dat het volgende kwadraat positief is.

Het kwadraat van -5 is $+25$.

Tweemaal het product van $4y$ en -5 is $2(4y)(-5) = -40y$.

Dus: $(4y - 5)(4y - 5) = 16y^2 - 40y + 25$

» In het volgende voorbeeld zijn alle termen variabelen.

$(a^3 + b^2)(a^3 + b^2)$

Het kwadraat van a^3 is $(a^3)^2 = a^6$.

Het kwadraat van b^2 is $(b^2)^2 = b^4$.

Tweemaal het product van a^3 en b^2 is $2a^3b^2$.

Dus: $(a^3 + b^2)(a^3 + b^2) = a^6 + 2a^3b^2 + b^4$

» Haakjes groeperen de laatste twee termen in deze vermenigvuldiging van drietermen.

$[x + (a + b)][x + (a + b)]$

Het kwadraat van x is x^2.

Het kwadraat van $(a + b)$ is $(a + b)^2 = a^2 + 2ab + b^2$.

2 maal het product van x en $(a + b)$ is $2x(a + b)$.

$[x + (a + b)][x + (a + b)] = x^2 + 2x(a + b) + a^2 + 2ab + b^2$

Als je wilt kun je de haakjes uit de tweede term verder wegwerken.

$x^2 + 2ax + 2bx + a^2 + 2ab + b^2$

Kijk uit naar de som en het verschil van twee dezelfde termen

Vergeleken met de producten uit de vorige paragraaf, is er hier maar een klein verschil dat echter grote gevolgen kan hebben. Het verschil is dat het teken tussen de twee termen verschillend is in de eerste en de tweede tweeterm. Als het teken tussen de twee termen positief is in de eerste tweeterm, dan is het negatief in de tweede tweeterm. Dezelfde twee termen worden gebruikt, alleen met een verschillend teken er tussen.

Het is gemakkelijk te herkennen wanneer de som van twee termen vermenigvuldigd wordt met het verschil van dezelfde twee termen, en het is nog makkelijker zo'n uitdrukking uit te werken.

BELANGRIJK

De som van twee willekeurige termen vermenigvuldigd met hun verschil is gelijk aan het verschil tussen de kwadraten van die twee termen. Voor elke combinatie van reële getallen a en b geldt:

$$(a + b)(a - b) = a^2 - b^2$$

Merk op dat de middelste term, het dubbelproduct, gewoon verdwenen is omdat die altijd bestaat uit een term en het tegengestelde ervan. Hier zie je dat:

$$(a + b)(a - b) = a(a - b) + b(a - b)$$

Werk de haakjes weg door a en b te vermenigvuldigen met de tweede factor.

$$a^2 - ab + ab - b^2 = a^2 - b^2$$

» De regel werkt altijd, dus kun je deze kortere route gebruiken om in deze speciale gevallen de haakjes weg te werken.

$(x - 4)(x + 4)$

De eerste term in het kwadraat is x^2.

De tweede term is altijd negatief en, net als de eerste term, altijd een perfect kwadraat.

$(-4)(+4) = -16$

Dus: $(x - 4)(x + 4) = x^2 - 16$

» Probeer dezelfde methode (de som van twee termen vermenigvuldigen met hun verschil) nog eens met een iets ingewikkelder variabele term.

$(ab - 5)(ab + 5)$

Het kwadraat van ab is $(ab)^2 = a^2b^2$.

Het tegengestelde van het kwadraat van 5 is -25.

Dus: $(ab - 5)(ab + 5) = a^2b^2 - 25$

» In het volgende voorbeeld krijg je de kans de som en het verschil van enkele gegroepeerde termen te vermenigvuldigen.

$[5 + (a - b)][5 - (a - b)]$

Het kwadraat van 5 is 25.

Het tegengestelde van het kwadraat van $(a - b)$ is $-(a - b)^2$.

Kwadrateer de tweeterm en werk de haakjes weg door te vermenigvuldigen met -1.

$-(a^2 - 2ab + b^2) = -a^2 + 2ab - b^2$

Dus: $[5 + (a - b)][5 - (a - b)] = 25 - a^2 + 2ab - b^2$

Het verschil tussen twee derdemachtstermen

Zoals het perfecte kwadraat van een variabele je de oppervlakte geeft van een vierkant met een zijde gelijk aan die variabele, zo geeft de perfecte derde macht van een variabele je de inhoud van een kubus met een ribbe gelijk aan die variabele. De inhoud van een kubus wordt dus verkregen door de ribbe driemaal met zichzelf te vermenigvuldigen. De variabele x tot de derde macht wordt geschreven als x^3. 3 tot de derde (3^3) is bijvoorbeeld 27, want $3 \times 3 \times 3 = 27$. In plaats van te spreken over de inhoud van een kubus, wordt er in de algebra meer algemeen over een derdemachtsterm gesproken.

Het is meestal moeilijk in te zien wanneer een uitdrukking het resultaat is van het verschil van twee derdemachtstermen. Vaak merk je het niet eens totdat je de einduitkomst vindt en dan zeg je: 'O ja, natuurlijk!' In staat zijn het verschil tussen twee derdemachtstermen te herkennen wordt pas echt belangrijk in hoofdstuk 15, waar derdemachtsvergelijkingen worden behandeld (vergelijkingen waarin een term met een exponent van drie, en niet hoger dan drie, voorkomt).

BELANGRIJK

Het verschil tussen de twee derdemachtstermen is gelijk aan het verschil van hun derdemachtswortel maal een drieterm die het kwadraat van de derdemachtswortels bevat en het tegengestelde van het product van de twee derdemachtswortels. Voor elke willekeurig paar reële getallen geldt:

$$(a - b)(a^2 + ab + b^2) = a^3 - b^3$$

Om te herkennen welke vermenigvuldigingen wel en niet resulteren in het verschil van twee derdemachtstermen, kijk je of de vermenigvuldiging bestaat uit een tweeterm, $(a - b)$, die het verschil is tussen twee termen, vermenigvuldigd met een drieterm, $(a^2 + ab + b^2)$, die de kwadraten van de twee termen en hun tegengestelde product bevat.

BELANGRIJK

Het tegengestelde van een getal is datzelfde getal met het tegengestelde voorteken. Als een getal negatief is, dan is zijn tegengestelde positief en vice versa.

» Werk de haakjes weg om te zien hoe dit in zijn werk gaat.

  $(a - b)(a^2 + ab + b^2)$

  Vermenigvuldig zowel de a als de $-b$ met de drieterm.

  $a(a^2 + ab + b^2) - b(a^2 + ab + b^2)$

  Werk de haakjes weg door elk van de variabelen te vermenigvuldigen met de termen binnen de haakjes.

  $a^3 + a^2b + ab^2 - a^2b - ab^2 - b^3$

  Merk op dat de vier termen in het midden twee paar tegengestelden zijn die opgeteld gelijk aan 0 zijn.

  Combineer gelijksoortige termen.

  $a^3 - b^3$

  Dit patroon resulteert altijd in het verschil tussen twee derdemachtstermen.

» Als je het patroon herkent in het volgende voorbeeld, waarin termen voorkomen die zowel bekende getallen als variabelen bevatten, dan mag je jezelf beschouwen als een koning van de algebra!

  $(2 - ab)(4 + 2ab + a^2b^2)$

  Het kwadraat van ab is $(ab)^2 = a^2b^2$, en de derde macht van ab is $(ab)^3 = a^3b^3$.

  Dus: $(2 - ab)(4 + 2ab + a^2b^2) = 8 - a^3b^3$

De som van twee derdemachtstermen

Dit zou je bekend moeten voorkomen. Het gaat net als het uitwerken van het verschil tussen twee derdemachtstermen, alleen zijn er twee tekens verschillend. De tweeterm heeft een plusteken en de middelste term in de drieterm heeft een minteken.

$$(a + b)(a^2 - ab + b^2) = a^3 + b^3$$

Werk je met deze twee factoren, de tweeterm en de drieterm, die je de som of het verschil van twee derdemachtstermen geven, dan zijn de twee tekens het enige verschil in de factoren. Het teken in de tweeterm is altijd het tegenovergestelde van het middelste teken in de drieterm. In de volgende vergelijkingen zie je wat ik bedoel. De eerste uitkomst is de som van twee derdemachtstermen en de tweede uitkomst is het verschil van twee derdemachtstermen.

$$(a + b)(a^2 - ab + b^2) = a^3 + b^3$$

$$(a - b)(a^2 + ab + b^2) = a^3 - b^3$$

Werk de volgende voorbeelden uit om een beter begrip te krijgen:

» Het teken in de tweeterm is +, dus de uitkomst heeft een +. De derde macht van 4 is 64.

$(x + 4)(x^2 - 4x + 16) = x^2 + 64$

» Het tegengestelde van het product van 6 en $5yz$ is $-30yz$. De derde macht van $5yz$ is $(5yz)^3 = 5^3 y^3 z^3$.

$(6 + 5yz)(36 - 30yz + 25y^2 z^2) = 216 + 125y^3 z^3$

TIP

Net zoals het handig is een lijst met kwadraten paraat te hebben omdat die zo veel gebruikt worden in de wiskunde, zo is het ook handig een lijst met derde machten te hebben. Je kunt de derde macht van een getal altijd uitrekenen op je rekenmachine, maar het gaat sneller als je ze al weet. Als je herkent wanneer een getal een derde macht is, kan dat later goed van pas komen.

Probeer de lijst uit Tabel 8.1 van buiten te leren.

TABEL 8.1 De eerste 10 perfecte derde machten

$1^3 = 1$	$6^3 = 216$
$2^3 = 8$	$7^3 = 343$
$3^3 = 27$	$8^3 = 512$
$4^3 = 64$	$9^3 = 729$
$5^3 = 125$	$10^3 = 1000$

IN DIT HOOFDSTUK

- Al het gemeenschappelijke uit termen wegnemen
- Variabelen gebruiken in plaats van getallen
- De grootste gemeenschappelijke deler (GGD) vinden
- Gelijksoortige termen bij elkaar nemen

Hoofdstuk 9

Eerstegraads ontbinden in factoren

Misschien geloof je in het credo 'hoe groter, hoe beter', dat heel goed toepasbaar is op salarissen, koekjes en huizen, maar in de algebra werkt het niet zo goed. Meestal is het tegenovergestelde waar: het is gemakkelijker en handiger om met kleinere getallen te werken dan met grote getallen. In dit hoofdstuk leer je hoe je zulke termen met kleine getallen creëert. Termen van de eerste graad hebben een exponent gelijk aan één. Sommige methoden om te ontbinden in factoren die je hier leert, keren terug wanneer we uitdrukkingen met termen van hogere graad gaan ontbinden in factoren.

Ontbinden in factoren

Ontbinden in factoren is een andere manier om te zeggen: 'Herschrijf dit zodat alles met elkaar vermenigvuldigd wordt.' Je begint meestal met twee of meer termen en dan moet je bepalen hoe je die kunt herschrijven zodat ze op de een of andere manier allemaal vermenigvuldigd worden. En o ja, de twee uitdrukkingen moeten wel aan elkaar gelijk zijn!

Getallen buiten haakjes halen

Voordat ik je vertel wat de regels en de methoden zijn om te ontbinden in factoren, is het goed eerst eens te kijken hoe het resultaat ervan er uitziet. Bekijk eerst het volgende voorbeeld:

Ontbinden in factoren, oftewel factoren buiten haakjes halen, is het tegenovergestelde van haakjes wegwerken (in hoofdstuk 8 leer je hoe je haakjes wegwerkt). Bij het wegwerken van haakjes, vermenigvuldig je een serie termen met een gemeenschappelijke factor. Bij ontbinden in factoren zoek je datgene dat een serie termen gemeenschappelijk heeft en neemt dat dan weg door de gemeenschappelijke factor weg te delen uit elke term. Beschouw elke term als een teller en zoek dan een gemeenschappelijke noemer voor ze. Ontbinden in *factoren* is hier dus het buiten haakjes halen van een gemeenschappelijke *factor* en alles wat van de termen overblijft na het wegdelen van die factor, komt binnen de haakjes te staan.

1. **Bepaal de gemeenschappelijke factor.**

   In de uitdrukking $16a - 8b + 40c^2$ is 2 een gemeenschappelijke factor.

2. **Deel elk van de termen door de gemeenschappelijke factor en schrijf wat er overblijft tussen haakjes met de gemeenschappelijke factor ervoor.**

   In dit voorbeeld ziet dat er zo uit: $16a - 8b + 40c^2 = 2(8a - 4b + 20c^2)$.

3. **Kijk of je nog andere factoren buiten haakjes kunt halen.**

   De termen die binnen de haakjes zijn achtergebleven zijn nog te groot. Ze hebben nog steeds iets gemeenschappelijks: 4. Door die 4 buiten haakjes te halen krijg je:

   $2(4[2a - b + 5c^2])$

4. **Vereenvoudig het antwoord.**

   Als je eerst een factor 2 buiten haakjes haalt en daarna nog een factor 4, dan is het product van 4 en 2, dat gelijk is aan 8, de totale factor die buiten haakjes is gehaald:

   $8(2a - b + 5c^2)$

Het is handig als je meteen ziet dat je een groter getal buiten haakjes kunt halen, maar als je er een paar stappen voor nodig hebt, is dat ook prima.

BELANGRIJK

Hier worden de definities van enkele belangrijke woorden herhaald. Het is makkelijk als je hun betekenis onthoudt.

- **Term.** Groep getallen en/of variabelen die met elkaar verbonden zijn door vermenigvuldiging of deling. Termen worden van elkaar gescheiden door optellen of aftrekken.
- **Factor.** Elk van de waarden in een vermenigvuldiging, die met elkaar vermenigvuldigd het product vormen.
- **Coëfficiënt.** Een getal waarmee een variabele vermenigvuldigd wordt en je vertelt hoeveel van de variabele je hebt.
- **Constante.** Een getal of variabele die nooit van waarde verandert.

In de uitdrukking $5xy + 4z - 6$ worden de drie termen bijvoorbeeld gescheiden door het plus- en het minteken. In de eerste term, $5xy$, worden de drie factoren met elkaar vermenigvuldigd. De 5 wordt meestal de coëfficiënt genoemd. De tweede term bestaat uit slechts twee factoren, 4 en z, en de derde term heeft er slechts één, een constante.

BELANGRIJK

Een uitdrukking kan geschreven worden als het product van het grootste getal waardoor alle termen deelbaar zijn en de uitkomsten van die delingen.

$$ab + ac + ad = a(b + c + d)$$

In de volgende voorbeelden wordt dit in de praktijk gebracht:

» Peter heeft 6 katten; Henri heeft 18 hamsters; Adriaan heeft 16 parkieten; Jos heeft 4 honden. Ze willen hun huisdieren graag meenemen naar bejaardentehuizen om de bewoners te vermaken, maar ze willen de huisdieren in gelijke groepjes indelen. Hoe kunnen ze dat doen?

De som van de getallen die de dieren voorstellen is 6 + 18 + 16 + 4: elk van deze getallen is deelbaar door 2. De 6 en de 18 zijn ook deelbaar door 6, maar de 16 en de 4 zijn dat niet. De 16 en de 4 kunnen gedeeld worden door 4, maar de 6 en de 18 kunnen niet gedeeld worden door 4.

2 is het grootste getal waardoor ze allemaal deelbaar zijn.

De heren huisdiereigenaren kunnen dus 2 groepen dieren meenemen naar de bejaardenhuizen: 2(3 katten + 9 hamsters + 8 parkieten + 2 honden). Wat aardig van ze!

» Elk van de termen in dit voorbeeld heeft een coëfficiënt die deelbaar is door 3. De GGD (grootste gemeenschappelijke deler) van de getallen is 3, dus een factor groter dan 3 waardoor alle termen deelbaar zijn, bestaat niet.

Ontbind $9x + 15y - 12z + 30$ in factoren:

$9x + 15y - 12z + 30 = 3(3x + 5y - 4z + 10)$

De termen binnen de haakjes zijn het resultaat van het delen van elk van de oorspronkelijke termen door 3. De nieuwe termen hebben niets gemeenschappelijks meer.

» Elke term in het volgende voorbeeld is deelbaar door 6.

Ontbind $18a^2 - 24b - 36c + 42$ in factoren:

$18a^2 - 24b - 36c + 42 = 6(3a^2 - 4b - 6c + 7)$

BELANGRIJK

Termen die *relatief priem* zijn, hebben geen gemeenschappelijke priemfactoren. Als 1 de enige factor is die twee termen gemeenschappelijk hebben, dan wordt gezegd dat ze *relatief priem* zijn.

1 is bijvoorbeeld het enige getal waardoor zowel 18 als 25 deelbaar zijn. Hoewel noch 18 noch 25 een priemgetal is, zijn de twee getallen toch *relatief priem*.

» De juiste manier om de volgende uitdrukking te ontbinden in factoren zou zijn door elk van de getallen te ontbinden in zijn priemfactoren en dan de GGD (grootste gemeenschappelijke deler) te bepalen. In de praktijk is het meestal handiger en sneller om de grootste factor die je makkelijk herkent te bepalen. Deel die weg en kijk of de getallen die overblijven verder ontbonden kunnen worden. Herhaal de deling totdat de getallen binnen de haakjes relatief priem zijn.

$450x + 540y - 486z + 216$

Deel elke term door 2.

$450x + 540y - 486z + 216 = 2(225x + 270y - 243z + 108)$

Binnen de haakjes staan zowel even als oneven getallen, dus je kunt niet nog een keer door 2 delen. De getallen binnen de haakjes zijn *wel* allemaal deelbaar door 3, maar er is een nog betere mogelijkheid.

Misschien is het je opgevallen dat de cijfers van elk van de getallen opgeteld gelijk zijn aan 9. Er is een regel die zegt dat zulke getallen altijd deelbaar zijn door 9, dus je kunt elke term delen door 9:

$2(225x + 270y - 243z + 108) = 2[9(25x + 30y - 27z + 12)]$

Vermenigvuldig nu de 2 en de 9, zodat je dit krijgt:

$450x + 540y - 486z + 216 =$

$18(25x + 30y - 27z + 12)$

Je had elke term natuurlijk meteen door 18 kunnen delen, maar er zijn niet zoveel mensen die de tafel van 18 uit hun hoofd kennen. Zelfs voor mij is dat iets te veel gevraagd.

Variabelen buiten haakjes halen

Variabelen stellen getallen voor: variabelen met exponenten stellen machten van die getallen voor. Daarom kunnen in een uitdrukking van meerdere termen, variabelen net zo goed buiten haakjes gehaald worden als getallen. In deze paragraaf leer je hoe dat gaat.

BELANGRIJK

Wanneer je machten van een variabele buiten haakjes wilt halen, is de kleinste macht die voorkomt in de termen het meeste wat je buiten haakjes kunt halen. In een uitdrukking zoals $a^4b + a^3c + a^2d + a^3e^4$ is de kleinste macht van a die voorkomt bijvoorbeeld de tweede macht, a^2. Je kunt alle termen dus delen door a^2 en a^2 buiten haakjes halen, want a^2 is de GGD, de grootste gemeenschappelijke deler. Verder valt er voor deze termen niets buiten haakjes te halen.

$$a^4b + a^3c + a^2d + a^3e^4 = a^2(a^2b + a^1c + d + a^1e^4)$$

TIP

Twee snelle tests:

» Vermenigvuldig de volgende uitdrukking in je hoofd om te controleren dat beide vormen aan elkaar gelijk zijn.

$a^2 \times a^2b + a^2 \times ac + a^2 \times d + a^2 \times ae^4 = a^4b + a^3c + a^2d + a^3e^4$

» Een andere manier om je uitkomst snel te controleren is door de termen tussen haakjes na te gaan op een gemeenschappelijke variabele.

Bekijk het volgende voorbeeld van de *snelle tests*. Doe alsof je net de volgende opgave hebt gemaakt waarin je moest ontbinden in factoren.

$x^2y^3 + x^3y^2z^4 + x^4yz = x^2y(y^2 + x^1y^1z^4 + x^2z)$

Vind je terug waarmee je begon als je je antwoord vermenigvuldigt?

Vermenigvuldig in je hoofd:

$x^2y \cdot y^2 = x^2y^3$ Klopt!

$x^2y \cdot x^1y^1z^4 = x^3y^2z^4$ Klopt!

$x^2y \cdot x^2z = x^4yz$ Klopt!

Dat zijn de drie termen uit de oorspronkelijke opgave.

Nu deel twee van de snelle test. Kijk wat er binnen de haakjes van je antwoord staat. De eerste twee termen hebben een *y* en de laatste twee hebben een *x* en een *z*, maar geen van de variabelen komt in alle drie de termen voor. Klopt!

TECHNISCHE INFO

DIOPHANTUS

De wiskundige Diophantus leefde ergens tussen 100 en 400 na Christus en was de eerste die zijn gedachten verkort weergaf door symbolen te gebruiken. Sommigen beschouwen hem daarom als de vader van de algebra. Het gebruik van symbolen stelde hem in staat getallen in categorieën in te delen en hun eigenschappen vervolgens systematisch te onderzoeken. Een van de leerlingen van Diophantus vatte zijn leven samen in een wiskundig raadsel:

> Diophantus' jeugd duurde een zesde van zijn leven. Een twaalfde later liet hij een baard staan. Weer een zevende van zijn leven later trouwde Diophantus. Vijf jaar later kreeg hij een zoon. De zoon leefde precies half zo lang als zijn vader en Diophantus stierf vier jaar na de dood van zijn zoon. Dit alles opgeteld zijn de jaren dat Diophantus leefde.

Voor het geval je het graag wilt weten: Diophantus werd 84 jaar oud.

Combinaties van getallen en variabelen

Je kunt pas echt ontbinden in factoren als je zowel met getallen als met variabelen weet om te gaan, een GGD kunt vinden en die vervolgens met succes buiten haakjes kunt halen. Soms zie je een factor, of misschien wel twee, over het hoofd, maar je kunt altijd nogmaals een gemeenschappelijke factor buiten haakjes halen en daarmee is er nog niets verloren. Als je het buiten haakjes halen in meerdere stappen uitvoert, maakt het niet uit in welke volgorde je dat doet. Je kunt ook eerst de getallen doen en daarna de variabelen, of omgekeerd. Je komt altijd op hetzelfde antwoord uit.

» Ontbind $12x^2y^3z + 18x^3y^2z^2 - 24xy^4z^3$ in factoren.

De GGD is $6xy^2z$.

Dus: $12x^2y^3z + 18x^3y^2z^2 - 24xy^4z^3 = 6xy^2z(2x^1y^1 + 3x^2z^1 - 4y^2z^2)$

» De grootste gemeenschappelijke deler is 100 in het volgende voorbeeld. Al komen er verschillende machten van a en b voor in de eerste drie termen, er komt er geen enkele voor in de laatste term. Weinig geluk hier dus.

Ontbind $100a^4b - 200a^3b^2 + 300a^2b^3 - 400$ in factoren.

De GGD buiten haakjes halen, levert dus dit op:

$100a^4b - 200a^3b^2 + 300a^2b^3 - 400 = 100(a^4b - 2a^3b^2 + 3a^2b^3 - 4)$

» De volgende uitdrukking kan niet ontbonden worden in factoren en wordt daarom priem genoemd. Ook al is elk van de getallen een samengesteld getal (elk van de getallen is deelbaar door getallen anders dan zichzelf), ze delen geen gemeenschappelijke factoren. De drie termen delen helemaal niets met elkaar.

Ontbind $26mn^3 - 25x^2y + 21a^4b^4mnxy$ in factoren.

» In dit voorbeeld zie je dat niet alles verloren is als je niet meteen deelt door de GGD. Een tweede ronde lost het probleem op. Vaak is het zelfs gemakkelijker in twee stappen te ontbinden in factoren, omdat de getallen waar je door deelt kleiner zijn en je de delingen zonder rekenmachine kunt uitvoeren.

Ontbind $484x^3y^2 + 132x^2y^3 - 88x^4y^5$ in factoren.

Stel dat je de GGD bepaald hebt als $4x^2y$.

Dan geldt: $484x^3y^2 + 132x^2y^3 - 88x^4y^5 =$

$4x^2y\,(121x^1y^1 + 33y^2 - 22x^2y^4)$

Wanneer je de uitdrukking binnen de haakjes goed bekijkt, zie je dat elke term deelbaar is door 11 en dat er een y voorkomt in elke term. De termen binnen de haakjes hebben een GGD gelijk aan $11y$.

$4x^2y\,[121x^1y^1 + 33y^2 - 22x^2y^4] =$

$4x^2y\,[11y(11x + 3y^1 - 2x^2y^3)] =$

$(4x^2y)(11y)(11x + 3y^1 - 2x^2y^3) =$

$44x^2y^2(11x + 3y^1 - 2x^2y^3)$

Je kunt ook in één keer $44x^2y^2$ als GGD buiten haakjes halen, maar niet iedereen herkent veelvouden van 44 meteen. Het ontbinden in factoren had ook nog uitgevoerd kunnen worden in meer dan twee stappen of in een andere volgorde en met andere factoren. Maar het eindresultaat is altijd hetzelfde.

» In het volgende voorbeeld is elke term negatief: delen door een negatief getal zorgt ervoor dat de termen binnen haakjes positief worden.

Ontbind $-4ab - 8a^2b - 12ab^2$ in factoren.

$-4ab - 8a^2b - 12ab^2 = -4ab\,(1 + 2a^1 + 3b^1)$

Wanneer je een negatieve factor buiten haakjes haalt, let er dan op dat je het voorteken van de termen binnen de haakjes verandert.

PAS OP

Termen groeperen

Groepjes worden gevormd als mensen iets met elkaar gemeen hebben. Zet twintig mensen op een eiland en laat ze daar voor een paar dagen achter. De kans is groot dat de twintig mensen groepjes vormen omdat ze allemaal anderen uitzoeken waarmee ze iets gemeen hebben.

Hetzelfde is waar voor het ontbinden in factoren. De regels zijn weliswaar een beetje strenger dan in het sociale geval, maar het principe is hetzelfde. In deze paragraaf leer je deze algebraïsche principes.

Wanneer je groepeert om te ontbinden in factoren, ga dan als volgt te werk:

1. **Verdeel de termen in groepjes van elk twee termen.**
2. **Zoek in elke groep termen een GGD en haal deze buiten haakjes.**
3. **Herschrijf de uitdrukking in de helft van het aantal termen.** (Dit gebeurt vanzelf wanneer je de GGD buiten haakjes haalt: je krijgt dan half zo veel termen.)
4. **Zoek een GGD voor de nieuwe termen.** (Als er geen GGD is voor de nieuwe termen, probeer dan de termen op een andere manier te groeperen.)
5. **Haal de nieuwe GGD buiten haakjes.**

Bekijk de volgende uitdrukking:

$$4xy + 4xb + ay + ab$$

Je ziet dat sommige termen een factor 4 gemeenschappelijk hebben. Sommige termen hebben een factor x gemeenschappelijk. En sommige termen hebben daarbij ook nog een factor a, b en y. Maar er is geen factor die alle vier termen gemeenschappelijk hebben. Ze kunnen echter wel *gegroepeerd* worden in twee delen, zodat ze apart ontbonden kunnen worden in factoren.

1. **Verdeel de termen in groepjes van ieder twee termen.**

   Neem de eerste twee termen bij elkaar en de laatste twee termen bij elkaar.

   $(4xy + 4xb) + (ay + ab)$

2. **Zoek in elk groepje termen een GGD en haal die buiten haakjes.**

   $4xy + 4xb = 4x(y + b)$

   $ay + ab = a(y + b)$

3. **Herschrijf de uitdrukking in de helft van het aantal termen.**

   $4x(y + b) + a(y + b)$

4. **Zoek een GGD van de nieuwe termen.**

   De nieuwe GGD is $y + b$.

5. **Haal de nieuwe GGD buiten haakjes.**

   $(y + b)(4x + a)$

Al dit groeperen heeft echter weinig zin als het resultaat ervan niets gemeenschappelijks heeft. Als je naar de voorgaande stappen kijkt, bevatte elk van de ontbonden groepjes in stap 3 een factor $(y + b)$. Wanneer dit gebeurt, kunnen de nieuwe termen ontbonden worden in factoren door $(y + b)$ buiten haakjes te halen.

$$4x(y + b) + a(y + b) = (y + b)(4x + a)$$

Dit is de ontbonden vorm. Als je de factoren vermenigvuldigt, vind je de vier oorspronkelijke termen terug.

In het volgende voorbeeld is er weer niets dat alle termen samen delen. Maar als je de eerste twee en de laatste twee termen groepeert, kun je elk paar termen apart ontbinden in factoren.

Ontbind $ax^2y - 3a + 9x^2y - 27$ in factoren.

1. **Verdeel de termen in twee groepjes van twee termen elk.**

   $(ax^2y - 3a) + (9x^2y - 27)$

2. **Zoek in beide groepjes de GGD en haal die buiten haakjes.**

   $(ax^2y - 3a) = a(x^2y - 3)$

   $(9x^2y - 27) = 9(x^2y - 3)$

3. **Herschrijf de uitdrukking in de helft van het aantal termen.**

   $a(x^2y - 3) + 9(x^2y - 3)$

4. **Zoek een GGD voor de twee nieuwe termen.**

   De GGD is $x^2y - 3$.

5. **Haal de nieuwe GGD buiten haakjes.**

   $a(x^2y - 3) + 9(x^2y - 3) = (x^2y - 3)(a + 9)$

Wat gebeurt er als de termen niet in deze volgorde staan? Hoe weet je in welke volgorde je ze moet schrijven? Gooi de termen maar door elkaar, schrijf de opgave bijvoorbeeld als $ax^2y + 9x^2y - 27 - 3a$ en kijk wat er gebeurt.

De eerste twee termen hebben x^2y als GGD. De laatste twee termen hebben -3 als GGD. Groeperen en buiten haakjes halen levert dan $x^2y(a + 9) - 3(9 + a)$ op.

De uitdrukkingen binnen de haakjes zien er niet precies hetzelfde uit, maar optellen is *commutatief*, dat wil zeggen dat je in elke willekeurige volgorde kunt optellen en altijd hetzelfde resultaat vindt. Je kunt de a en de 9 in de laatste factor dus verwisselen zodat het resultaat er hetzelfde uitziet als de eerste factor.

$$x^2y(a + 9) - 3(a + 9)$$

Nu kun je $(a + 9)$ buiten haakjes halen om de opgave af te maken.

$$(a + 9)(x^2y - 3)$$

De twee factoren in dit antwoord zijn verwisseld ten opzichte van de eerste route die je nam om de opgave op te lossen, maar vermenigvuldigen is ook commutatief.

Merk in het nu volgende voorbeeld op dat de twee paar termen gegroepeerd en dan in factoren ontbonden kunnen worden.

Ontbind $4ab^2 - 8ac^2 + 5x^2b - 10x^2c$ in factoren.

$$(4ab^2 - 8ac^2) + (5x^2b - 10x^2c) =$$

$$4a(b^2 - 2c^2) + 5x^2(b - 2c)$$

De uitdrukkingen binnen de haakjes zien er enigszins hetzelfde uit, maar ze zijn het niet. De volgorde veranderen zal in dit geval niet helpen. Er zijn nu twee termen, maar die hebben geen gemeenschappelijke factor. Deze uitdrukking is geschreven in haar eenvoudigste vorm. Met andere woorden, ze is priem.

IN DIT HOOFDSTUK

Kwadraten verwijderen uit kwadratische uitdrukkingen

Tweetermen vermenigvuldigen zonder problemen: de papegaaienbek

Stap voor stap kwadratische uitdrukkingen ontbinden in factoren

Met beleid een kwadratische uitdrukking ontbinden in factoren

Hoofdstuk 10

Ontbinden in factoren voor gevorderden

Kwadratische (tweedegraads) uitdrukkingen, zoals $3x^2 - 12$ of $-16t^2 + 32t + 11$, komen uitgebreid aan de orde in de algebra, omdat ze zoveel toepassingen hebben in de functieleer, de natuurkunde en andere disciplines. Dit zijn *uitdrukkingen* omdat er meerdere termen in voorkomen, die gescheiden worden door een plus- of minteken (+ of –). Als er een gelijkteken (=) in zou voorkomen, dan was het een *vergelijking* geweest. Het goede nieuws is dat ze goed hanteerbaar zijn. Het slechte nieuws, nou ja, dat is er eigenlijk niet! Tweedegraadsuitdrukkingen zijn gewoon leuk om mee te werken!

In kwadratische uitdrukkingen komt een bepaalde variabele tot de tweede macht voor. Een kwadratische uitdrukking kan bestaan uit één of meerdere termen, die echter niet allemaal een gekwadrateerde variabele hoeven te hebben, als er maar één bij is die een variabele met een exponent van twee heeft. Een kwadratische uitdrukking kan ook geen macht hoger dan twee bevatten. De hoogste macht die in een uitdrukking voorkomt, bepaalt de naam van de uitdrukking.

In sommige kwadratische uitdrukkingen komt slechts 1 variabele voor, zoals in $2x^2 - 3x + 1$. Andere uitdrukkingen hebben juist 2 of meer variabelen, zoals $2\pi r^2 + 2\pi rh$. Allemaal worden ze gebruikt in de wiskunde en in de wetenschap in het algemeen. In dit hoofdstuk laat ik zien hoe je ze voor je kunt laten werken.

De standaardvorm van een kwadratische uitdrukking

BELANGRIJK

In de standaardvorm kent een kwadratische, of ook wel tweedegraads, uitdrukking termen met een gekwadrateerde variabele en geen variabelen met machten hoger dan 2. Kwadratische uitdrukkingen hebben de volgende vorm, waarin a niet gelijk aan 0 is:

$$ax^2 + bx + c$$

De volgende voorbeelden van kwadratische uitdrukkingen hebben allemaal een variabele tot de tweede macht. Er komen echter geen variabelen tot hogere machten in voor.

$$4x^2 + 3x - 2$$

$$a^2 + 11$$

$$6y^2 - 5y$$

TIP

Deze uitdrukkingen worden meestal geschreven in termen van x, y, z of w. De letters aan het einde van het alfabet worden vaak gebruikt als variabele in tegenstelling tot de letters aan het begin van het alfabet, die vaak gebruikt worden als getal of constante. Dat is niet altijd zo, maar *meestal* wel.

In een kwadratische uitdrukking mag a, de coëfficiënt van de variabele in het kwadraat, geen 0 zijn. Als a gelijk aan 0 zou zijn, dan zou de x^2 met 0 vermenigvuldigd worden en dan zou het geen kwadratische uitdrukking meer zijn. De variabelen b en/of c mogen wel 0 zijn, maar a niet.

Kwadratische uitdrukkingen hoeven ook niet per se alleen positieve termen te bevatten. In de standaardvorm, $ax^2 + bx + c$, wordt de uitdrukking voor het gemak geschreven met allemaal plustekens. Maar als a, b, of c een negatief getal voorstelt, dan is die term negatief.

De kwadratische term wordt meestal eerst geschreven, dan de eerstegraads (oftewel lineaire) term en dan de constante term.

TIP

Als er in een uitdrukking meer dan één variabele voorkomt, bepaal dan welke variabele de uitdrukking kwadratisch maakt (zoek de variabele die in het kwadraat voorkomt) en schrijf de uitdrukking in termen van die variabele. Dat wil zeggen dat je de vergelijking opschrijft in afnemende machten van de variabele die in het kwadraat voorkomt.

$$aby + cdy^2 + ef$$

Dit kan een tweedegraadsuitdrukking zijn in y. Opgeschreven in de standaardvorm voor kwadratische uitdrukkingen, met de kwadratische term eerst, ziet de uitdrukking er zo uit:

$$(cd)y^2 + (ab)y + ef$$

De haakjes zijn eigenlijk niet nodig in deze uitdrukking en ze veranderen helemaal niets, maar ze worden soms gebruikt om de gekwadrateerde variabele te benadrukken. Door de haakjes herken je de verschillende onderdelen alleen beter.

Hier is nog een voorbeeld, waarin je een keuze moet maken.

$$a^2bx + cdx^2 + aef$$

Dit kan een tweedegraadsvergelijking zijn in a of in x.

Tweedegraads in a: $(bx)a^2 + (ef)a + cdx^2$

Zelfs al staat er een factor x^2 in de laatste term, toch wordt die term als constante beschouwd, een waarde die niet verandert, in plaats van als variabele als het gaat om een tweedegraadsuitdrukking in a.

En nu zijn de rollen omgedraaid, een tweedegraadsuitdrukking in x:
$(cd)x^2 + (a^2b)x + aef$

BEKENDE KWADRATISCHE UITDRUKKINGEN

BELANGRIJK

Een aantal van de volgende kwadratische uitdrukkingen en vergelijkingen komt je waarschijnlijk bekend voor:

- $E = mc^2$: voor het eerst gebruikt door Einstein! Deze vergelijking heeft maar één term want meer had Albert er niet nodig. De E staat voor energie, de m voor massa en de c is een constante die de lichtsnelheid voorstelt.
- $A = z^2$: deze vergelijking heb je misschien al op de lagere school gebruikt. De oppervlakte van een vierkant vind je door een zijde te nemen en die te kwadrateren. De A staat voor de oppervlakte en de z voor de lengte van een zijde.
- $a^2 + b^2 = c^2$: dit is de bekende bijdrage van Pythagoras aan ons begrip van rechthoekige driehoeken. a en b stellen de kortere zijden van een rechthoekige driehoek voor en c is de langste zijde, ook wel de hypotenusa genoemd.
- $A = \pi r^2$: deze formule gebruik je om de oppervlakte van een cirkel te vinden.

Dit zijn slechts enkele van de bekendste kwadratische vergelijkingen. Als je ze tegenkomt in vraagstukken, moet je ze wellicht ontbinden in factoren om de vergelijkingen op te lossen of om tot het antwoord op het vraagstuk te komen.

Grote getallen de baas zijn

Sommige kwadratische uitdrukkingen waar verder niks mis mee is, zijn gewoon te onhandig om mee te werken. Ze kunnen soms handiger gemaakt worden door factoren buiten haakjes te halen. Maar soms willen ze gewoon niet meewerken en zul je het er dus maar mee moeten doen. In deze paragraaf kom ik terug op één van mijn favoriete onderwerpen: de grootste gemeenschappelijke deler vinden.

Wanneer de termen in een kwadratische uitdrukking iets gemeenschappelijks hebben, dan kun je dat wegdelen en buiten haakjes halen, waardoor je iets overhoudt dat beter hanteerbaar is.

» De volgende kwadratische uitdrukking kan handiger geschreven worden door de gemeenschappelijke factor buiten haakjes te halen en het resultaat te herschikken tot een mooie, georganiseerde uitdrukking.

$800x^2 + 40.000x - 100.000$

Er komen grote getallen in voor, maar alle getallen zijn deelbaar door 800, de gemeenschappelijke factor.

$800x^2 + 40.000x - 100.000 =$

$800(x^2 + 50x - 125)$

» In de volgende kwadratische uitdrukking komen vier verschillende variabelen in het kwadraat voor. Alleen x komt ook tot de macht 1 voor in de uitdrukking. Je kunt er dus voor kiezen deze uitdrukking als een kwadratische uitdrukking in x te schrijven en enkele van de andere variabelen buiten haakjes te halen.

$a^2x^2 + a^2c^2 + a^2b^2x$

Herschrijf de uitdrukking in afnemende machten van x.

$a^2x^2 + a^2b^2x + a^2c^2$

Zoek de GGD, in dit geval is dat a^2, en haal die buiten haakjes.

$a^2(x^2 + b^2x + c^2)$

Tweetermen vermenigvuldigen en de papegaaienbek

Wat is een papegaaienbek?

a) Een orgaan dat papegaaien gebruiken om te eten.

b) Een speciaal soort tang.

c) Een wiskundig ezelsbruggetje om twee tweetermen te vermenigvuldigen.

TECHNISCHE INFO

ALGEBRAÏSCH TAALGEBRUIK

Net als een *zinsnede* als *een veld bonenstaken*, een werkwoord mist in de Nederlandse grammatica, zo mist een algebraïsche *uitdrukking*, zoals $6x^2 + 11$, een gelijkteken. Noch de zinsnede noch de algebraïsche uitdrukking stelt iets vast.

Een *bewering* en een algebraïsche *vergelijking* stellen daarentegen wel iets vast. Een bewering moet een werkwoord bevatten, vergelijkbaar met het gelijkteken in een algebraïsche vergelijking.

Je kunt bijvoorbeeld zeggen: '6 + 3 *is* 9'. Een bewering zoals 'de auto is € 15.000 waard,' kan waar of niet waar zijn afhankelijk van over welke auto je het hebt. Een wiskundige bewering, oftewel een vergelijking, zoals $6x - 1y = 11$, poneert een stelling. Of de stelling waar is, hangt af van de waarden voor x en y.

Mijn antwoord is antwoord C. De papegaaienbek is een manier om twee tweetermen te vermenigvuldigen, die misschien niet overal gebruikt wordt, maar die wel makkelijk te onthouden is. Eigenlijk is het een manier om haakjes weg te werken wanneer je twee tweetermen met elkaar vermenigvuldigt en deze algemene benaming zal ik ook meestal gebruiken.

Dit hoofdstuk gaat over ontbinden in factoren, maar eerst moet je weten hoe je twee tweetermen met elkaar vermenigvuldigt, bijvoorbeeld door de papegaaienbek te gebruiken. In hoofdstuk 8 hebben we het vermenigvuldigen van twee tweetermen kort behandeld door gebruik te maken van de distributieve eigenschap. Hier leer je een alternatieve methode.

Vermenigvuldigen met de papegaaienbek

Veel kwadratische uitdrukkingen, zoals $6x^2 + 7x - 3$, zijn het resultaat van het vermenigvuldigen van twee tweetermen (twee termen van elkaar gescheiden door optellen of aftrekken) met elkaar. Je kunt de vermenigvuldiging dus ongedaan maken door te ontbinden in factoren.

$$6x^2 + 7x - 3 = (2x + 3)(3x - 1)$$

De rechterzijde is de *ontbonden* vorm. Maar hoe weet je nu dat de linkerzijde gelijk is aan de rechterzijde van de vergelijking door er alleen naar te kijken? Het is niet gewoon een kwestie van de grootste gemeenschappelijke deler zoeken.

Wat doet de papegaaienbek? De papegaaienbek is een handigheidje dat je helpt bij het vermenigvuldigen van twee tweetermen, de rechterzijde in de voorgaande vergelijking dus. Elk van de factoren is een tweeterm en bestaat, zoals het woord al zegt, dus uit twee termen. Haakjes wegwerken betekent dus dat je 4 vermenigvuldigingsbewerkingen moet uitvoeren:

- De eerste term van de eerste factor maal de eerste term van de tweede factor: $(\mathbf{2x} + 3)(\mathbf{3x} - 1)$
- De eerste term van de eerste factor maal de tweede term van de tweede factor: $(\mathbf{2x} + 3)(3x \mathbf{- 1})$
- De tweede term van de eerste factor maal de eerste term van de tweede factor: $(2x \mathbf{+ 3})(\mathbf{3x} - 1)$
- De tweede term van de eerste factor maal de tweede term van de tweede factor: $(2x \mathbf{+ 3})(3x \mathbf{- 1})$

Figuur 10.1 geeft je een visuele voorstelling van hoe dit in zijn werk gaat en verklaart meteen waarom deze methode de *papegaaienbek* wordt genoemd.

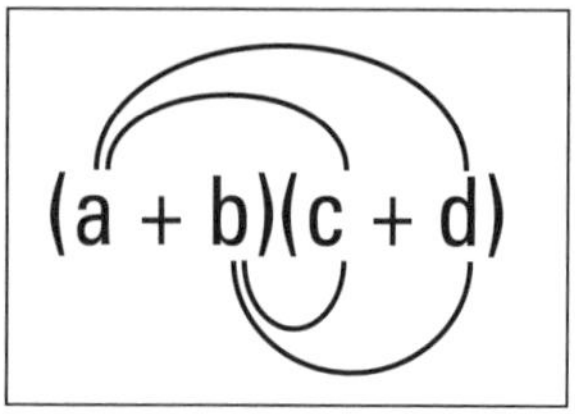

FIGUUR 10.1: Tweetermen vermenigvuldigen volgens de papegaaienbek.

Het resultaat van de vier vermenigvuldigingsbewerkingen tel je bij elkaar op voor het eindresultaat. Overigens kun je de vier vermenigvuldigingsbewerkingen in elke willekeurige volgorde uitvoeren, de papegaaienbek helpt je alleen ervoor te zorgen dat je er geen overslaat.

De papegaaienbek in actie

De volgende stappen laten zien hoe je het product van twee tweetermen uitwerkt met de papegaaienbek. Als eerste voorbeeld gebruiken we de eerdergenoemde uitdrukking $(2x + 3)(3x - 1)$.

1. **Vermenigvuldig de eerste term van elk van de factoren.**

   $(2x + 3)(3x - 1)$

   $(2x)(3x) = 6x^2$

2. **Vermenigvuldig de eerste term van de eerste factor met de laatste term van de laatste factor.**

   $(2x + 3)(3x - 1)$

   $(2x)(-1) = -2x$

3. **Vermenigvuldig de laatste term van de eerste factor met de eerste term van de laatste factor.**

   $(2x + 3)(3x - 1)$

   $(3)(3x) = 9x$

4. **Vermenigvuldig de laatste term van elk van de factoren.**

   $(2x + 3)(3x - 1)$

   $(3)(-1) = -3$

5. **Schrijf de resultaten van de vermenigvuldigingsbewerkingen op.**

   $6x^2 - 2x + 9x - 3$

6. **Neem gelijksoortige termen bij elkaar.**

   $6x^2 + 7x - 3$

Dit resultaat zou natuurlijk hetzelfde zijn als wanneer je de distributieve eigenschap had gebruikt om de haakjes weg te werken, maar de papegaaienbek is handig te onthouden. Meer over haakjes wegwerken vind je in hoofdstuk 8.

Je ziet dat je altijd één kwadratische term krijgt, één constante term (zonder variabele) en twee lineaire termen, dat wil zeggen met x tot de macht 1. Omdat deze laatste twee gelijksoortig zijn, kun je ze altijd combineren tot één term (in dit geval tot $7x$ dus). Omdat deze term altijd tot stand komt door combinatie van twee producten, wordt hij ook wel het *dubbelproduct* genoemd.

In het volgende voorbeeld zie je hoe deze methode werkt op een aantal negatieve termen.

$(x - 3)(2x - 9)$

1. **Vermenigvuldig de eerste term van elk van de factoren.**

   $(x)(2x) = 2x^2$

2. **Vermenigvuldig de eerste met de laatste term.**

   $(x)(-9) = -9x$

3. **Vermenigvuldig de laatste met de eerste term.**

   $(-3)(2x) = -6x$

4. **Vermenigvuldig de laatste met de laatste term.**

   $(-3)(-9) = 27$

5. **Schrijf de resultaten van de vermenigvuldigingsbewerkingen op.**

   $2x^2 - 9x - 6x + 27$

6. **Neem gelijksoortige termen bij elkaar.**

   $2x^2 - 15x + 27$

Het volgende voorbeeld is iets ingewikkelder, maar met de vorige methode is het niet zo moeilijk. De opgave wordt opgebroken in kleine, eenvoudige bewerkingen en aan het einde combineer je de deelresultaten tot het eindresultaat.

In de volgende stappen werk je de volgende uitdrukking uit:
$[x + (y - 4)][3x + (2y + 1)]$.

1. **Vermenigvuldig de eerste term van elk van de factoren.**

   $(x)(3x) = 3x^2$

2. **Vermenigvuldig de eerste met de laatste term.**

   $(x)(2y + 1) = 2xy + x$

3. **Vermenigvuldig de laatste met de eerste term.**

   $(y - 4)(3x) = 3xy - 12x$

4. **Vermenigvuldig de laatste met de laatste term.** De laatste termen zijn beide ook een tweeterm. Deze tweetermen werk je aan het einde uit.

   $(y - 4)(2y + 1)$

5. **Schrijf de resultaten van de vermenigvuldigingsbewerkingen op.**

   $3x^2 + 2xy + x + 3xy - 12x + (y - 4)(2y + 1)$

6. **Neem gelijksoortige termen bij elkaar.**

$3x^2 + 5xy - 11x + (y - 4)(2y + 1)$

Werk nu het product van de tweetermen $(y - 4)(2y + 1)$ uit stap 4 verder uit volgens dezelfde methode.

1. **Vermenigvuldig de eerste termen: $(y)(2y) = 2y^2$**
2. **Vermenigvuldig de eerste met de laatste term: $(y)(1) = y$**
3. **Vermenigvuldig de laatste met de eerste term: $(-4)(2y) = -8y$**
4. **Vermenigvuldig de laatste termen: $(-4)(1) = -4$**
5. **Schrijf de resultaten op: $2y^2 + y - 8y - 4$**
6. **Voeg gelijksoortige termen samen: $2y^2 - 7y - 4$**

   Vervang nu het resultaat van de vermenigvuldiging van de twee tweetermen in het gehele resultaat zodat je het antwoord op de gehele opgave krijgt.

   $3x^2 + 5xy - 11x + 2y^2 - 7y - 4$

Dit lijkt misschien wat gecompliceerd, maar het gebruik van de papegaaienbek is eenvoudiger dan alle haakjes wegwerken volgens de distributieve eigenschap. Herinner je je nog de regel voor het vermenigvuldigen van de som van twee termen met hun verschil? Als het antwoord 'Ja' is, mag je de volgende opgave overslaan, jezelf een schouderklopje geven en vooraan in de klas gaan zitten. Als het antwoord 'Nee' is, mag je jezelf ook een schouderklopje geven en gewoon verder ploeteren.

De som van twee willekeurige termen vermenigvuldigen met het verschil van dezelfde twee termen (zie de volgende bewerking) is een eenvoudige bewerking, omdat de twee middelste termen in het resultaat tegen elkaar wegvallen: ze hebben allebei dezelfde absolute waarde, maar de ene is positief en de andere is negatief.

$$(a + b)(a - b) = a(a - b) + b(a - b) = a^2 - ab + ab - b^2 = a^2 - b^2$$

In de volgende bewerking worden de som en het verschil van dezelfde twee waarden met elkaar vermenigvuldigd. In hoofdstuk 8 heb ik laten zien hoe de middelste twee termen tegen elkaar wegvallen en dus verdwijnen. Met de methode van de papegaaienbek wordt dit helemaal duidelijk.

$$(5x - 3)(5x + 3)$$

1. **Vermenigvuldig de eerste termen: $(5x)(5x) = (5x)^2 = 25x^2$**
2. **Vermenigvuldig de eerste met de laatste term: $(5x)(3) = 15x$**
3. **Vermenigvuldig de laatste met de eerste term: $(-3)(5x) = -15x$**
4. **Vermenigvuldig de laatste termen: $(-3)(+3) = -9$**
5. **Schrijf de resultaten op: $25x^2 + 15x - 15x - 9$**

6. **Voeg gelijksoortige termen samen: de producten $15x$ en $-15x$ zijn tegengesteld aan elkaar.** Alleen het eerste en het laatste product blijft daarom over.

$25x^2 - 9$

Bekijk de volgende kwadratische bewerkingen eens. Zijn dit goede voorbeelden van het vermenigvuldigen van de som en het verschil van twee termen?

$(3x + 2)(3x - 2) = 9x^2 - 4$

$(2z - m)(2z + m) = 4z^2 - m^2$

$(m^2 - n^2)(m^2 + n^2) = m^4 - n^4$

BELANGRIJK

CARL FRIEDRICH GAUSS, EEN WONDERKIND

De wiskundige Carl Friedrich Gauss, een wonderkind, was pas 3 jaar toen hij bepaalde berekeningen op de loonlijst van zijn vader corrigeerde. Later leverde hij aanzienlijke bijdragen aan de ontwikkeling van de wiskunde.

Het verhaal gaat dat toen hij op school zat de vermoeide leraar de kinderen vroeg de som te bepalen van de getallen van 1 tot 100, in de veronderstelling dat ze daar wel een tijdje mee bezig zouden zijn, zodat hij zelf wat kon uitrusten. Enkele ogenblikken later stond de kleine Carl Friedrich naast de meester met het antwoord. Vol ongeloof keek de leraar naar het antwoord, dat natuurlijk goed was. Gauss had geen bijzonder talent voor optellen. Hij dacht gewoon goed na en vond patronen in de getallen, die het optellen gemakkelijker en bovendien interessanter maakten. Hij zag in dat $1 + 99 = 100$, $2 + 98 = 100$, $3 + 97 = 100$ enzovoort. De som van deze 49 keer 100, de 50 in het midden en de 100 aan het einde, is 5050.

Dankzij Gauss is er een formule voor de som van een willekeurige lijst opeenvolgende getallen. Deze formule luidt $S = n(n + 1) \div 2$. De S stelt de som van de getallen voor, en de n is het grootste, oftewel het laatste getal in de lijst, die begint bij het getal één.

Ontbinden in factoren

Als je een uitdrukking als $2x^2 - 5x - 12$ ziet, denk je misschien dat het een heidens karwei wordt deze te ontbinden in een product van twee tweetermen. En misschien vraag je je zelfs af of de uitdrukking überhaupt ontbonden kan worden. Laat me je verzekeren dat dit soort opgaven eigenlijk helemaal niet zo moeilijk is.

Eigenlijk doe je het tegenovergestelde van het vermenigvuldigen van twee tweetermen, zoals dat in de vorige paragraaf is uitgelegd aan de hand van de papegaaienbek. Ook voor het ontbinden in factoren is er een systeem dat je helpt het antwoord te vinden, of dat je helpt te bepalen dat er *geen* antwoord mogelijk is.

Het werkt niet voor alle opgaven waar je moet ontbinden in factoren, maar wel voor kwadratische uitdrukkingen van de vorm $ax^2 + bx + c$. Daarom is het zo leuk om met kwadratische uitdrukkingen te werken in de wiskunde.

De sleutel tot het ontbinden in factoren is een kwestie van goed georganiseerd te werk gaan.

- » Overtuig jezelf ervan dat je een uitdrukking hebt van de vorm $ax^2 + bx + c$.
- » Wees er zeker van dat de termen op volgorde van afnemende machten staan.
- » Bekijk indien nodig de lijst met priemgetallen en met kwadraten nog eens (in de spiekbrief vind je ze allebei).
- » Volg de stappen.

BELANGRIJK

Volg deze stappen om een kwadratische uitdrukking $ax^2 + bx + c$, geschreven op volgorde van afnemende machten, te ontbinden in factoren.

1. Bepaal alle manieren waarop je twee getallen kunt vermenigvuldigen om *a* te krijgen.

Elk getal kan geschreven worden als een product van twee getallen, al is het maar het getal zelf maal één. Stel dus dat er twee getallen, *e* en *f*, zijn, die vermenigvuldigd *a* geven: $a = e \cdot f$. Dit zijn de twee getallen die je in dit soort opgaven nodig hebt.

2. Bepaal alle manieren waarop je twee getallen kunt vermenigvuldigen om *c* te krijgen.

Als *c* negatief is, negeer het minteken dan voorlopig even. Concentreer je op twee factoren die samen de absolute waarde van *c* geven.

Stel nu dat er twee getallen, *g* en *h*, zijn, die vermenigvuldigd *c* geven: $c = g \cdot h$. Gebruik deze twee getallen voor deze opgave.

3. Bekijk nu het voorteken van *c* en de getalparen die je in stap 1 en 2 hebt gevonden.

1. Als *c* positief is, zoek je een getal uit de lijst van stap 1 en een getal uit de lijst van stap 2, zodat de som van hun product en het product van de andere twee getallen uit die stappen gelijk is aan *b*.

   Stel dat de geselecteerde getallen *e*, *f* en *g*, *h* zijn, dan moet dus gelden dat $e \cdot g + f \cdot h = b$.

2. Als *c* negatief is, zoek je een getal uit de lijst van stap 1 en een getal uit de lijst van stap 2, zodat het verschil van hun product en het product van de andere twee getallen uit die stappen gelijk is aan *b*.

   Stel dat de geselecteerde getallen *e*, *f* en *g*, *h* zijn, dan moet dus gelden dat $e \cdot g - f \cdot h = b$.

4. Schik de geselecteerde getallen in de vorm van twee tweetermen.

De *e* en de *f* moeten de eerste plaatsen in de tweetermen innemen en de *g* en de *h* moeten de laatste plaatsen in de tweetermen innemen. Ze moeten zo geplaatst worden dat de vermenigvuldigingen uit stap 3 het correcte dubbelproduct, *b*, geven.

$(e \quad h)(f \quad g)$

5. **Plaats nu de juiste voortekens.**

   De voortekens zijn beide positief als *c* positief is en *b* ook.

   De voortekens zijn beide negatief als *c* positief is en *b* negatief.

   Eén van de voortekens is positief en de andere is negatief als *c* negatief is: de keuze hangt af van of *b* positief of negatief is en van hoe je de factoren opgeschreven hebt.

Pas deze stappen nu toe om de uitdrukking $2x^2 - 5x - 12$ te ontbinden in factoren. De uitdrukking is van de vorm $ax^2 + bx + c$ en staat op volgorde van afnemende machten.

1. **Bepaal alle manieren waarop je twee getallen kunt vermenigvuldigen om *a* te krijgen.**

   Je kunt deze getallen vinden door *a* te ontbinden in priemfactoren. Blader even terug naar hoofdstuk 7 als je je kennis over ontbinden in priemfactoren wilt opfrissen.

   BELANGRIJK

   Priemgetallen zijn alleen deelbaar door zichzelf en door één. Een getal ontbinden in priemfactoren betekent het vinden van de priemgetallen waardoor dat getal deelbaar is.

   Soms is het handig een lijst te maken met manieren waarop je kunt vermenigvuldigen.

   In het voorbeeld $2x^2 - 5x - 12$ is *a* gelijk aan 2. De enige manier waarop je twee getallen kunt vermenigvuldigen om 2 als uitkomst krijgen, is 1×2.

2. **Bepaal alle manieren waarop je twee getallen kunt vermenigvuldigen om *c* te krijgen.**

   In het voorbeeld $2x^2 - 5x - 12$ is *c* gelijk aan –12. Vergeet het minteken voorlopig even. Het minteken is pas in de volgende stap van belang. Concentreer je eerst op het vinden van twee getallen die vermenigvuldigd met elkaar 12 geven.

   Er zijn drie manieren om 12 te vormen door twee getallen te vermenigvuldigen: 1×12, 2×6 en 3×4.

3. **Bekijk nu het voorteken van *c* en de getalparen die je in stap 1 en 2 hebt gevonden.**

   1. Als *c* positief is, zoek je een getal uit de lijst van stap 1 en een getal uit de lijst van stap 2, zodat de som van hun product en het product van de andere twee getallen uit die stappen gelijk is aan *b*.

   2. Als *c* negatief is, zoek je een getal uit de lijst van stap 1 en een getal uit de lijst van stap 2, zodat het verschil van hun product en het product van de andere twee getallen uit die stappen gelijk is aan *b*.

4. **Kies een product uit stap 1 en een product uit stap 2.**

In het voorbeeld is *c* gelijk aan –12 en *b* gelijk aan 5. Zoek dus een combinatie uit stap 1 en stap 2 waarvoor het verschil gelijk is aan 5.

Gebruik 1 × 2 uit stap 1 en 3 × 4 uit stap 2. Vermenigvuldig de 1 uit stap 1 met de 3 uit stap 2 en vermenigvuldig dan de 2 uit stap 1 met de 4 uit stap 2.

$(1)(3) = 3$ en $(2)(4) = 8$

De twee producten zijn 3 en 8 en het verschil daarvan is 5.

$8 - 3 = 5$

5. **Schik de geselecteerde getallen zodat ze het juiste resultaat geven.**

Als je de termen zodanig schikt dat $(1x)$ vermenigvuldigd wordt met $(2x)$, dan krijg je de $2x^2$ die je nodig hebt. Door de 3 en de 4 juist te schikken, krijg je door vermenigvuldiging de 12 uit de uitdrukking. Het product van de eerste en de laatste term is $3x$ en van de laatste en de eerste term is $8x$.

$(1x \quad 4)(2x \quad 3)$

6. **Plaats nu plus- en/of mintekens zodat je het gewenste resultaat krijgt.**

$(1x - 4)(2x + 3) = 2x^2 - 5x - 12$

In het volgende voorbeeld, $24x^2 - 34x - 45$, heb je veel getallen om uit te kiezen.

1. **Bepaal alle manieren waarop je twee getallen kunt vermenigvuldigen om *a* te krijgen.**

a is 24 en dat kun je vormen als 1 × 24, 2 × 12, 3 × 8 of 4 × 6.

2. **Bepaal alle manieren waarop je twee getallen kunt vermenigvuldigen om *c* te krijgen.**

c is 45 en dat kun je vormen als 1 × 45, 3 × 15 of 5 × 9.

3. **Kijk naar het voorteken van *c* en de getallen uit stap 1 en stap 2 om te bepalen of je een *som* of een *verschil* wilt.**

c is negatief dus je wilt een verschil van 34 tussen de producten.

4. **Kies een product uit stap 1 en een product uit stap 2.**

Gebruik het product 4 × 6 om *a* te vormen en 5 × 9 om *c* te vormen. Het product van 4 en 5 is 20 en het product van 6 en 9 is 54. Het verschil tussen deze 2 producten is 34.

5. **Schik de gekozen getallen in de vorm van twee tweetermen zodat je de resultaten krijgt die je zoekt.**

$(4x \quad 9)(6x \quad 5)$ geeft je de gewenste producten.

6. **Plaats de plus- en/of mintekens zodat je het gewenste resultaat krijgt.**

$(4x - 9)(6x + 5) = 24x^2 - 34x - 45$

De combinaties die je zoekt, springen niet altijd direct in het oog. Maar een lijst met alle mogelijkheden kan een goede hulp zijn. Je kunt beginnen alle mogelijkheden systematisch uit te proberen. Neem bijvoorbeeld 1 × 24 en probeer het uit met alle getalparen die je *c* geven: 1 × 45, 3 × 15 of 5 × 9. Als deze geen van allen werken, ga dan verder met 2 × 12 en probeer dat uit met alle getalparen die vermenigvuldigd c geven. Ga zo verder tot je systematisch alle mogelijke combinaties uitgeprobeerd hebt. Als er geen combinatie bij is die werkt, dan weet je dat je klaar bent. Op deze manier hoef je je niet meer af te vragen of je niet een mogelijkheid over het hoofd hebt gezien.

In het volgende voorbeeld, $2x^2 - 9x + 4$, gebruik je de som om het dubbelproduct te vormen.

1. **Bepaal alle manieren waarop je twee getallen kunt vermenigvuldigen om *a* te krijgen.**

   a is 2 en dat kun je alleen vormen als 1 × 2.

2. **Bepaal alle manieren waarop je twee getallen kunt vermenigvuldigen om *c* te krijgen.**

   c is 4 en dat kun je vormen als 1 × 4 of 2 × 2.

3. **Kijk naar het voorteken van *c* en de getallen uit stap 1 en stap 2 om te bepalen of je een som of een verschil wilt.**

   c is positief, dus je wilt een *som* om het dubbelproduct te vormen.

4. **Kies een product uit stap 1 en een product uit stap 2.**

   Kies je de factoren 1 × 2 en 1 × 4, dan vind je door vermenigvuldiging dat (2)(4) = 8 en dat (1)(1) = 1. De som van 8 en 1 is 9.

5. **Schik de gekozen getallen in de vorm van twee tweetermen zodat je de resultaten krijgt die je zoekt.**

   $(2x \quad 1)(4x \quad 1)$

6. **Plaats de plus- en/of mintekens zodat je het gewenste resultaat krijgt.**

   $(2x - 1)(1x - 4) = 2x^2 - 9x + 4$

In het volgende voorbeeld, $10x^2 + 31x + 15$, zijn alle termen positief. We zoeken daarom naar een som om het dubbelproduct te vormen. En er zijn weer meerdere mogelijkheden om aan a en c te komen.

1. **Bepaal alle manieren waarop je twee getallen kunt vermenigvuldigen om *a* te krijgen.**

   De 10 kan verkregen worden als 1 × 10 of 2 × 5.

2. **Bepaal alle manieren waarop je twee getallen kunt vermenigvuldigen om *c* te krijgen.**

   De 15 kan verkregen worden als 1 × 15 of 3 × 5.

3. **Kijk naar het voorteken van *c* en de getallen uit stap 1 en stap 2 om te bepalen of je een som of een verschil wilt.**

   De laatste term is positief, dus je wilt dat de *som* van de producten 31 vormt.

4. **Kies een product uit stap 1 en een product uit stap 2.**

   Kies je 2 × 5 en 3 × 5, dan vind je door vermenigvuldiging dat (2)(3) = 6 en dat (5)(5) = 25. De som van 6 en 25 is 31.

5. **Schik de gekozen getallen in de vorm van twee tweetermen zodat je de resultaten krijgt die je zoekt.**

$(2x \quad 5)(5x \quad 3)$

6. **Plaats de plus- en/of mintekens zodat je het gewenste resultaat krijgt.**

$(2x + 5)(5x + 3) = 10x^2 + 31x + 15$

Het laatste voorbeeld, $18x^2 - 27x - 4$, ziet er op het eerste gezicht uit als een prima kandidaat om te ontbinden in factoren. Je zult echter zien dat niet iedere uitdrukking zich laat ontbinden. Wat je wel leert van dit voorbeeld is dat dit een goede methode is om er zeker van te zijn dat je niets over het hoofd hebt gezien.

1. **Bepaal alle manieren waarop je twee getallen kunt vermenigvuldigen om *a* te krijgen.**

De 18 kan verkregen worden als 1 × 18, 2 × 9 of 3 × 6.

2. **Bepaal alle manieren waarop je twee getallen kunt vermenigvuldigen om *c* te krijgen.**

De 4 kan verkregen worden als 1 × 4 of 2 × 2.

3. **Kijk naar het voorteken van *c* en de getallen uit stap 1 en stap 2 om te bepalen of je een som of een verschil wilt.**

De laatste term is negatief, dus je wilt dat het *verschil* van de producten 27 vormt.

4. **Kies een product uit stap 1 en een product uit stap 2.**

Het lijkt erop dat je geen enkele combinatie kunt vinden die je een verschil van 27 geeft. Ga nog eens alles na om zeker te zijn dat je niets over het hoofd hebt gezien.

Combineer 1 × 18 met:

1 × 4 en je vindt een verschil van 14 als je (1)(4) en (18)(1) gebruikt, of een verschil van 71 als je als je (1)(1) en (18)(4) gebruikt.

2 × 2 en je vindt een verschil van 34 als je (1)(2) en (18)(2) gebruikt: er is hier slechts 1 mogelijkheid want de laatste twee factoren zijn beide 2.

Combineer 2 × 9 met:

1 × 4 en je vindt een verschil van 34 als je (2)(1) en (9)(4) gebruikt, of een verschil van 1 als je als je (2)(4) en (9)(1) gebruikt.

2 × 2 en je vindt alleen een verschil van 14.

Combineer 3 × 6 met:

1 × 4 en je vindt een verschil van 21 als je (3)(1) en (6)(4) gebruikt, of een verschil van 6 als je als je (3)(4) en (6)(1) gebruikt.

2 × 2 en je vindt alleen een verschil van 6.

Omdat je alle mogelijkheden hebt geprobeerd en niet in staat bent geweest een verschil van 27 te vormen, kun je ervan uitgaan dat deze kwadratische uitdrukking niet kan worden ontbonden in factoren. De uitdrukking is *priem*.

Verschillende uitdrukkingen ontbinden in factoren

Soms moet je in een opgave meer dan eens ontbinden in factoren. Deze paragraaf leert je hoe twee compleet verschillende methoden op hetzelfde probleem kunnen worden toegepast. Het gebruik van verschillende methoden om te ontbinden in factoren is anders dan dezelfde methode meerdere keren toepassen, zoals wanneer je meerdere malen een grootste gemeenschappelijke deler buiten haakjes haalt.

Een kwadratische uitdrukking, zoals $40x^2 - 40x - 240$, kan op twee verschillende manieren worden ontbonden in factoren en die kun je in verschillende volgorden uitvoeren, waardoor het proces *gemakkelijker* of juist *moeilijker* wordt. De volgorde waarin je ontbindt in factoren, zorgt ervoor dat de ene manier gemakkelijker is en de andere moeilijker.

Ik laat je eerst de moeilijke manier zien, zodat je goed ziet waarom het zo belangrijk is de juiste keuze te maken. In dit geval laten we de grote getallen staan en gaan we eerst ontbinden in factoren.

1. **Bepaal alle manieren waarop je twee getallen kunt vermenigvuldigen om *a* te krijgen.**

   De 40 kan verkregen worden als 1 × 40, 2 × 20, 4 × 10 of 5 × 8.

2. **Bepaal alle manieren waarop je twee getallen kunt vermenigvuldigen om *c* te krijgen.**

   De 240 kan verkregen worden als 1 × 240, 2 × 120, 3 × 80, 4 × 60, 5 × 48, 6 × 40, 8 × 30, 10 × 24, 12 × 20 of 15 × 18.

3. **Kijk naar het voorteken van *c* en de getallen uit stap 1 en stap 2 om te bepalen of je een som of een verschil wilt.**

   De laatste term is negatief, dus je wilt dat het *verschil* van de producten 40 vormt.

   Kies je 4 × 10 en 12 × 20, dan vind je door vermenigvuldiging dat (4)(20) = 80 en dat (12)(10) = 120. Het verschil tussen 80 en 120 is 40.

4. **Schrijf de gekozen getallen in de vorm van twee tweetermen en plaats plus- en/of mintekens zodat je het gewenste resultaat krijgt.**

   $(4x - 12)(10x + 20) = 40x^2 - 40x - 240$

   Maar kijk eens naar deze tweetermen. Uit elk van de tweetermen kan nog een factor weg gedeeld worden. De termen in de eerste tweeterm kunnen gedeeld worden door 4 en de termen in de tweede tweeterm kunnen gedeeld worden door 10.

   $(4x - 12)(10x + 20) = 4(x - 3)10(x + 2) = 40(x - 3)(x + 2)$

Probeer het nu op de gemakkelijkere manier. Haal eerst de grootste gemeenschappelijke deler (GGD) buiten haakjes.

$$40x^2 - 40x - 240 = 40(x^2 - x - 6)$$

1. **Bekijk alleen wat binnen de haakjes staat.**

   De 1 kan alleen als 1 × 1 geschreven worden. De 6 kan geschreven worden als 1 × 6 of 2 × 3. Je ziet dat het aantal keuzemogelijkheden nu veel kleiner is en dus makkelijker hanteerbaar dan wanneer je probeert te ontbinden in factoren voordat je de GGD buiten haakjes haalt.

2. **Kijk naar het voorteken van *c* en bepaal wat je producten worden.**

   De laatste term is negatief, dus je wilt dat het *verschil* van de producten gelijk is aan 1. Gebruik de producten 1 × 1 en 2 × 3 en het is eenvoudig om de factoren op te zetten:

   $(1x \quad 2)(1x \quad 3)$

   De middelste term (het dubbelproduct, x) is negatief, dus wil je dat de term $3x$ negatief wordt. Zet de factor 40 die je buiten haakjes gehaald had weer terug in je antwoord.

   $$40x^2 - 40x - 240 = 40(x + 2)(x - 3)$$

Welke methode je ook kiest, je kunt altijd het juiste antwoord bepalen. In het algemeen kun je echter beter eerst de GGD buiten haakjes halen.

IN DIT HOOFDSTUK

- Paren vinden in derdemachtsuitdrukkingen
- Het verschil van twee kwadraten ordenen
- Twee derde machten optellen
- Verschillende termen van een polynoom in de juiste volgorde zetten

Hoofdstuk 11

Ontbinden in factoren in speciale gevallen

Dit hoofdstuk bevat handige informatie over het ontbinden in factoren van uitdrukkingen die niet in de categorie lineair of kwadratisch vallen. In hoofdstuk 9 en 10 vind je meer tips om te ontbinden in factoren. Bij het ontbinden in factoren is het kennen van de regels het halve werk: de andere helft is weten wanneer je welke regel moet toepassen. Beide vaardigheden zijn even belangrijk en je zult ze allebei nodig hebben.

Tweetermen testen

Als een tweeterm (binomium) überhaupt kan worden ontbonden in factoren, dan gaat dat op één van vier verschillende manieren. Kijk eerst naar het plus- of minteken dat de twee termen in de tweeterm van elkaar scheidt. Kijk vervolgens naar de twee termen. Zijn het kwadraten? Zijn het derdemachtstermen? Of zijn ze helemaal niets bijzonders? Het leuke aan een uitdrukking met twee termen is dat je vier en niet meer dan vier dingen hebt die je moet checken.

TIP

De vier manieren om een tweeterm te ontbinden in factoren, zijn:

- De grootste gemeenschappelijke deler (GGD) vinden.
- Het verschil van twee perfecte kwadraten ontbinden in factoren.
- Het verschil van twee perfecte derde machten ontbinden in factoren.
- De som van twee perfecte derde machten ontbinden in factoren.

Als je een opgave tegenkomt waarin je een tweeterm moet ontbinden in factoren, kun je deze lijst nagaan om te zien welke methode werkt. Soms kan de tweeterm op meer dan een manier ontbonden worden, bijvoorbeeld wanneer je een GGD buiten haakjes kunt halen *en* het verschil van twee kwadraten kunt ontbinden in factoren. Als je de ene methode uitgewerkt hebt, check dan of wat je binnen haakjes hebt staan nogmaals op een andere manier ontbonden kan worden. Als je alle vier de mogelijkheden uit de lijst gecheckt hebt en geen ervan werkt, dan weet je dat de uitdrukking *niet* verder in factoren ontbonden kan worden. Je kunt stoppen met verder zoeken en zeggen dat je klaar bent.

De grootste gemeenschappelijke deler (GGD) zoeken is altijd een gemakkelijke en snelle methode om te proberen te ontbinden in factoren (in hoofdstuk 9 lees je hoe je de GGD vindt en die buiten haakjes haalt). Wat er overblijft na het ontbinden in factoren is een stuk makkelijker om mee te werken. Maar lees wel de volgende paragrafen om meer tips en trucs te leren om te ontbinden in factoren.

Het verschil van twee kwadraten ontbinden in factoren

Als de twee termen in de tweeterm perfecte kwadraten zijn en ze gescheiden worden door een minteken, dan kun je altijd ontbinden in factoren. Een perfect kwadraat is het resultaat van het vermenigvuldigen van een (geheel) getal met zichzelf. 25 is een perfect kwadraat omdat dat gelijk is aan 5 maal 5. Om zulke tweetermen te ontbinden in factoren hoef je alleen de vierkantswortels van de twee termen te bepalen en de ontbonden vorm te schrijven als het product van de som en het verschil van de twee wortels. $x^2 - y^2$ is bijvoorbeeld gelijk aan $(x + y)(x - y)$. Maar bekijk nu de tweeterm $x^2 + 3$ eens en je ziet dat dit *geen* verschil van twee perfecte kwadraten is, want er staat een plusteken en 3 is bovendien geen perfect kwadraat.

BELANGRIJK

Als twee kwadraten gescheiden worden door een minteken, dan vormen de som en het verschil van hun vierkantswortels de factoren waarin de tweeterm ontbonden kan worden.

$$a^2 - b^2 = (a + b)(a - b)$$

- Ontbind $9x^2 - 16$ in factoren. De vierkantswortels van $9x^2$ en 16 zijn respectievelijk $3x$ en 4. De som van de wortels is $3x + 4$ en het verschil van de wortels is $3x - 4$. Dus $9x^2 - 16 = (3x + 4)(3x - 4)$.
- Ontbind $25z^2 - 81y^2$ in factoren. De vierkantswortels van $25z^2$ en $81y^2$ zijn respectievelijk $5z$ en $9y$. Dus $25z^2 - 81y^2 = (5z + 9y)(5z - 9y)$.

» Ontbind $x^4 - y^6$ in factoren. De vierkantswortels van x^4 en y^6 zijn respectievelijk x^2 en y^3. Dus $x^4 - y^6 = (x^2 + y^3)(x^2 - y^3)$.

» Ontbind $x^2 - 3$ in factoren. In dit geval is het tweede getal geen perfect kwadraat. Maar soms is het handig om de uitdrukking toch te ontbinden in factoren. De vierkantswortel van x^2 is x en de vierkantswortel van 3 kun je schrijven als $\sqrt{3}$. (Meer informatie over vierkantswortels en worteltrekken vind je in hoofdstuk 4.) Nu kun je ontbinden in factoren: $x^2 - 3 = (x + \sqrt{3})(x - \sqrt{3})$.

Het verschil tussen twee derdemachtstermen ontbinden in factoren

Een perfecte derde macht is het resultaat dat je krijgt als je een (geheel) getal drie keer met zichzelf vermenigvuldigt, oftewel het getal tot de derde macht verheft. Het verschil tussen twee derdemachtstermen vormt een speciale tweeterm, $a^3 - b^3$.

De bekendste perfecte derdemachtstermen zijn zoals gezegd die waarvan de derdemachtswortel een geheel getal is. In de spiekbrief vind je de derde macht voor de getallen van 1 tot 10. Probeer deze getallen te onthouden omdat het in wiskundeopgaven handig kan zijn en veel tijd kan besparen als je deze waarden herkent.

Blader terug naar hoofdstuk 4 als je vergeten bent hoe je met exponenten moet werken. In het eerste voorbeeld betekent de derde macht buiten de haakjes dat elke variabele binnen de haakjes tot die macht verheven wordt. In het tweede voorbeeld gebruiken we de regels voor het bepalen van machten van machten. Beide resultaten kunnen beschouwd worden als derdemachtstermen.

$$(yz)^3 = y^3 \cdot z^3$$

$$(a^2)^3 = a^6$$

TIP

Variabelen tot de derde macht zijn gemakkelijk te herkennen omdat hun exponent altijd deelbaar is door drie. Als een getal tot de derde macht is verheven en uitgewerkt is, dan is het niet meer zo gemakkelijk te herkennen, tenzij je de derde machten uit je hoofd kent of ze opzoekt in een lijst.

Bekijk de volgende lijst. Deze uitdrukkingen geven een verschil van derdemachtstermen weer en kunnen ontbonden worden in factoren. Elke term is een derde macht: uit de getallen kun je allemaal een derdemachtswortel (het getal dat drie keer met zichzelf vermenigvuldigd is) trekken en de meeste ervan vind je terug in de lijst met derde machten.

» $m^3 - 8$

» $1000 - 27z^3$

» $64x^6 - 125y^{15}$

Merk op dat ieder getal een perfecte derde macht is en dat iedere variabele een exponent heeft die deelbaar is door 3.

BELANGRIJK

Herinner je dat het verschil van twee derdemachtstermen gelijk is aan het verschil van hun derdemachtswortels vermenigvuldigd met de som van hun kwadraten en het product van hun derdemachtswortels. Hiermee kun je het verschil tussen twee derdemachtstermen dus ontbinden in factoren.

$$a^3 - b^3 = (a - b)(a^2 + ab + b^2)$$

Het ontbinden in factoren van het verschil van twee derdemachtstermen, resulteert in:

» Een tweeterm $(a - b)$ die bestaat uit twee derdemachtswortels gescheiden door een minteken. Kijk in de lijst in de spiekbrief om de derdemachtswortel te vinden. Als de derdemachtsterm er niet in staat en als die kleiner is dan de grootste derdemachtsterm in de lijst, dan is het getal geen perfecte derde macht. Voor grotere getallen kun je een wetenschappelijke rekenmachine gebruiken.

» Een drieterm $(a^2 + ab + b^2)$ die bestaat uit de kwadraten van de twee derdemachtswortels opgeteld bij het product van de twee derdemachtswortels in het midden. Zoals de naam al zegt, bestaat een drieterm uit drie termen en deze heeft allemaal plustekens tussen de termen.

De drie voorbeelden die nu volgen, laten je zien hoe de regel werkt. Het eerste voorbeeld zul je niet gauw tegenkomen in de algebra, maar ik heb het erbij gezet om twijfelaars over de streep te trekken.

» In dit voorbeeld komen alleen getallen voor. Ontbind het verschil tussen de derdemachtstermen 216 en 125 in factoren, zodat je goed ziet hoe deze regel werkt.

$216 - 125$

Gebruik de regel $a^3 - b^3 = (a - b)(a^2 + ab + b^2)$ met $a^3 = 216$ en $b^3 = 125$.

De derdemachtswortel uit 216 is 6 en de derdemachtswortel uit 125 is 5, dus de a is gelijk aan 6 en de b is gelijk aan 5.

Verder is a^2 gelijk aan 36 en b^2 aan 25 en het product ab is gelijk aan 30.

Als je deze waarden substitueert in $a^3 - b^3 = (a - b)(a^2 + ab + b^2)$ dan krijg je $216 - 125 = (6 - 5)(36 + 30 + 25)$.

Controleer of de vergelijking klopt. Het verschil tussen 216 en 125 bedraagt 91 en $36 + 30 + 25$ is ook gelijk aan 91.

$91 = (1)(91)$

Hieruit blijkt dat de uitdrukking altijd gelijk is aan 91, of die nu weergegeven is als het verschil van twee derdemachtstermen of in de ontbonden vorm.

Eigenlijk *bewijst* dit helemaal niets, maar het laat aardig zien dat de methode werkt voor (deze) getallen.

» Ontbind $m^3 - 8$ in factoren.

De derdemachtswortel van m^3 en van 8 is respectievelijk gelijk aan m en aan 2.

$m^3 - 8 = (m - 2)(m^2 + 2m + 4)$

Merk op dat het teken tussen de m en de 2 hetzelfde is als dat tussen de twee derdemachtstermen. Het kwadraat van m is m^2 en het kwadraat van 2 is 4. Het product van de twee derdemachtswortels is $2m$ en alle tekens in de drieterm zijn positief.

» Ontbind $64x^3 - 27y^6$ in factoren.

De derdemachtswortel van $64x^3$ en van $27y^6$ is respectievelijk gelijk aan $4x$ en $3y^2$.

Het kwadraat van $4x$ is $16x^2$, het kwadraat van $3y^2$ is $(3y^2)^2 = 9y^4$ en het product $(4x)(3y^2)$ is $12xy^2$.

$64x^3 - 27y^6 = (4x - 3y^2)(16x^2 + 12xy^2 + 9y^4)$

Ontbind $a^3b^6c^9 - 1331d^{300}$ in factoren.

De derdemachtswortel van $a^3b^6c^9$ en $1331d^{300}$ is respectievelijk ab^2c^3 en $11d^{100}$.

Het kwadraat van ab^2c^3 is $a^2b^4c^6$, het kwadraat van $11d^{100}$ is $121d^{200}$ en het product van ab^2c^3 en $11d^{100}$ is $11ab^2c^3d^{100}$.

$a^3b^6c^9 - 1331d^{300} = (ab^2c^3 - 11d^{100})(a^2b^4c^6 + 11ab^2c^3d^{100} + 121d^{200})$

De som van twee derdemachtstermen ontbinden in factoren

Je kunt het even rustig aan doen. Het ontbinden in factoren van de som van twee derdemachtstermen gaat haast hetzelfde als het ontbinden van het verschil tussen twee derdemachtstermen, dat in de vorige paragraaf besproken werd. Je hoeft alleen twee tekens te veranderen en het werkt.

BELANGRIJK

De som van twee derdemachtstermen is gelijk aan de som van de wortels vermenigvuldigd met de kwadraten van de wortels min hun product.

$$a^3 + b^3 = (a + b)(a^2 - ab + b^2)$$

Net als het ontbinden in factoren van het verschil van twee derdemachtstermen, resulteert het ontbinden in factoren van de som daarvan in een tweeterm, $(a + b)$, vermenigvuldigd met een drieterm, $(a^2 - ab + b^2)$.

Je ziet dat het teken tussen de twee derdemachtswortels hetzelfde is als dat tussen de twee derde machten voor het ontbinden in factoren, $a^3 + b^3$. De kwadraten in de drieterm zijn nog steeds beide positief, maar het teken voor de middelste term verandert in een minteken.

» Bekijk dit praktijkvoorbeeld om inzicht te krijgen in het ontbinden van de som van twee derdemachtstermen.

$1000z^3 + 343$

De derdemachtswortel van $1000z^3$ is $10z$ en de derdemachtswortel van 343 is 7. Het product van $10z$ en 7 is $70z$.

$1000z^3 + 343 = (10z + 7)(100z^2 - 70z + 49)$

Spelen met drietermen en meer

Er zijn twee methoden om een drieterm, ook wel trinomium genoemd, te ontbinden in factoren:

- » De GGD vinden.
- » Ontbinden in factoren zoals een kwadratische uitdrukking.

Meer over beide methoden vind je in hoofdstuk 9. Een opgave waarin je factoren moet bepalen, is een kwestie van herkennen wat je hebt, zodat je weet welke methode je kunt toepassen. Een drieterm kun je ontbinden in factoren als hij van de vorm $ax^2 + bx + c$ is. Als de termen een gemeenschappelijke factor hebben, kun je die buiten haakjes halen. Als je deze twee mogelijkheden hebt gecheckt en geen van beide blijkt te werken, dan ben je klaar! De drieterm kan niet ontbonden worden.

TECHNISCHE INFO

GROOTSE LEIDERS ALS GROOTSE WISKUNDIGEN

Twee bekende wereldleiders, Napoleon Bonaparte en de Amerikaanse president James Garfield, werden aangetrokken door de mysteries van de wiskunde. Napoleon Bonaparte beschouwde zichzelf amateur geometrisch wiskundige en trok graag op met wiskundigen: je kunt ook zo met ze lachen!

De stelling van Napoleon, die hij naar zichzelf vernoemde, zegt dat als je een willekeurige driehoek neemt en op elk van de zijden een gelijkzijdige driehoek tekent en vervolgens het middelpunt van die driehoeken bepaalt en ze met elkaar verbindt, dat de verbindingslijnen dan altijd weer een gelijkzijdige driehoek vormen. Niet slecht voor iemand die zo in de pan werd gehakt bij Waterloo!

De twintigste president van de Verenigde Staten, James Garfield, was ook een begenadigd wiskundige en ontdekte een nieuw bewijs voor de stelling van Pythagoras, dat gebaseerd is op een trapezium gevormd door drie rechthoekige driehoeken en de oppervlakten daarvan.

Een uitdrukking met vier, zes, acht of meer termen kun je in principe ontbinden in factoren door de GGD buiten haakjes te halen of door termen te groeperen. In hoofdstuk 9 wordt het vinden van de GGD gedetailleerd behandeld en het groeperen van termen in een polynoom komt in de volgende paragraaf aan bod.

Termen groeperen

De andere mogelijkheid om een uitdrukking van vier of meer termen te ontbinden in factoren is door termen te groeperen, zodat de nieuwe groepen ontbonden kunnen worden.

Termen groeperen werd al in hoofdstuk 9 behandeld, maar hier breiden we het proces uit naar meer termen en verschillende manieren om ze te groeperen.

Vier termen splitsen in twee groepen van twee

De meest gebruikte vorm om termen te groeperen is door de vier termen te verdelen in twee groepen van ieder twee termen en een verschillende gemeenschappelijke factor te vinden in ieder van de groepen. Splits de vier termen om te beginnen in het midden en vorm twee groepen. Als dat niet werkt, herschik dan de volgorde van de termen zodanig dat de termen met iets gemeenschappelijks in dezelfde groep belanden. Je deelt de gemeenschappelijke factor apart uit elk van de groepen en hoopt dan een *nieuwe* gemeenschappelijke factor te vinden in de nieuwe termen. De nieuwe gemeenschappelijke factor is gewoonlijk het resultaat van het buiten haakjes halen van de GGD in elk van de groepen. Aan de hand van het volgende voorbeeld begrijp je het groeperen van vier termen waarschijnlijk beter:

» Ontbind $8ax + 12ay + 10bx + 15by$ in factoren.

De eerste twee termen hebben een factor $4a$ gemeen en de laatste twee termen hebben een factor $5b$ gemeen.

$8ax + 12ay + 10bx + 15by = 4a(2x + 3y) + 5b(2x + 3y)$

In dit geval heeft het groeperen twee nieuwe termen opgeleverd, die allebei een factor $(2x + 3y)$ bezitten. De twee termen hebben deze factor dus gemeen en deze als GGD buiten haakjes halen moet dus werken.

Haal die gemeenschappelijke factor buiten haakjes en kijk wat je overhoudt.

$4a(2x + 3y) + 5b(2x + 3y) = (4a + 5b)(2x + 3y)$

Klaar!

Zes termen verdelen in twee of drie groepen

Het volgende voorbeeld heeft zes termen. Omdat zes deelbaar is door zowel twee als drie, is er een goede kans dat je de termen kunt groeperen als twee groepen van drie of drie groepen van twee termen. Soms kun je het ook op beide manieren doen. En soms moet je gewoon proberen om te zien wat er werkt. In dit geval werken de twee manieren allebei.

» Ontbind de volgende uitdrukking in factoren door de termen eerst te verdelen in *twee groepen van drie*.

$ax^2 + 3ax + 2a + bx^2 + 3bx + 2b$

De eerste drie termen hebben een gemeenschappelijke factor a en de laatste drie termen hebben een gemeenschappelijke factor b.

$a(x^2 + 3x + 2) + b(x^2 + 3x + 2)$

Er zijn nu twee groepen, die een factor $(x^2 + 3x + 2)$ gemeen hebben.

$a(x^2 + 3x + 2) + b(x^2 + 3x + 2) = (x^2 + 3x + 2)(a + b)$

Merk op dat de eerste factor een kwadratische uitdrukking is die kan worden ontbonden in factoren.

$(x^2 + 3x + 2) = (x + 1)(x + 2)$

$(x^2 + 3x + 2)(a + b) = (x + 1)(x + 2)(a + b)$

» Je kunt deze opgave ook aanpakken door drie groepen van ieder twee termen te vormen. Herschik de termen zodat de termen in x^2, in x en de getallen bij elkaar staan.

$ax^2 + bx^2 + 3ax + 3bx + 2a + 2b$

De eerste twee termen hebben een factor x^2 gemeen, de derde en vierde term hebben een factor $3x$ gemeen en de laatste twee termen hebben een factor 2 gemeen.

$x^2(a + b) + 3x(a + b) + 2(a + b)$

Nu heb je drie termen die allemaal een factor $(a + b)$ bevatten. Haal de $(a + b)$ uit iedere term buiten haakjes en je krijgt dit:

$(a + b)(x^2 + 3x + 2) = (a + b)(x + 1)(x + 2)$

Welke manier vind je het best? Je mag zelf kiezen welke manier je het handigst vindt, want je kunt er zeker van zijn dat je hetzelfde antwoord vindt als bij de andere manier.

Ongelijk groeperen

Tot nu toe hebben we uitdrukkingen met vier of zes termen gelijk verdeeld in groepen. Soms kun je vier termen verdelen in ongelijke groepen, waarbij er een groep is met drie termen en een groep met één term. Om zulke situaties te herkennen zoek je de kwadraten. Gewoonlijk probeer je natuurlijk niet eens ongelijk te groeperen, behalve als alle andere methoden blijken te falen.

» Ontbind $x^2 + 8x + 16 - y^2$ in factoren.

Deze uitdrukking heeft vier termen, maar er is geen goede manier om ze gelijk te verdelen over twee groepen zodat je een bruikbare set gemeenschappelijke factoren krijgt. Een andere mogelijkheid is ongelijk te groeperen. Neem de eerste drie termen samen, omdat die een drieterm vormen die in factoren ontbonden kan worden. De laatste term blijft dan alleen over.

$x^2 + 8x + 16 - y^2 = (x^2 + 8x + 16) - y^2$

Ontbind de drieterm in factoren.

$(x + 4)^2 - y^2$

Nu heb je twee termen, die allebei een perfect kwadraat zijn.

Volgens de regel uit de paragraaf 'Het verschil van twee kwadraten ontbinden in factoren', geldt er $a^2 - b^2 = (a + b)(a - b)$ en dit kun je in dit voorbeeld toepassen.

$(x + 4)^2 - y^2 = [(x + 4) + y][(x + 4) - y]$

Je kunt de binnenste haakjes laten vervallen, maar daar schiet je niet echt veel mee op, dus je kunt ze ook gewoon laten staan.

Weten wanneer je moet ophouden

Toen Michelangelo in de Sixtijnse Kapel op een steiger bezig was het plafond te beschilderen en de Paus plotseling binnen kwam, opkeek naar de natte verf aan het plafond en riep 'Wanneer is het af?', schijnt Michelangelo geantwoord te hebben: 'Als ik klaar ben!'

Die vraag van de Paus kan ook gesteld worden over opgaven waarbij je moet ontbinden in factoren: 'Wanneer is het klaar?'

Ontbinden in factoren is klaar als er niets meer buiten haakjes gehaald kan worden. Als je kijkt naar de lijst van methoden om uitdrukkingen met twee, drie, vier en meer termen te ontbinden in factoren, kun je alle mogelijkheden proberen en afstrepen wat niet werkt. Als er niets is dat werkt, ben je klaar. Als je een methode hebt toegepast, moet je altijd kijken of wat je binnen haakjes hebt staan nog verder kan worden ontbonden in factoren.

Als je gaat ontbinden in factoren, kijk dan altijd eerst met wat voor uitdrukking je te maken hebt: een tweeterm, een drieterm, kwadraten, derde machten enzovoort. Dit helpt je te bepalen welke methode je kunt gebruiken. En ga door, kijk of er binnen de haakjes nog meer mogelijkheden zijn om te ontbinden in factoren, totdat je klaar bent.

» Ontbind $4x^4y - 108xy$ in factoren.

De GGD van de twee termen is $4xy$. Deel die er eerst uit.

$4x^4y - 108xy = 4xy(x^3 - 27)$

De tweeterm binnen de haakjes is het verschil van twee perfecte derdemachtstermen en kan dus in factoren ontbonden worden met de regel die eerder in dit hoofdstuk geïntroduceerd is.

$4xy(x^3 - 27) = 4xy(x - 3)(x^2 + 3x + 9)$

Hoewel de laatste term, de drieterm, een ideale kandidaat lijkt om verder te ontbinden in factoren, kun je je de moeite besparen, want een drieterm die je krijgt door het ontbinden in factoren van een derdemachtsterm, kun je nooit verder ontbinden in factoren. Het enige dat soms mogelijk is, is een GGD vinden die je buiten haakjes kunt halen. Je bent klaar!

» Ontbind $x^4 - 104x^2 + 400$ in factoren.

Er is geen GGD die je buiten haakjes kunt halen, dus je enige andere mogelijkheid is te ontbinden in factoren.

$x^4 = x^2 \cdot x^2$ en een van de getalparen die vermenigvuldigd 400 opleveren, is 4 en 100: dat paar levert een som van 104.

$x^4 - 104x^2 + 400 = (x^2 - 4)(x^2 - 100)$

Je hebt nu twee factoren, maar elk van hen is een verschil van twee perfecte kwadraten.

$(x^2 - 4)(x^2 - 100) = (x + 2)(x - 2)(x + 10)(x - 10)$

Je bent klaar!

» Ontbind $3x^5 - 18x^3 - 81x$ in factoren.

De GGD van de drie termen is $3x$.

$3x^5 - 18x^3 - 81x = 3x(x^4 - 6x^2 - 27)$

De drieterm kun je ontbinden in factoren.

$3x(x^4 - 6x^2 - 27) = 3x(x^2 - 9)(x^2 + 3)$

De eerste tweeterm is het verschil van twee perfecte kwadraten.

$3x(x^2 - 9)(x^2 + 3) = 3x(x - 3)(x + 3)(x^2 + 3)$

En nu ben je niet alleen klaar met deze opgave, maar ook met het hele hoofdstuk!

3

Werken met vergelijkingen

IN DIT DEEL . . .

Hou je van Sherlock Holmes, Derrick, Jessica Fletcher of het CSI (Crime Scene Investigators)-team? Allemaal zijn het experts in het gebruik van logica en onderzoeksmethoden om problemen op te lossen. En ze zijn nog onderhoudend ook.

Vergelijkingen oplossen kan ook een onderhoudende bezigheid zijn. De spanning van de zoektocht en het vinden van de juiste oplossing geven je een goed en tevreden gevoel. Licht uit, spot aan, laat de show beginnen!

IN DIT HOOFDSTUK

Waar gaan we heen?

Algebraïsche formules toepassen

Alledaagse problemen oplossen

Vergelijkingen herkennen in de praktijk

Hoofdstuk 12

Op één lijn met lineaire vergelijkingen

In dit hoofdstuk behandelen we de verschillende manieren om een lineaire vergelijking met twee termen op te lossen. *Lineair* wil zeggen dat de hoogst voorkomende macht van de op te lossen variabele gelijk aan 1 is. In tegenstelling tot een uitdrukking, waarin geen gelijkteken (=) voorkomt en geen verband met iets anders aangegeven wordt, beweert een vergelijking, waarin wel een gelijkteken staat, iets over wat er aan de ene kant van het gelijkteken staat en wat er aan de andere kant staat. In dit hoofdstuk gaat het niet over uitdrukkingen, zoals $3x + 2$, maar leer je hoe je vergelijkingen, zoals $3x + 2 = 11$, kunt oplossen.

Vergelijkingen met twee termen zijn relatief eenvoudig en de methoden die je gebruikt om ze op te lossen kun je later gebruiken om ingewikkelder vergelijkingen aan te pakken.

Als je alledaagse problemen wilt oplossen met behulp van de wiskunde, zul je vaak gebruikmaken van formules. Gelukkig hoef je niet iedere keer het wiel opnieuw uit te vinden wanneer het om wiskundige formules gaat: je kunt gebruikmaken van standaardformules die door en door getest zijn en die veelvoorkomende en alledaagse problemen oplossen.

Oplossen door te delen

Eén van de meest gebruikte methoden om vergelijkingen op te lossen is door beide zijden van de vergelijking door hetzelfde getal te delen. In veel formules en vergelijkingen staat er een coëfficiënt, oftewel een vermenigvuldigingsfactor, voor de variabele. Om die factor kwijt te raken en de vergelijking op te lossen, kun je delen. Kijk naar het volgende voorbeeld om te zien hoe dit in zijn werk gaat:

Los de waarde van x op uit de vergelijking $20x = 170$.

1. **Bepaal de vermenigvuldigingsfactor van de variabele en deel beide zijden daardoor.**

   Omdat de variabele in de vergelijking met een factor 20 vermenigvuldigd wordt, kun je de vermenigvuldiging ongedaan maken door het tegenovergestelde van *vermenigvuldigen* te doen, te *delen* dus. Deel beide zijden van de vergelijking door 20.

   $$\frac{20x}{20} = \frac{170}{20}$$

2. **Vereenvoudig aan beide zijden van het gelijkteken:**

   $$\frac{\cancel{20}x}{\cancel{20}} = \frac{170}{20}$$

   $x = 8,5$

TIP

Wat je aan de ene kant van de vergelijking doet, moet je ook aan de andere kant doen.

Probeer nu nog een paar voorbeelden om de smaak te pakken te krijgen.

Je moet 300 broodjes kopen voor een grote bijeenkomst. Hoeveel dozijn broodjes is dat? Laat d het aantal dozijn broodjes zijn. Er gaan 12 broodjes in een dozijn, dus $12d = 300$. 12 keer het aantal dozijn moet dus gelijk zijn aan 300.

1. **Bepaal de vermenigvuldigingsfactor van de variabele en deel beide zijden daardoor.**

   Deel beide zijden door 12.

   $$\frac{12d}{12} = \frac{300}{12}$$

2. **Vereenvoudig beide zijden van het gelijkteken.**

   $d = 25$ dozijn broodjes.

Als je baas 5 keer zo veel verdient als jij en haar salaris € 200.000 bedraagt, hoe hoog is jouw salaris dan? (Waarom zij zo veel meer verdient is een moeilijkere vraag!)

Schrijf deze opgave als een vergelijking, waarin x jouw salaris voorstelt: $5x = 200.000$.

1. **Bepaal de vermenigvuldigingsfactor van de variabele en deel beide zijden daardoor.**

   Omdat de vraag gaat over 5 maal, maak je de vermenigvuldiging ongedaan door het tegenovergestelde van *vermenigvuldigen* te doen, te *delen* dus.

   Deel beide zijden van de vergelijking door 5.

   $$\frac{5x}{5} = \frac{200.000}{5}$$

   $$\frac{\cancel{5}x}{\cancel{5}} = \frac{200.000}{5}$$

   Aan de linkerkant kun je de 5 in de teller en de 5 in de noemer tegen elkaar wegstrepen. Aan de rechterkant geldt:

   $$\frac{200.000}{5} = 40.000$$

2. **Vereenvoudig aan beide zijden van het gelijkteken.**

   $x = 40.000$

Het antwoord op deze opgave is dus dat jouw salaris € 40.000 bedraagt.

TECHNISCHE INFO

ARCHIMEDES, VERHUIZER EN BADGAST

Geboren in 287 voor Christus was Archimedes een geïnspireerd wiskundige en uitvinder, die onder andere een pomp ontwierp die water van een lager niveau naar een hoger niveau kon pompen. Deze pompen werden gebruikt voor irrigatie, in schepen en in mijnen en worden in sommige delen van de wereld vandaag de dag nog steeds gebruikt.

Hij maakte ook astronomische instrumenten en apparaten om zijn stad mee te verdedigen tijdens oorlogen. Archimedes was befaamd om zijn technieken om zware voorwerpen te verplaatsen met hefbomen en katrollen en hij bepaalde ook de kleinst mogelijke cilinder die een bol kon bevatten, waardoor hij tevens een methode vond om de inhoud van een bol te berekenen. Het diagram met de bol en de cilinder werd op zijn grafsteen gegraveerd.

Een bekend verhaal is dat van Archimedes, die zichzelf in bad liet zakken en daarbij het idee opvatte hoe hij de zuiverheid van een gouden voorwerp kon bepalen door een soortgelijke methode van onderdompeling. Opgewonden als hij was door deze ontdekking, sprong hij uit de badkuip en rende naakt door de straten al roepend 'Eureka! Eureka!' (Ik heb het!)

Oplossen door te vermenigvuldigen

De tegenovergestelde bewerking van vermenigvuldigen is delen. In de vorige paragraaf werd delen gebruikt als methode om vergelijkingen op te lossen waarin de variabele met een getal vermenigvuldigd wordt. In deze paragraaf gebeurt het tegenovergestelde: gebruik vermenigvuldiging in het geval dat de variabele gedeeld wordt door een getal.

Bekijk het volgende voorbeeld: probeer op te lossen voor y in de vergelijking $\frac{y}{11} = -2$.

1. **Bepaal het getal waardoor de variabele gedeeld wordt en vermenigvuldig beide zijden daarmee.**

   In dit geval wordt y gedeeld door 11, dus daarmee vermenigvuldig je.

   $11(\frac{y}{11}) = (-2)(11)$

2. **Vereenvoudig aan beide zijden van het gelijkteken.**

   $\not{11}(\frac{y}{\not{11}}) = (-2)(11)$

   $y = -22$

Probeer deze opgave eens: het testament van een rijke weduwe bepaalt dat haar erfenis eerlijk verdeeld wordt over haar 9 katten. Elk van de katten ontving € 500.000, dus hoe groot was haar vermogen voordat het verdeeld werd? (Katten betalen geen successierechten.)

Laat f het vermogen van de weduwe voorstellen. Je kunt dan de volgende vergelijking opstellen:

$\frac{f}{9} = 500.000$

1. **Bepaal het getal waardoor de variabele gedeeld wordt en vermenigvuldig beide zijden daarmee.**

   Het vermogen gedeeld door 9 levert een aandeel van € 500.000 op.

   In deze vergelijking werd het vermogen gedeeld. Los het vraagstuk op door beide zijden te vermenigvuldigen met 9. Het tegenovergestelde van delen is vermenigvuldigen, dus vermenigvuldiging maakt ongedaan wat deling deed.

   $9(\frac{f}{9}) = 500.000 \cdot 9$

2. **Vereenvoudig aan beide zijden van het gelijkteken.**

   $\not{9}(\frac{f}{\not{9}}) = 4.500.000$

   $f = € 4.500.000$

Haar vermogen bedroeg dus 4,5 miljoen euro. Dat zijn nog eens fortuinlijke katjes.

In het volgende voorbeeld wordt de variabele vermenigvuldigd met 4 en gedeeld door 5. Los de opgave op door te vermenigvuldigen en te delen.

Los op voor a in de vergelijking $\frac{4a}{5} = 12$.

1. **Bepaal waar de variabele door gedeeld wordt.**

   In dit geval wordt zowel de 4 als de a gedeeld door 5.

2. **Vermenigvuldig de waarden aan beide zijden van het gelijkteken.**

   $5(\frac{4a}{5}) = 12(5)$

3. **Vereenvoudig aan beide zijden.**

$5(\frac{4a}{5}) = 12(5)$

$4a = 60$

4. **Bepaal nu waarmee de variabele vermenigvuldigd wordt.**

Het getal 4 is de coëfficiënt waarmee de a vermenigvuldigd wordt.

5. **Deel de waarden aan beide zijden van het gelijkteken.**

$\frac{4a}{4} = \frac{60}{4}$

6. **Vereenvoudig aan beide zijden.**

$\frac{\cancel{4}a}{\cancel{4}} = \frac{60}{4}$

$a = 15$

Oplossen met de inverse

Vermenigvuldigen en delen zijn tegenovergestelde bewerkingen. Vermenigvuldiging wordt ongedaan gemaakt door te delen en omgekeerd, zoals je in de voorgaande paragrafen hebt kunnen zien. Er bestaat echter ook een andere mogelijkheid die soms beter werkt: door gebruik te maken van de *inverse*, oftewel de reciproque, van het getal dat je kwijt wilt raken. Gebruik deze methode als de variabele met een breuk vermenigvuldigd wordt, zoals hier:

$\frac{3x}{19} = 12$

BELANGRIJK

Twee getallen zijn de inverse van elkaar als ze vermenigvuldigd 1 opleveren.

Bekijk de volgende voorbeelden waarin de inverse voorkomt:

- » 5 en $\frac{1}{5}$ zijn inverse waarden van elkaar: $5(\frac{1}{5}) = 1$
- » $\frac{-3}{7}$ en $\frac{-7}{3}$ zijn inverse waarden van elkaar: $(\frac{-3}{7})(\frac{-7}{3}) = 1$
- » De inverse van a is $\frac{1}{a}$
- » De inverse van $\frac{1}{b}$ is b

Vergelijkingen oplossen in zo min mogelijk stappen heeft vaak de voorkeur. Daarom kun je ervoor kiezen beide zijden in de uitdrukking $\frac{4a}{5}$, wat staat voor $(\frac{4}{5})a$, te vermenigvuldigen met $\frac{5}{4}$, de inverse van $\frac{4}{5}$.

In de volgende voorbeelden worden beide zijden van de vergelijking telkens vermenigvuldigd met de inverse van de breuk die de variabele vermenigvuldigt.

- » In dit voorbeeld wordt de variabele vermenigvuldigd met $\frac{4}{5}$.

  $\frac{4a}{5} = 12$

  Vermenigvuldig beide zijden met de inverse, $\frac{5}{4}$.

  $\frac{5}{4}(\frac{4a}{5}) = (\frac{5}{4}) \cdot 12$

Vereenvoudig de breuken.

$\frac{5}{4}\left(\frac{4a}{5}\right) = \left(\frac{5}{4}\right) \cdot \cancel{12}\ 3$

$a = 15$

» Los x op uit de vergelijking $\frac{x}{2} = 19$.

$\frac{x}{2}$ is een andere manier om $\left(\frac{1}{2}\right) \cdot x$ te schrijven.

Je kunt dus oplossen door te vermenigvuldigen met de inverse van $\frac{1}{2}$, oftewel met 2.

$\frac{\cancel{2}}{1}\left(\frac{1x}{\cancel{2}}\right) = 19\left(\frac{2}{1}\right)$

$x = 38$

» Los op voor f: $-f = 11$.

Deze vergelijking is makkelijk op te lossen, maar je zou er versteld van staan hoeveel mensen het verkeerde antwoord geven, en dat alleen vanwege dat kleine streepje voor de letter. Bedenk dat f hier vermenigvuldigd wordt met –1. Door de –1 expliciet op te schrijven heb je een vermenigvuldigingsfactor waarmee je de vergelijking kunt oplossen.

Wat is de inverse van –1? Dat is –1.

$-f = 11$

$(-1)(-1f) = 11(-1)$

$f = -11$

Hier volgt nog een voorbeeld waarin je de inverse van een breuk gebruikt, al ziet dat er op het eerste gezicht niet zo uit.

Los op voor x: $0{,}7x = 42$.

Je kunt deze vergelijking oplossen door beide zijden te delen door 0,7, maar let daarbij op dat je de decimaalkomma op de juiste plek zet.

$0{,}7x = 42$

$\frac{0{,}7}{0{,}7}x = \frac{42}{0{,}7}$

$x = 60$

Een andere aanpak om deze vergelijking op te lossen is door het decimale getal als breuk te schrijven en dan te vermenigvuldigen met zijn inverse.

Om dat in dit voorbeeld te doen, vervang je het decimale getal door een breuk door 0,7 te schrijven als $\frac{7}{10}$. De inverse van $\frac{7}{10}$ is $\frac{10}{7}$.

$\frac{7}{10}x = 42$

$\frac{\cancel{10}}{\cancel{7}}\left(\frac{\cancel{7}}{\cancel{10}}\right)x = 42\left(\frac{10}{7}\right)$

$$x = \frac{420}{7}$$

$$x = 60$$

Vergelijkingen opstellen

Vergelijkingen oplossen kan heel leuk zijn, vooral als ze een doel hebben, zoals het beantwoorden van een vraag of het oplossen van een probleem uit de realiteit. Deze paragraaf leert je hoe je een vergelijking opschrijft naar aanleiding van een vraag of een probleem dat je tegenkomt. Dat is precies de reden waarom de algebra ontwikkeld werd, om vragen te beantwoorden en problemen op te lossen. Daarna bespreek ik of het antwoord zinvol is of niet, de realiteitstest!

Een in woorden opgeschreven vraagstuk omzetten in een wiskundige vergelijking is net als het vertalen van de ene taal naar de andere. En de taal der wiskunde heeft oplossingen! Je moet een variabele kiezen die een getal voorstelt in het probleem, bijvoorbeeld het aantal katten, het aantal knikkers enzovoort. Bewerkingen zoals optellen, aftrekken, vermenigvuldigen en delen vervangen woorden als *meer dan, minder dan, keer zo veel* enzovoort. In hoofdstuk 1 vind je een compleet overzicht van het gebruik van deze bewerkingen.

De volgende eenvoudige zin kan gemakkelijk vertaald worden in een wiskundige bewering: *Hugo heeft negentien boeken en dat is drie meer dan twee keer het aantal boeken van Peter.* De belangrijke woorden en uitdrukkingen zijn *negentien* en *drie meer dan twee keer.* Stel dat x het aantal boeken van Peter voorstelt. Het werkwoord *is* wordt het gelijkteken (=). *Drie meer dan* wordt 3 + en *twee keer* wordt $2x$, omdat het om 2 keer het aantal boeken gaat. De wiskundige vergelijking luidt dus $19 = 3 + 2x$.

Dat was niet zo moeilijk, of wel?

Een doel vinden

Het volgende voorbeeld laat het doel (de vraag of het probleem dat opgelost wordt door de vergelijking) en de realiteitstest (of het antwoord lijkt te kloppen) van een vergelijking zien.

Een bekende rockgroep genaamd *Aftermath* verkocht 130.000 exemplaren van hun laatste cd. De prijs van deze cd bedraagt € 16. Het doel van de vergelijking is antwoord te geven op de vraag: 'Hoe groot zijn de totale inkomsten uit de verkoop van de cd's?'

Hoe pak je dit aan? Hoe los je dit probleem op?

Stel dat x de totale inkomsten voorstelt, dan kun je op verschillende manieren een vergelijking opstellen waarin je verder de getallen 130.000 en 16 gebruikt. Bepaal welke beschrijving de juiste interpretatie van de situatie is, dat wil zeggen, bepaal welk van de mogelijkheden het probleem oplost.

» **Mogelijkheid 1.** De prijs per stuk maal de totale inkomsten is gelijk aan het aantal exemplaren:

$16 \cdot x = 130.000$

» **Mogelijkheid 2.** De totale inkomsten gedeeld door de prijs per stuk is gelijk aan het aantal verkochte exemplaren:

$\frac{x}{16} = 130.000$

» **Mogelijkheid 3.** Het aantal verkochte exemplaren gedeeld door de totale inkomsten is gelijk aan de prijs per stuk:

$\frac{130.000}{x} = 16$

» **Mogelijkheid 4.** De totale inkomsten gedeeld door het aantal exemplaren is gelijk aan de prijs per stuk:

$\frac{x}{130.000} = 16$

Je weet dat de prijs van een artikel vermenigvuldigd met het aantal verkochte exemplaren je leert hoeveel geld je verdient. Je weet daarom dat zowel mogelijkheid 2 als mogelijkheid 4 klopt, omdat hierin het verkochte aantal vermenigvuldigd wordt met de prijs per stuk.

In mogelijkheid 2 worden de totale inkomsten gedeeld door de prijs per stuk en is het antwoord dus het aantal verkochte cd's. Vermenigvuldig 16 met 130.000 om de totale inkomsten te vinden.

$\frac{x}{16} = 130.000$

$16 \cdot \frac{x}{16} = 130.000 \cdot 16$

$x = 2.080.000$

In mogelijkheid 4 worden de totale inkomsten gedeeld door het aantal verkochte cd's en het antwoord is dus de prijs per cd. Vermenigvuldig 130.000 met 16 om de totale inkomsten te vinden.

$\frac{x}{130.000} = 16$

$130.000 \cdot \frac{x}{130.000} = 16 \cdot 130.000$

$x = 2.080.000$

De totale inkomsten bedragen dus meer dan twee miljoen euro.

De realiteitstest

Laten we dat laatste voorbeeld maar niet aan de realiteit testen: het is namelijk niet zo makkelijk zo veel geld te verdienen. Het volgende voorbeeld laat echter goed zien hoe een realiteitstest je een hoop ellende kan besparen.

Het aantal deelnemers aan een zomers voetbalkamp bedraagt 330; dat zijn er 11 van elke club. Je bent certificaten aan het maken om aan ieder van de aanvoerders uit te delen als bewijs dat hun team heeft meegedaan. Je hebt dus een vergelijking nodig die antwoord geeft op de vraag hoeveel clubs er meedoen.

Ik zal je te laten zien dat een realiteitstest je kan behoeden van het maken van grote fouten: doe even net alsof je er niet over nagedacht hebt en je het probleem wilt oplossen met de volgende vergelijking.

Stel dat de letter *c* het aantal voetbalclubs weergeeft.

$$\frac{c}{11} = 330$$

Je hebt de variabele en de twee getallen uit het probleem gebruikt. Maakt het uit wat je waar plaatst in de vergelijking? Zou deze vergelijking je een redelijk antwoord geven?

Vermenigvuldig beide zijden met 11 om op te lossen voor *c*.

$$11 \cdot \frac{c}{11} = 330 \cdot 11$$

$$\cancel{11} \cdot \frac{c}{\cancel{11}} = 330 \cdot 11$$

$$c = 3630 \text{ clubs}$$

Hè, dat kan toch niet juist zijn?

Voer nu een realiteitstest uit. Is dit een zinvol antwoord? Het antwoord voldoet dan wel aan de vergelijking, maar als het geen zinvol antwoord is, kan de vergelijking ook fout zijn.

Je antwoord luidt 3630 clubs. Je zult 3630 certificaten moeten maken. Je realiseert je dat er iets mis is, want er doen maar 330 spelers mee. Het kan niet anders of je hebt een fout gemaakt.

Een snelle blik op de vergelijking laat zien wat er aan de hand is. Er had moeten staan:

11 spelers per club maal het aantal clubs = het totaal aantal spelers

$$11c = 330$$

Los dit nu op.

$$11c = 330$$

Deel beide zijden door 11.

$$\frac{11}{11} c = \frac{330}{11}$$

$$\frac{\cancel{11}}{\cancel{11}} c = \frac{330}{11}$$

$$c = 30 \text{ clubs}$$

Dat lijkt er meer op.

Je kunt een vergelijking dan wel op de juiste manier oplossen, dat wil nog niet zeggen dat je de juiste vergelijking hebt opgesteld. Zorg ervoor dat het antwoord dat je geeft zinvol is.

IN DIT HOOFDSTUK

- Een vergelijking vereenvoudigen en oplossen
- Getallen en bewerkingen in haakjes binnen haakjes
- Het tegengestelde van een getal optellen
- Weten wanneer je moet optellen, delen of haakjes wegwerken
- Breuken die eigenlijk verhoudingen zijn

Hoofdstuk 13

Lineaire vergelijkingen oplossen

Dit hoofdstuk behandelt de meest gebruikte methoden om lineaire vergelijkingen op te lossen, zoals optellen en aftrekken aan beide zijden van een vergelijking; maar daarbij moeten de zaken natuurlijk wel in evenwicht blijven.

BELANGRIJK

Lineair betekent dat de hoogste macht van een van de termen in de vergelijking één is. Hogere machten en/of wortels van variabelen kom je in lineaire vergelijkingen niet tegen.

Dit hoofdstuk behandelt het groeperen van termen binnen (meerdere) haakjes en het wegwerken van haakjes in een vergelijking. En een hoofdstuk over lineaire vergelijkingen zou niet compleet zijn zonder een paragraaf over breuken. Wat wil je nog meer?

Vergelijkingen in evenwicht houden

Beschouw een vergelijking als een wip in de speeltuin: je begint met Jantje aan de ene kant en Pietje aan de andere kant, zodat de wip mooi in evenwicht is. Maar als je Marietje bij Jantje op de wip zet, kun je Sophietje maar beter bij Pietje zetten als je de wip in evenwicht wilt houden (als Marietje en Sophietje tenminste even zwaar zijn). Maar als je Sophietje weer van de wip afhaalt, vergeet dan niet Marietje er ook vanaf te pakken.

Hetzelfde principe geldt voor vergelijkingen; zorg ervoor dat ze altijd in evenwicht blijven, oftewel *waar* blijven, door aan beide zijden exact dezelfde bewerkingen uit te voeren.

Een vergelijking is waar wanneer na het uitvoeren van de aangegeven bewerkingen, beide zijden uitkomen op dezelfde waarde, zelfs als er links van het gelijkteken drie termen staan en rechts slechts twee. Bekijk de vergelijking $1 + 2 + 3 + 4 = 5 + 5$. Beide zijden zijn gelijk aan 10, zelfs al staan er vier termen aan de linkerkant en slechts twee aan de rechterkant.

Wat je ook doet om een vergelijking op te lossen, zorg ervoor dat het evenwicht behouden blijft. Een vergelijking blijft in evenwicht zolang je aan beide zijden hetzelfde optelt of aftrekt, met hetzelfde vermenigvuldigt of door hetzelfde deelt. Elke bewerking die je op getallen kunt uitvoeren, kun je ook uitvoeren op elk van de zijden van een vergelijking, die zo in evenwicht blijft.

Speel het spel volgens de regels

Als je vergelijkingen met meer dan drie termen oplost, is de grote vraag: 'Wat zal ik eerst doen?'

In feite kun je bewerkingen in elke gewenste volgorde uitvoeren, zolang de vergelijking maar in evenwicht blijft. De volgende lijst leert je echter wat de beste volgorde is om vergelijkingen op te lossen.

De basismethode om vergelijkingen op te lossen is door de volgorde van bewerkingen achterstevoren te gebruiken. De volgorde van bewerkingen (zie de Spiekbrief en hoofdstuk 5) is machten en wortels eerst, dan vermenigvuldigen en delen en ten slotte optellen en aftrekken.

TIP

Wat binnen haakjes staat gaat natuurlijk weer voor. Voer eerst de bewerkingen uit die nodig zijn om de haakjes weg te werken.

BELANGRIJK

De *omgekeerde* volgorde van bewerkingen is dus:

1. **Optellen en aftrekken.** Dat wil zeggen alle gelijksoortige termen combineren, of ze nu aan dezelfde kant van het gelijkteken staan of ieder aan een andere kant.
2. **Vermenigvuldigen en delen.** Dit is meestal de stap die de variabele isoleert en de waarde van de variabele oplost.
3. **Machtsverheffen en worteltrekken.** Machten en wortels kom je in lineaire vergelijkingen niet tegen. Ze komen bij kwadratische en hogere orde vergelijkingen aan bod. Maar in de omgekeerde volgorde van bewerkingen zouden ze nu aan de beurt zijn.

Bij het oplossen van een lineaire vergelijking is het de bedoeling de variabele waarvan je de waarde probeert vast te stellen, te isoleren. Isoleren, oftewel de variabele helemaal alleen aan één kant van de vergelijking krijgen, kun je in één of meerdere stappen voor elkaar krijgen. Maar het moet wel volgens de regels gebeuren; je kunt dingen niet zomaar heen en weer schuiven.

Vereenvoudigen om het simpel te houden

BELANGRIJK

Om lineaire vergelijkingen op te lossen moet je alle variabelen aan de ene kant van het gelijkteken krijgen en de getallen aan de andere kant. Vervolgens vermenigvuldig je met, of deel je door, de coëfficiënt voor de variabele om deze laatste op te lossen.

» **Doelstelling 1.** Zorg ervoor dat alle variabelen aan de ene kant van het gelijkteken komen te staan en de getallen aan de andere kant.

Om alle variabelen aan de ene kant van het gelijkteken te krijgen en de getallen aan de andere kant, moet je eerst *vereenvoudigen*. Vereenvoudigen betekent eenvoudigweg dat je alle termen aan dezelfde kant van het gelijkteken die gecombineerd kunnen worden ook daadwerkelijk combineert, zodat de vergelijking in de meest begrijpelijke vorm komt te staan. Bijvoorbeeld:

$2(3x - 2x + 7) = 30$

We zullen deze opgave eerst vereenvoudigen voordat we gaan oplossen. Daarvoor kun je gelijksoortige termen *aan dezelfde kant van het gelijkteken* optellen, aftrekken, vermenigvuldigen en/of delen.

$3x$ en $2x$ zijn twee gelijksoortige termen aan dezelfde kant van het gelijkteken, waarbij er een minteken voor de $2x$ staat. Vereenvoudig door $2x$ af te trekken van $3x$ waardoor je x overhoudt.

$2(x + 7) = 30$

Je kunt nu verder vereenvoudigen door de haakjes *aan dezelfde kant van het gelijkteken* weg te werken, waarbij je de 2 vermenigvuldigt met de x en met de 7.

$2x + 14 = 30$

Je kunt nu niet verder vereenvoudigen, maar je kunt wel van *beide* zijden van de vergelijking 14 aftrekken om zo de op te lossen variabele te isoleren.

$2x + 14 - 14 = 30 - 14$

$2x = 16$

» **Doelstelling 2.** Vermenigvuldig of deel de vermenigvuldigingsfactor voor de variabele weg zodat je ervoor kunt oplossen of deze kunt isoleren.

Om aan doelstelling 2 te voldoen, deel je beide zijden van de vergelijking door 2.

$\frac{2x}{2} = \frac{16}{2}$

$x = 8$

Check je antwoord door 8 in te vullen voor x in de oorspronkelijke vergelijking om zo te zien of het een goede oplossing is.

$2[3(8) - 2(8) + 7] = 30$

$2[24 - 16 + 7] = 30$

$2[15] = 30$

$30 = 30$

Haakjes binnen haakjes

Wanneer een variabele of een getal vermenigvuldigd moet worden met alle waarden binnen haakjes, vierkante haakjes, accolades of een combinatie daarvan, dan maak je gebruik van de distributieve eigenschap om de haakjes weg te werken. Dit betekent dat je het getal of de variabele buiten de haakjes vermenigvuldigt met elk van de waarden binnen de haakjes. (Haakjes wegwerken wordt behandeld in hoofdstuk 8 en verderop in dit hoofdstuk.) Om ingewikkelde uitdrukkingen weer te geven kunnen haakjes ook binnen elkaar gebruikt worden. Hier volgen enkele uitdrukkingen als voorbeeld.

$$\{3x - [4 + (2x - 1)] \cdot 5\}$$

$$(4xy\{3 + 5x[2(x^2 + 11) - 5] + (x^2 + 1)\} - 2)$$

Om de uitdrukking duidelijker te maken worden er verschillende soorten haakjes gebruikt. Wanneer er haakjes binnen haakjes gebruikt worden, gelden de volgende afspraken:

BELANGRIJK

1. **Wanneer je haakjes binnen haakjes gebruikt, moet elk openingshaakje, zoals een linkerhaakje (, vierkant haakje [, of accolade {, een sluithaakje hebben, een rechterhaakje), vierkant haakje], of accolade }.**
2. **Bij het vereenvoudigen van uitdrukkingen met haakjes binnen haakjes, werk je van binnen naar buiten.** De binnenste uitdrukking heeft geen haakjes meer binnen zich. Vereenvoudig eerst die uitdrukking of werk de haakjes weg door te vermenigvuldigen. Nu kun je de binnenste haakjes laten vervallen en kun je verder met de op één na binnenste haakjes.

BELANGRIJK

Werk van de binnenste haakjes naar de buitenste haakjes. Als er geen haakjes gebruikt worden, volg dan de volgorde van bewerkingen (zie hoofdstuk 5 en de Spiekbrief voor in dit boek).

Los in de volgende vergelijkingen op voor *x* om een idee te krijgen van het werken met haakjes.

1. **Zoek de uitdrukking binnen haakjes waarbinnen geen andere haakjes voorkomen en werk die binnenste haakjes weg.**

   $6[2 - 3(x - 4)] = 5[2(x + 1) - 2]$

   Zowel de $(x - 4)$ als de $(x + 1)$ voldoen aan de beschrijving.

Voor elk van de uitdrukkingen binnen de haakjes staat een getal, dus vermenigvuldig je met dat getal om de haakjes weg te werken.

$6[2 - 3x + 12] = 5[2x + 2 - 2]$

2. **Vereenvoudig de resulterende termen.**

Vereenvoudig binnen de vierkante haakjes door de bewerkingen uit te voeren.

$6[14 - 3x] = 5[2x]$

3. **Zoek andere uitdrukkingen binnen haakjes, werk de haakjes weg en vereenvoudig.**

Voor de twee paar vierkante haakjes staat een getal, dus vermenigvuldig je dat met de termen binnen de haakjes om die weg te werken.

$84 - 18x = 10x$

Tel aan beide zijden dezelfde term op.

$84 - 18x + 18x = 10x + 18x$

$84 = 28x$

4. **Los de vergelijking op.**

Deel links en rechts door hetzelfde getal.

$\frac{84}{28} = \frac{28x}{28}$

$x = 3$

Probeer zelf het volgende voorbeeld met haakjes uit te werken. Check je resultaat vervolgens met de stappen die hierna beschreven staan om zo wat praktijkervaring op te doen.

1. **Zoek de uitdrukking binnen haakjes waarbinnen geen andere haakjes voorkomen en werk die binnenste haakjes weg.**

$5\{[3(5 - x) + 2] - 10\} = 6x + 7[2(x - 1) + 12]$

Zowel links als rechts van het gelijkteken zijn haakjes binnen haakjes te vinden. Werk de binnenste haakjes weg door het getal ervoor te vermenigvuldigen met beide termen binnen de haakjes.

$5\{[15 - 3x + 2] - 10\} = 6x + 7[2x - 2 + 12]$

2. **Vereenvoudig de resulterende termen.**

$5\{[17 - 3x] - 10\} = 6x + 7[2x + 10]$

3. **Zoek andere uitdrukkingen binnen haakjes zonder haakjes daarbinnen, werk de haakjes weg en vereenvoudig.**

Aan de linkerkant kun je de binnenste haakjes gewoon weglaten omdat er geen vermenigvuldigingsfactor voor staat. Aan de rechterkant moet je de termen binnen de haakjes vermenigvuldigen met 7.

$5\{17 - 3x - 10\} = 6x + 14x + 70$

$5\{7 - 3x\} = 20x + 70$

$35 - 15x = 20x + 70$

4. Los de vergelijking op.

Tel links en rechts $15x$ op.

$35 - 15x + 15x = 20x + 15x + 70$

$35 = 35x + 70$

Tel links en rechts -70 op.

$35 - 70 = 35x + 70 - 70$

$-35 = 35x$

Deel links en rechts door 35.

$\frac{-35}{35} = \frac{35x}{35}$

$x = -1$

Evenwicht bewaren door op te tellen

Wanneer er een of meer termen inclusief de variabele aan één kant van het gelijkteken staan, kun je optellen om de vergelijking op te lossen. Het is logisch dat je moet optellen of aftrekken, want de verschillende termen zijn van elkaar gescheiden door een plus- of een minteken.

De vergelijking $x - 3 = 8$ heeft bijvoorbeeld drie termen, twee aan de linkerzijde en één aan de rechterzijde. Er zijn een heleboel waarden die je links en rechts zou kunnen optellen of aftrekken, maar de beste keuze is om links en rechts 3, het tegengestelde van -3, op te tellen.

Het getal 3 optellen is de handigste keuze, omdat een getal optellen bij zijn tegengestelde altijd 0 oplevert, zodat je aan de ene kant van de vergelijking alleen nog maar de variabele overhoudt. Dat is precies wat je wilt bereiken, de variabele helemaal alleen overhouden aan één kant van het gelijkteken.

$x - 3 = 8$

$x - 3 + 3 = 8 + 3$

$x = 11$

De relatie is nog steeds waarheidsgetrouw omdat de vergelijking in evenwicht is gebleven. En nu kun je het antwoord direct aflezen.

Het volgende voorbeeld laat zien waneer en hoe je moet optellen of aftrekken om een vergelijking op te lossen.

» Stel dat je dubbeltjes verzamelt. Je hebt vanavond 7 dubbeltjes meer dan toen je vanochtend van huis ging. Als je nu 11 dubbeltjes hebt, hoeveel had je er dan vanochtend?

Het is handig het aantal dubbeltjes dat je vanochtend had x te noemen (onthoud dat een variabele altijd een getal voorstelt), omdat dat de waarde is waarvoor je probeert op te lossen. Nadat je de vergelijking hebt opgelost, kun je het antwoord direct aflezen.

Dubbeltjes vanochtend + 7 dubbeltjes = dubbeltjes nu

$x + 7 = 11$

Het tegengestelde van +7 aan iedere kant optellen is hetzelfde als aan iedere kant 7 aftrekken.

$x + 7 - 7 = 11 - 7$

$x = 4$

Het antwoord is $x = 4$. De variabele x stelt de 4 dubbeltjes voor die je vanochtend had.

» Werk het volgende voorbeeld uit en los op voor x, zodat je ziet hoe je aan een negatieve uitkomst kunt komen.

$x + 11 = 4$

$x + 11 - 11 = 4 - 11$

$x = -7$

Ja, de uitkomst *kan* ook *negatief* zijn. Dat geldt niet voor dreumesen op de wip, maar wel voor de wiskunde.

Eerst optellen of eerst delen

Zoals met vele dingen in het leven kun je vergelijkingen ook op verschillende manieren oplossen: de gemakkelijke manier, de moeilijke manier of de lelijke rechttoe rechtaan manier. Soms kun je niet voorkomen dat het lelijk wordt, maar zolang je maar aan beide kanten van het gelijkteken hetzelfde doet, blijft de vergelijking in evenwicht. Je hoeft deze methoden ook niet per se in een bepaalde volgorde uit te voeren; sommige volgorden zijn alleen handiger dan andere.

» Stel dat je voor deze ene keer besluit eerst te delen en dan pas op te tellen om de vergelijking $4x + 51 = 83$ op te lossen.

Deel links en rechts door 4.

$\frac{4x}{4} + \frac{51}{4} = \frac{83}{4}$

Nu moet je links en rechts breuken gaan optellen en dan moet je vereenvoudigen. Dat is allemaal niet zo erg, maar de breuken zijn eigenlijk onnodig. Voorkom het gebruik van breuken als dat niet nodig is.

Eerst haakjes wegwerken of eerst delen

Vermenigvuldigen en zo haakjes wegwerken kan soms veel handiger zijn dan eerst delen, zoals het volgende voorbeeld laat zien.

Ik deed laatst mee aan een viswedstrijd (ja, die dingen heb je en sommige mensen doen daar heel serieus over!) en zo kwam ik op het volgende voorbeeld:

4 van mijn vrienden vingen elk 8 vissen meer dan ik. (Hadden ze beter aas?) Maar dat was nog niks vergeleken met de winnaar, een kerel uit het noorden, die er 6 keer zo veel als ik ving. Als de winnaar 2 gevangen vissen weg zou gooien, zou dat nog steeds gelijk zijn aan het totaal aantal vissen van mijn 4 vrienden. Dus hoeveel vissen heb ik nu eigenlijk gevangen? En hoeveel vingen mijn vrienden er?

Laat x het aantal vissen voorstellen dat ik ving.

$x + 8$: elk van mijn vrienden ving er 8 meer dan ik.

$4(x + 8)$: omdat er 4 vrienden waren.

$6x$: de winnaar ving er 6 keer zo veel als ik.

$6x - 2$: verminder het aantal van de winnaar met 2.

4 vrienden = Winnaar − 2

$4(x + 8) = 6x - 2$

Er zijn twee manieren om dit probleem aan te pakken:

1. **Je zou beide zijden door 4 kunnen delen om van de vermenigvuldigingsfactor af te komen.**
2. **Je zou links de haakjes weg kunnen werken en zo breuken kunnen voorkomen.**

Ik zal je stap voor stap beide methoden laten zien, zodat je zelf kunt bepalen wat in dit geval handiger is.

1. **Deel links en rechts door 4.**

   Dit wordt nu al een rommeltje met al die breuken.

   $\frac{4(x+8)}{4} =$

2. **Deel elk van de termen door 4.**

   $\frac{4(x+8)}{4} = \frac{6x}{4} - \frac{2}{4}$

3. **Vereenvoudig.**

   $x + 8 = \frac{6x}{4} - \frac{2}{4} = \frac{3}{2}x - \frac{1}{2}$

4. **Tel aan elke kant −8 op.**

   $x + 8 - 8 = \frac{3}{2}x - \frac{1}{2} - 8$

   $x = \frac{3}{2}x - 8\frac{1}{2}$

5. **Tel aan elke kant $-\frac{3}{2}x$ op.**

   $x - \frac{3}{2}x = \frac{3}{2}x - \frac{3}{2}x - 8\frac{1}{2}$

   $x - \frac{3}{2}x = -8\frac{1}{2}$

6. **Vereenvoudig.**

$-\frac{1}{2}x = -8\frac{1}{2}$

7. **Vermenigvuldig links en rechts met -2.**

$(-2)\left(-\frac{1}{2}x\right) = \left(-8\frac{1}{2}\right)(-2)$

BELANGRIJK

Wanneer je gemengde getallen vermenigvuldigt, moet je ze eerst schrijven als onechte breuken. Zo wordt $8\frac{1}{2}$ bijvoorbeeld $\frac{17}{2}$. (Zie hoofdstuk 3 voor meer informatie over breuken).

$(-2)\left(\frac{-1}{2}x\right) = \left(-\frac{17}{2}\right)(-2)$

$x = 17$

Ik ving dus 17 vissen.

Ieder van mijn vrienden ving 17 + 8, oftewel 25 vissen.

De winnaar ving 6 × 17, oftewel 102 vissen.

Oké, voor de eerste methode hadden we dus zeven stappen nodig om tot het antwoord te komen en moesten we een hoop breuken uitwerken. Als we ervoor kiezen eerst de haakjes weg te werken, wordt de opgave een stuk aangenamer. We beginnen weer met $4(x + 8) = 6x - 2$.

1. **Werk de haakjes weg door 4 te vermenigvuldigen met elk van de termen binnen de haakjes.**

$4x + 32 = 6x - 2$

2. **Tel bij elke kant -4*x* op.**

$4x - 4x + 32 = 6x - 4x - 2$

$32 = 2x - 2$

3. **Tel bij elke kant 2 op.**

$32 + 2 = 2x - 2 + 2$

$34 = 2x$

4. **Deel links en rechts door 2.**

$\frac{34}{2} = \frac{2x}{2}$

$x = 17$

Vier korte stappen en je bent er al! Deze methode is veel handiger. Ik weet niet wat jij ervan vindt, maar ik werk liever niet met al die breuken als dat niet nodig is.

PAS OP

Wees zorgvuldig met mintekens wanneer je haakjes wegwerkt. Je raakt gemakkelijk een minteken kwijt of zet het op de verkeerde plek neer; schrijf ze dus zorgvuldig op.

» Los op voor *x* in de vergelijking $5 - 2(x - 3) = 4x - 7$.

Werk de haakjes aan de linkerkant weg door alles binnen de haakjes met –2 te vermenigvuldigen.

$5 - 2x + 6 = 4x - 7$

Vereenvoudig de termen aan de linkerkant.

$-2x + 11 = 4x - 7$

Tel eerst $-4x$ op bij elke kant en dan –11.

$-2x - 4x + 11 - 11 = 4x - 4x - 7 - 11$

$-6x = -18$

$-\frac{6x}{6} = -\frac{18}{6}$

$x = 3$

Check nu de uitkomst.

$5 - 2(x - 3) = 4x - 7$

Als $x = 3$, dan geldt er

$5 - 2(3 - 3) = 4(3) - 7$

$5 - 0 = 12 - 7$

Lijkt me in orde!

Breuken in evenwicht houden

Breuken duiken overal op. Sommige mensen worden al wit als ze eraan denken; andere zien ze juist als uitdaging. En er zijn mensen die er echt van houden. Deze paragraaf laat je een aantal praktische manieren zien om met breuken om te gaan, want ze horen er nu eenmaal gewoon bij, net als lineaire vergelijkingen.

Kruislings vermenigvuldigen

Een verhouding bestaat uit twee breuken die gelijk zijn aan elkaar. Een verhouding kan geschreven worden als een vergelijking met dubbele punten, $3:4 = 6:8$, of als een vergelijking met breuken, $\frac{3}{4} = \frac{6}{8}$. Het vergelijken van maten en hoeveelheden komt veel voor in de wiskunde en ook in het dagelijkse leven. Als er op elke 4 mannen 9 vrouwen aanwezig zijn, kunnen er allerlei sociale problemen ontstaan.

BELANGRIJK

Een *verhouding* is het verband tussen een paar getallen, *a* en *b*, en een ander paar getallen, *c* en *d*, zodat je dezelfde uitkomst vindt wanneer je ze op elkaar deelt (*a* gedeeld door *b* en *c* gedeeld door *d*, $\frac{a}{b} = \frac{c}{d}$). De teller van de ene breuk vermenigvuldigen met de noemer van de andere breuk en omgekeerd, heet *kruislings vermenigvuldigen*. Als kruislings vermenigvuldigen twee gelijkwaardige termen oplevert ($a \cdot d = b \cdot c$), dan heb je een correcte verhouding, wat wil zeggen dat de twee breuken gelijkwaardig zijn.

Kruislings vermenigvuldigen van enkele gelijkwaardige breuken toont dit aan:

$\frac{1}{2} = \frac{3}{6}$	=	$1 \cdot 6 = 3 \cdot 2$	=	$6 = 6$
$\frac{3}{4} = \frac{9}{12}$	=	$3 \cdot 12 = 9 \cdot 4$	=	$36 = 36$
$\frac{8}{10} = \frac{12}{15}$	=	$8 \cdot 15 = 12 \cdot 10$	=	$120 = 120$

Je ziet dat er aan het einde slechts één term staat aan elke kant van het gelijkteken. Een verhouding mag maar één term hebben aan elke kant van het gelijkteken. Kijk naar de volgende voorbeelden om te zien hoe je verhoudingen kunt gebruiken om vergelijkingen op te lossen.

» Los op voor x als er geldt $\frac{x}{8} = \frac{5}{20}$.

$x \cdot 20 = 8 \cdot 5 = 40$

Deel links en rechts door 20.

$x \cdot \frac{\cancel{20}}{\cancel{20}} = \frac{40}{20}$

$x = 2$

De verhouding is:

$\frac{2}{8} = \frac{5}{20}$

» Het recept voor chocoladekoekjes zegt dat je 2¼ kopje bloem en 2 eieren nodig hebt. Je wilt echter alle 12 de eieren in je koelkast gebruiken. Hoeveel bloem heb je dan nodig (aannemende dat je van alle andere ingrediënten ook genoeg hebt)?

De verhouding is $\frac{2\frac{1}{4}\ \textit{kopjes bloem}}{2\ \textit{eieren}} = \frac{x\ \textit{kopjes bloem}}{12\ \textit{eieren}}$

TIP

Er zijn verschillende manieren om deze verhoudingen, of een gelijkwaardige, te schrijven. Je kunt het antwoord bijvoorbeeld ook zo vinden:

$$\frac{2\frac{1}{4}\ \textit{kopjes bloem}}{x\ \textit{kopjes bloem}} = \frac{2\ \textit{eieren}}{12\ \textit{eieren}}$$

$$\frac{12\ \textit{eieren}}{2\ \textit{eieren}} = \frac{x\ \textit{kopjes bloem}}{2\frac{1}{4}\ \textit{kopjes bloem}}$$

In al deze gevallen levert kruislings vermenigvuldigen je dezelfde 2 producten op.

Terug naar het koekjesprobleem. De verhouding is:

$$\frac{2\frac{1}{4}}{2} = \frac{x}{12}$$

$$2\frac{1}{4} \cdot 12 = 2 \cdot x$$

$$\frac{9}{4} \cdot 12 = 2x$$

Het gemengde getal is vervangen door een onechte breuk.

$27 = 2x$

$x = \frac{27}{2} = 13\frac{1}{2}$ kopjes bloem

Dat worden een hoop koekjes!

Breuken vervangen door verhoudingen

Werken met verhoudingen is relatief gemakkelijk. Door tellers en noemers kruislings te vermenigvuldigen is het een makkie. Andere vergelijkingen waarin breuken voorkomen zijn soms pas echt een uitdaging, wat natuurlijk niet wil zeggen dat we die niet aan zouden kunnen!

$\frac{x}{3} = \frac{8}{45}$ is een verhouding.

$\frac{x}{3} + \frac{4}{5} = \frac{8}{45}$ is *geen* verhouding.

Maar je kunt er wel een verhouding van *maken*. Want verhoudingen zijn zo handig om mee te werken en bovendien gaat dat volgens een methode die je al kent.

» Om de volgende vergelijking te schrijven als een verhouding moet je ervoor zorgen dat er slechts één breuk staat aan de linkerkant en niet 2. Als je niet meer weet hoe je breuken bij elkaar optelt, blader dan even terug naar hoofdstuk 3.

$\frac{x}{3} + \frac{4}{5} = \frac{8}{45}$

Om de breuken aan de linkerkant op te tellen moet je de gemeenschappelijke noemer van de twee breuken vinden en die is in dit geval 15.

Creëer gelijknamige breuken met 15 in de noemer.

$\frac{5 \cdot x}{5 \cdot 3} + \frac{3 \cdot 4}{3 \cdot 5} = \frac{8}{45}$

$\frac{5x}{15} + \frac{12}{15} = \frac{8}{45}$

Tel de breuken bij elkaar op.

$\frac{(5x + 12)}{15} = \frac{8}{45}$

Nu heb je een verhouding en kun je kruislings vermenigvuldigen om de breuk kwijt te raken.

$(5x + 12) \cdot 45 = 15 \cdot 8$

Werk de haakjes weg door de 45 uit te vermenigvuldigen en werk de rechterzijde uit. Je kunt ook eerst links en rechts door 15 delen als je dat handiger vindt. Aan jou de keuze.

$225x + 540 = 120$

Trek links en rechts 540 af.

$225x + 540 - 540 = 120 - 540$

$225x = -420$

Deel beide zijden door 225 en vereenvoudig de breuk in het rechterlid.

$\frac{225x}{225} = \frac{-420}{225}$

$x = \frac{-28}{15}$

Aan het begin van deze opgave had je ook de term zonder variabele naar de andere kant kunnen brengen, maar dat is een kwestie van persoonlijke voorkeur. Het resultaat is in ieder geval hetzelfde.

Breuken laten staan

Breuken zijn misschien niet je meest favoriete beestjes in deze wereld, maar je hoeft ook weer niet op je kop te gaan staan om ze te vermijden. Soms is hun aanwezigheid gewoon niet te voorkomen. Deze paragraaf leert je enkele *tactieken* om ze werkbaar te houden en de opgave tot een goed einde te brengen. De twee beste strategieën zijn:

1. **Vermenigvuldig beide zijden van het gelijkteken met een getal zodat je de noemers van de breuken kwijtraakt.**
2. **Combineer alle breuken aan elke kant apart om zo een verhouding te creëren.**

Het volgende voorbeeld is goed voor beginners. Gebruik breuken om de opgave op te lossen.

Als Ingrid het huis kan schoonmaken in 6 uur, Bas in 12 uur en Karin in 15 uur, hoe lang duurt het dan om het huis schoon te maken als ze alledrie meehelpen (waarbij geen van hen zijn plicht verzaakt)?

De vergelijking en de breuken die ik zou gebruiken zijn:

$$\frac{x}{6} + \frac{x}{12} + \frac{x}{15} = 1$$

Als x het aantal uur is dat ze samen nodig hebben om het huis schoon te maken, dan geeft $\frac{x}{6}$ het $\frac{1}{6}$ deel van het karwei in 1 uur weer (snelheid van Ingrid), $\frac{x}{12}$ het $\frac{1}{12}$ deel van het karwei in 1 uur (snelheid van Bas) en $\frac{x}{15}$ het $\frac{1}{15}$ deel van het karwei in 1 uur (snelheid van Karin). De som van de 'delen' die elk van hen doet, is wat ze in 1 uur af krijgen.

Snelheid Ingrid= $\frac{x}{6}$

Snelheid Bas= $\frac{x}{12}$

Snelheid Karin= $\frac{x}{15}$

Je zou je kunnen proberen dit op te lossen via verhoudingen en wat we hier feitelijk doen, lijkt daar wel op, maar een andere strategie is om een gemeenschappelijke noemer te vinden voor de drie breuken aan de linkerkant *en* het getal aan de rechterkant. Dan kun je beide zijden van de vergelijking vermenigvuldigen met die gemeenschappelijke noemer en zo in één keer alle breuken kwijtraken.

De gemeenschappelijke noemer voor de breuken met 6, 12 en 15 in de noemer is 60. Hoe ik hier zo snel op kom? Eén manier is gewoon goed raden. Een andere manier is de priemfactoren van de getallen op te schrijven en hun kleinste gemeenschappelijke veelvoud te bepalen. Nog een andere truc wordt in de volgende stappen uitgelegd.

TIP

1. **Vind de kleinste gemeenschappelijke noemer door de grootste noemer te nemen en alle veelvouden daarvan te controleren, totdat je er een vindt die deelbaar is door alle noemers.**

   In deze opgave is 15 de grootste noemer:

   15 × 1 = 15: dit is noch deelbaar door 6 noch door 12.

   15 × 2 = 30: dit is deelbaar door 6 maar niet door 12.

   15 × 3 =45: dit is noch deelbaar door 6 noch door 12.

   15 × 4 =60: hebbes!

2. **Herschrijf de vergelijking met de gemeenschappelijke noemer:**

   $\frac{x}{6}+\frac{x}{12}+\frac{x}{15}=1$

   $\frac{10\cdot x}{10\cdot 6}+\frac{5\cdot x}{5\cdot 12}+\frac{4\cdot x}{4\cdot 15}=1$

   $\frac{10x}{60}+\frac{5x}{60}+\frac{4x}{60}=1$

3. **Vermenigvuldig links en rechts met de gemeenschappelijke noemer.**

   Als je in dit voorbeeld vermenigvuldigt met 60, vallen alle noemers weg en verdwijnen dus.

   $10x + 5x + 4x = 60$

   Vervolgens kun je de termen aan de linkerkant optellen:

   $19x = 60$

   $\frac{19x}{19}=\frac{60}{19}$

   Je komt dus uit op $x = \frac{60}{19}$, oftewel $3\frac{3}{19}$ uur, wat neerkomt op ongeveer 3 uur en 9 minuten.

Wat je al niet kunt bereiken als mensen samenwerken!

Als er aan beide zijden van het gelijkteken breuken voorkomen, heb je twee mogelijkheden:

1. **Vind aan elke kant de gemeenschappelijke noemer, combineer de breuken en los de resulterende verhouding op.**
2. **Vind een getal om beide zijden mee te vermenigvuldigen zodat je de breuken kwijtraakt.** De keuze zal afhangen van hoe aardig de breuken eruitzien.

Als je een opgave tegenkomt zoals deze:

$$\frac{x}{13} + \frac{2x}{47} = \frac{5}{9} + \frac{x}{37}$$

dan houd je de getallen kleiner door voor iedere zijde van de vergelijking een aparte gemeenschappelijke noemer te vinden en de vergelijking dan te schrijven als een verhouding. Het zullen sowieso afschuwelijke getallen worden, welke keuze je ook maakt.

In het volgende voorbeeld bekijken we een vergelijking die zich beter leent voor het vinden van één enkele gemeenschappelijke noemer voor zowel het linker- als het rechterlid.

» $\frac{3x}{4} + \frac{2x}{5} = \frac{17x}{30} + \frac{x}{2} + 1$

De noemers in de breuken zijn allemaal delers van 60, dus dat wordt de gemeenschappelijke noemer voor beide zijden van de vergelijking.

$\frac{45x}{60} + \frac{24x}{60} = \frac{34x}{60} + \frac{30x}{60} + \frac{60}{60}$

Vermenigvuldig beide zijden van de vergelijking met 60. De 60 in elk van de noemers valt dan weg, zodat je het volgende overhoudt:

$45x + 24x = 34x + 30x + 60$

$69x = 64x + 60$

Trek links en rechts $64x$ af.

$69x - 64x = 64x - 64x + 60$

$5x = 60$

Deel beide zijden door 5.

$x = 12$

PAS OP

Wanneer je breuken vereenvoudigt, moeten *alle* termen de factor bevatten die je weg deelt.

Breuken vereenvoudigen is goed, zolang je het maar volgens de regels doet. De teller en de noemer door hetzelfde getal delen, kan de breuk eenvoudiger maken. Maar als de teller of de noemer uit meer dan een term bestaat, dan moet *elk van de termen* door dat getal gedeeld worden.

Oplossen voor variabelen

Antwoorden op wiskundige opgaven zijn soms variabelen. Soms is het goed het antwoord open of *flexibel* te laten; het blijft een variabele. Variabelen zijn handig wanneer een bepaalde situatie telkens opnieuw gebruikt moet worden om een probleem op te lossen. Het 'variabele antwoord' wordt pas een vast getal wanneer de andere variabelen in het probleem een vaste waarde krijgen. Kijk naar dit voorbeeld.

» Voor je eerste test haalde je een 8 en voor de tweede een 4. En morgen heb je weer een test! Je moet over de 3 tests gemiddeld een 9 halen om te mogen gaan skiën. Je moet gemiddeld een 8 halen om in je vaders auto te mogen blijven rijden. Je moet gemiddeld een 7 halen anders mag je niet meer met je vriendinnen bellen. Je moet gemiddeld... Je snapt 't al.

Tel je cijfers op en deel door het aantal cijfers om je *gemiddelde* te bepalen.

$$\text{Gemiddelde van 3 tests} = \frac{(\text{Cijfer test 1} + \text{Cijfer test 2} + \text{Cijfer 3})}{3} = \frac{(8 + 4 + \text{Cijfer test 3})}{3}$$

Laten we het gemiddelde van de 3 tests aanduiden met G en het resultaat van de derde test met x.

$$G = \frac{(8 + 4 + x)}{3}$$

$$G = \frac{(12 + x)}{3}$$

TIP

In het antwoord op deze opgave zul je een variabele overhouden omdat je met twee variabelen begint. Als er meer dan één variabele voorkomt in de oorspronkelijke vergelijking, zal er altijd een variabele in je antwoord voorkomen; je antwoord zal dus niet gewoon een getal zijn.

Omdat je wilt weten wat voor cijfer je nodig hebt voor je volgende test, los je op voor x.

$$G = \frac{(12 + x)}{3}$$

Vermenigvuldig beide zijden met 3.

$$3 \cdot G = \frac{3 \cdot (12 + x)}{3}$$

$$3G = 12 + x$$

Trek links en rechts 12 af.

$$x = 3G - 12$$

Deze uitkomst bevat een variabele. Pas het antwoord nu toe.

Als x het cijfer is dat je nodig hebt om een gemiddelde G te halen en als $x = 3G - 12$, dan kun je kiezen welk gemiddelde je hoopt te halen en bepalen welk cijfer je dan voor de derde test moet halen. Probeer dit uit en kijk wat je te doen staat. Je wilt natuurlijk een 9 gemiddeld halen zodat je kunt gaan skiën.

$$x = 3G - 12$$

Vervang de G door 9.

$$x = 3(9) - 12$$

$$x = 27 - 12 = 15$$

Oeps! Je kunt hooguit een 10 halen voor de test. Meer is echt niet mogelijk. Vergeet dat skiën dus maar.

Maar hoe zit het met een 8 zodat je ten minste je vaders auto nog kunt lenen om te gaan shoppen?

$$x = 3G - 12$$

Vervang de G door 8.

$$x = 3(8) - 12$$

$$x = 24 - 12 = 12$$

't Ziet er naar uit dat dat ook niet gaat lukken. Dat bespaart je wel een hoop geld.

En hoe zit het met een gemiddelde van 7? Zonder telefoon heb je echt geen leven meer!

$x = 3G - 12$

Vervang de *G* door 7.

$x = 3(7) - 12$

$x = 21 - 12 = 9$

Eindelijk een cijfer dat wel mogelijk is. Althans, dat in theorie mogelijk is. Had je maar beter je best moeten doen op die eerste twee tests.

Nu je de eerste test hebt doorstaan, kun je de volgende opgave proberen, die wat meer uitdaging biedt.

» Los op voor *x* in de vergelijking $4x - tx = 16$.

Haal aan de linkerkant de *x* buiten haakjes.

$x(4 - t) = 16$

Deel beide zijden door $4 - t$.

$$\frac{x\cancel{(4-t)}}{\cancel{(4-t)}} = \frac{16}{(4-t)}$$

$$x = \frac{16}{(4-t)}$$

» Los de vergelijking $5(3A + x) = 20A - 1$ op voor *x*.

Er zijn twee manieren waarop je dit kunt aanpakken, maar probeer eerst de haakjes aan de linkerkant weg te werken. Als je begint te delen door 5, zit je gelijk met breuken. Bespaar je die moeite totdat het echt nodig is.

$5(3A + x) = 20A - 1$

$15A + 5x = 20A - 1$

Trek links en rechts 15*A* af.

$15A - 15A + 5x = 20A - 15A - 1$

$5x = 5A - 1$

Deel beide zijden door 5.

$$\frac{5x}{5} = \frac{(5A-1)}{5}$$

$$x = \frac{(5A-1)}{5}$$

Dit is het antwoord, maar kijk nu eens naar deze vergelijkingen:

$$\frac{(5A-1)}{5} \neq \frac{(\cancel{5}A-1)}{\cancel{5}}$$

$$\frac{(5A-1)}{5} \neq A - 1$$

BELANGRIJK

Als de teller of de noemer uit meer dan één term bestaat, dan moet *iedere term* vermenigvuldigd worden met wat weg gedeeld wordt.

De voorgaande breuk kan niet vereenvoudigd worden omdat er in –1 geen factor 5 zit die weg gedeeld kan worden. De volgende breuk kun je echter *wel* vereenvoudigen:

$\frac{(5A-10)}{5} = \frac{5(A-2)}{5}$

$\frac{\cancel{5}(A-2)}{\cancel{5}} = A - 2$

Als je onmogelijke antwoorden vindt

Je hebt mooie getallen als antwoord en je hebt onmogelijke antwoorden. Dit komt het meest voor als er breuken of wortels voorkomen in de opgave. Breuken kunnen problemen veroorzaken omdat je geen nul in de noemer mag zetten. Dat zou je ook nooit doen, zou je zeggen. Nee natuurlijk niet, maar wat als je het niet met opzet deed? Wat als er een variabele in de noemer staat en je die per ongeluk gelijk aan nul laat zijn? Hier volgen een paar manieren om zulke 'ongelukjes' te voorkomen.

Wanneer je met breuken werkt, is het extra belangrijk om goed op te letten, want je kunt alles goed doen maar toch een onmogelijk antwoord vinden. Je wilt er vooral op letten dat de noemer niet gelijk aan nul wordt.

» Je stelt dat $x = 1$. Je zegt dus dat x een variabele is die nu tijdelijk de waarde 1 aanneemt.

Kwadrateer beide zijden van de vergelijking.

$x^2 = 1$

Trek nu links en rechts 1 af.

$x^2 - 1 = 1 - 1$

$x^2 - 1 = 0$

Deel beide zijden door $x - 1$.

$\frac{(x^2-1)}{(x-1)} = \frac{0}{(x-1)}$

$\frac{(x^2-1)}{(x-1)} = 0$

De teller aan de linkerkant is het verschil tussen twee perfecte kwadraten, dus je kunt ontbinden in factoren tot $(x - 1)(x + 1)$.

$\frac{(x-1)(x+1)}{(x-1)} = 0$

Vereenvoudig de breuk aan de linkerzijde.

$\frac{\cancel{(x-1)}(x+1)}{\cancel{(x-1)}} = 0$

Nu houd je over:

$x + 1 = 0$

Als je links en rechts 1 aftrekt, dan krijg je $x + 1 - 1 = 0 - 1$

$x = -1$

Maar in het begin had je gesteld dat $x = 1$. x kan niet zowel gelijk zijn aan +1 als aan –1. Een getal kan niet twee verschillende dingen tegelijkertijd zijn. Wat is er mis gegaan?

Wat er is gebeurd, is dat je een *niet-toegestane bewerking* hebt uitgevoerd. Je had niet mogen delen door $x - 1$ omdat dat gelijk is aan 0 als $x = 1$. Soms kun je zien dat je deelt door 0, zoals in dit geval. Maar soms is het niet zo duidelijk. Daarom moet je er altijd voor zorgen dat je je antwoorden controleert, omdat je een onmogelijk of niet-zinnig antwoord kunt krijgen. Soms is het wel duidelijk dat het antwoord onmogelijk is. Maar soms is dat niet direct duidelijk.

De volgende voorbeelden laten zien wat er kan gebeuren.

» Los de vergelijking $\frac{(x + 1)}{x} = 1$ op voor x.

Kruislings vermenigvuldigen levert:

$x + 1 = x$

Trek links en rechts x af.

$1 = 0$

Dat kan eenvoudigweg niet, dus deze vergelijking heeft geen oplossing.

» Los op voor x in $\frac{(9x + 4)}{x(x + 2)} = \frac{7}{(x + 2)}$

Verander de rechterzijde zodanig dat je dezelfde noemer krijgt als aan de linkerzijde. Je kunt dat doen door zowel de teller als de noemer te vermenigvuldigen met x.

$\frac{(9x + 4)}{x(x + 2)} = \frac{7x}{x(x + 2)}$

Vermenigvuldig nu beide zijden met die gemeenschappelijke noemer, zodat je alleen de tellers overhoudt.

$9x + 4 = 7x$

$9x - 9x + 4 = 7x - 9x$

$4 = -2x$

$\frac{4}{-2} = \frac{-2x}{-2}$

$x = -2$

Dit ziet eruit als een zeer respectabel antwoord, of niet soms? Het wordt pas problematisch als je het antwoord controleert. Kijk maar wat er gebeurt als je –2 invult voor *x in de noemer*.

$\frac{(9(-2) + 4)}{-2(-2 + 2)} = \frac{7}{-2 + 2}$

$\frac{-14}{0} = \frac{7}{0}$

Nu heb je nullen in de noemers. En er is *niets* dat je door 0 kunt delen. Sorry. Er is geen antwoord. Dit is onmogelijk! Er is weer geen oplossing. Let dus op dat je antwoord geen 0 in de noemer veroorzaakt.

Als je ervoor zorgt dat de vergelijking in evenwicht blijft en dat je de basisregels voor het oplossen van lineaire vergelijkingen in acht neemt, dan gaat het zeker goed. Controleer altijd je antwoord om er zeker van te zijn dat je uitkomst klopt en geen onzin is!

IN DIT HOOFDSTUK

- Speciale kwadratische vergelijkingen oplossen
- Kwadratische vergelijkingen ontbinden in factoren
- De grootste gemeenschappelijke deler gebruiken
- De bijzondere eigenschappen van het vermenigvuldigen met nul
- Kwadratische vergelijkingen in de praktijk

Hoofdstuk 14

Kwadratische vergelijkingen kraken

Het is leuk om met kwadratische (oftewel tweedegraads) vergelijkingen aan de slag te gaan, omdat ze goed hanteerbaar zijn. Een oplossing vinden of bepalen of er überhaupt een oplossing bestaat, is relatief eenvoudig. Een *kwadratische vergelijking* is een kwadratische uitdrukking met een gelijkteken eraan gekoppeld. Dit soort vergelijkingen wordt ook wel *tweedegraads* genoemd omdat twee de hoogste macht is die erin voorkomt; de graad is de tweede macht. Net als met lineaire vergelijkingen zijn er gespecialiseerde methoden om kwadratische vergelijkingen op te lossen en die worden in dit hoofdstuk in detail behandeld. De belangrijkste techniek om kwadratische vergelijkingen op te lossen is door te ontbinden in factoren, maar voor één bepaald soort kwadratische vergelijking is er ook een sneller trucje. En als iemand zomaar wat getallen opschrijft en er een kwadratische vergelijking van maakt, wil dat nog niet zeggen dat die ook een oplossing heeft. De methoden die je hier leert, stellen je ook in staat te bepalen of er wel een oplossing bestaat.

Kwadratische vergelijkingen vormen de bouwstenen van de algebra en vele andere disciplines. De baan van een afgeschoten voorwerp wordt beschreven door een kwadratische vergelijking. Andere kwadratische vergelijkingen beschrijven weer de banen van planeten en kometen. In één woord, kwadratische vergelijkingen zijn fascinerend en bijna net zo leuk om mee te werken.

Voorbereiden op kwadratische vergelijkingen

Een *kwadratische vergelijking* bevat een term met een exponent gelijk aan twee en termen met hogere machten komen er niet in voor.

BELANGRIJK

De algemene vorm van een kwadratische vergelijking ziet er zo uit:

$$ax^2 + bx + c = 0$$

Als je dit bekend voorkomt, betekent dat ofwel dat je hoofdstuk 10 hebt gelezen, waar het ging over ontbinden in factoren en werken met kwadratische uitdrukkingen, ofwel dat je visioenen hebt over kwadratische vergelijkingen die in je hoofd rondspoken. Onthoud dat een uitdrukking bestaat uit een of meerdere termen, maar dat er geen gelijkteken in voorkomt. Toevoegen van een gelijkteken verandert de zaak: je hebt nu een vergelijking die iets beweert. Ze beweert iets wat waar is als je de juiste oplossing invult voor de variabelen. En ze beweert iets wat niet waar is als je de verkeerde getallen invult voor de variabelen.

De a in de algemene kwadratische vergelijking kan elk willekeurig reëel getal zijn behalve nul. Als a wel nul zou zijn, zou er geen term tot de tweede macht meer zijn en zou het dus geen kwadratische vergelijking meer zijn. De b en de c kunnen ook elk willekeurig getal zijn en zij kunnen *wel* gelijk aan nul zijn. Zelfs als één of allebei deze termen ontbreken, spreek je nog steeds van een kwadratische vergelijking. Kijk naar de volgende voorbeelden:

- $4x^2 + 3x - 2 = 0$: in deze vergelijking is geen van de coëfficiënten gelijk aan 0.
- $2x^2 - 5 = 0$: in deze vergelijking is de b gelijk aan 0.
- $x^2 + 3x = 0$: in deze vergelijking is de c gelijk aan 0.
- $x^2 = 0$: in deze vergelijking zijn zowel b als c gelijk aan 0.

Een speciale eigenschap van kwadratische vergelijkingen is dat ze twee oplossingen kunnen hebben en vaak is dat ook inderdaad het geval. Je kunt inderdaad 2 totaal verschillende antwoorden hebben op slechts één klein probleem.

- De volgende kwadratische vergelijking heeft twee oplossingen:

  $x^2 - 5x = 6$

  Dit is een kwadratische vergelijking vanwege de term x^2. De twee oplossingen die hier uitkomen zijn 6 en −1.

  $(6)^2 - 5(6) = 36 - 30 = 6$ en $(-1)^2 - 5(-1) = 1 + 5 = 6$

  Ze werken allebei!

Hoe ik dat deed? Ik maakte gebruik van de methoden om kwadratische vergelijkingen op te lossen die je verderop in dit hoofdstuk tegenkomt. Hier wil ik je er alleen aan laten wennen dat twee verschillende antwoorden allebei juist kunnen zijn. Als je je nieuwsgierigheid niet kunt bedwingen, blader dan vast een paar bladzijden verder.

Hoe kan een vergelijking nou twee antwoorden hebben? Welk antwoord is dan het juiste in een toepassing of een vraagstuk? Stel dat er in het vraagstuk gevraagd wordt hoeveel iets kost, hoe kunnen er dan *twee* juiste antwoorden zijn? Welnu, soms zijn er gewoon twee juiste oplossingen voor een kwadratische vergelijking, maar in een bepaalde toepassing is één ervan gewoonlijk niet realistisch. De onrealistische oplossing lost de vergelijking dan wel op en komt er gewoon gratis bij. Je zult alleen moeten beslissen of je wel of niet aandacht schenkt aan dat extra antwoord.

» Bekijk deze vergelijking met twee oplossingen:

De volgende vergelijking beschrijft de hoogte van een bal op het tijdstip t (t staat voor de tijd in seconde) nadat die van een 5-meter hoge muur omhoog gegooid is (h staat voor de hoogte van de bal in meter).

$h = -5t^2 + 25t + 5$

Het gaat er nu niet om hoe ik aan die vergelijking kom; die leer je tijdens de natuurkundeles en ook in sommige wiskundeboeken.

Ik wil weten wanneer de bal 25 meter hoog is, dus vul ik 25 in voor h.

$25 = -5t^2 + 25t + 5$

Ik weet toevallig dat de vergelijking waar is als t gelijk is aan 1 of aan 4. Eigenlijk is dat niet toevallig, want om dat antwoord te vinden heb ik gewoon de methoden uit dit hoofdstuk gebruikt om kwadratische vergelijkingen op te lossen. Maar hier wil ik je nogmaals laten zien dat je twee antwoorden kunt krijgen en dat ze allebei zinvol kunnen zijn.

Wanneer $t = 1$, geldt er:

$25 = -5(1)^2 + 25(1) + 5 = -5 + 25 + 5 = 25$

en wanneer $t = 4$, geldt er:

$25 = -5(4)^2 + 25(4) + 5 = -80 + 100 + 5 = 25$

Ze werken inderdaad allebei. De vergelijking zegt dus dat de bal 25 meter hoog in de lucht is wanneer t gelijk is aan 1 en wanneer t gelijk is aan 4.

Nadat de bal omhoog gegooid is vanaf een 5-meter hoge muur, gaat de bal omhoog, passeert een hoogte van 25 meter, gaat verder omhoog en passeert dan weer een hoogte van 25 meter op zijn weg naar beneden.

De volgende kwadratische vergelijking heeft ook twee oplossingen, maar slechts één daarvan is zinvol in het onderliggende vraagstuk. De oplossingen *werken* allebei in de vergelijking, maar slechts één ervan beantwoordt de vraag.

» De kwadratische vergelijking $C = 0{,}04n^2 + 2n + 100$ vertelt je hoeveel het kost (C) om een bepaald aantal (n) kwastenbiebels te produceren.

$C = 0{,}04n^2 + 2n + 100$ geeft je de totale kosten C voor n stuks en je wilt weten wanneer de kosten € 124 bedragen.

Vervang de C door 124 en je krijgt $124 = 0{,}04n^2 + 2n + 100$.

Als $n = 10$ of $n = -60$ is de vergelijking een ware bewering. Als je een vergelijking gebruikt om een situatie uit de realiteit te beschrijven, gebeurt het vaak dat je twee antwoorden krijgt, waarvan er 1 soms negatief is. Meestal beschrijft de vergelijking heel nauwkeurig de situatie, maar je kunt de vergelijking niet gebruiken buiten de grenzen die de realiteit nu eenmaal stelt. In dit voorbeeld heeft het bijvoorbeeld geen zin om negatieve getallen te gebruiken voor n. En misschien is het ook niet realistisch waarden voor n toe te staan die in de miljarden liggen. Dat is nu eenmaal de prijs die je betaalt voor het gebruik van dit soort mooie vergelijkingen: je moet ze met verstand toepassen.

Wanneer $n = 10$, geldt er:

$0{,}04(10)^2 + 2(10) + 100 = 0{,}04(100) + 20 + 100 = 4 + 120 = 124$

en wanneer $n = -60$, geldt er:

$0{,}04(-60)^2 + 2(-60) + 100 = 0{,}04(3600) - 120 + 100 = 144 - 20 = 124$

Allebei werken ze dus! Maar dat is niet erg zinvol. Je kunt nu eenmaal geen negatief aantal dingen produceren. Kwadratische vergelijkingen zijn vaak erg handig als je ze maar voor de helft, of gedeeltelijk, gebruikt; je gebruikt dan alleen de realistische uitkomst.

Kwadratische vergelijkingen oplossen door het kwadraat af te splitsen

Een kwadratische vergelijking heeft de algemene vorm $ax^2 + bx + c = 0$ en zowel b of c of allebei kunnen gelijk aan 0 zijn. Deze paragraaf laat zien hoe handig het is als b gelijk aan 0 is. De oplossingen zijn dan vrij eenvoudig te bepalen.

BELANGRIJK

De eerste twintig perfecte kwadraten (product van een geheel getal maal zichzelf) zijn: 1, 4, 9, 16, 25, 36, 49, 64, 81, 100, 121, 144, 169, 196, 225, 256, 289, 324, 361, 400.

De getallen lopen uiteen van 1 tot 400. Behalve de getallen in de lijst, zijn er geen andere perfecte kwadraten onder de 400. Dat betekent dat de overige 380 getallen onder de 400 *geen* perfecte kwadraten zijn. De perfecte kwadraten hebben allemaal mooie vierkantswortels. De vierkantswortel van 121 is 11; de vierkantswortel van 256 is 16. Dat is toch mooi? Maar de vierkantswortel van 200 is helemaal niet mooi; dat is een irrationaal getal. De decimaal van irrationale getallen houdt nooit op en laat ook geen herhalend patroon zien. De vierkantswortel van 2 is bijvoorbeeld een irrationaal getal, 1,414213562373... Een irrationaal getal kan nooit als breuk geschreven worden. Ze zijn precies wat de naam al zegt: wild en irrationaal. Als je wilt, kun je de wortels benaderen als decimaal getal met behulp van een rekenmachine.

In hoofdstuk 4 worden kwadraten en vierkantswortels behandeld en een tabel met perfecte kwadraten en derdemachtstermen vind je in de spiekbrief voor in dit boek.

Maak je geen zorgen als je niet alle van de grotere kwadraten uit je hoofd kent, want die komen niet zo vaak voor en bovendien krijg je meestal wel een hint als een getal in een opgave een perfect kwadraat is. Soms zit die hint verscholen in de woorden van de vraagstelling, bijvoorbeeld als het gaat over een vierkante kamer of de zijden van een rechthoekige driehoek. En soms is de hint gewoon het feit dat het zo mooi zou zijn als het een perfect kwadraat was. (In de spiekbrief vind je een lijst met kwadraten.)

En er is nog iets aan de hand met wortels en kwadraten. Als iemand je vraagt wat de wortel van 25 is, zul je antwoorden '5'. Dat klopt natuurlijk, maar dat is niet de enige wortel. Ben je soms iets vergeten? Nee hoor, je moet alleen wat breder denken. Welk ander getal geeft vermenigvuldigd met zichzelf 25? Dat is natuurlijk −5. Hoewel de afspraak is dat een vierkantswortel niet negatief is, moet je er bij het oplossen van vergelijkingen wel rekening mee houden dat er 2 wortels van 25 zijn, +5 en −5.

TECHNISCHE INFO

Er is afgesproken dat de vierkantswortel (en ook elke andere evenmachtswortel) van een getal positief is om dubbelzinnige uitkomsten te voorkomen. Wanneer je echter tijdens het oplossen van een vergelijking moet worteltrekken, moet je ook het tegengestelde van de uitkomst, dus de negatieve waarde, in beschouwing nemen.

Dus onder bepaalde omstandigheden, zoals bij het oplossen van kwadratische vergelijkingen, mag je die *andere* uitkomst niet uitsluiten.

Hier volgt de regel voor een bepaald soort speciale kwadratische vergelijkingen, namelijk die waarin $b = 0$. Ze zien er meestal uit als $ax^2 + c = 0$, maar de c is meestal negatief en dan komt de vergelijking er door het links en rechts optellen van het tegengestelde uit te zien als $ax^2 = c$.

BELANGRIJK

Voor kwadratische vergelijkingen van de vorm $x^2 = k$ geldt: $x = \pm\sqrt{k}$.

Als het kwadraat van een variabele gelijk is aan het getal k, dan is de variabele gelijk aan de vierkantswortel van k of het tegengestelde daarvan.

De volgende voorbeelden laten zien hoe je deze regel, die ook wel *kwadraat afsplitsen* wordt genoemd, kunt toepassen op kwadratische vergelijkingen met $b = 0$.

» Los x op uit $x^2 - 49 = 0$.

Splits het kwadraat af: $x = \pm\sqrt{49} = \pm 7$

Controleer door vast te stellen dat $(7)^2 = 49$ en $(-7)^2 = 49$

Los op voor m in $3m^2 + 4 = 52$.

Deze vergelijking is nog niet klaar om het kwadraat af te splitsen. Tel links en rechts −4 op.

$3m^2 = 48$

Deel nu beide zijden door 3.

$m^2 = 16$

Dus $m = \pm\sqrt{16} = \pm 4$

» Los op voor p in $p^2 + 11 = 7$.

Tel aan beide kanten −11 op zodat je dit krijgt: $p^2 = -4$

Oeps! Welk getal geeft vermenigvuldigd met zichzelf −4? Het antwoord luidt: 'Geen enkel getal waarvan je je een voorstelling kunt maken.' In feite hebben wiskundigen getallen bedacht die niet bestaan, maar die dit soort problemen kunnen oplossen. Deze getallen worden *imaginaire getallen* genoemd, maar in dit boek houden we het bij getallen waarvan we ons wel een voorstelling kunnen maken. Dus, als je je beperkt tot reële getallen, dan heeft deze vergelijking geen oplossing.

» Los op voor q in $(q + 3)^2 = 25$.

In dit geval kom je uit op twee compleet verschillende getallen, dus niet een getal en zijn tegengestelde.

Splits eerst het kwadraat af: $q + 3 = \pm\sqrt{25} = \pm 5$

Nu heb je twee verschillende lineaire vergelijkingen die je moet oplossen:

$q + 3 = +5$ en $q + 3 = -5$

Trek links en rechts 3 af en je twee antwoorden luiden: $q = 2$ en $q = -8$.

Dit resultaat moeten we zeker even controleren.

De 2 invullen geeft $(2 + 3)^2 = 25$ oftewel $5^2 = 25$.

De −8 invullen geeft $(-8 + 3)^2 = 25$ oftewel $(-5)^2 = 25$

Ja hoor, ze kloppen allebei!

Oplossen door te ontbinden in factoren

Alle mogelijkheden checken om te ontbinden in factoren kan hier pas echt de moeite waard zijn. Om kwadratische vergelijkingen op te lossen gebruik je meestal ontbinding in factoren in plaats van gewoon worteltrekken, zoals dat in de vorige paragraaf werd gedaan. Worteltrekken werkt alleen als $b = 0$ in de kwadratische vergelijking $ax^2 + bx + c = 0$. Ontbinden in factoren gebruik je als $c = 0$ of als b en c allebei geen 0 zijn. Daarnaast gebruik je de belangrijke eigenschap van het vermenigvuldigen met het getal 0 om deze vergelijkingen op te lossen. Dit is een heel eenvoudige regel; wat je ook vermenigvuldigt met 0, de uitkomst is altijd 0. Om de volgende vergelijkingen op te lossen, gebruiken we de grootste gemeenschappelijke deler en het vermenigvuldigen met 0.

Vermenigvuldigen met nul

Voordat we gaan ontbinden in factoren, moet je alles weten over het vermenigvuldigen met 0. Nu zeg je misschien: 'Wat valt daar nu over te leren? Vermenigvuldig iets met 0 en de uitkomst is 0. Het vaagt alles weg!' Helemaal waar, maar er is nog een andere leuke eigenschap van het getal 0 die veel gebruikt wordt bij het oplossen van wiskundige vergelijkingen. Op zichzelf is 0 niets. Als uitkomst van een vermenigvuldigingsopgave heb je er wel iets aan: de speciale eigenschap van het vermenigvuldigen met 0.

BELANGRIJK

Voor het vermenigvuldigen met 0 geldt dat als $p \cdot q = 0$, dan is $p = 0$ of $q = 0$.

Dit lijkt voor de hand te liggen, maar denk er eens goed over na. Geen enkel ander getal heeft zo veel macht over andere getallen. Als je zegt dat $p \cdot q = 12$, zegt dat nog helemaal niets over p of q alleen. De twee variabelen zouden werkelijk van alles kunnen zijn, positief, negatief, breuken, wortels of een combinatie daarvan. Als het product echter nul is, leidt dat tot een belangrijke conclusie: één van de twee vermenigvuldigingsfactoren is gelijk aan 0. Er is geen andere manier om aan een product van 0 te komen.

De volgende voorbeelden laten zien hoe krachtig en handig deze regel is.

» Bepaal de waarde van x als $3x = 0$.

  Gebruik de bijzondere eigenschap van het vermenigvuldigen met 0. $x = 0$ want 3 kan geen 0 zijn.

» Bepaal de waarde van x en y als $xy = 0$.

  Als $x = 0$, dan kan y elk willekeurig getal zijn, zelfs 0. Als $x \neq 0$, dan *moet* y gelijk aan 0 zijn.

Deze eigenschap komt ook van pas bij het oplossen van kwadratische vergelijkingen, wanneer je alles naar één kant brengt, ontbindt in factoren en de factoren één voor één gelijk aan nul stelt. Bijvoorbeeld:

» Los x op uit $x^2 = 16$.

  Je kunt dit gemakkelijk oplossen door links en rechts de wortel te trekken, maar kijk eerst eens naar deze alternatieve methode:

  Links en rechts 16 aftrekken levert: $x^2 - 16 = 0$

  Het verschil van twee kwadraten is gelijk aan het verschil van hun wortels maal de som van hun wortels.

BELANGRIJK

  Omdat $a^2 - b^2 = (a - b)(a + b)$,

  geldt er $x^2 - 16 = (x - 4)(x + 4) = 0$

  Het product van de twee factoren is 0, dus moet één van de factoren 0 zijn:

  $x - 4 = 0$ of $x + 4 = 0$

  Door deze twee lineaire vergelijkingen op te lossen vind je dat $x = 4$ of $x = -4$.

Omdat je bij het oplossen van kwadratische vergelijkingen voortdurend werkt met kwadraten en tweede machten, kan het geen kwaad een lijst met perfecte kwadraten bij de hand te hebben; in de spiekbrief vind je er bijvoorbeeld een.

De GGD toepassen en factoren op nul stellen

Ontbinden in factoren is meestal vrij eenvoudig als er slechts twee termen zijn die bovendien een gemeenschappelijke factor bezitten. Dit geldt bijvoorbeeld voor kwadratische vergelijkingen van de vorm $ax^2 + bx + c = 0$, waarbij $c = 0$. De twee overgebleven termen hebben ten minste een factor x gemeen. Je zoekt de grootste gemeenschappelijke deler (GGD) en haalt die buiten haakjes, waarna je elk van de factoren op 0 stelt om de vergelijking op te lossen.

TECHNISCHE INFO

DE KWADRATISCHE TWEEDE GRAAD KRIJGEN

Het woord kwadratisch, dat vroeger gespeld werd als 'quadratisch,' wordt gebruikt om tweedegraadsvergelijkingen aan te duiden. Vanwaar dan die 'quad', die verwijst naar 'vier' ofschoon het gaat om vergelijkingen met een tweede macht? Dit is afkomstig van een vierkant, een regelmatige vierzijdige figuur, waarvan alle zijden even lang zijn. De oppervlakte van een vierkant met zijde x is gelijk aan x kwadraat, oftewel x tot de tweede macht.

In de volgende voorbeelden is de constante term (c) steeds 0 en is er een gemeenschappelijke factor van ten minste x.

» Los x op uit $x^2 - 7x = 0$.

De grootste gemeenschappelijke deler is x, dus haal je die aan de linkerkant buiten haakjes.

$x(x - 7) = 0$

Elk van de factoren op 0 stellen leert je nu dat $x = 0$ of $x - 7 = 0$, waardoor je twee oplossingen vindt: $x = 0$ en $x = 7$.

» Los x op uit $6x^2 + 18x = 0$.

De grootste gemeenschappelijke deler van de twee termen is $6x$, dus haal je die aan de linkerkant buiten haakjes.

$6x(x + 3) = 0$

Elk van de factoren op 0 stellen leert je nu dat $6x = 0$ of $x + 3 = 0$, waardoor je twee oplossingen vindt: $x = 0$ en $x = -3$.

» Omdat kwadratische vergelijkingen waarin $c = 0$ zo vaak voorkomen, is het wellicht handig een formule op te stellen om de oplossingen elke keer snel te bepalen. Los op voor x in de algemene kwadratische vergelijking met $c = 0$: $ax^2 + bx = 0$.

De grootste gemeenschappelijke deler is x, dus haal je die aan de linkerkant buiten haakjes.

$x(ax + b) = 0$

Elk van de factoren op 0 stellen leert je nu dat $x = 0$ of $ax + b = 0$. Het eerste gedeelte is wel duidelijk. En bovendien lijkt $x = 0$ telkens op te duiken als oplossing. Het tweede deel is een lineaire vergelijking die je zorgvuldig moet oplossen.

Trek zowel links als rechts b af.

$ax + b - b = 0 - b$

$ax = -b$

Deel links en rechts door a.

$\frac{ax}{a} = \frac{-b}{a}$ zodat $x = \frac{-b}{a}$.

De twee oplossingen zijn dus: $x = 0$ en $x = \frac{-b}{a}$.

Dit is een herkenbaar patroon dat je kan helpen dit soort vergelijkingen op te lossen. Je kunt deze formule onthouden, zodat je niet elke keer hoeft te ontbinden in factoren en dan op te lossen.

PAS OP

De oplossing $x = 0$ vergeten – het gemakkelijkste deel – is snel gebeurd. Je ziet de kleine eenzame x voor de haakjes staan en vergeet dat die je een van de twee oplossingen geeft. Wees dus zorgvuldig.

Kwadratische vergelijkingen met drie termen oplossen

Kwadratische vergelijkingen komen niet alleen voor in de algebra, maar ook in de natuurkunde, economie, astronomie en hebben nog vele andere toepassingen. Door kwadratische vergelijkingen op te lossen krijg je antwoord op vragen zoals, 'Wanneer komt de steen neer op de grond?' of 'Wanneer wordt de winst groter dan 100 procent?' of 'Wanneer staat de aarde gedurende een jaar het dichtst bij de zon?'

In de twee voorafgaande paragrafen was of b of c gelijk aan 0 in de algemene kwadratische vergelijking $ax^2 + bx + c = 0$. Nu ontspringt niemand de dans meer. In deze paragraaf is elk van de letters a, b en c gelijk aan een getal ongelijk aan 0.

De efficiëntste methode om kwadratische vergelijkingen op te lossen is door alles naar één kant van het gelijkteken te brengen, zodat je aan de andere kant alleen een 0 overhoudt. Vervolgens ontbind je in factoren, als dat gaat, en gebruik je de eigenschap van vermenigvuldigen met 0 door elk van de factoren op 0 te stellen. Als er minder dan drie termen zijn, gebruik dan de methoden uit de voorafgaande paragrafen.

Los x op uit $x^2 - 3x = 28$.

Om kwadratische vergelijkingen met drie termen op te lossen, volg je deze stappen:

1. **Breng alle termen naar één kant.** Aan de rechterkant houd je dan alleen 0 over.

   In dit geval kun je links en rechts 28 aftrekken.

   $x^2 - 3x - 28 = 0$

   BELANGRIJK

   Onthoud dat de standaardvorm voor een kwadratische vergelijking eruitziet als $ax^2 + bx + c = 0$.

2. **Bepaal alle manieren waarop je twee getallen kunt vermenigvuldigen om *a* te krijgen.**

   In $x^2 - 3x - 28 = 0$ is a gelijk aan 1 en dat kan alleen één keer zichzelf zijn.

3. **Bepaal alle manieren waarop je twee getallen kunt vermenigvuldigen om *c* te krijgen.**

   28 kan $1 \cdot 28$ zijn, $2 \cdot 14$, of $4 \cdot 7$.

   1. Als c positief is, zoek je twee getalparen uit stap 2 en stap 3 die als je ze kruislings met elkaar vermenigvuldigt en de producten *optelt*, gelijk zijn aan b.
   2. Als c negatief is, zoek je twee getalparen uit stap 2 en stap 3 die als je ze kruislings met elkaar vermenigvuldigt en de producten *aftrekt*, gelijk zijn aan b.

   c is negatief en het verschil van 4 en 7 is 3.

   Ontbinden in factoren geeft je dan $(x - 7)(x + 4) = 0$.

4. **Stel nu elk van de factoren op 0.**

   Ofwel $x - 7 = 0$ ofwel $x + 4 = 0$; probeer nu op te lossen voor x door x als enige aan één kant van het gelijkteken te krijgen.

   $x - 7 + 7 = 0 + 7$ of $x + 4 - 4 = 0 - 4$

   waaruit volgt dat $x = 7$ of $x = -4$.

5. **Controleer je antwoord.**

   Als $x = 7$ dan geldt er $(7)^2 - 3(7) = 49 - 21 = 28$ en

   als $x = -4$ dan geldt er $(-4)^2 - 3(-4) = 16 + 12 = 28$.

   Ze kloppen allebei.

Oppervlakkig gezien lijkt het oplossen van kwadratische vergelijkingen door te ontbinden in factoren vrij eenvoudig. Maar vergelijkingen met drie termen ontbinden in factoren kan minder gemakkelijk zijn. Als een kwadratische drieterm in factoren ontbonden kan worden, dan levert dat het product van twee tweetermen op. Als de kwadratische vergelijking niet in factoren ontbonden kan worden, gebruik dan de abc-formule (zie de paragraaf 'De abc-formule' verderop in dit hoofdstuk).

BELANGRIJK

Het product van twee tweetermen $(ax + b)(cx + d)$ is gelijk aan de drieterm $acx^2 + (ad + bc)x + bd$.

Dit is een chique manier om te laten zien wat het vermenigvuldigen van twee tweetermen, bijvoorbeeld met behulp van de papegaaienbek (zie hoofdstuk 10), oplevert. Maar nu gaan we verder met het omgekeerde, ontbinden in factoren.

De volgende voorbeelden laten zien hoe je ontbinden in factoren en factoren op nul stellen gebruikt om kwadratische vergelijkingen, waarin geen van de termen nul is, op te lossen.

Los x op uit $x^2 - 5x - 6 = 0$.

1. **De vergelijking staat al in de standaardvorm, dus je kunt gelijk verder.**
2. **Bepaal alle manieren waarop je kunt vermenigvuldigen om *a* te krijgen.**

   $a = 1$ en dat kan alleen één keer zichzelf zijn. Als je kunt ontbinden in twee tweetermen, moeten ze allebei beginnen met x want de eerste term is x^2.
3. **Bepaal alle manieren waarop je kunt vermenigvuldigen om *c* te krijgen.**

   c is –6 dus de tweetermen moeten eindigen op of +2 en –3 of –2 en +3 of +1 en –6 of –1 en +6.

   Om te besluiten welke van deze combinaties je moet gebruiken, kijk je naar de laatste term in de drieterm, de 6, die hier negatief is. Dit vertelt je dat het *verschil* van de absolute waarden van de twee getallen uit de lijst (kijk dus even niet naar de voortekens) gelijk moet zijn aan de middelste term in de drieterm, de –5. In dit geval zal één van de combinaties van 1 en 6 dus werken, want hun verschil is 5. Als je de +1 en de –6 gebruikt, krijg je door het uitwerken van de twee tweetermen een dubbelproduct van –5.

   Dus $(x - 6)(x + 1) = 0$.
4. **Stel nu elk van de factoren op 0.**

   Ofwel $x - 6 = 0$ ofwel $x + 1 = 0$. Dit vertelt je dat $x = 6$ of $x = -1$.
5. **Check.**

   Als $x = 6$ dan geldt er $(6)^2 - 5(6) = 36 - 30 - 6 = 0$.

   Als $x = -1$ dan geldt er $(-1)^2 - 5(-1) = 1 + 5 - 6 = 0$.

Ze kloppen allebei.

Los x op uit $6x^2 + x = 12$.

1. **Zet de vergelijking in de standaardvorm.**

   Het eerste dat je moet doen is links en rechts –12 optellen, zodat de vergelijking in de standaardvorm komt te staan en je kunt ontbinden in factoren en oplossen.

   $6x^2 + x - 12 = 0$

   Hier wordt het iets lastiger om te ontbinden in factoren, omdat er verschillende mogelijkheden zijn voor de 6 vooraan en voor de 12 achteraan. De truc is dat je de juiste combinatie van getallen kiest.

2. **Bepaal alle combinaties die vermenigvuldigd *a* opleveren.**

   6 kun je krijgen met een 1 en een 6 of met een 2 en een 3.

3. **Bepaal alle combinaties die vermenigvuldigd *c* opleveren.**

   12 kun je krijgen met een 1 en een 12, een 2 en een 6 of een 3 en een 4.

   Je moet de factoren zo kiezen dat het *verschil* van hun onderlinge producten 1 oplevert. Hoe weet je dat? Omdat de 12 negatief is in de standaardvorm en omdat de coëfficiënt die de middelste term vermenigvuldigt, gelijk is aan 1 als er niets voor de *x* staat.

   Hiermee kun je zien dat de 2 en de 3 van de 6 en de 3 en de 4 van de 12 het karwei zullen klaren: $2 \times 4 = 8$ en $3 \times 3 = 9$. En het verschil tussen 8 en 9 is natuurlijk 1. Je kunt je later druk maken over het voorteken.

   Ik schrijf nu altijd de tweetermen op zodat de 2 met de 4 vermenigvuldigd wordt en de 3 met de 3 en er een 6 vooraan komt te staan en een 12 achteraan. Oef!

   $(2x \quad 3)(3x \quad 4) = 0$

   De middelste term van de kwadratische vergelijking is $+1x$, dus moet het grootste onderlinge product positief zijn. Dat is $9x$ en dus moet de 3 een plusteken krijgen en de 4 krijgt dan het minteken.

   $(2x + 3)(3x - 4) = 0$

4. **Stel nu elk van de factoren op 0 om de vergelijking op te lossen.**

   De drieterm is ontbonden in factoren. Vermenigvuldiging met 0 leert je dat een van de twee factoren 0 moet zijn, dus $2x + 3 = 0$ of $3x - 4 = 0$.

   Als $2x + 3 = 0$ dan $2x = -3$ zodat $x = -\frac{3}{2}$.

   Als $3x - 4 = 0$ dan $3x = 4$ zodat $x = \frac{4}{3}$.

5. **Check.**

   Als $x = -\frac{3}{2}$ dan geldt er $6(-\frac{3}{2})^2 + (-\frac{3}{2}) = 12$

   $6(\frac{9}{4}) - \frac{3}{2} = \frac{27}{2} - \frac{3}{2} = \frac{24}{2} = 12$

   Als $x = \frac{4}{3}$ dan geldt er $6(\frac{4}{3})^2 + (\frac{4}{3}) = 12$

   $6(\frac{16}{9}) + \frac{4}{3} = \frac{32}{3} + \frac{4}{3} = \frac{36}{3} = 12$

Het checken van je antwoord was nog even een vervelend karweitje hier, maar laat wel mooi zien hoe goed ontbinden in factoren werkt.

Los *y* op uit $9y^2 - 12y + 4 = 0$.

1. **De vergelijking staat al in de standaardvorm.**
2. **Zoek alle getallen die vermenigvuldigd *a* geven.**

   De mogelijke factoren van 9 zijn 1×9 en 3×3.

3. **Zoek alle getallen die vermenigvuldigd *c* geven.**

De factoren voor *c* zijn 1 × 4 en 2 × 2. De 2'en en de 3'en gebruiken is de juiste keuze omdat ze onderling vermenigvuldigd beide 6 leveren en je een *som* van 12 nodig hebt in het midden.

Dus $9y^2 - 12y + 4 = (3y - 2)(3y - 2) = 0$. Ik heb tweemaal voor een minteken gekozen omdat het dubbelproduct een negatieve som is.

4. **Stel nu elk van de factoren op 0 om op te lossen.**

   De twee factoren zijn hier hetzelfde. Dat betekent dat de factoren één voor één op 0 stellen, je 2 keer hetzelfde resultaat geeft. Dus $3y - 2 = 0$ moet je oplossen voor *y*. Tel eerst links en rechts 2 op en deel dan beide zijden door 3. De oplossing is $y = \frac{2}{3}$. Dit is een dubbele wortel, die technisch gezien slechts 1 oplossing heeft, maar die 2 keer voorkomt.

TECHNISCHE INFO

Een *dubbele wortel* treedt op in kwadratische vergelijkingen die een perfect kwadraat van een tweeterm zijn. Deze tweetermen worden besproken in hoofdstuk 8 als je je geheugen wilt opfrissen. Een perfect kwadraat van een tweeterm ontstaat door het vermenigvuldigen van een tweeterm met zichzelf. Als deze vergelijkingen ontbonden worden in factoren, vind je 2 keer dezelfde oplossing, omdat de factoren hetzelfde zijn.

Los op voor z in $12z^2 - 4z - 8 = 0$.

1. **De vergelijking staat al in de standaardvorm.**

   Je kunt nu gaan zoeken naar alle mogelijke combinaties van factoren die 12 en 8 leveren, maar misschien valt het je op dat alle termen deelbaar zijn door 4. Om je werk wat lichter te maken kun je die grootste gemeenschappelijke deler eerst buiten haakjes halen en dan met kleinere getallen verder werken.

   $12z^2 - 4z - 8 = 4(3z^2 - z - 2) = 0$

2. **Zoek alle getallen die vermenigvuldigd *a* geven.**

   $a = 1 \times 3$.

3. **Zoek alle getallen die vermenigvuldigd *c* geven.**

   Dit is echt geweldig, zowel de 2 en de 3 zijn priemgetallen en kunnen dus maar op één manier ontbonden worden. Het enige wat je kunt doen is de factoren in twee tweetermen op te schrijven en ervoor te zorgen dat je een verschil van 1 krijgt.

   $4(3z^2 - z - 2) = 4(3z \quad 2)(z \quad 1) = 0$

   De coëfficiënt van de middelste term is –1 en dat vind je als –3 + 2; zet het minteken dus voor de 1 en het plusteken voor de 2.

   $4(3z + 2)(z - 1) = 0$

4. **Stel nu elk van de factoren op 0 om de waarde van *z* op te lossen.**

   Dit keer heb je bij het toepassen van deze regel te maken met 3 factoren. Ofwel $4 = 0$, ofwel $3z + 2 = 0$, ofwel $z - 1 = 0$. De eerste vergelijking is niet mogelijk; 4 is nu eenmaal nooit gelijk aan 0. Maar de andere 2 vergelijkingen geven je wel oplossingen. Als $3z + 2 = 0$, dan $z = -\frac{2}{3}$. Als $z - 1 = 0$, dan $z = 1$.

5. **Controleer.**

Als $z = -\frac{2}{3}$ dan geldt er $12\left(-\frac{2}{3}\right)^2 - 4\left(-\frac{2}{3}\right) - 8 = 0$

$12\left(\frac{4}{9}\right) + \frac{8}{3} - 8 = \frac{16}{3} + \frac{8}{3} - 8 = \frac{24}{3} - 8 = 0$

Als $z = 1$ dan geldt er $12(1)^2 - 4(1) - 8 = 12 - 4 - 8 = 0$

BELANGRIJK

Om je resultaten te controleren gebruik je altijd de oorspronkelijke vergelijking, dus voordat je er iets aan veranderd hebt.

Kwadratische oplossingen toepassen

Kijk eens hoe kwadratische vergelijkingen en hun oplossingen kunnen worden toegepast. Kwadratische vergelijkingen worden toegepast in de wiskunde, natuurwetenschappen en economie; daarom is het zo belangrijk ze goed onder de knie te hebben. Hier zijn enkele voorbeelden.

In de mechanica is er een vergelijking die je vertelt hoe hoog een voorwerp is na een bepaalde hoeveelheid tijd: $h = -5t^2 + v_0t + h_0$. In deze vergelijking is $-5t^2$ het gevolg van de aantrekkingskracht van de aarde op het voorwerp. De v_0 stelt de beginsnelheid van het voorwerp voor, dus de snelheid die het voorwerp op het tijdstip $t = 0$ heeft. De h_0 is de beginpositie in meters, de hoogte van het gebouw, de berg of de stoel waarvan het voorwerp wordt gegooid. De variabele t stelt de verstreken tijd in seconde voor.

Een steen werd vanaf een 12-meter hoog gebouw recht omhoog gegooid met een snelheid van 40 meter per seconde. Op welk tijdstip bereikte de steen een hoogte van 92 meter?

Vervang de hoogte, h, door 92, de v_0 door 40, de h_0 door 12 en de vergelijking ziet er dan zo uit: $92 = -5t^2 + 40t + 12$. Met de volgende stappen kun je deze vergelijking oplossen.

1. **Schrijf de vergelijking in de standaardvorm.**

   Tel links en rechts –92 op.

   $0 = -5t^2 + 40t - 80$

2. **Haal de grootste gemeenschappelijke deler buiten haakjes.**

   Dat is in dit geval –5.

   $0 = -5(t^2 - 8t + 16)$

3. **Ontbind de vergelijking in factoren.**

   $0 = -5(t - 4)^2$

4. **Stel elk van de factoren gelijk aan 0 om de variabele op te lossen.**

   Na 4 seconden bereikt de steen een hoogte van 92 meter in de lucht.

In het volgende voorbeeld wordt je economisch inzicht op de proef gesteld. De prijs per kilo van een speciale soort boetseerklei is afhankelijk van het aantal kilo dat een kunstenaar ineens bestelt. De prijs per kilo klei wordt gegeven door de formule $0{,}05x^2 - 4x + 100$, waarin x het aantal kilo klei voorstelt.

» Laat y de prijs per kilo klei zijn en schrijf de vergelijking als $y = 0{,}05x^2 - 4x + 100$.

Vervang de x in de vergelijking door een paar getallen zodat je een idee krijgt van de bedragen waar we het over hebben.

Voor 1 kilo geldt $x = 1$ en $y = 0{,}05(1)^2 - 4(1) + 100 =$ € 96,05 per kilo.

Voor 10 kilo geldt $x = 10$ en $y = 0{,}05(10)^2 - 4(10) + 100 =$ € 65,00 per kilo.

Voor 25 kilo geldt $x = 25$ en $y = 0{,}05(25)^2 - 4(25) + 100 =$ € 31,25 per kilo.

Een kunstenares wil haar kosten drukken en niet meer dan € 40 per kilo betalen. Hoeveel moet ze bestellen om beneden deze kiloprijs te blijven?

Stel $y = 40$ en de vergelijking wordt: $40 = 0{,}05x^2 - 4x + 100$.

Trek links en rechts 40 af en je krijgt $0 = 0{,}05x^2 - 4x + 60$.

Je hebt geen zin dit te gaan ontbinden in factoren met het decimale getal voor de x^2, dus vermenigvuldig je beide zijden van het gelijkteken met 20.

$0 = x^2 - 80x + 1200$

Ontbinden in factoren levert: $0 = (x - 60)(x - 20)$

Stel de factoren één voor één gelijk aan 0 en je vindt als oplossingen: $x = 60$ en $x = 20$.

De prijs per kilo blijft onder de € 40 als ze tussen de 20 en 60 kilo bestelt. Het blijkt dat de prijs het laagst is bij een afname van 40 kilo.

De abc-formule

De abc-formule is er speciaal voor kwadratische vergelijkingen. Een kwadratische vergelijking, die in de standaardvorm geschreven wordt als $ax^2 + bx + c = 0$, kan maximaal twee oplossingen hebben, maar kan er ook maar één hebben, of zelfs helemaal geen. Onthoud dat a, b en c willekeurige reële getallen zijn. De a mag niet gelijk zijn aan nul, maar de b en de c mogen dat wel. De abc-formule stelt je in staat oplossingen te vinden als de vergelijkingen niet zo mooi zijn. De getallen in de vergelijking of de oplossingen van de vergelijking kunnen bijvoorbeeld vervelende breuken zijn, of decimale getallen zonder einde, of wortels.

BELANGRIJK

De *abc-formule*, ook wel de *wortelformule* genoemd, zegt dat de oplossingen voor een kwadratische vergelijking in de vorm $ax^2 + bx + c = 0$, gegeven worden door de vergelijking

$$x = \frac{b \pm \sqrt{b^2 - 4ac}}{2a}$$

In de formule komt een zogeheten plus/min-symbool, ±, voor. Dit betekent dat je de formule kunt splitsen in twee aparte formules, één met het plusteken en één met het minteken. Die vergelijkingen zien er dan zo uit:

$$x = \frac{-b + \sqrt{b^2 - 4ac}}{2a}$$

$$\text{of } x = \frac{-b - \sqrt{b^2 - 4ac}}{2a}$$

Zie je het verschil tussen de twee vergelijkingen? Het enige verschil is het plus- of het minteken voor de wortel.

Je kunt deze formule toepassen op elke kwadratische vergelijking om zo de oplossingen te vinden. Hier volgt een voorbeeld waarin je kunt zien hoe de formule werkt.

» Gebruik de abc-formule om $2x^2 + 7x - 4 = 0$ op te lossen.

Volgens de standaardvorm van een kwadratische vergelijking is a het getal voor de x^2, b het getal voor de x en c de constante term.

$a = 2, b = 7, c = -4$

Gebruik het eerste deel van de formule, met het plusteken voor de wortel, en je vindt:

$$x = \frac{-7 + \sqrt{7^2 - 4(2)(-4)}}{2(2)}$$
$$= \frac{-7 + \sqrt{49 + 32}}{4}$$
$$= \frac{-7 + \sqrt{81}}{4}$$
$$= \frac{-7 + 9}{4} = \frac{2}{4} = \frac{1}{2}$$

Gebruik het tweede deel van de formule en je vindt:

$$x = \frac{-7 - \sqrt{7^2 - 4(2)(-4)}}{2(2)}$$
$$= \frac{-7 - \sqrt{49 + 32}}{4}$$
$$= \frac{-7 - \sqrt{81}}{4}$$
$$= \frac{-7 - 9}{4} = \frac{-16}{4} = -4$$

Als de oplossing die je vindt met de abc-formule gehele getallen of breuken blijken te zijn, dan betekent dat dat de vergelijking ook in factoren ontbonden *had kunnen* worden. Maar het betekent niet dat je de abc-formule niet had mogen gebruiken. Soms is het gewoon handiger de formule te gebruiken, bijvoorbeeld als er hele grote of vervelende getallen voorkomen in de vergelijking. In het algemeen is het echter meestal sneller te ontbinden in factoren en de factoren dan gelijk aan 0 te stellen, als dat mogelijk is. Bekijk ter illustratie hiervan het vorige voorbeeld nog eens en los nu op door te ontbinden in factoren.

$$2x^2 + 7x - 4 = (2x - 1)(x + 4) = 0$$

Stel elk van de factoren gelijk aan 0 en je vindt:

$$2x - 1 = 0 \text{ of } x + 4 = 0$$

$$\text{dus } x = \frac{1}{2} \text{ of } x = -4$$

Maar hoe zien de resultaten er dan uit als de vergelijking niet in factoren ontbonden kan worden? Het volgende voorbeeld laat dat zien.

PAS OP

De twee dingen waar je bij dit soort opgaven op moet letten zijn:

- » Vergeet niet dat $-b$ betekent dat je het tegengestelde van b moet gebruiken. Als de coëfficiënt b in de standaardvorm van de vergelijking een positief getal is, verander het in de formule dan in zijn tegengestelde, een negatief getal dus. Als b negatief is, verander het in de formule dan in een positief getal.
- » Wees zorgvuldig bij het vereenvoudigen onder het wortelteken. Volgens de volgorde van bewerkingen moet je eerst de waarde van b kwadrateren, vervolgens de laatste drie factoren vermenigvuldigen en deze dan pas aftrekken van het kwadraat van b. Wees ook zorgvuldig met de voortekens.

Probeer nog een voorbeeld:

- » Gebruik de abc-formule om $2x^2 + 8x + 7 = 0$ op te lossen.

  In deze opgave geldt $a = 2$, $b = 8$ en $c = 7$.
- » De formule luidt $x = \frac{-b \pm \sqrt{b^2 - 4ac}}{2a}$, maar bepaal de twee oplossingen nog één keer apart.

  $$x = \frac{-8 + \sqrt{8^2 - 4(2)(7)}}{2(2)}$$
  $$= \frac{-8 + \sqrt{64 - 56}}{4} = \frac{-8 + \sqrt{8}}{4}$$

  De wortel kan vereenvoudigd worden, want $\sqrt{8} = \sqrt{4} \cdot \sqrt{2} = 2\sqrt{2}$

  Dus $x = \frac{-8 + 2\sqrt{2}}{4} = \frac{2(-4 + \sqrt{2})}{4} = \frac{-4 + \sqrt{2}}{2}$

PAS OP

Wees zorgvuldig wanneer je deze uitdrukking wilt vereenvoudigen: $\frac{(-4 + \sqrt{2})}{2} \neq -2 + \sqrt{2}$. Beide termen in de teller van de breuk moeten gedeeld worden door de 2.

In decimale getallen, luidt het antwoord:

$$\frac{(-4 + \sqrt{2})}{2} \approx \frac{-4 + 1{,}414}{2} = \frac{-2{,}586}{2} = -1{,}293$$

De andere oplossing is $\frac{-8 - \sqrt{8^2 - 4(2)(7)}}{2(2)} = \frac{-8 + \sqrt{64 - 56}}{4} = \frac{-8 - \sqrt{8}}{4}$

Dus $x = \frac{-8 - 2\sqrt{2}}{4} = \frac{2(-4 - \sqrt{2})}{4} = \frac{-4 - \sqrt{2}}{2}$

$$\approx \frac{-4 - 1{,}414}{2} = \frac{-5{,}414}{2} = -2{,}707$$

Als je de antwoorden nu controleert, welke invloed heeft het afronden van de waarden dan?

Als $x = -1{,}293$, dan geldt $2(-1{,}293)^2 + 8(-1{,}293) + 7$

$= 3{,}343698 - 10{,}344 + 7 = -0{,}000302$

Dat is niet gelijk aan 0! Wat is er aan de hand? Is het antwoord niet goed? Nee hoor, het is in orde. Het verschil zit 'm in het afronden. Dit is wat er gebeurt wanneer je een afgeronde waarde gebruikt in plaats van de wortel. We ronden $\sqrt{2}$ af omdat het een irrationaal getal is met een oneindig lange decimaal. Afronden op twee decimalen leek voldoende te zijn. Je moet dus ook niet verwachten dat de controleberekening exact op 0 uitkomt. In het algemeen geldt dat wanneer je het getal dat uit de controleberekening komt, afrondt op hetzelfde aantal decimalen als waarop je de wortel afrondde, dat je dan de 0 vindt die je verwachtte.

IN DIT HOOFDSTUK

Hoofdstuk 15

Zoek 't hogerop met vergelijkingen van hogere graad

In de meest voorkomende wiskundige toepassingen worden eerste- en tweedegraadsvergelijkingen gebruikt. Zelfs in de functieleer en de natuurkunde volstaan deze vergelijkingen, met alleen eerste en tweede machten, om de meest voorkomende situaties te beschrijven. Als je deze vergelijkingen goed onder de knie hebt, ben je een heel eind op weg. Maar af en toe wordt je kennis op de proef gesteld met een vergelijking van een hogere graad of met een vergelijking waarin wortels of gebroken exponenten voorkomen. Geen paniek. Er zijn veel manieren om dit soort vergelijkingen aan te pakken en in dit hoofdstuk laat ik zien hoe dat gaat. De rode draad is dat de vergelijkingen meestal gelijkgesteld worden aan nul (behalve in sommige gevallen waar wortels in voorkomen), zodat je kunt oplossen door elk van de factoren gelijk aan nul te stellen.

Derdegraadsvergelijkingen

In een *derdegraadsvergelijking* komt een term voor met een derde macht maar hogere machten komen er niet in voor. Dit soort vergelijkingen worden soms ook kubische vergelijkingen genoemd en kunnen wel drie oplossingen hebben, maar het kunnen er ook minder zijn. Bovendien is het zo dat een derdegraadsvergelijking altijd minstens één oplossing heeft, al hoeft dat geen mooi rond getal te zijn.

Voor kwadratische vergelijkingen (een tweedegraadsvergelijking waarin de hoogste voorkomende macht twee is) is dat niet gegarandeerd: kwadratische vergelijkingen hebben soms helemaal geen oplossing.

TIP

Een tweedegraadsvergelijking heeft maximaal twee oplossingen en een derdegraadsvergelijking heeft er maximaal drie, zou daar een patroon in zitten? Mag je dan aannemen dat een vierdegraadsvergelijking vier oplossingen kan hebben? En een vijfdegraadsvergelijking vijf? Jazeker, dat is inderdaad zo. Het is een algemene wiskundige regel. De graad van de vergelijking vertelt je het maximumaantal oplossingen. Het aantal oplossingen kan wel minder zijn dan de graad van de vergelijking, maar nooit *meer*.

Vergelijkingen die tot een perfecte derde macht herleid kunnen worden

Als de derdegraadsvergelijking slechts twee termen bezit die beide perfecte derde machten zijn, dan is je taak eenvoudig, want de som of het verschil van twee perfecte derde machten kan ontbonden worden in twee factoren met slechts één oplossing. De eerste factor, de tweeterm, geeft je een oplossing. De tweede factor, de drieterm, heeft geen oplossingen. (Als je niet meer weet hoe je deze dingen kunt ontbinden in factoren, blader dan even terug naar hoofdstuk 11.)

BELANGRIJK

Als $x^3 - a^3 = 0$, dan geldt er dat $x^3 - a^3 = (x - a)(x^2 + ax + a^2) = 0$ en dat $x = a$ de enige oplossing is.

Zo werkt deze formule. Als $x^3 - a^3 = (x - a)(x^2 + ax + a^2) = 0$, dan moet tenminste één van de factoren gelijk aan 0 zijn, dus ofwel geldt $x - a = 0$, waaruit de oplossing $x = a$ volgt, ofwel $x^2 + ax + a^2 = 0$. Deze drieterm kan niet ontbonden worden in factoren en zal je geen verdere oplossingen opleveren. Evenzo geldt dat als $(x + a)(x^2 - ax + a^2) = 0$, dan moet gelden dat ofwel $x + a = 0$, waaruit de oplossing $x = -a$ volgt, ofwel $x^2 - ax + a^2 = 0$. Deze drieterm kan ook niet in factoren ontbonden worden en geeft je ook geen oplossingen. Zoals je ziet gebruiken we hier weer de bijzondere eigenschap van het vermenigvuldigen met 0, waarbij het op 0 stellen van de tweeterm je in staat stelt op te lossen voor x.

BELANGRIJK

Omdat vermenigvuldigen met nul altijd 0 oplevert, geldt er dat wanneer $p \cdot q = 0$, dan is tenminste één van de factoren gelijk aan 0 en dus geldt er dat $p = 0$ en/of $q = 0$.

De truc om derdegraadsvergelijkingen met twee termen die beide perfecte derde machten zijn, op te lossen, zit 'm in het herkennen ervan. Kijk op de lijst met derde machten in de spiekbrief. Vervolgens hoef je alleen de regels toe te passen. Hier zijn enkele voorbeelden:

Los x op uit $x^3 - 8 = 0$.

1. **Ontbind eerst in factoren.**

   Ontbinden in factoren geeft $x^3 - 8 = (x - 2)(x^2 + 2x + 4)$.

2. **Stel de factoren gelijk aan nul.**

Als $(x - 2)(x^2 + 2x + 4) = 0$, dan geldt er dat:

ofwel $x - 2 = 0$ ofwel $x^2 + 2x + 4 = 0$.

Alleen de eerste vergelijking $x - 2 = 0$ heeft een oplossing, namelijk $x = 2$. Er zijn geen x-waarden die voldoen aan de tweede vergelijking. Er is slechts één oplossing.

TECHNISCHE INFO

De drieterm die ontstaat als resultaat van het ontbinden in factoren van de som of het verschil van twee derde machten, kan niet in factoren ontbonden worden en heeft geen oplossingen wanneer die gelijkgesteld wordt aan nul. Je kunt de abc-formule toepassen op de drieterm om aan te tonen dat dit inderdaad zo is. In hoofdstuk 14 wordt uitgelegd hoe deze formule werkt. Door de abc-formule te gebruiken zul je er snel achter komen dat er geen oplossingen zijn voor deze vergelijking, althans niet in de reële wereld.

» Los y op uit $27y^3 + 64 = 0$.

Ontbinden in factoren levert hier op $27y^3 + 64 = (3y + 4)(9y^2 - 12y + 16)$.

De eerste factor geeft een oplossing door $3y + 4$ gelijk aan 0 te stellen:

$3y = -4$ dus $y = -\frac{4}{3}$.

» Los a op uit $8a^3 - (a - 2)^3 = 0$.

Ontbinden in factoren gaat hier op dezelfde manier als bij het verschil tussen twee perfecte derde machten. Het is alleen iets ingewikkelder omdat de tweede term een tweeterm is.

$8a^3 - (a - 2)^3 = [2a - (a - 2)][4a^2 + 2a(a - 2) + (a - 2)^2]$

Vereenvoudig binnen de eerste vierkante haakjes door de gewone haakjes weg te werken:

$[2a - (a - 2)] = [2a - a + 2]$

En dit kun je vereenvoudigen tot $[a + 2]$.

Binnen het tweede paar vierkante haakjes kun je vereenvoudigen door de gewone haakjes weg te werken en de laatste tweeterm te kwadrateren, zodat:

$[4a^2 + 2a(a - 2) + (a - 2)^2] = [4a^2 + 2a^2 - 4a + a^2 - 4a + 4]$

Samenvoegen van gelijksoortige termen levert $[7a^2 - 8a + 4]$ op.

Dus $8a^3 - (a - 2)^3 = [a + 2][7a^2 - 8a + 4]$

De eerste factor gelijk aan 0 stellen, geeft je $a + 2 = 0$, oftewel $a = -2$. Zoals gewoonlijk is er geen reële oplossing voor de tweede factor.

Ga voor de grootste gemeenschappelijke deler

Een ander soort derdegraadsvergelijking die gemakkelijk op te lossen is, is die waarin je een variabele GGD (grootste gemeenschappelijke deler) buiten haakjes kunt halen. Hierdoor ontstaat er een tweede factor die lineair of kwadratisch (eerste- of tweedegraads) is in die variabele. Stel de twee factoren gelijk aan nul en je vindt de oplossingen; meestal zijn dat er drie.

Een lineaire variabele GGD buiten haakjes halen

Als de termen van een derdegraadsvergelijking allemaal een factor gemeen hebben die lineair is in de variabele, dan kun je die buiten haakjes halen. Je krijgt dan een vergelijking die bestaat uit de variabele als de ene factor en een tweedegraadsuitdrukking als de tweede factor. Door de factoren gelijk aan nul te stellen, vind je altijd dat de lineaire factor je een oplossing gelijk aan nul geeft. De kwadratische uitdrukking kan oplossingen hebben die je kunt bepalen met de methoden uit hoofdstuk 14.

Volg de volgende stappen om x op te lossen uit $x^3 - 4x^2 - 5x = 0$.

1. **Stel vast dat iedere term een factor *x* bevat en haal die buiten haakjes.**

   De GGD is x. Haal die buiten haakjes en je vindt $x(x^2 - 4x - 5) = 0$.

   Je kunt elk van de factoren nu gelijk stellen aan 0, wat betekent dat je de kwadratische uitdrukking moet ontbinden in factoren. Doe dat eerst.

2. **Ontbind de kwadratische uitdrukking in factoren als dat mogelijk is.**

   $x(x^2 - 4x - 5) = x(x - 5)(x + 1) = 0$

3. **Stel de factoren gelijk aan 0 en los op.**

   Door de individuele factoren op 0 te stellen, vind je dat:

   $x = 0$ of $x - 5 = 0$ of $x + 1 = 0$.

   Dat betekent dat $x = 0$ of $x = 5$ of $x = -1$.

4. **Check de oplossingen door ze in te vullen in de oorspronkelijke vergelijking.**

   Als $x = 0$, dan $0^3 - 4(0)^2 - 5(0) = 0 - 0 - 0 = 0$.

   Als $x = 5$, dan $5^3 - 4(5)^2 - 5(5) = 125 - 4(25) - 25 = 125 - 100 - 25 = 0$.

   Als $x = -1$, dan $(-1)^3 - 4(-1)^2 - 5(-1) = -1 - 4(1) + 5 = -1 - 4 + 5 = 0$.

Ze kloppen alle drie!

Werk dezelfde stappen af om z op te lossen uit $z^3 + z^2 + z = 0$:

1. **Stel vast dat iedere term een factor *z* bevat en haal die buiten haakjes.**

   Er is weer een gemeenschappelijke factor en deze keer is dat z. Haal z buiten haakjes en je vindt $z(z^2 + z + 1) = 0$.

2. **Ontbind de kwadratische uitdrukking in factoren als dat mogelijk is.**

   Hier loop je vast. Al *lijkt* het geen probleem de kwadratische uitdrukking in factoren te ontbinden, het lukt je niet. Het blijkt zelfs dat het op 0 stellen van de tweede factor geen oplossingen oplevert, ook niet met de abc-formule. De enige oplossing is dus $z = 0$.

Een kwadratische variabele GGD buiten haakjes halen

Net als met lineaire variabele grootste gemeenschappelijke delers, kun je ook kwadratische variabelen buiten haakjes halen. Zo'n ontbinding geeft je dan een tweeterm die een oplossing voor de derdegraadsvergelijking oplevert. Drie eenvoudige danspasjes en je bent er:

1. **De passen voor de rumba lijken op die voor de wals: het ritme gaat langzaam-snel-snel (één pas gevolgd door twee snellere pasjes).**
2. **Stap naar links en maak een halve draai.**
3. **Stap naar voren en neem de leiding, net als bij de wals.**

Oeps! Ik wilde natuurlijk de stappen uitleggen om $w^3 - 3w^2 = 0$ te ontbinden in factoren en op te lossen voor w:

1. **Stel vast dat iedere term een factor w^2 bevat en haal die buiten haakjes.**

   Zoek de gemeenschappelijke factor w^2 en haal die buiten haakjes, zodat:

   $w^3 - 3w^2 = w^2(w - 3) = 0$.

2. **Stel elk van de factoren op 0.**

   $w^2 = 0$ of $w - 3 = 0$.

3. **Los de vergelijkingen op.**

   De eerste vergelijking los je op door links en rechts de wortel te bepalen. Dit levert normaal gesproken twee oplossingen op, een positieve en een negatieve oplossing. Dit is echter niet het geval voor $w^2 = 0$, omdat 0 noch positief noch negatief is. Deze factor geeft je dus slechts 1 oplossing: $w = 0$. En de andere factor geeft je een oplossing $w = 3$. Dus deze vergelijking heeft slechts twee oplossingen, al is het een derdegraadsvergelijking.

Oefen deze methode nog wat meer met het volgende voorbeeld:

Los op voor t in $9t^3 + 99t^2 = 0$.

1. **Haal de grootste gemeenschappelijke deler buiten haakjes.**

   De grootste factor die de twee termen gemeen hebben is $9t^2$. Haal die buiten haakjes en je krijgt:

   $9t^3 + 99t^2 = 9t^2(t + 11) = 0$.

2. **Los de vergelijking op door de factoren op 0 te stellen.**

   Ofwel $9t^2 = 0$ ofwel $t + 11 = 0$. Dat betekent dat $t = 0$ of $t = -11$.

Derdegraadsvergelijkingen groeperen

Wanneer je vier of meer termen hebt die geen gemeenschappelijke deler hebben, kun je termen groeperen als een vorm van ontbinden in factoren. Je groepeert dan zodanig dat er bijvoorbeeld twee paar termen ontstaan, die ieder wel een gemeenschappelijke factor bezitten. Deze methode van termen groeperen is al in hoofdstuk 9 behandeld. Ik geef je hier nog een voorbeeld, maar je kunt ook terugbladeren naar hoofdstuk 9 voor een uitgebreidere uitleg.

Los x op uit $x^3 + x^2 - 4x - 4 = 0$.

1. **Groepeer de termen aan de linkerkant zodat je kunt ontbinden in factoren.**

   $x^3 + x^2 - 4x - 4 = x^2(x + 1) - 4(x + 1) = (x + 1)(x^2 - 4) = 0$

2. **Ontbind de uitdrukkingen binnen haakjes in factoren als dat mogelijk is.**

   De tweede term kan verder worden ontbonden in factoren, want het is het verschil van 2 perfecte kwadraten.

   $(x + 1)(x^2 - 4) = (x + 1)(x - 2)(x + 2) = 0$

3. **Los op door ieder van de factoren op 0 te stellen.**

   Op 0 stellen van de 3 factoren levert $x + 1 = 0$ of $x - 2 = 0$ of $x + 2 = 0$, waaruit volgt dat $x = -1$ of $x = 2$ of $x = -2$.

In dit geval zijn er drie verschillende oplossingen, maar er zijn ook gevallen waarin je er maar één of twee krijgt.

Gehele getallen gebruiken om derdegraadsvergelijkingen te ontbinden in factoren

Als het je niet lukt een derdegraadsvergelijking op te lossen door de som of het verschil van twee perfecte derde machten te vinden, door te ontbinden in factoren, of door te groeperen (zie ook hoofdstuk 9), dan is er nog één methode die je kunt proberen *als* alle oplossingen gehele getallen blijken te zijn. Er zouden één, twee of drie verschillende gehele getallen kunnen zijn die de vergelijking oplossen. Dit is vaak alleen het geval als de coëfficiënt (de vermenigvuldigingsfactor) van de derdegraadsterm gelijk is aan één. Dat wil niet zeggen dat alle oplossingen gehele getallen zijn als de coëfficiënt van de derdegraadsterm één is, maar het is wel veel waarschijnlijker. Als de coëfficiënt van de term met de variabele tot de derde macht niet gelijk is aan één, dan zijn de oplossingen meestal breuken. Je kunt dan een soort staartdeling gebruiken om de oplossingen te vinden, zoals verderop in dit hoofdstuk in de paragraaf 'Staartdelen' wordt uitgelegd.

BELANGRIJK

Om de oplossingen te vinden wanneer alle oplossingen gehele getallen zijn, gebruik je de volgende stappen:

1. **Schrijf de derdegraadsvergelijking op in afnemende machten van de variabele.** Zoek de constante term (de term zonder variabele) en schrijf alle getallen op waardoor dat getal deelbaar is.

   BELANGRIJK

   Vergeet niet zowel positieve als negatieve getallen op te schrijven.

   Stel dat je op wilt lossen voor x in $x^3 - 7x^2 + 7x + 15 = 0$. De constante term is 15 en de lijst met delers van 15 luidt: $\pm 1, \pm 3, \pm 5, \pm 15$. Dit is een lange lijst maar je weet dat je op de een of andere manier getallen zult moeten vermenigvuldigen zodat je 15 krijgt.

2. **Zoek een getal uit de lijst dat ingevuld in de vergelijking 0 oplevert.**

   Probeer 3 als eerste gok.

   Probeer $x = 3$ en er volgt $(3)^3 - 7(3)^2 + 7(3) + 15 = 27 - 63 + 21 + 15 = 63 - 63 = 0$

   Het klopt!

3. **Deel de constante term door dat getal.**

   De uitkomst van die deling is je nieuwe constante term.

   In het voorbeeld deel je de oorspronkelijke term 15 door 3 zodat je 5 krijgt. Dat is je nieuwe constante term.

4. **Schrijf de getallen op waardoor de nieuwe constante term deelbaar is.**

   Maak een nieuwe lijst voor de nieuwe constante term 5. Het getal 5 is deelbaar door ±1 en ±5. Twee getallen maakt het wat eenvoudiger dan vier.

5. **Zoek in de nieuwe lijst een getal dat de vergelijking oplost.**

   Probeer $x = 1$ en je vindt $(1)^3 - 7(1)^2 + 7(1) + 15 = 1 - 7 + 7 + 15 = 23 - 7 = 16$.

   Dit klopt niet; probeer een ander getal uit de lijst.

   Probeer $x = 5$ en je vindt $(5)^3 - 7(5)^2 + 7(5) + 15 = 125 - 175 + 35 + 15 = 175 - 175 = 0$.

   Dit klopt wel.

6. **Deel de nieuwe constante term nu door het laatst gevonden getal.**

   Deze stap geeft je de mogelijkheden voor de laatste oplossing.

   Door de nieuwe constante term, 5, te delen door 5 vind je 1. Dat is alleen deelbaar door 1 en –1. Omdat 1 al geprobeerd is en niet bleek te werken, moet de laatste oplossing wel –1 zijn.

   Probeer $x = -1$ en je vindt $(-1)^3 - 7(-1)^2 + 7(-1) + 15 = -1 - 7 - 7 + 15 = 0$.

   Dit klopt natuurlijk, dus je oplossingen zijn: $x = 3$, $x = 5$, $x = -1$.

Dat betekent dat 3, 5 en –1 de drie oplossingen zijn voor de vergelijking $x^3 - 7x^2 + 7x + 15 = 0$.

Wauw, dat was nog eens een methode! Probeer het nog eens met de volgende voorbeelden.

Los y op uit $y^3 - 4y^2 + 5y - 2 = 0$.

1. **Schrijf de derdegraadsvergelijking op in afnemende machten van de variabele en zoek de constante term.** Schrijf alle getallen op waardoor de constante deelbaar is.

   De constante term in deze vergelijking is –2. Er zijn dus niet zo veel delers: ±1, ±2.

2. **Zoek een getal uit de lijst dat ingevuld in de vergelijking 0 oplevert.**

   Probeer $y = 1$ en er volgt $(1)^3 - 4(1)^2 + 5(1) - 2 = 1 - 4 + 5 - 2 = 6 - 6 = 0$.

Da's een goeie. Het enige probleem hier is dat wanneer je nu probeert de constante term kleiner te maken, de truc niet meer werkt. Delen door 1 verandert de waarde nu eenmaal niet. Het is gelukkig wel een korte lijst. Probeer een ander getal van de lijst.

3. **Probeer een ander getal.**

Probeer $y = -1$ en er volgt $(-1)^3 - 4(-1)^2 + 5(-1) - 2 = -1 - 4 - 5 - 2 = -1 - 11 = -12$.

Dit werkte dus niet, probeer dan 2.

Probeer $y = 2$ en er volgt $(2)^3 - 4(2)^2 + 5(2) - 2 = 8 - 16 + 10 - 2 = 18 - 18 = 0$.

De 2 werkt wel. Dus als je de constante term 2 deelt door 2, dan krijg je een 1. De enige factoren van 1 zijn ±1. De 1 heb je al geprobeerd en die werkte. De –1 heb je ook geprobeerd en die werkte niet. Dat betekent dat 1 nu weer zal werken en dat je dus een dubbele wortel hebt in deze opgave.

De oplossingen zijn $y = 1$ en $y = 2$.

Een dubbele wortel, oftewel een dubbele oplossing, kun je in deze vergelijkingen eenvoudig herkennen wanneer je ontbindt in factoren, omdat ze dan twee keer voorkomen. Als je met het 0 stellen van factoren in gedachte terugrekent en de factoren die je de oplossingen geven uitschrijft, dan krijg je natuurlijk dit:

$$y^3 - 4y^2 + 5y - 2 = (y - 1)(y - 1)(y - 2) = 0.$$

Je kunt de dubbele wortel nog explicieter laten zien als je de vergelijking zo herschrijft:

$$(y - 1)(y - 1)(y - 2) = (y - 1)^2(y - 2) = 0.$$

Oplossen voor z in $z^3 - 3z^2 + 3z - 1 = 0$ is speciaal want de vergelijking *zou* drie wortels (oftewel oplossingen) kunnen hebben, maar omdat de constante term gelijk is aan −1, zijn de enige keuzes 1 en −1. Er is ofwel slechts 1 oplossing, ofwel 1 van de oplossingen komt meerdere keren voor. Om te zien wat hier het geval is, ga je de stappen na en probeer je de waarden uit.

Probeer $z = 1$ en je vindt $(1)^3 - 3(1)^2 + 3(1) - 1 = 1 - 3 + 3 - 1 = 4 - 4 = 0$.

Probeer $z = -1$ en je vindt $(-1)^3 - 3(-1)^2 + 3(-1) - 1 = -1 - 3 - 3 - 1 = -8$.

De enige oplossing is dus $z = 1$.

Vergelijkingen die lijken op kwadratische vergelijkingen

Sommige vergelijkingen met hogere machten of breuken in de exponenten lijken op kwadratische vergelijkingen in de zin dat ze bestaan uit drie termen, bovendien bevatten ze de volgende drie eigenschappen:

1. **De eerste term heeft een even macht (4, 6, 8...) of ($\frac{1}{2}$, $\frac{1}{4}$, $\frac{1}{6}$...).**
2. **De macht van de tweede term is de helft van de macht van de eerste term.**
3. **De derde term is een constante.**

In het algemeen ziet zo'n vergelijking eruit als $ax^{2n} + bx^n + c = 0$. Net als in de kwadratische vergelijking is de x hier de variabele en zijn a, b en c constante getallen. De a mag ook hier geen 0 zijn maar de andere twee getallen kunnen iedere willekeurige waarde aannemen. De n is ook een constante en kan van alles zijn behalve 0. Als $n = 3$, dan ziet de vergelijking er bijvoorbeeld uit als $ax^6 + bx^3 + c = 0$.

Om zulke vergelijkingen op te lossen doe je net alsof het een kwadratische vergelijking is en gebruik je dus dezelfde methoden, plus een stap of twee extra. In de extra stappen moet je meestal nog een keer worteltrekken of machtsverheffen.

De volgende vergelijkingen lijken allemaal op een kwadratische vergelijking en voldoen aan alle eerdergenoemde vereisten:

- » $x^4 - 5x^2 + 4 = 0$
- » $y^6 + 7y^3 - 8 = 0$
- » $z^8 + 7z^4 + 6 = 0$
- » $w^{1/2} - 7w^{1/4} + 12 = 0$

Als je herkent dat een vergelijking eruitziet als een kwadratische vergelijking, los haar dan op volgens deze stappen:

1. **Herleid de vergelijking tot een echte kwadratische vergelijking, waarbij je de machten herleid tot 2 en 1.**

   TIP

   Je kunt hierbij de letters van de variabelen vervangen zodat je de nieuwe vergelijking niet verwart met de oorspronkelijke.
2. **Ontbind de nieuwe vergelijking in factoren om te bepalen hoe het patroon eruitziet.**
3. **Gebruik dat patroon om de oorspronkelijke vergelijking in factoren te ontbinden, waarbij je weer de oorspronkelijke variabelen gebruikt.**
4. **Stel elk van de factoren gelijk aan 0 om de oplossingen te vinden.**

BELANGRIJK

De hoogste macht die voorkomt in een vergelijking, aangenomen dat dat een geheel getal is, vertelt je het aantal *mogelijke* oplossingen; er zullen nooit meer oplossingen zijn dan de hoogste macht.

Om deze stappen in actie te zien, zullen we de vergelijking $x^4 - 5x^2 + 4 = 0$ oplossen voor x.

1. **Herschrijf de vergelijking waarbij je de oorspronkelijke machten vervangt door 2 en 1.**

   Herschrijf de vergelijking als een kwadratische vergelijking met dezelfde coëfficiënten (vermenigvuldigingsfactoren) en constante. Verander de letter die je gebruikt voor de variabele zodat er geen verwarring ontstaat met de oorspronkelijke vergelijking.

$q^2 - 5q + 4 = 0$

2. **Ontbind de kwadratische vergelijking in factoren.**

   $q^2 - 5q + 4 = 0$ kan mooi ontbonden worden in factoren als $(q - 4)(q - 1) = 0$.

3. **Gebruik dit patroon om de oorspronkelijke vergelijking in factoren te ontbinden.**

   Gebruik hetzelfde patroon om de oorspronkelijke vergelijking te ontbinden in factoren. Vervang de variabele q weer door x^2. Wanneer je de substitutie doet, zul je gewoonlijk de variabele in de middelste term vervangen door de nieuwe variabele.

   $x^4 - 5x^2 + 4 = (x^2 - 4)(x^2 - 1) = 0$

4. **Stel elk van de factoren gelijk aan 0 om de vergelijking op te lossen.**

   De vergelijking is waar als 1 van de factoren gelijk is aan 0, dus $x^2 - 4 = 0$ of $x^2 - 1 = 0$.

   Als $x^2 - 4 = 0$, dan geldt er dat $x^2 = 4$ en dus dat $x = \pm 2$.

   Als $x^2 - 1 = 0$, dan geldt er dat $x^2 = 1$ en dus dat $x = \pm 1$.

Deze vierdegraadsvergelijking voldoet inderdaad aan alle verwachtingen: er zijn vier oplossingen.

Het volgende voorbeeld is een interessante opgave want de exponenten zijn nu breuken. Maar ook deze vergelijking lijkt op een kwadratische vergelijking en ik zal je laten zien hoe je van deze gelijkenis gebruik kunt maken om de vergelijking op te lossen. En nee, de regel voor het aantal oplossingen werkt in dit geval niet op dezelfde manier. Een halve oplossing bestaat nu eenmaal niet.

Los de vergelijking $w^{1/2} - 7w^{1/4} + 12 = 0$ op voor w.

1. **Herschrijf de vergelijking met machten van 2 en 1.**

   De vergelijking herschrijven levert $q^2 - 7q + 12 = 0$.

2. **Ontbind de kwadratische vergelijking in factoren.**

   De vergelijking kan mooi ontbonden worden als $(q - 3)(q - 4) = 0$.

3. **Vervang volgens dit patroon de variabelen met die uit de oorspronkelijke vergelijking.**

   Substitueer de oorspronkelijke variabelen in de vergelijking: $(w^{1/4} - 3)(w^{1/4} - 4) = 0$.

4. **Los de vergelijking op.**

   $(w^{1/4} - 3)(w^{1/4} - 4) = 0$

   Wanneer je nu de individuele factoren gelijk aan nul stelt, vind je dat ofwel $w^{1/4} - 3 = 0$ ofwel $w^{1/4} - 4 = 0$. Hoe los je dit soort dingen op? Kijk naar $w^{1/4} - 3 = 0$. Door links en rechts 3 op te tellen, krijg je $w^{1/4} = 3$. Je kunt w oplossen door beide zijden tot de vierde macht te verheffen. Daardoor raak je de breuk in de exponent kwijt, want als je een macht tot een macht verheft, moet je de exponenten vermenigvuldigen. $(\frac{1}{4})4 = 1$.

$(w^{1/4})^4 = (3)^4$

Dit geeft $w = 81$.

Doe hetzelfde met de andere factor en je vindt dat als $w^{1/4} - 4 = 0$, dan geldt dat $w^{1/4} = 4$ en:

$(w^{1/4})^4 = (4)^4$.

Dit geeft je $w = 256$.

5. **Check de oplossingen.**

   Als $w = 81$, dan $(81)^{1/2} - 7(81)^{1/4} + 12 = 9 - 7(3) + 12 = 21 - 21 = 0$.

   Als $w = 256$, dan $(256)^{1/2} - 7(256)^{1/4} + 12 = 16 - 7(4) + 12 = 28 - 28 = 0$.

Ze kloppen allebei.

BELANGRIJK

Breuken als exponenten geven wortels weer. Dus $x^{1/2} = \sqrt{x}$ en $x^{1/3} = \sqrt[3]{x}$. Als je $16^{1/4}$ ziet, dan betekent dat $\sqrt[4]{16}$, oftewel: 'Welk getal geeft je 16 als je het 4 keer met zichzelf vermenigvuldigt?' In dit geval is het antwoord 2.

Dit soort vergelijkingen kunnen ook voorkomen met negatieve exponenten, zoals je ziet in het volgende voorbeeld waarin gevraagd wordt op te lossen voor x in de vergelijking $2x^{-6} - x^{-3} - 3 = 0$.

1. **Herschrijf de vergelijking met machten van 2 en 1.**

   De vergelijking herschrijven levert $2q^2 - q - 3 = 0$.

2. **Ontbind de kwadratische vergelijking in factoren.**

   De vergelijking kan ontbonden worden als $(2q - 3)(q + 1) = 0$.

3. **Zet de oorspronkelijke variabelen en machten terug.**

   Substitueer de oorspronkelijke variabelen in de vergelijking:

   $(2x^{-3} - 3)(x^{-3} + 1) = 0$.

4. **Los de vergelijking op.**

   Wanneer je nu de individuele factoren gelijk aan 0 stelt, vind je 2 vergelijkingen die je moet oplossen: $2x^{-3} - 3 = 0$ en $x^{-3} + 1 = 0$.

   Dit geeft je $2x^{-3} = 3$ en $x^{-3} = -1$.

BELANGRIJK

   Herschrijf deze vergelijkingen door de definitie van negatieve exponenten te gebruiken.

   $x^{-n} = \frac{1}{x^n}$

   De twee vergelijkingen kunnen dus geschreven worden als $\frac{2}{x^3} = 3$ en $\frac{1}{x^3} = -1$.

   Kruislings vermenigvuldigen geeft voor deze vergelijkingen: $3x^3 = 2$ en $x^3 = -1$. Deel de eerste vergelijking door 3 om de x^3 alleen te krijgen en neem dan aan iedere kant de derdemachtswortel om op te lossen voor x.

   $x = \sqrt[3]{2/3}$ of $x = \sqrt[3]{-1} = -1$

Wortels wegwerken

In sommige vergelijkingen komen wortels voor. Wanneer je ze oplost, is het handiger ze te herleiden tot lineaire of kwadratische vergelijkingen. Vergelijkingen waar wortels in voorkomen, ontstaan wanneer je afstanden tussen punten in een grafiek moet uitrekenen. En ze komen ook voor in opgaven waarin de stelling van Pythagoras gebruikt wordt, de favoriete formule van Pythagoras, die het verband tussen de zijden van een rechthoekige driehoek beschrijft. De methode om dit soort vergelijkingen op te lossen is gebaseerd op het kwijtraken van de wortel. Door de wortel te verwijderen wordt de opgave beter hanteerbaar, maar het kan wel leiden tot een onzinnig antwoord of tot fouten. Je antwoord controleren is daarom nog belangrijker in het geval van vergelijkingen met wortels. Zolang je je er maar van bewust bent dat er fouten op kunnen treden, kun je daar extra op letten. Zelfs al lijkt het misschien wat onhandig dat er zomaar onzinnige antwoorden kunnen ontstaan, toch is het wegwerken van de wortel de efficiëntste en gemakkelijkste manier om dit soort vergelijkingen aan te pakken.

TECHNISCHE INFO

FYSIEKE UITDAGINGEN

Beethoven is een van de beroemdste componisten aller tijden en dat is zelfs nog wonderbaarlijker als je bedenkt dat hij een groot deel van zijn leven doof was. Niettemin ging hij gewoon door met het componeren van zijn meesterwerken.

Een soortgelijke situatie overkwam de wiskundige Leonhard Euler. Euler was een van de bekendste wiskundigen van zijn tijd en publiceerde meer dan de helft van zijn werk nadat hij blind geworden was. Zijn bevindingen dicteerde hij dan uit zijn hoofd.

Links en rechts kwadrateren

De belangrijkste methode die je toepast om vergelijkingen met een wortel op te lossen, is de vergelijking zodanig te veranderen dat er *geen* wortel meer in voorkomt. Je doet dit door de wortel te verheffen tot een macht die de exponent verandert in een één. Als de wortel een vierkantswortel is, die geschreven kan worden als een macht van een half, dan verhef je de betreffende wortel tot de tweede macht. Als de wortel een derdemachtswortel is, die geschreven kan worden als een macht van een derde, dan verhef je de betreffende wortel tot de derde macht. Als je niet meer weet hoe je moet werken met exponenten en hoe je moet machtsverheffen, blader dan even terug naar hoofdstuk 4.

TECHNISCHE INFO

Wanneer je een getal met een breuk in de exponent verheft tot een macht die de inverse van de breuk is, geeft vermenigvuldigen van de machten je een macht van 1.

$$(\sqrt{2})^2 = (2^{1/2})^2 = 2^1 = 2$$

Als je alleen getallen hebt, gaat dat wel goed. Maar hoe gaat dat in dit geval?

$$(\sqrt{x+1})^2 = ((x+1)^{1/2})^2 = (x+1)^1 = x+1$$

Dat gaat ook goed, maar er kunnen problemen optreden wanneer je variabelen gebruikt in plaats van getallen. Variabelen kunnen negatieve getallen voorstellen of waarden die ervoor zorgen dat er een negatief getal ontstaat onder het wortelteken; dat is niet altijd direct duidelijk en je komt er vaak pas achter als je probeert het antwoord te controleren.

Vergelijkingen met een wortel erin kunnen opgelost worden door beide zijden te kwadrateren of te verheffen tot de juiste macht. Onthoud het adagio: 'Wat je aan de ene kant van de vergelijking doet, moet je ook aan de andere kant doen.'

Om een vergelijking met een wortel op te lossen, volg je deze stappen:

1. **Haal de wortel naar één kant van het gelijkteken en alle andere termen naar de andere kant.**

   Als je dus probeert y op te lossen uit $\sqrt{4-5y} - 7 = 0$, tel dan links en rechts 7 op zodat je aan de linkerkant alleen de wortel overhoudt. Zo krijg je $\sqrt{4-5y} = 7$.

2. **Kwadrateer beide zijden om de wortel kwijt te raken.**

   Links en rechts kwadrateren geeft je in dit voorbeeld $4 - 5y = 49$.

3. **Los de lineaire vergelijking op.**

   De lineaire vergelijking uitwerken geeft je $-5y = 45$ oftewel $y = -9$.

   Het lijkt misschien vreemd dat het antwoord een negatief getal is, maar in de vergelijking wordt dat negatieve getal vermenigvuldigd met een ander negatief getal, waardoor het positief wordt. Vervolgens tel je onder het wortelteken 4 op.

4. **Controleer je antwoord.**

   Als $y = -9$, dan geldt $\sqrt{4-5\,(-9)} - 7 = 0$, zodat $\sqrt{4+45} - 7 = 0$. Dat leidt tot $\sqrt{49} - 7 = 7 - 7 = 0$. Het klopt!

Je kunt dezelfde methode gebruiken om op te lossen voor x in $2\sqrt{x+15} - 3 = 9$.

1. **Haal de wortel naar één kant van het gelijkteken en alle andere termen naar de andere kant.**

   De eerste stap is bij links en rechts 3 optellen:

   $2\sqrt{x+15} = 12$.

2. **Kwadrateer beide zijden van de vergelijking.**

   BELANGRIJK

   Een van de regels voor het vermenigvuldigen van exponenten luidt dat het kwadraat van het product van twee getallen gelijk is aan het product van die twee getallen in het kwadraat.

   $(a \cdot b)^2 = a^2 \cdot b^2$

   Het linkerlid kwadrateren geeft $(2\sqrt{x+15})^2 = 2^2 \cdot (\sqrt{x+15})^2 = 4(x+15)$.

   Het rechterlid kwadrateren geeft $12^2 = 144$.

   $4(x+15) = 144$

3. **Los op voor x.**

Werk de haakjes links weg: $4x + 60 = 144$.

Trek links en rechts 60 af.

$4x = 84$ oftewel $x = 21$.

4. **Controleer je antwoord.**

$2\sqrt{x+15} - 3 = 9$

$2\sqrt{x+15} - 3 = 2\sqrt{36} - 3 = 2 \cdot 6-3 = 12-3 = 9$

Test je kennis met deze iets ingewikkeldere opgave: los z op uit $7+ \sqrt{z-1} = z$.

1. **Haal de wortel naar links en alle andere termen naar rechts.**

Trek links en rechts 7 af en je hebt links de wortel en rechts een tweeterm.

$\sqrt{z-1} = z - 7$

2. **Kwadrateer beide zijden van de vergelijking.**

Je moet er hier alleen goed opletten dat je de tweeterm correct kwadrateert.

$(\sqrt{z-1})^2 = (z-7)^2$

$z-1 = z^2 - 14z+49$

3. **Los de vergelijking op.**

Je hebt deze keer een kwadratische vergelijking. Breng alle termen naar rechts zodat je de vergelijking gelijk aan 0 kunt stellen. Om dit te doen, trek je aan beide zijden z af en tel je 1 op.

$0 = z^2 - 15z+50$

Dit kun je ontbinden in factoren als $(z-5)(z-10) = 0$. Stel de individuele factoren gelijk aan 0 en je vindt dat $z-5 = 0$ of $z-10 = 0$, wat op zijn beurt weer betekent dat $z = 5$ of $z = 10$.

4. **Controleer je antwoord.**

Controleer je antwoorden zorgvuldig want onmogelijke antwoorden komen bij dit soort problemen vaak voor.

Als $z = 5$, dan geldt $7 + \sqrt{5-1} = 7+\sqrt{4} = 7+2 = 9 \neq 5$. De 5 klopt niet.

Als $z = 10$, dan geldt $7 + \sqrt{10-1} = 7 + \sqrt{9} = 7+3 = 10$. De 10 klopt *wel*.

De enige oplossing is $z = 10$. Dat is goed. Soms hebben dit soort opgaven twee oplossingen, soms hebben ze er slechts één en soms helemaal geen. De methode werkt; je moet alleen wel goed oppassen.

Links en rechts twee keer kwadrateren

Net nu je dacht dat alles piekfijn in orde was, komt er hier een situatie waarin je beide zijden van een vergelijking niet één keer maar twee keer moet kwadrateren! Dit is het geval wanneer je meer dan één wortel in de vergelijking hebt en je die niet aan één kant van de vergelijking kunt krijgen.

Tijdens het oplossen van dit soort problemen, vormt zich een tweeterm met twee wortels of met een wortel en een andere term; je moet de termen dan twee keer kwadrateren om alle wortels kwijt te raken. De methode vergt iets meer werk, maar het is allemaal niet al te verschrikkelijk. In de volgende stappen, leer je hoe deze methode werkt.

Los x op uit de vergelijking $\sqrt{x-3} = + 4\sqrt{x+6} = 12$ door de volgende stappen te gebruiken:

1. **Breng elk van de wortels naar een kant van de vergelijking.**

   Al is het niet mogelijk beide wortels te isoleren aan één kant van de vergelijking, het helpt wel als je ze ieder aan één kant van het gelijkteken zet. Trek aan beide zijden dus $\sqrt{x-3}$ af zodat deze term aan de rechterkant bij de 12 komt te staan: $4\sqrt{x+6} = 12 - \sqrt{x-3}$.

2. **Kwadrateer beide zijden van de vergelijking.**

   Aan de linkerkant moet je de regel voor het machtsverheffen van een product toepassen. Deze regel wordt in hoofdstuk 4 besproken en wordt ook in de vorige paragraaf gebruikt. Aan de rechterkant wordt een tweeterm gekwadrateerd (eventueel met de papegaaienbek), waardoor je uitkomt op:

   $(4\sqrt{x+6})^2 = (12 - \sqrt{x-3})^2$

   $16(x+6) = 144-24\sqrt{x-3} + (\sqrt{x-3})^2$

   $16x+96 = 144-24\sqrt{x-3} + x-3$

3. **Vereenvoudig en breng de overgebleven wortel naar één kant van de vergelijking en de andere termen naar de andere kant.**

   Vereenvoudigen betekent dat je de constante termen moet samenvoegen, de 144 en de −3, zodat je dit krijgt:

   $16x+96 = 141 - 24\sqrt{x-3} + x$.

   Trek aan beide kanten x en 141 af:

   $15x-45 = -24\sqrt{x-3}$.

4. **Zoek een gemeenschappelijke factor in alle termen van de vergelijking.**

   Je kunt de zaken wat netter voorstellen door te delen door de grootste gemeenschappelijke deler, 3:

   $\cancel{3}(5x-15) = \cancel{3}(-8\sqrt{x-3})$

   $5x - 15 = -8\sqrt{x-3}$

   Nu is het gemakkelijker beide zijden te kwadrateren:

5. **Kwadrateer beide zijden van de vergelijking:**

   $(5x- 15)^2 = (-8\sqrt{x-3})^2$

   $25x^2-150x + 225 = 64(x-3)$

   $25x^2-150x + 225 = 64x-192$

   Je krijgt nu wat redelijk grote getallen.

6. **Breng alles naar een kant van het gelijkteken en ontbind in factoren.**

Je kunt alle termen naar de linkerkant brengen en kijken of je iets buiten haakjes kunt halen, zodat de getallen wat kleiner worden. In dit voorbeeld kun je links en rechts $64x$ aftrekken en 192 optellen.

$25x^2 - 214x + 417 = 0$

Dit is niet de makkelijkste kwadratische vergelijking om te ontbinden in factoren, maar het kan wel: $(25x - 139)(x - 3) = 0$. Er zijn dus twee oplossingen, ofwel $x = \frac{139}{25}$ ofwel $x = 3$.

7. **Vul de oplossingen in in de oorspronkelijke vergelijking om ze te controleren.**

Als $x = \frac{139}{25}$, dan geldt $\sqrt{139/25-3} + 4\ \sqrt{139/25+6} = 12$. Zou dat kloppen? Vertrouw op je rekenmachine om te zien of het klopt.

$\sqrt{64/25} + 4\ \sqrt{289/25} = 8/5 + 4(17/5) = 76/5 \neq 12$. Zo veel werk en dan klopt het antwoord niet eens! Hopelijk klopt de 3 wel.

Als $x = 3$, dan geldt $\sqrt{3-3} + 4\ \sqrt{3+6} = 0 + 4\ \sqrt{9} = 4 \cdot 3 = 12$. Gelukkig maar.

Staartdelen

Derdegraadsvergelijkingen met mooie gehele getallen als oplossing maken het leven een stuk gemakkelijker. Maar hoe realistisch zijn ze? Veel mooie oplossingen zijn breuken. En hoe zit het als je je horizon verder wilt verbreden en vierde- of vijfdegraads-, of nog hogere, vergelijkingen wilt aanpakken? Oplossingen uitproberen tot je er een vindt, wordt dan al snel ondoenlijk.

Een methode die lijkt op ouderwets staartdelen kan je in al deze gevallen helpen. De methode wordt soms ook wel in iets andere vorm toegepast onder de naam Euclidisch delen.

Eenvoudig staartdelen

Staartdelen is een handige manier om delingen uit te voeren, die ook gebruikt kan worden om veeltermvergelijkingen op te lossen. De methode maakt gebruik van de coëfficiënten van alle termen in de vergelijking en vindt de oplossing van een deling door alleen op te tellen en te vermenigvuldigen, net als bij een gewone staartdeling.

Bepaal de oplossingen van de derdegraadsvergelijking $x^3 + x^2 - 14x - 24 = 0$. Als je de methode gebruikt waarin je een lijst met alle mogelijke oplossingen opschrijft, namelijk alle getallen waar 24 door deelbaar is, zie je dat 24 de factoren ±1, ±2, ±3, ±4, ±6, ±8, ±12, ±24 heeft. Deze methode is eerder in dit hoofdstuk besproken in de paragraaf 'Gehele getallen gebruiken om derdegraadsvergelijkingen te ontbinden in factoren.' De verschillende mogelijkheden uitproberen is in dit geval een flinke uitdaging. Daarom gebruiken we in plaats daarvan de methode met de staartdeling. Zet de coëfficiënten (de vermenigvuldigingsfactoren) van de termen op een rij.

1	1	-14	-24

Nu zetten we net als bij een staartdeling een schuin streepje voor de rij. Onder de getallen trekken we een lange rechte lijn. Het schuine streepje gebruiken we om delers voor te plaatsen, wederom net als bij een staartdeling.

/1	1	-14	-24

Vervolgens schrijven we de eerste 1 onder de lijn.

/1	1	-14	-24
1			

Nu moet je gaan *raden*. Als een getal uit de lijst met mogelijke oplossingen inderdaad een oplossing van de vergelijking is, dan zal de rest van de staartdeling, die op de laatste, meest rechtse, positie zal komen te staan, gelijk zijn aan 0. De getallen op de onderste rij geven de getallen in het quotiënt van de deling weer, behalve het laatste getal, want dat is de rest van de deling. Je wilt dus dat er op de onderste rij onder de −24 een 0 komt te staan. Dat betekent dat je een oplossing hebt gevonden.

Raad dat de 4 werkt. Zet de 4 als deler voor het schuine streepje.

4/1	1	-14	-24
1			

Nu moet je vermenigvuldigen, optellen, vermenigvuldigen, optellen, vermenigvuldigen en optellen. Je vermenigvuldigt het meest rechtse getal onder de streep telkens met de deler voor het schuine streepje. Het resultaat schrijf je op boven de streep één positie naar rechts verschoven. Dan tel je de twee getallen op. De onderste 1 vermenigvuldigd met de 4 is gelijk aan 4, dus dat schrijf je op onder de tweede 1.

4/1	1	-14	-24
	4		
1			

Tel de 1 en de 4 op en schrijf het resultaat, 5, onder de streep.

4/1	1	-14	-24
	4		
1	5		

Vermenigvuldig de 5 weer met 4 en tel het resultaat op bij −14.

4/1	1	-14	-24
	4	20	
1	5	6	

Nog 1 keer 6 met 4 vermenigvuldigen en het product optellen bij −24.

4/1	1	-14	-24
	4	20	24
1	5	6	0

Eureka! De 4 werkt, dus dat is een oplossing. Nu proberen we de volgende gok, waarvoor we de getallen in de onderste rij (behalve de 0) gebruiken. En de lijst met mogelijke oplossingen is nu gereduceerd tot delers van 6. De onderste rij coëfficiënten geeft het quotiënt, het resultaat van de deling weer. Door 4 te identificeren als een wortel van de vergelijking, is deze factor uit het proces geëlimineerd. Je deelt de oorspronkelijke constante term, 24, daarom door 4 en krijgt een nieuwe constante term, 6, en de bijbehorende lijst van mogelijke oplossingen.

/1	5	6
1		

Probeer deze keer een 2.

2/1	5	6
	2	14
1	7	20

Dit werkt dus niet, want de rest is niet gelijk aan 0.

Probeer een −2.

-2/1	5	6
	-2	-6
1	3	0

Dit werkt wel.

Voor de laatste deling gebruik je alleen de twee overgebleven getallen.

/1	3
1	

De enige keuzemogelijkheden zijn hier 3 en −3. Als je wilt uitkomen op een som van 0, zou ik de −3 maar gebruiken.

-3/1	3
	-3
1	0

Dit werkt ook, dus de oplossingen zijn $x = 4, -2, -3$.

Zo'n staartdeling is handig omdat het gemakkelijker is om meerdere nulpunten te vinden en om breuken als oplossing te vinden. Breuken als oplossing treden op wanneer de vermenigvuldigingsfactor van de eerste term (de term met de hoogste macht) iets anders is dan 1.

Staartdelen met breuken

Een vergelijking als $4x^3 - 3x^2 + 2x + 6 = 0$ kan maximaal drie oplossingen hebben. En twee daarvan zouden breuken kunnen zijn. Een soort staartdeling zoals we die in de vorige paragraaf gebruikten, is een goede manier om de oplossingen te vinden, maar je hebt een lijst met alle mogelijke oplossingen nodig voordat we beginnen met de staartdeling.

De lijst met alle mogelijke oplossingen bestaat voor dit soort opgaven uit:

1. **Alle getallen waardoor de constante term deelbaar is.**
2. **Alle getallen waardoor de constante term deelbaar is gedeeld door alle getallen waardoor de coëfficiënt van de term met de hoogste macht deelbaar is.**

In het voorbeeld $4x^3 - 3x^2 + 2x + 6 = 0$ bestaat de lijst uit:

Ten eerste, alle getallen waardoor 6 deelbaar is.

Ten tweede, alle getallen waardoor 6 deelbaar is gedeeld door alle getallen waardoor 4 deelbaar is.

Nu zie je waarom de opgave eenvoudiger is wanneer de coëfficiënt van de hoogste macht gelijk is aan 1.

De lijst met mogelijke oplossingen begint zoals gewoonlijk met alle delers van 6. Je begint dus met ±1, ±2, ±3, ±6. Je vindt de breuken door alle factoren van 6 te delen door de delers van 4, de coëfficiënt van de eerste term. De delers van 4 (de getallen waardoor 4 deelbaar is) zijn ±1, ±2, ±4.

Als je ±1, ±2, ±3, ±6 deelt door ±1, dan verandert er niets.

Als je ±1, ±2, ±3, ±6 deelt door het tweede paar, ±2, dan krijg je $\pm\frac{1}{2}, \pm\frac{2}{2}, \pm\frac{3}{2}, \pm\frac{6}{2} = \pm\frac{1}{2}, \pm1, \pm\frac{3}{2}, \pm3$. Zoals je ziet, komen er enkele getallen uit de oorspronkelijke lijst dubbel voor.

Als je ±1, ±2, ±3, ±6 deelt door het derde paar, ±4, dan krijg je $\pm\frac{1}{4}, \pm\frac{2}{4}, \pm\frac{3}{4}, \pm\frac{6}{4} = \pm\frac{1}{4}, \pm\frac{1}{2}, \pm\frac{3}{4}, \pm\frac{3}{2}$. Er zijn weer enkele getallen bij die we al hadden, maar de lijst is nu wel compleet. Mogelijke breuken als oplossing voor de vergelijking, staan in de lijst.

IN DIT HOOFDSTUK

Hoofdstuk 16
Ongelijkheden vaststellen

Gelijkheid; een belangrijk begrip in sociale, politieke en humanitaire context. En in de wiskunde is het een al even belangrijk begrip: zonder gelijkheid zou de algebra niet veel voorstellen. Gelukkig weet de algebra ook heel goed om te gaan met ongelijkheid (veel beter dan die andere disciplines). Gelijkheid is een belangrijk instrument in de wiskunde en de natuurwetenschappen. In dit hoofdstuk wordt algebraïsche ongelijkheid geïntroduceerd en dat is nu net niet precies het tegenovergestelde van gelijkheid. Je zou kunnen zeggen dat algebraïsche ongelijkheid hetzelfde is als gelijkheid, maar dan minder strikt. Ongelijkheden gebruik je om dingen te vergelijken. Ongelijkheden worden gebruikt om te bepalen of iets positief is of negatief; groter of kleiner dan nul. Ongelijkheden stellen je in staat uitdrukkingen te beperken tussen bepaalde waarden aan de onderkant en aan de bovenkant, zoals de waterstanden, die tussen de twee en zes meter waren vandaag.

Algebraïsche ongelijkheden geven relaties weer tussen uitdrukkingen en getallen of tussen twee uitdrukkingen. De ene uitdrukking is voor bepaalde waarden van een variabele groter of kleiner dan een andere uitdrukking. Zo zou Marjan bijvoorbeeld minstens vier katten meer kunnen hebben dan het dubbele aantal katten van Els. Je vindt dan een heleboel oplossingen omdat het *minstens evenveel* is en niet precies evenveel.

Een vergelijking, een bewering met een gelijkteken, is slechts één soort relatie, die zegt dat twee dingen precies gelijk zijn. Een ongelijkheidsrelatie is een beetje minder precies. Het ene kan een beetje groter of veel groter zijn dan het andere, maar er is hoe dan ook een verband tussen de twee: de ene is groter dan de andere.

De meeste bewerkingen werken hetzelfde op ongelijkheden als op gelijkheden en vergelijkingen, maar je moet goed opletten, want er zijn ook enkele belangrijke verschillen.

Bewerkingen uitvoeren op ongelijkheden

Werken met ongelijkheden lijkt erg veel op het werken met vergelijkingen. Je moet het linker- en rechterlid nog steeds in evenwicht houden. Pas wanneer je beide zijden probeert te vermenigvuldigen met een getal of te delen door een getal, komen er enkele verschillen aan het licht.

De symbolen die in ongelijkheden gebruikt worden zijn:

- **$<$ kleiner dan**
- **$>$ groter dan**
- **$\leq$ kleiner dan of gelijk aan**
- **$\geq$ groter dan of gelijk aan**

Je kunt dit onthouden door te bedenken dat de *kleinere* punt altijd naar de *kleinste* van de twee waarden wijst.

BELANGRIJK

Bewerkingen uitvoeren op ongelijkheden gaat volgens deze regels:

Als $a < b$, dan geldt er dat $a + c < b + c$ en $a - c < b - c$.

Als $a < b$ en c positief is, dan geldt er dat $a \cdot c < b \cdot c$ en $\frac{a}{c} < \frac{b}{c}$.

Als $a < b$ en c negatief is, dan geldt er dat $a \cdot c > b \cdot c$ en $\frac{a}{c} > \frac{b}{c}$.

Merk op dat de richting van het symbool omdraait in de laatste regel.

Ongelijkheden optellen en aftrekken

Waarden optellen en aftrekken werkt voor ongelijkheden precies hetzelfde als voor vergelijkingen. Zorg dat je de dingen in evenwicht houdt.

Laten we beginnen met een ongelijkheid waarvan je direct kunt inzien dat de bewering waar is, zoals 6 is kleiner dan 10; $6 < 10$.

Wat gebeurt er als je links en rechts hetzelfde optelt? Bij een vergelijking kun je dat ongestraft doen, de vergelijking blijft waar, maar hoe zit dat met een ongelijkheid?

$$6 < 10$$

Tel links en rechts 4 op.

$$6 + 4 < 10 + 4$$

$$10 < 14$$

10 is kleiner dan 14 is nog steeds een ware bewering. Dit voorbeeld is natuurlijk niet voldoende als bewijs, maar het laat wel mooi de werking van een regel zien. Wanneer je een willekeurig getal optelt aan beide zijden van een ongelijkheid, dan klopt de ongelijkheid nog steeds, oftewel, ze is nog steeds waar.

Wanneer je links en rechts van een ongelijkheid hetzelfde willekeurige getal aftrekt, dan is de ongelijkheid nog steeds correct, oftewel waar.

$$10 < 14$$

Trek links en rechts 2 af.

$$10 - 2 < 14 - 2$$

$$8 < 12$$

8 is inderdaad kleiner dan 12, dus het lijkt erop dat alles wel oké is met optellen en aftrekken. Maar je hebt alleen naar positieve getallen en positieve uitkomsten gekeken. Wat gebeurt er als je links en rechts een negatief getal optelt en beide zijden daardoor negatief worden?

$$8 < 12$$

Tel links en rechts -24 op.

$$8 + (-24) < 12 + (-24)$$

$$-16 < -12$$

Dit is nog steeds waar: -16 ligt verder van 0 af dan -12.

Ongelijkheden vermenigvuldigen en delen

Deze bewerkingen zijn wat gewiekster. Vermenigvuldigen en delen voegen een nieuwe dimensie toe aan het werken met ongelijkheden.

Wanneer je een ongelijkheid links en rechts met een *positief* getal vermenigvuldigt of erdoor deelt, dan blijft de ongelijkheid juist, oftewel waar. Wanneer je links en rechts met een *negatief* getal vermenigvuldigt of erdoor deelt, dan moet je het ongelijkheidsteken omkeren (zodat het de andere kant op wijst) om de ongelijkheid waar te laten zijn. Je mag beide zijden nooit met 0 vermenigvuldigen, want dan klopt de ongelijkheid sowieso niet meer. En je kunt natuurlijk *nooit* door 0 delen.

Begin met een positief getal, bijvoorbeeld 20, dat groter is dan, bijvoorbeeld, 12:

$$20 > 12$$

Vermenigvuldig links en rechts met 4.

$$20 \cdot 4 > 12 \cdot 4$$

$$80 > 48$$

Dit klopt nog steeds. Geen probleem dus, of toch wel?

Je kunt het probleem goed zien als je een nieuwe ongelijkheid neemt, bijvoorbeeld $10 > -3$, en beide zijden met -2 vermenigvuldigt.

$$10 > -3$$

Vermenigvuldig links en rechts met -2.

$$10(-2) > -3(-2)$$

$$-20 > 6$$

Oeps! Een negatief getal kan nooit groter zijn dan een positief getal.

$$-20 < 6$$

Dat de ongelijkheid onwaar wordt, is slecht nieuws. Het goede nieuws is echter dat je het relatief eenvoudig kunt repareren door het teken om te keren.

BELANGRIJK

Wanneer je beide zijden van een ongelijkheid vermenigvuldigt met een negatief getal (of deelt door een negatief getal), keer het ongelijkheidsteken dan om.

Vermenigvuldigen met of delen door een positief getal verandert de richting van het teken niet. Maar als je $-6 < 12$ neemt en beide zijden met -3 vermenigvuldigt, zoals $-6(-3) > 12(-3)$, dan moet je het teken omkeren: $18 > -36$. Het teken omkeren verandert het teken voor 'kleiner dan' in het teken voor 'groter dan'.

Voor het delen nemen we $18 > -36$ en delen we beide zijden door -9: $\frac{18}{-9} < \frac{-36}{-9}$. Vergeet niet het ongelijkheidsteken om te keren van 'groter dan' naar 'kleiner dan': $-2 < 4$.

BELANGRIJK

Ongelijkheden kun je noch vermenigvuldigen met noch delen door 0. Delen door 0 is sowieso nooit toegestaan, maar je kunt uitdrukkingen normaal gesproken wel vermenigvuldigen met 0 (waardoor je een product van 0 krijgt). Ongelijkheden kun je echter niet vermenigvuldigen met 0.

Kijk maar eens wat er gebeurt als je ongelijkheden links en rechts met nul vermenigvuldigt.

$$3 < 7$$

$0 \cdot 3 < 0 \cdot 7$

$0 < 0$

Nee! Dat klopt natuurlijk niet: 0 is niet kleiner dan zichzelf en ook niet groter. Dus vermenigvuldig ongelijkheden nooit met 0, al was het maar om het getal 0 te behoeden voor een minderwaardigheidscomplex.

Lineaire ongelijkheden oplossen

In *lineaire ongelijkheden* is de hoogst voorkomende macht van de variabele 1, net als bij lineaire vergelijkingen. Het oplossen ervan lijkt erg op het oplossen van lineaire vergelijkingen. Het belangrijkste dat je moet onthouden is het teken om te keren als, en alleen als, je vermenigvuldigt met of deelt door een negatief getal. Realiseer je ook dat je niet gewoon één oplossing vindt, maar een heleboel oplossingen, een *oneindig* aantal oplossingen zelfs. Deze getallen die allemaal oplossing zijn voor de ongelijkheid, moeten aan een aantal voorwaarden voldoen. Ze moeten bijvoorbeeld groter zijn dan een bepaalde waarde, of kleiner dan een bepaalde waarde, of tussen twee waarden in liggen. Het antwoord of de oplossing zou bijvoorbeeld kunnen luiden: x is groter dan drie: alle getallen groter dan drie kunnen dan de x vervangen en de ongelijkheid een ware bewering laten zijn.

Hier zijn wat voorbeelden die de overeenkomsten en de verschillen tussen vergelijkingen en ongelijkheden illustreren.

1. **Breng alle termen met variabelen naar één kant.**

   Bepaal de waarden van x waarvoor geldt $4x - 2 < x + 10$.

   Begin aan deze opgave alsof het een vergelijking is. Breng de termen met x naar links en de getallen naar rechts. Trek eerst links en rechts x af.

   $4x - x - 2 < x - x + 10$

   $3x - 2 < 10$

   Tel nu links en rechts 2 op.

   $3x - 2 + 2 < 10 + 2$

   $3x < 12$

2. **Deel beide zijden door de coëfficiënt voor de variabele.**

   Zo lang het getal waar je door deelt positief is, kun je het ongelijkheidsteken dezelfde kant op laten wijzen. Deel door +3.

   $\frac{3x}{3} < \frac{12}{3}$

   $x < 4$

   Dit antwoord vertelt je dat elk getal kleiner dan 4 van de oorspronkelijke opgave een ware bewering maakt. Helaas is het niet mogelijk één enkele controle uit te voeren. Je kunt wel gewoon een paar getallen proberen, vooral om te zien of je niet vergeten bent het ongelijkheidsteken om te keren. Probeer er hier een paar uit.

3. **Controleer het antwoord.**

   Als het antwoord op $4x - 2 < x + 10$ luidt $x < 4$, dan zouden de volgende getallen moeten werken:

   Als $x = 3$, dan geldt $4(3) - 2 < 3 + 10$, oftewel $10 < 13$. Dat klopt.

   Als $x = -10$, dan geldt $4(-10) - 2 < -10 + 10$, oftewel $-42 < 0$. Dat klopt ook.

In de volgende opgave bepaal je de waarden van z waarvoor geldt dat $-2(3z + 4) > 10$.

In dit geval staat de enige term met de variabele al in het linkerlid. De volgende stap zou gewoonlijk zijn de haakjes weg te werken, door met −2 te vermenigvuldigen. Maar omdat 10 deelbaar is door 2, kun je een andere keuze maken waardoor je niet hoeft uit te vermenigvuldigen. Dit is een goede keuze zolang het wegdelen geen breuken oplevert: anders kun je het beste gewoon vermenigvuldigen.

1. **Deel beide zijden door -2.**

   $\frac{-2(3z + 4)}{-2} < \frac{10}{-2}$

   $3z + 4 < -5$

   Merk op dat het ongelijkheidsteken van richting is veranderd.

2. **Trek links en rechts 4 af.**

   $3z + 4 - 4 < -5 - 4$

   $3z < -9$

3. **Deel beide zijden door 3.**

   $\frac{3z}{3} < \frac{-9}{3}$

   $z < -3$

4. **Controleer.**

   Stel dat $z = -9$, dan geldt er dat $-2([3(-9)] + 4) > 10$,

   oftewel $-2(-27 + 4) > 10$.

   $-2(-23) > 10$, oftewel $46 > 10$

Dit klopt.

Werken met meer dan twee uitdrukkingen

Een voordeel dat ongelijkheden hebben ten opzichte van vergelijkingen is dat ze uitgebreid, of verbreed, kunnen worden. Je kunt dan meer dan een ding tegelijkertijd vergelijken. Kijk maar eens naar deze bewering:

$$2 < 4 < 7 < 11 < 12$$

Zolang je de getallen maar in dezelfde volgorde schrijft, kun je elk willekeurig paar getallen er uithalen en de bewering toch waar laten zijn. Ze hoeven niet eens naast elkaar te staan. Bijvoorbeeld:

$4 < 12$ of $2 < 11$ of $2 < 12$

Wat je echter *niet* mag doen, is de ongelijkheden veranderen door in dezelfde bewering de andere kant op te gaan. Je mag *niet* schrijven: $7 < 12 > 2$.

Bewerkingen uitvoeren op deze meervoudige ongelijkheden gaat volgens dezelfde regels als voor lineaire uitdrukkingen (zie de paragraaf 'Bewerkingen uitvoeren op ongelijkheden' eerder in dit hoofdstuk). Je past ze gewoon toe op elk gedeelte van de ongelijkheid.

Hier is de eerste bewering: $2 < 4 < 7 < 11 < 12$

Tel bij ieder deel 5 op: $7 < 9 < 12 < 16 < 17$

Vermenigvuldig ieder deel met −1 en keer natuurlijk de ongelijkheid om:

$$-7 > -9 > -12 > -16 > -17$$

Gebruik deze informatie om de waarden van x te bepalen in $-3 \leq 5x + 2 < 17$

TIP

Merk op dat zowel het teken voor 'kleiner dan of gelijk aan' als het teken voor 'kleiner dan' in dezelfde bewering gebruikt wordt. Dit is toegestaan omdat ze allebei dezelfde kant op wijzen.

1. **Het doel is de variabele te isoleren in het midden.** Begin met het aftrekken van 2 van *ieder van de delen*.

   $-3 - 2 \leq 5x + 2 - 2 < 17 - 2$

   $-5 \leq 5x < 15$

2. **Deel nu elk gedeelte door 5.** Dit is een positief getal dus je keert de ongelijkheidtekens niet om.

   $-1 \leq x < 3$

   Deze uitkomst vertelt je dat x groter of gelijk is aan −1 en tegelijkertijd kleiner dan 3. Mogelijke oplossingen zijn dus bijvoorbeeld 0, 1, 2, $-\frac{1}{2}$ en 2,9.

3. **Controleer het antwoord door twee van deze mogelijkheden in te vullen.**

   Als $x = 1$, dan geldt er dat $-3 \leq 5(1) + 2 < 17$, oftewel dat $-3 \leq 7 < 17$.

   Dit klopt dus.

   Als $x = -\frac{1}{2}$, dan geldt er dat $-3 \leq 5(-\frac{1}{2}) + 2 < 17$, oftewel dat $-3 \leq -\frac{1}{2} < 17$.

   Dit klopt dus ook.

Probeer de waarden voor x op te lossen waarvoor geldt dat $16 > 1 - 3x > 7$.

1. **Begin met overal 1 af te trekken.**

   $16 - 1 > 1 - 1 - 3x > 7 - 1$

   $15 > -3x > 6$

2. **Deel nu overal door –3.** Dit betekent dat je alle ongelijkheidstekens moet omkeren.

   $15/-3 < -3\,x/-3 < 6/-3$

   $-5 < x < -2$

   Dit betekent dat x een getal moet zijn tussen –5 en –2. Enkele voorbeelden zijn –4, –3 en –2,1.

3. **Controleer.**

   Je ziet dat als $x = -3$, dan geldt er dat $16 > 1 - 3(-3) > 7$, oftewel dat $16 > 10 > 7$.

   Dit lijkt dus te kloppen!

Kwadratische ongelijkheden oplossen

Een *kwadratische ongelijkheid* is een ongelijkheid waarin een term voorkomt met een variabele tot de tweede macht. De regels voor het optellen, aftrekken, vermenigvuldigen en delen van ongelijkheden gelden nog steeds, maar de laatste stap bij het oplossen is anders. Werken met deze kwadratische ongelijkheden is bijna als het maken van een puzzel waarbij alle stukjes netjes op hun plaats terechtkomen terwijl je ze uitwerkt. Het uitwerken van dit soort ongelijkheden gaat volgens deze stappen:

Bekijk de kwadratische ongelijkheid $x^2 + 3x > 4$.

De oplossingen voor deze ongelijkheden kunnen verschillende kanten op gaan (dat wil zeggen dat de waarden groter kunnen zijn dan het ene getal of kleiner dan het andere), dus ik zal je eerst laten zien dat deze ongelijkheden daadwerkelijk kunnen kloppen, voordat ik laat zien hoe je ze kunt oplossen.

Gok enkele waarden voor x die aan de ongelijkheid voldoen.

- » Als $x = 2$ bijvoorbeeld, dan geldt er dat $(2)^2 + 3(2)$ gelijk is aan $4 + 6$: $10 > 4$ dus de 2 werkt.
- » En ook als $x = 5$, dan geldt er dat $(5)^2 + 3(5)$ gelijk is aan $25 + 15$: $40 > 4$ dus de 5 werkt ook. Hoe groter, hoe beter, lijkt het devies.
- » Als $x = 0$, dan geldt er dat $(0)^2 + 3(0)$ gelijk is aan $0 + 0$: 0 is niet > 4, dus nee, de 0 werkt niet. Maar hoe zit het met negatieve getallen?
- » Wel, als $x = -6$, dan geldt er dat $(-6)^2 + 3(-6)$ gelijk is aan $36 - 18$; $18 > 4$ dus ja, de –6 werkt wel. Sommige negatieve getallen werken en sommige positieve getallen wer-

ken. Er is een methode die je kunt gebruiken om te bepalen welke waarden werken en welke niet, zonder al dat gokken.

BELANGRIJK

Om kwadratische ongelijkheden op te lossen, volg je deze stappen:

1. **Breng alle termen naar één kant, zodat de termen groter of kleiner dan 0 zijn.**
2. **Ontbind in factoren.**
3. **Bepaal alle waarden waarvoor de ontbonden vorm gelijk aan 0 wordt.**
4. **Maak een lijst waarin je alle waarden waarvoor de uitdrukking gelijk is aan nul op volgorde zet.** Laat tussen de getallen ruimte over om plus- of min-tekens in te zetten. Bepaal het teken van de uitdrukking (positief of negatief) tussen de nulpunten en schrijf die op de lijst om zo het *tekenverloop* in kaart te brengen.

Probeer deze stappen uit op de kwadratische ongelijkheid $2x^2 + 5x \geq 12$.

1. **Breng alle termen naar één kant.**

   Breng eerst de 12 naar links door aan beide kanten 12 af te trekken.

   $2x^2 + 5x - 12 \geq 12 - 12$

   $2x^2 + 5x - 12 \geq 0$

2. **Ontbind in factoren.**

   De kwadratische uitdrukking in het linkerlid kan worden ontbonden in de volgende factoren:

   $(2x - 3)(x + 4) \geq 0$

3. **Bepaal alle waarden van *x* waarvoor de ontbonden vorm gelijk aan 0 wordt.**

   In dit geval zijn dat twee waarden. Door elk van de factoren gelijk aan 0 te stellen, vind je dat $2x - 3 = 0$ of $x + 4 = 0$, waaruit volgt dat $x = \frac{3}{2}$ of $x = -4$.

4. **Maak een lijst met de waarden uit stap 3 en bepaal het tekenverloop van de uitdrukking tussen de waarden op de lijst.**

   Kijk tussen $\frac{3}{2}$ en -4. De uitdrukking is gelijk aan 0 wanneer *x* gelijk is aan $\frac{3}{2}$ of -4. De uitdrukking is ofwel positief voor alle waarden tussen de nulpunten ofwel negatief voor alle waarden tussen de nulpunten. Door gewoon een waarde er tussenin te testen, weet je wat alle waarden er tussenin doen. Eerst zet je de waarden in volgorde van klein naar groot. Dit betekent dat je in dit voorbeeld de -4 dus voor de $\frac{3}{2}$ schrijft.

5. **Ga terug naar de opgave nadat je het rechterlid 0 had gemaakt, en probeer een paar getallen kleiner dan het nulpunt met de kleinste *x*-waarde, groter dan het nulpunt met de grootste *x*-waarde en een paar getallen ertussenin.**

   In dit geval probeer je getallen kleiner dan -4, tussen -4 en $\frac{3}{2}$, en groter dan $\frac{3}{2}$.

   Gebruik $2x^2 + 5x - 12 \geq 0$

Kies eerst enkele getallen kleiner dan –4.

Als $x = -5$, dan geldt er dat $2(-5)^2 + 5(-5) - 12 = 50 - 25 - 12 = +13$.

Als $x = -10$, dan geldt er dat $2(-10)^2 + 5(-10) - 12 = 200 - 50 - 12 = +138$.

Welk getal kleiner dan –4 je ook invult, je vindt altijd een positief getal. Dus dat schrijf je op in de opengelaten ruimte links van de –4.

Positief –4 ________ $\frac{3}{2}$ ________

Probeer nu enkele getallen tussen –4 en $\frac{3}{2}$.

Als $x = -2$, dan geldt er dat $2(-2)^2 + 5(-2) - 12 = 8 - 10 - 12 = -14$.

Als $x = 1$, dan geldt er dat $2(1)^2 + 5(1) - 12 = 2 + 5 - 12 = -5$.

Welk getal je in dit voorbeeld ook kiest tussen de twee nulpunten, je vindt altijd een negatief getal. Dus dit schrijf je in de opengelaten ruimte in het midden.

Positief –4 Negatief $\frac{3}{2}$

Er is nog een plek waar je nog niet gecheckt hebt. Bekijk enkele getallen groter dan $\frac{3}{2}$.

Als $x = 2$, dan geldt er dat $2(2)^2 + 5(2) - 12 = 8 + 10 - 12 = 6$

Als $x = 10$, dan geldt er dat $2(10)^2 + 5(10) - 12 = 200 + 50 - 12 = 238$

Welk getal groter dan $\frac{3}{2}$ je ook kiest, de uitkomst is altijd een positief getal. Dat schrijf je dus op in de laatst overgebleven open ruimte.

Positief –4 Negatief $\frac{3}{2}$ Positief

6. **Kijk weer naar de oorspronkelijke ongelijkheid om te zien welke getallen je moet invullen.** Het voorbeeld luidt $2x^2 + 5x - 12 \geq 0$.

   De ongelijkheid zegt dat de uitdrukking groter of gelijk aan 0 moet zijn. Iets wat groter is dan 0 is een positief getal. Dus het enige bereik waarin je geïnteresseerd bent, is dat waar de uitdrukking positief is. Volgens de lijst is de uitdrukking positief als x kleiner is dan –4 of als x groter is dan $\frac{3}{2}$. Omdat er staat groter of gelijk aan, is de oplossing inclusief de –4 en de $\frac{3}{2}$.

7. **Schrijf het antwoord op.**

   $x \leq -4$ of $x \geq \frac{3}{2}$

Er zijn veel getallen die een oplossing zijn voor x, alle negatieve getallen kleiner dan −4 helemaal tot aan hele kleine getallen en alle positieve getallen groter dan $\frac{3}{2}$ helemaal tot aan hele grote getallen. De enige getallen die niet werken, zijn de getallen tussen −4 en $\frac{3}{2}$.

In dit voorbeeld bepaal je de waarden van y waarvoor geldt dat $y^2 + 8y + 15 < 0$.

1. **Alle termen staan al aan een kant.**
2. **Ontbind in factoren.**

   $(y + 3)(y + 5) < 0$

3. **Bepaal de waarden van *y* waarvoor de ontbonden vorm gelijk wordt aan 0.**

   Zelfs al maken de getallen waarvoor de uitdrukking gelijk aan 0 wordt in dit voorbeeld geen deel uit van de oplossing, je zult die nulpunten toch moeten bepalen. De getallen die je zoekt zijn –3 en –5.

4. **Maak een lijst met de getallen waarvoor de uitdrukking gelijk aan 0 wordt.**

   Wanneer $y = -3$ of $y = -5$, is de uitdrukking in het linkerlid gelijk aan 0. Schrijf ze in volgorde van klein naar groot op. Laat tussen de getallen ruimte open voor de *positieve* en *negatieve* tekens.

   ________–5__________–3__________

5. **Vul de open ruimten op de lijst met het teken van de uitdrukking.**

   Vul in de oorspronkelijke uitdrukking $y^2 + 8y + 15 < 0$ getallen uit de 3 bereiken in en vul de lijst verder in.

   Als $y = -6$, dan geldt er dat $(-6)^2 + 8(-6) + 15 = 36 - 48 + 15 = +3$: *Positief*

   Als $y = -4$, dan geldt er dat $(-4)^2 + 8(-4) + 15 = 16 - 32 + 15 = -1$: *Negatief*

   Als $y = 1$, dan geldt er dat $(1)^2 + 8(1) + 15 = 1 + 8 + 15 = +24$: *Positief*

   <u>Positief</u> –5 <u>Negatief</u> –3 <u>Positief</u>

   De oorspronkelijke bewering $y^2 + 8y + 15 < 0$ is waar wanneer de waarde van de uitdrukking kleiner is dan 0, oftewel negatief. Dus de getallen tussen –5 en –3 zijn oplossingen van de ongelijkheid.

6. **Schrijf dit op.**

   $-5 < y < -3$

Deze keer zijn het alleen de getallen tussen de waarden: de oplossing omvat de waarden –5 en –3 zelf niet.

Zonder nullen werken

Soms bestaan er geen waarden waarvoor de uitdrukking in een ongelijkheid gelijk is aan nul: de uitdrukking verandert dan nooit van teken. De uitdrukking is altijd positief of altijd negatief. Je hoeft nu alleen te bepalen of een willekeurig getal voldoet aan de ongelijkheid of niet.

De uitdrukking $x^2 + 4$ in de ongelijkheid $x^2 + 4 \geq 0$, kan bijvoorbeeld niet worden ontbonden in factoren. En elk willekeurig getal dat je invult voor x, geeft aan de linkerkant een positieve waarde. Deze uitdrukking is dus *altijd* positief en de bewering is dus waar voor alle waarden van x.

Ongelijkheden met meer dan twee factoren

Hoewel deze paragraaf gaat over *kwadratische ongelijkheden* (een ongelijkheid waarin tenminste één gekwadrateerde term voorkomt en een teken voor groter of kleiner dan), zijn er andere soorten ongelijkheden die in dezelfde paragraaf thuishoren, omdat je ze op dezelfde manier behandelt. Je kunt werkelijk een willekeurig aantal factoren hebben en elke willekeurige volgorde om de lijst met positieve en negatieve waarden op te stellen en de ongelijkheid op te lossen. De volgende voorbeelden laten dit zien.

» Bepaal de waarden van x waarvoor geldt dat:
$(x - 4)(x + 3)(x - 2)(x + 7) > 0$.

Deze opgave is al ontbonden in factoren, dus is het eenvoudig vast te stellen dat de uitdrukking gelijk aan 0 is wanneer $x = 4$, $x = -3$, $x = 2$, of $x = -7$.

Zet ze op volgorde van klein naar groot en laat lege ruimten open tussen de getallen.

________–7________–3__________2__________4__________

Deze keer vul je de testwaarden in in de ontbonden vorm. Dit is eenvoudiger dan alles vermenigvuldigen. De getallen zullen sowieso vrij groot worden.

Als $x = -8$, dan geldt $(-8 - 4)(-8 + 3)(-8 - 2)(-8 + 7) =$
$(-12)(-5)(-10)(-1)$: *Positief*

Vermenigvuldigd geeft dit +600, maar de precieze waarde hoef je eigenlijk helemaal niet te weten. Uit het feit dat je 4 negatieve getallen met elkaar vermenigvuldigt, weet je al dat het product positief is.

BELANGRIJK

Bij het vermenigvuldigen of delen van reële getallen (behalve 0) is het resultaat positief wanneer het aantal mintekens in de opgave even is. Als het aantal mintekens in de opgave oneven is, is het resultaat negatief. In deze opgave geldt bijvoorbeeld dat:

Als $x = -5$, dan $(-5 - 4)(-5 + 3)(-5 - 2)(-5 + 7) = (-9)(-2)(-7)(+2)$: *Negatief*

Als $x = 0$, dan $(0 - 4)(0 + 3)(0 - 2)(0 + 7) = (-4)(+3)(-2)(+7)$: *Positief*

Als $x = 3$, dan $(3 - 4)(3 + 3)(3 - 2)(3 + 7) = (-1)(+6)(+1)(+10)$: *Negatief*

Als $x = 5$, dan $(5 - 4)(5 + 3)(5 - 2)(5 + 7) = (+1)(+8)(+3)(+12)$: *Positief*

Nu kun je de open ruimten in de lijst invullen:

Positief –7 Negatief –3 Positief 2 Negatief 4 Positief

Omdat je in de opgave zoekt naar waarden waarvoor de uitdrukking groter dan 0, oftewel positief, is, zijn de oplossingen kleiner dan –7, tussen –3 en 2 of groter dan 4. Je schrijft dus op:

$x < -7$ of $-3 < x < 2$ of $x > 4$.

Bekijk nog een voorbeeld. Voor het geval je dacht dat deze ongelijkheden altijd een mooi patroon van positief-negatief-positief vormen, laat dit voorbeeld je zien dat je het tekenverloop altijd zorgvuldig moet checken.

» Bepaal de waarden van x waarvoor geldt dat $(x - 1)^2(3 - x)(x + 2) \leq 0$.

De getallen waarvoor de uitdrukking gelijk aan 0 is, zijn $x = 1, 3, -2$. Zet ze in de juiste volgorde:

________–2__________1__________3__________

Test getallen tussen de nulpunten in:

Als $x = -3$, dan $(-3 - 1)^2(3 - [-3])(-3 + 2) = (+16)(+6)(-1) = -96$: *Negatief*

Als $x = 0$, dan $(0 - 1)^2(3 - 0)(0 + 2) = (+1)(+3)(+2) = +6$: *Positief*

Als $x = 2$, dan $(2 - 1)^2(3 - 2)(2 + 2) = (+1)(+1)(+4) = +4$: *Positief*

Als $x = 4$, dan $(4 - 1)^2(3 - 4)(4 + 2) = (+9)(-1)(+6) = -54$: *Negatief*

Vul de lege ruimten in de lijst in:

Negatief –2 Positief 1 Positief 3 Negatief

In dit geval zoek je waarden voor x die de uitdrukking negatief of 0 maken. Je ziet dat waarden kleiner dan –2 en groter dan 3 werken. Alle nulpunten, de getallen die de verschillende bereiken van elkaar scheiden, vormen ook een oplossing van de ongelijkheid. Je ziet dus dat het getal 1 werkt, hoewel het ligt ingeklemd tussen twee positieve gebieden.

Het antwoord luidt dus:

$x \leq 2$ of $x = 1$ of $x \geq 3$.

Breuken in ongelijkheden

Ongelijkheden met breuken vormen een ander soort speciale ongelijkheden, die passen in deze paragraaf over kwadratische ongelijkheden vanwege de manier waarop je ze oplost. Probeer weer hetzelfde te doen als bij de ongelijkheden met meerdere factoren, waarvoor je moest bepalen waar de uitdrukking gelijk aan 0 wordt. Eigenlijk moet je apart bepalen wat de teller (boven) 0 maakt en wat de noemer (onder) 0 maakt. Test de gebieden tussen de nulpunten en schrijf het antwoord op.

PAS OP

De belangrijkste waarschuwing bij dit soort ongelijkheden is ervoor te zorgen dat je geen antwoorden geeft die de noemer van de breuk nul maken. Dat maakt de situatie namelijk onmogelijk, want delen door nul is flauwekul. Maar waarom zou je dan überhaupt bepalen welke waarden de noemer gelijk aan nul maken? Het getal nul scheidt de positieve van de negatieve getallen. Zelfs al kan de nul zelf niet als antwoord gebruikt worden, het geeft wel aan waar het teken verandert van positief naar negatief of omgekeerd.

» Probeer de waarden van y te bepalen waarvoor geldt dat $\frac{(y+4)}{(y-3)} > 0$.

Omdat de regel die het teken van het antwoord bepaalt voor vermenigvuldigen en delen hetzelfde is (een oneven aantal mintekens betekent een negatief antwoord en een even aantal mintekens een positief antwoord), gebruik je dezelfde methode als bij het oplossen van kwadratische ongelijkheden en ongelijkheden met meerdere factoren.

De getallen die de teller en de noemer gelijk aan 0 maken, zijn:

$y = -4$ of $y = 3$.

Teken het tekenverloop:

__________ –4 __________ 3 __________

Als $y = -5$, dan geldt $\frac{(-5+4)}{(-5-3)} = \frac{-1}{-8} = \frac{+1}{8}$: *Positief*

Als $y = 0$, dan geldt $\frac{(0 + 4)}{(0 - 3)} = \frac{4}{-3} = \frac{-4}{3}$: *Negatief*

Als $y = 4$, dan geldt $\frac{(4 + 4)}{(4 - 3)} = \frac{8}{1} = +8$: *Positief*

Vul het tekenverloop in:

Positief –4 Negatief 3 Positief.

De opgave vraagt alleen de waarden waarvoor de uitdrukking groter is dan 0, oftewel positief, dus het antwoord luidt: $y < -4$ of $y > 3$.

» Bepaal de waarden van z waarvoor geldt dat $\frac{(z^2 - 1)}{(z^2 - 9)} \leq 0$.

De getallen die de teller en de noemer gelijk aan 0 maken, zijn:

$z = +1, -1, +3, -3$.

Het tekenverloop: ________ –3 ________ –1 ________ 1 ________ 3 ________

Als $z = -4$, dan geldt $\frac{([-4]^2 - 1)}{([-4]^2 - 9)} = +\frac{15}{7}$: *Positief*

Als $z = -2$, dan geldt $\frac{([-2]^2 - 1)}{([-2]^2 - 9)} = -\frac{3}{5}$: *Negatief*

Als $z = 0$, dan geldt $\frac{([0]^2 - 1)}{([0]^2 - 9)} = +\frac{1}{9}$: *Positief*

Als $z = 2$, dan geldt $\frac{([2]^2 - 1)}{([2]^2 - 9)} = -\frac{3}{5}$: *Negatief*

Als $z = 5$, dan geldt $\frac{([5]^2 - 1)}{([5]^2 - 9)} = +\frac{24}{16}$: *Positief*

Het tekenverloop ziet er nu zo uit:

Positief –3 Negatief –1 Positief 1 Negatief 3 Positief

De oorspronkelijke ongelijkheid luidt:

$(z^2 - 1)/(z^2 - 9) \leq 0$.

Omdat je z-waarden zoekt die de uitdrukking negatief maken, neem je de waarden tussen –3 en –1 en tussen 1 en 3. De waarden die de uitdrukking gelijk aan 0 maken, wil je er ook bij hebben. Dit zijn alleen de getallen die de teller gelijk aan 0 maken, de –1 en de 1 dus. Het antwoord is dus:

$$-3 < z \leq -1 \text{ of } 1 \leq z < 3.$$

Merk op dat bij de –3 en de 3 het <-symbool gebruikt wordt in plaats van het ≤-symbool, zodat het antwoord deze waarden niet omvat.

Ongelijkheden en absolute waarden

Deze paragraaf behandelt precies wat de titel al zegt: ongelijkheden waarin ergens de symbolen voor de absolute waarde voorkomen.

BELANGRIJK

$|a|$ is gelijk aan a als a een positief getal of 0 is. $|a|$ is gelijk aan het tegengestelde van a, $-a$, als a een negatief getal is.

$|3|$ is dus 3 en $|-4|$ is dus 4.

Vergelijkingen en ongelijkheden met absolute waarden kunnen er dus bijvoorbeeld zo uit zien:

$|x| = 7$ $\quad |2x + 3| > 7 \quad$ $|5x + 1| \leq 9$

Vergelijkingen met absolute waarden uitwerken

Laten we, voordat we ongelijkheden gaan tackelen, eerst eens kijken naar vergelijkingen met absolute waarden. Een vergelijking zoals $|x| = 7$ is vrij eenvoudig te ontcijferen. Je moet de waarden bepalen die 7 opleveren als je er symbolen voor de absolute waarde omheen zet. Er zijn twee getallen, 7 en −7, met een absolute waarde van 7. Maar hoe pak je iets aan dat wat ingewikkelder is, zoals $|3x + 2| = 4$?

BELANGRIJK

Om een vergelijking met een absolute waarde op te lossen, zoals $|ax + b| = c$, vervang je de vergelijking door twee aparte, equivalente lineaire vergelijkingen en lost die op.

$|ax + b| = c$ is equivalent aan $ax + b = c$ en $ax + b = -c$

Merk op dat het linkerlid in beide gevallen hetzelfde is. De c is positief in de eerste vergelijking en negatief in de tweede, omdat de uitdrukking binnen de symbolen voor de absolute waarde zowel positief als negatief kan zijn. De bewerking absolute waarde zorgt ervoor dat de uitdrukking altijd positief is wanneer die wordt uitgevoerd.

Los x op uit $|3x + 2| = 4$.

1. **Herschrijf als 2 lineaire vergelijkingen.**

   $3x + 2 = 4$ of $3x + 2 = -4$

2. **Los de waarde van de variabele op uit elk van de vergelijkingen.**

   Trek in elk van de vergelijkingen links en rechts 2 af.

   $3x = 2$ of $3x = -6$

   Deel in beide vergelijkingen beide zijden door 3.

   $x = \frac{2}{3}$ of $x = -2$.

3. **Controleer.**

   Als $x = 2/3$, dan geldt $|3(\frac{2}{3}) + 2| = |2 + 2| = |4| = 4$

   Als $x = -2$, dan geldt $|3(-2) + 2| = |-6 + 2| \; |-4| = 4$

Ze kloppen dus allebei.

Als je wilt oplossen voor x in $|5x - 2| + 3 = 0$, wil je de vergelijking juist *niet* gelijkstellen aan 0. Om de vergelijking te kunnen vervangen door twee lineaire vergelijkingen, moet je de absolute waarde aan één kant van de vergelijking isoleren.

1. **Breng de absolute waarde naar één kant van de vergelijking en de andere termen naar de andere kant.**

   Tel links en rechts –3 op:

   $|5x - 2| = -3$

2. **Herschrijf als twee lineaire vergelijkingen.**

   $5x - 2 = -3$ of $5x - 2 = +3$

3. **Los de waarde van de variabele op uit de twee vergelijkingen.**

   Tel links en rechts 2 op.

   $5x = -1$ of $5x = 5$

   Deel beide zijden door 5.

   $x = -\frac{1}{5}$ of $x = 1$

4. **Controleer.**

   Als $x = -\frac{1}{5}$,

   dan geldt er dat $|5(-\frac{1}{5}) - 2| = |-1 - 2| = 3$. Oeps! Dat had –3 moeten zijn. Probeer de andere oplossing.

   Als $x = 1$, dan geldt er dat $|5(1) - 2| = |5 - 2| = 3$

   Nee, dat klopt ook niet.

Nu moet je concluderen dat de vergelijking sowieso onmogelijk op te lossen was. (Als je dit eerder had opgemerkt, had je natuurlijk een hoop tijd kunnen besparen.) De definitie van de absolute waarde is zodanig dat het resultaat altijd een positief getal is. Daarom was het van het begin af aan onmogelijk een vergelijking op te lossen waarin een absolute waarde gelijkgesteld werd aan –3. Geen wonder dat er geen antwoord is!

Ongelijkheden met absolute waarden uitwerken

Ongelijkheden met absolute waarden oplossen brengt twee verschillende methoden samen: de methode om absolute waarden uit te werken en de methode om ongelijkheden op te lossen. Het beste van twee werelden zou je dus kunnen zeggen. Of juist niet.

BELANGRIJK

Om een ongelijkheid met een absolute waarde van de vorm $|ax + b| > c$ op te lossen, vervang je de ongelijkheid met de absolute waarde door twee equivalente ongelijkheden.

$|ax + b| > c$ is equivalent aan $ax + b > c$ of $ax + b < -c$

BELANGRIJK

Om een ongelijkheid met een absolute waarde van de vorm $|ax + b| < c$ op te lossen, vervang je de ongelijkheid met de absolute waarde door een equivalente ongelijkheid.

$|ax + b| < c$ is equivalent aan $-c < ax + b < c$

In het eerste voorbeeld komt een *groter dan* symbool voor en wordt de regel voor het vervangen van de absolute waarde door twee oplosbare ongelijkheden gebruikt.

Bepaal de waarden voor x waarvoor geldt dat $|2x - 5| > 7$.

1. **Vervang door twee ongelijkheden.**

   $2x - 5 > 7$ of $2x - 5 < -7$

2. **Los beide ongelijkheden individueel op.**

   Tel bij elk van de ongelijkheden links en rechts 5 op.

   $2x > 12$ of $2x < -2$

   Deel 2 keer beide zijden door 2.

   $x > 6$ of $x < -1$

In het tweede voorbeeld komt een *kleiner dan* symbool voor en daarom wordt er gebruikgemaakt van het tweede deel van de regel voor het vervangen van een ongelijkheid door iets wat oplosbaar is.

Bepaal de waarden van x waarvoor geldt dat $|5x + 1| < 9$.

1. **Herschrijf als twee ongelijkheden:**

   $-9 < 5x + 1 < 9$.

2. **Los de ongelijkheid op.**

   Trek van elk van de delen 1 af.

   $-10 < 5x < 8$

   Deel nu alles door 5.

   $-2 < x < \frac{8}{5}$

Bepaal de waarden van x waarvoor geldt dat $|5x - 2| + 1 < 9$.

1. **Breng de absolute waarde naar één kant en de andere termen naar de andere kant.**

   Trek daarom eerst links en rechts 1 af.

   $|5x - 2| < 8$

2. **Herschrijf.**

   $-8 < 5x - 2 < 8$

   Tel overal 2 bij op.

   $-6 < 5x < 10$

   En deel dan alles door 5.

   $-\frac{6}{5} < x < 2$

Ongelijkheden zijn een speciaal soort relaties die overeenkomsten en verschillen vertonen met vergelijkingen. De verschillende regels over hoe je moet omgaan met verschillende soorten opgaven zijn niet moeilijk, maar je moet ze wel trouw en zorgvuldig volgen.

4 Algebra toepassen

IN DIT DEEL . . .

Geen wiskundeboek is compleet zonder te spreken over wiskundige toepassingen in allerlei alledaagse vraagstukken. Dit deel vormt de motivatie voor alle voorbereidingen en al het werk in de voorgaande delen. Formules en vraagstukken is waar de algebra het meest voor wordt gebruikt. Voeg daar voor de goede orde een paar grafieken aan toe en je bent helemaal klaar.

IN DIT HOOFDSTUK

Hoofdstuk 17
Stoeien met formules

Ik herinner me nog het moment dat ik voor het eerst een lening aanvroeg om een auto te kunnen kopen. Wat een traumatische ervaring! Maar het meest mysterieuze en shockerende moment kwam toen de bankbediende aan de andere kant van het bureau zijn rekenmachine tevoorschijn haalde en getalletjes begon in te toetsen. Het leek wel alsof hij urenlang op de knopjes zat te drukken: dan wachtte hij weer even en dacht een ogenblik na: en dan toetste hij nog meer getalletjes in en fronste zijn wenkbrauwen. Uiteindelijk keek hij op met een glimlach en zei: 'Ja hoor, goedgekeurd.' Tot op de dag van vandaag weet ik nog steeds niet welke formule hij toen gebruikte.

De meeste formules zijn lang niet zo eng. En met een beetje verstand van zaken en een gezonde dosis vertrouwen zijn zelfs de ingewikkeldere formules goed te temmen. In dit hoofdstuk gaat het om het verkrijgen van ervaring, kennis en vertrouwen.

Wanneer je de wiskunde gebruikt om alledaagse problemen op te lossen, zul je vaak formules gebruiken om zaken uit te rekenen. Gelukkig hoef je niet telkens het wiel opnieuw uit te vinden als het gaat om het gebruik van wiskundige formules: je kunt vaak vertrouwen op standaardformules die door en door getest zijn om bepaalde, veelvoorkomende, alledaagse problemen op te lossen.

Niet alle formules die je tegen kunt komen staan in dit hoofdstuk. Maar de formules die je hier wel tegenkomt zijn voorzien van voldoende uitleg en oefening om je goed voor te bereiden op andere formules die je tegen kunt komen. In dit hoofdstuk voer ik je langs een aantal formules die je steeds weer kunt gebruiken.

Meten is weten

Een van de belangrijkste dingen die je leert, sommige van ons al op heel jonge leeftijd, is dingen op te meten. Hoe ver is het? Hoe groot ben je? Hoeveel plaats heb je eigenlijk nodig? Hoeveel cadeaupapier ga je nog gebruiken om die knikker in te pakken? Deze vragen hebben allemaal te maken met afmetingen en die worden meestal bepaald met formules.

Engelse lengtematen

Voordat metingen gestandaardiseerd werden, hingen ze af van degene die de meting uitvoerde: een el was de lengte van de onderarm, van de elleboog tot de hand: een voet was de lengte van... nou ja, dat laat zich wel raden. En een duim, dat is ook duidelijk. In feite was het zo dat al deze maten van stad tot stad licht verschilden.

Zelfs tegenwoordig worden er nog verschillende lengte-eenheden gebruikt, al zijn de onderlinge conversiefactoren nu vastgelegd. In de Verenigde Staten en veel andere Angelsaksische landen zijn de inch, de voet, de yard en de mijl de meest gebruikte eenheden om lengten in uit te drukken.

In ons (metrische) stelsel van lengte-eenheden komen deze overeen met 1 inch = 2,54 cm; 1 voet = 30,48 cm; 1 yard = 91,44 cm; 1 mijl = 1,609 km.

Je kunt deze eenheden naar elkaar omrekenen door gebruik te maken van formules:

- » inch naar centimeter; aantal cm = aantal inch × 2,54;
- » voet naar centimeter; aantal cm = aantal voet × 30,48;
- » voet naar meter; aantal meter = aantal voet ÷ 3,281;
- » yard naar meter; aantal meter = aantal yard ÷ 1,094;
- » mijl naar kilometer; aantal km = aantal mijl × 1,609.

De makkelijkste manier om deze en andere eenheden om te rekenen is door ze op te schrijven als een verhouding. De eigenschappen van verhoudingen worden besproken in hoofdstuk 13.

Wanneer je verhoudingen gebruikt om eenheden om te rekenen, schrijf inches dan boven inches en meters boven meters (dezelfde eenheden in de teller en de noemer van een breuk). Bijvoorbeeld:

- » Hoeveel centimeter is 8 inch?

  2,54 cm = 1 inch

  Dat is wat je weet.

  $$\frac{2{,}54\text{ cm}}{x\text{ cm}} = \frac{1\text{ inch}}{8\text{ inch}}$$

De x moet je oplossen. Kruislings vermenigvuldigen geeft:

$2{,}54 \times 8 = x \times 1$

$x = 20{,}32$ cm.

8 inch is gelijk aan 20,32 cm.

» Je zit in het vliegtuig en de piloot zegt dat je op een hoogte van 14.000 voet vliegt. Hoeveel kilometer is dat?

1 voet = 0,3048 m dus 1000 voet = 0,3048 km

$\frac{14.000 \text{ voet}}{1000 \text{ voet}} = \frac{x \text{ km}}{0{,}3048 \text{ km}}$

Kruislings vermenigvuldigen geeft:

$14.000 \times 0{,}3048 = 1000 \times x$

$1000x = 4267$

$x = 4{,}267$ km hoog in de lucht.

De stelling van Pythagoras aan het werk

Nog een mooie formule om te gebruiken wanneer je lengten en afstanden moet uitrekenen, is de stelling van Pythagoras. De *stelling van Pythagoras* is een formule die het speciale verband tussen de zijden van een rechthoekige driehoek weergeeft. In een *rechthoekige driehoek* is één van de hoeken gelijk aan negentig graden. Pythagoras stelde vast dat wanneer een driehoek een rechthoekige driehoek is, dat het kwadraat van de langste zijde (de *hypotenusa*) dan altijd gelijk is aan de som van de kwadraten van de twee kortere zijden.

(lengte hypotenusa)^2 = (lengte kortste zijde)^2 + (lengte derde zijde)^2

Een driehoek met zijden van 3 cm, 4 cm en 5 cm is bijvoorbeeld een rechthoekige driehoek. De langste zijde is dus 5 cm. Het kwadraat van 5 is 25. De 2 kortere zijden zijn 3 en 4 cm lang. $3^2 = 9$ en $4^2 = 16$. De som van 9 en 16 is 25, het kwadraat van de langste zijde. Dit werkt *alleen* voor rechthoekige driehoeken en omgekeerd geldt ook dat als het werkt, dan *moet* de driehoek rechthoekig zijn.

BELANGRIJK

De stelling van Pythagoras: als a, b en c de zijden zijn van een rechthoekige driehoek en c de langste zijde (hypotenusa) is, dan geldt er dat:

$$a^2 + b^2 = c^2$$

TECHNISCHE INFO

DE RAADSELACHTIGE PYTHAGORAS

Pythagoras werd rond 570 voor Christus geboren. Hij is natuurlijk het beroemdst door zijn stelling van Pythagoras, maar hij is ook verantwoordelijk voor de ontdekking van een belangrijke muzikale eigenschap: de tonen die een trillende snaar voortbrengt, zijn afhankelijk van de lengte van de snaar.

Pythagoras was een groots denker, maar vertoonde ook nogal wat bizarre gedragingen. Hij stichtte een school waar ongeveer driehonderd jonge aristocraten wiskunde, politiek, filosofie, religie, muziek en astronomie bestudeerden. Ze vormden een zeer hechte broederschap, of geheime sociëteit, waarin het eten en het handelen van de leden streng gereguleerd waren. Het was niet toegestaan bonen te eten of wijn te drinken en ook niet om gevallen voorwerpen op te rapen of om met een ijzeren staaf in het vuur te poken. Ook moesten ze in een bepaalde richting plassen. Dit vreemde bijgeloof heeft Pythagoras naar het schijnt uiteindelijk het leven gekost. Toen zijn huis in brand gestoken was en hij vluchtte voor zijn belagers, zou hij zijn gestopt aan de rand van een bonenveld in plaats van er doorheen te rennen, zodat zijn belagers de kans kregen hem te vangen en te vermoorden.

De volgende voorbeelden laten zien hoe je de stelling van Pythagoras kunt gebruiken.

» Toon aan dat een driehoek met zijden van 5, 12 en 13 een rechthoekige driehoek is. Bepaal eerst het kwadraat van elke zijde.

$5^2 = 25$, $12^2 = 144$, $13^2 = 169$

Tel de 2 kleinste kwadraten bij elkaar op. Die som is gelijk aan het grootste kwadraat: $25 + 144 = 169$.

» Toon aan dat een driehoek waarvan de zijden een veelvoud zijn van 3, 4 en 5, ook een rechthoekige driehoek is.

Vermenigvuldig 3, 4 en 5 elk met 8. De zijden zijn dan 24, 32 en 40. Bepaal de kwadraten van die zijden.

$24^2 = 576$, $32^2 = 1024$, $40^2 = 1600$

$576 + 1024 = 1600$

Dit is een specifiek veelvoud, maar het werkt voor elk willekeurig veelvoud.

» Een timmerman wil bepalen of de hoeken van een garagedeur 90 graden zijn of dat de deur scheef getrokken is. Hij meet vanaf 1 van de hoeken 30 cm naar rechts af en zet daar een streepje. Dan meet hij vanuit dezelfde hoek 40 cm omhoog af en zet weer een streepje. Dan neemt hij een rolmaat en bepaalt de afstand tussen de 2 streepjes. Hij komt uit op 49 cm.

Bepaal de kwadraten van de meetwaarden.

$30^2 = 900$, $40^2 = 1600$, $49^2 = 2401$

$900 + 1600 = 2500 \neq 2401$

Het grootste kwadraat is *niet* gelijk aan de som van de kleinere kwadraten.

Dus de hoeken van de deur zijn niet meer gelijk aan 90 graden.

De metingen van een timmerman komen natuurlijk niet altijd exact uit op wat ze volgens de wiskunde zouden moeten zijn. Maar timmerlui gebruiken wel bepaalde richtlijnen die aangeven wanneer de meetwaarden voldoende dicht in de buurt zijn.

Een omtrekkende beweging

Hoe lang is de atletiekbaan rond het veld? Hoe lang is de afstand rond de kamer? Hoeveel meter hekwerk heb je nodig om rond het zwembad te plaatsen? De *omtrek* is de afstand om de buitenkant van een bepaald oppervlak, de totale lengte van de lijn die een bepaald gebied begrenst.

In het algemeen is de omtrek van een figuur gelijk aan de som van de lengten van de zijden. Voor een driehoek meet je de lengte van de drie zijden en tel je die op. Als je een figuur met vier zijden hebt, tel je die vier lengten op enzovoort. Voor de omtrek van bepaalde figuren zijn er formules verzonnen die het proces eenvoudiger maken, als je de speciale figuur tenminste herkent. Je kunt dan snelle en gemakkelijke formules gebruiken om de berekening te doen. Veel van deze formules worden hier besproken.

Driehoeken

BELANGRIJK

De omtrek van een driehoek is gelijk aan de som van de lengten van de drie zijden, 1, 2 en 3.

$$O = z_1 + z_2 + z_3$$

TECHNISCHE INFO

De formule voor de omtrek van een driehoek bevat de variabele *z* met 1, 2 en 3 als subscript. De 'z' staat voor zijde. Wanneer er niets speciaals is aan de zijden of aan het verband tussen de lengten ervan, is het de gewoonte 1 enkele variabele te gebruiken, zoals *z* in dit geval, en een aantal subscripts, in plaats van *a*, *b* en *c* te gebruiken. Subscripts zijn ook handig wanneer er meer dan 26 zijden zijn in een figuur. Je kunt de zijden dan alleen namen van *a* tot *z* geven, maar met subscripts kun je zo ver gaan als je zelf wilt: een figuur kan wel 1.000 zijden hebben. Laat dat alsjeblieft niet het geval zijn hier!

» Bepaal de omtrek van een driehoek met zijden van 5 cm, 11 cm en 13 cm.

  $O = 5 + 11 + 13 = 29$ cm

» Nu je je land niet kunt opmeten omdat het te modderig is, wil je een formule gebruiken om te bepalen hoeveel hekwerk je nodig hebt om eromheen te zetten. Het stuk land vormt een rechthoekige driehoek, waarvan de twee kortste zijden 7 en 24 meter lang zijn en de lengte van de langste zijde, de hypotenusa, is onbekend.

  Omdat het een rechthoekige driehoek is, is de som van de kwadraten van 7 en 24 gelijk aan het kwadraat van de langste zijde. $7^2 + 24^2 = 49 + 576 = 625$. 625 is het kwadraat van 25, dus de zijden van het stuk land zijn 7, 24 en 25 meter lang.

  $O = 7 + 24 + 25 = 56$ meter benodigd hekwerk.

Vierkanten

Een vierkant is erg handig om mee te werken omdat je maar één zijde hebt om je druk om te maken: alle zijden zijn even lang.

BELANGRIJK

De omtrek van een vierkant is gelijk aan 4 maal de lengte van een zijde:

$$O = 4z.$$

» Een milieugroepering zoekt een stuk land van een vierkante mijl om naar giftige stoffen in kevers te gaan speuren. Hoe groot is de omtrek van die vierkante mijl in *kilometer*?

Een mijl is gelijk aan 1,609 kilometer. De omtrek bedraagt dus:

$4 \cdot 1{,}609 = 6{,}436$ kilometer.

Als ze dus een lint om het gebied heen willen spannen, hebben ze een hoop lint nodig!

DE PRIEMGETALLEN VAN ERATOSTHENES

TECHNISCHE INFO

Eratosthenes was een wiskundige uit Cyrene die leefde van ongeveer 275 tot 195 voor Christus. Hij is bekend om zijn werk aan priemgetallen en de eerste nauwkeurige schatting van de diameter van de aarde wordt aan hem toegeschreven.

Enkele tientallen jaren lang was hij directeur van de fameuze bibliotheek van Alexandrië. Slechts weinige van zijn originele geschriften zijn bewaard gebleven. Toen hij een jaar of tachtig oud was, pleegde hij zelfmoord door zich te verhongeren, omdat hij blind geworden was en daardoor in een depressie raakte.

Rechthoeken

Een rechthoek is een speciale figuur met vier zijden. De eerste vorm in figuur 17.1 is een rechthoek met rechte (90 graden) hoeken en tegenover elkaar liggende zijden die even lang zijn.

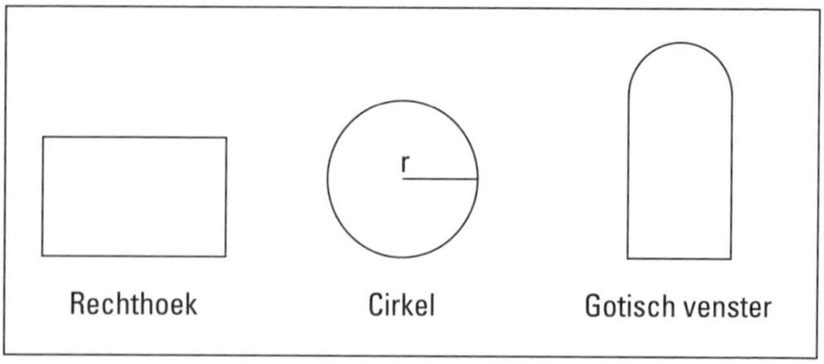

FIGUUR 17.1: Rechthoeken, cirkels en gotische vensters, o jeetje!.

BELANGRIJK

Bepaal de omtrek van een rechthoek door de lengten van de zijden op te tellen. Een andere manier is om de lengte en de breedte elk met 2 te vermenigvuldigen en die twee getallen vervolgens op te tellen. En nog een andere manier is door de lengte en de breedte op te tellen en dat dan met 2 te vermenigvuldigen.

$$O = z_1 + z_2 + z_3 + z_4$$

$$O = 2l + 2b = 2(l + b)$$

Als de zijden bijvoorbeeld 6 cm, 9 cm, 6 cm en 9 cm lang zijn, dan kun je gewoon optellen: 6 + 9 + 6 + 9 = 30. Geen probleem. Maar als de getallen niet zo mooi zijn, is het soms handiger de getallen in paren te combineren. Een rechthoek heeft altijd twee paar even lange zijden. Je hoeft dus alleen twee ongelijke zijden op te meten (die liggen naast elkaar), de twee getallen op te tellen en de som vervolgens met 2 te vermenigvuldigen: 2(6 + 9) = 2(15) = 30. De *lengte* is gewoonlijk de langste zijde en de *breedte* de kortste zijde.

» Je nieuwe tuin is een rechthoek van 25 meter lang bij 12 meter breed. Hoeveel hekwerk heb je nodig om er een hek omheen te zetten? Wat is de omtrek?

Tel de 25 en de 12 meter op en verdubbel dat.

2(25 + 12) = 2(37) = 74 meter hekwerk

Hierbij hebben we natuurlijk geen rekening gehouden met een poort. Toch zul je daaraan moeten denken anders moet je elke dag over het hek heen klimmen.

Cirkels

Om de omtrek van een cirkel te bepalen, hoef je alleen de straal op te meten. De *straal* is de afstand van het middelpunt tot een willekeurig punt op de cirkel. Als je de straal vermenigvuldigt met 2, heb je de diameter van de cirkel. De tweede vorm in figuur 17.1 laat een cirkel zien met de straal aangegeven als *r* (van *radius*). De *diameter* is de afstand van de ene kant van de cirkel, door het middelpunt, naar de andere kant.

BELANGRIJK

De formule voor de omtrek van een cirkel luidt $O = \pi d$, waarin d de diameter is en π altijd staat voor ongeveer 3,14.

BELANGRIJK

Het symbool voor *is ongeveer gelijk aan* is ≈. Dus $\pi \approx 3{,}14$.

TECHNISCHE INFO

π is het Griekse symbool dat de letter pi weergeeft. Dit symbool staat traditioneel voor het verband tussen de diameter en de omtrek van een cirkel. Het verband is altijd hetzelfde, hoe groot of hoe klein de cirkel ook is. Dit verband zegt dat de omtrek *altijd* iets meer dan drie keer zo groot is als de diameter. Het iets meer kan niet exact uitgeschreven worden, want de decimaal gaat oneindig lang verder, maar de waarde van π wordt meestal afgerond op 3,14 of 3,1416 of benaderd door de breuk $\frac{22}{7}$. Dit zijn de populairste waarden. Welke waarde je gebruikt hangt af van de omstandigheden. Ik gebruik meestal 3,14.

» Je wilt de formule herschrijven zodat je gemakkelijk kunt bepalen hoe breed je cirkelvormige tuin zal zijn als je een rol gaas koopt om eromheen te zetten en de hele rol gebruikt. Het gaas is te koop in rollen van 50, 100, 150 en 200 meter.

Oplossen voor d in de formule $O = \pi d$, geeft:

$$\frac{O}{\pi} = \frac{\pi d}{\pi}$$

$$d = \frac{O}{\pi}.$$

De diameter is gelijk aan de omtrek gedeeld door π.

$$d = \frac{O}{3{,}14}$$

Als je een rol van 50 meter hebt,

dan is $d = \frac{50}{3{,}14} \approx 15{,}92$ meter breed.

Als je een rol van 100 meter hebt,

dan is $d = \frac{100}{3{,}14} \approx 31{,}85$ meter breed.

Als je een rol van 200 meter hebt,

dan is $d = \frac{200}{3{,}14} \approx 63{,}69$ meter breed.

Als je weet hoe groot het perceel is waar je je tuin gaat aanleggen, dan kun je bepalen hoeveel gaas je moet kopen en hoef je niets te verspillen.

Door gotische vensters kijken

Een gotisch venster is een rechthoek met een halve cirkel er bovenop, de derde vorm in figuur 17.1. Er kan meer licht door naar binnen vallen en ziet er bovendien gewoon mooi uit. De omtrek van een gotisch venster is een soort samengestelde formule. Dit venster is slechts één voorbeeld van hoe je gedeelten van vormen kunt uitkiezen en de omtrek kunt bepalen door de afmetingen van de delen op te tellen.

BELANGRIJK

De omtrek van een gotisch venster is gelijk aan de helft van de omtrek van een cirkel waarvan de diameter gelijk is aan de breedte (van de onderkant) van het venster plus de afmetingen van de onderkant en 2 keer de lengte van de zijkant. $O = \frac{1}{2}\pi b + b + 2l$. De variabele b stelt de breedte van het venster voor en tegelijkertijd de diameter van de halve cirkel. De l is de lengte van de zijkant van het raam.

» Bepaal de omtrek van een gotisch venster waarvan de zijkant 3 meter lang is en de onderkant 4 meter breed. Je hebt deze afmetingen nodig om stopverf te kopen om de vensters in de plaatselijke basiliek weer goed vast te zetten.

$$O = \frac{1}{2}\pi b + b + 2l = \frac{1}{2}(\pi \cdot 4) + 4 + 2(3)$$

$$= 2\pi + 4 + 6 = 2\pi + 10 = 16{,}28 \text{ meter}$$

In de doe-het-zelfzaak moet je wellicht nog een berekening uitvoeren als blijkt dat een tube stopverf slechts genoeg is voor 10 meter.

Uitgespreid: formules om oppervlakten te bepalen

Oppervlakte is een maat die aangeeft hoeveel tweedimensionale eenheden (vierkanten) een bepaald voorwerp of oppervlak bestrijkt. De oppervlakte wordt aangeduid in vierkante meter, vierkante centimeter, hectare, are enzovoort.

Denk aan een terras met vierkante tegels. Als iedere tegel 1 meter bij 1 meter groot is, dan kun je de grootte van het terras in vierkante meters bepalen door de tegels te tellen. In werkelijkheid zijn niet alle vloeren bedekt met tegels met een handige afmeting van 1 vierkante meter. De meeste tegelvloeren hebben afgesneden tegels aan de rand, in de hoeken en rond voorwerpen met een vreemde vorm. Daarom zijn er formules om de oppervlakte te bepalen en die worden in dit hoofdstuk behandeld.

In de vorige paragraaf gaven de formules voor de omtrek een lineaire afmeting weer. Een lineaire afmeting heeft slechts één dimensie. Het is van de ene plek naar de andere. Het heeft geen dikte. Je meet het met een liniaal, een duimstok of een rolmaat. Oppervlaktemetingen worden gebruikt om oppervlakken te meten. Ze bepalen twee afmetingen: de ene in één richting en de andere loodrecht (onder negentig graden) daarop.

Rechthoeken en vierkanten afmeten

De oppervlakten van rechthoeken en vierkanten worden beschreven door ongeveer dezelfde formules, omdat ze beide rechte hoeken hebben en de tegenoverliggende zijden even lang zijn. De algemene methode is hier de breedte te vermenigvuldigen met de lengte. Het product van twee aan elkaar grenzende zijden is de oppervlakte.

De oppervlakte van een rechthoek bepalen

In huizen en kantoren zijn de meeste kamers rechthoekig van vorm. Bureaus, tafels en tapijten zijn meestal ook rechthoekig. Dit is handig als je meubels en andere voorwerpen in een kamer wilt opstellen.

BELANGRIJK

De oppervlakte van een rechthoek wordt gegeven door de lengte maal de breedte:

$$A = l \cdot b$$

De oppervlakte van een rechthoek van 10 cm lang en 6 cm breed is $10 \cdot 6 = 60$ vierkante centimeter.

» Een park dat 85 meter lang is en 35 meter breed moet bemest worden. Als een zak mest voldoende is voor een $\frac{1}{2}$ are, hoeveel zakken heb je dan nodig?

Merk op dat de eenheden verschillend zijn. Het park is opgemeten in meters en de inhoud van de zak is in are gespecificeerd. Bepaal eerst hoeveel vierkante meter het park bestrijkt. Reken daarna uit hoeveel vierkante meter je kunt bemesten met 1 zak.

$A = l \cdot b = 85 \cdot 35 = 2975$ vierkante meter

Nu moet je weten hoeveel vierkante meter er in een are gaan. Een are is een honderdste van een hectare en dat is 10.000 vierkante meter. Een are is dus gelijk aan 100 vierkante meter. Een zak mest is voldoende voor een $\frac{1}{2}$ are, dus dat is $0{,}5 \cdot 100 = 50$ vierkante meter per zak.

Deel de 2975 vierkante meter door 50 vierkante meter:

$\frac{2975}{50} = 59\frac{25}{50} = 59\frac{1}{2}$

Je kunt dus 60 zakken kopen en een $\frac{1}{2}$ zak overhouden of 59 zakken kopen en hier en daar een beetje smokkelen.

Een vierkant opvullen

BELANGRIJK

De oppervlakte van een vierkant is gelijk aan de lengte van een zijde in het kwadraat, dus de formule luidt:

$$A = z^2$$

De oppervlakte van een vierkant is eenvoudig te bepalen. De oppervlakte van een vierkant is een perfect kwadraat. Leuker kunnen we het niet maken! Een vierkant waarvan de zijde 8 cm lang is, heeft een oppervlakte van $8^2 = 64$ vierkante centimeter. Een vierkant met een zijde van een $\frac{1}{2}$ meter heeft een oppervlakte van $(\frac{1}{2})^2 = \frac{1}{4}$ vierkante meter.

TIP

Je kunt de formule voor de oppervlakte van een rechthoek gebruiken, $A = z \cdot z$. Maar omdat de lengte en de breedte hetzelfde zijn voor een vierkant, zijn de variabelen hetzelfde. Daarom is het gemakkelijker te zeggen dat $A = z^2$.

Driehoeken

De oppervlakte van een driehoek bepalen is een echte uitdaging. In feite wordt de oppervlakte van een driehoek gegeven door de helft van de oppervlakte van de denkbeeldige rechthoek waar de driehoek deel van uitmaakt. Het is echter niet altijd eenvoudig om de oppervlakte van die denkbeeldige rechthoek te bepalen, maar gelukkig is dat ook niet altijd nodig. Je hebt eigenlijk alleen een afmeting of twee van de driehoek nodig.

Om de traditionele methode voor het bepalen van de oppervlakte van een driehoek toe te passen heb je twee afmetingen nodig: de lengte van de *basis*, de onderkant, en van de *hoogte*, de loodrechte afstand van de basis tot de top. Zo is het gemakkelijk de oppervlakte van een driehoek te bepalen, als je tenminste een liniaal hebt om de hoogte van de driehoek op te meten. Dat is niet altijd even praktisch. Daarom is er ook nog een andere methode, de formule van Heron, die verderop aan bod komt.

De traditionele methode toepassen

BELANGRIJK

De oppervlakte van een driehoek is gelijk aan de halve basis maal de hoogte. $A = \frac{1}{2}bh$.

De basis is de lengte van de onderkant van de driehoek die op de grond ligt. De hoogte is de afstand van de bovenste hoek loodrecht omlaag tot op de basis. De hoogtelijn vormt een loodrechte hoek (90 graden) met de basis. $A = \frac{1}{2} b \cdot h$.

Je kunt deze regel gebruiken wanneer het mogelijk is deze afmetingen te bepalen en je een hoogtelijn loodrecht op de basis kunt tekenen en beide kunt opmeten.

» Bepaal de oppervlakte van een 20-cm lange driehoek met een hoogte van 13 cm.

$A = \frac{1}{2}(20)(13) = \frac{1}{2}(260) = 130$ vierkante cm.

» Bepaal de oppervlakte van een rechthoekige driehoek met zijden van 5 cm, 12 cm en 13 cm.

In een rechthoekige driehoek staan 2 van de zijden (de 2 kortste zijden) loodrecht op elkaar. Je kunt een van deze 2 zijden dus als basis gebruiken en de andere als de hoogte. De langste zijde in een rechthoekige driehoek is de hypotenusa en die ligt nooit aan de rechte hoek. De 2 afmetingen die je nodig hebt, zijn dus 5 cm en 12 cm.

$A = \frac{1}{2}(5)(12) = \frac{1}{2}(60) = 30$ vierkante cm

Aan de slag met de formule van Heron

BELANGRIJK

De oppervlakte van een driehoek is gelijk aan de wortel uit het product van vier waarden: de halve omtrek, de halve omtrek min de eerste zijde, de halve omtrek min de tweede zijde en de halve omtrek min de derde zijde. Stel dat s de halve omtrek voorstelt en dat a, b en c de lengten van de drie zijden voorstellen: $A = \sqrt{s(s-a)(s-b)(s-c)}$

Als je bijvoorbeeld de oppervlakte van een hele grote driehoek, zoals een park, probeert te bepalen of als je de hoeken niet kunt meten om een hoogtelijn loodrecht op een van de zijden te tekenen, dan kun je de oppervlakte toch bepalen door gewoon alle zijden op te meten en de formule van Heron toe te passen: $A = \sqrt{s(s-a)(s-b)(s-c)}$.

Om deze formule toe te passen heb je de lengte van de drie zijden a, b en c nodig en de halve omtrek, s. s is dus gelijk aan de helft van de omtrek en dat is weer de som van de drie zijden.

» Bepaal de oppervlakte van een driehoek met zijden van 7 cm, 24 cm en 25 cm.

Stel dat $a = 7$, $b = 24$ en $c = 25$. De omtrek is gelijk aan $O = 7 + 24 + 25 = 56$ cm, zodat de halve omtrek gelijk is aan $s = \frac{56}{2} = 28$ cm.

$A = \sqrt{s(s-a)(s-b)(s-c)} = \sqrt{28(28-7)(28-24)(28-25)} = \sqrt{28(21)(4)(3)} = \sqrt{7056} = 84$ vierkante cm.

» Bepaal de oppervlakte van een driehoek met zijden van 2, 3 en 4 meter.

Niet alle uitkomsten zijn van die mooie ronde getallen zoals in het vorige voorbeeld. Ik had met opzet een rechthoekige driehoek gekozen zodat de uitkomst een mooi geheel getal zou zijn. Het volgende voorbeeld is wat algemener.

Als de zijden 2, 3 en 4 meter zijn, dan geldt er dat $a = 2$, $b = 3$, $c = 4$ en $s = \frac{1}{2}(2 + 3 + 4) = 4{,}5$.

Dus:

$A = \sqrt{s(s-a)(s-b)(s-c)} = \sqrt{4{,}5(4{,}5-2)(4{,}5-3)(4{,}5-4)}$

$= \sqrt{4{,}5(2{,}5)(1{,}5)(0{,}5)} = \sqrt{8{,}4375} \approx 2{,}905$ vierkante meter.

TECHNISCHE INFO

WAAROM BESTAAT EEN CIRKEL UIT 360 GRADEN (EN NIET 100 OF 1000)?

De eenheid die gebruikt wordt om hoeken te meten, de graad, is gewoon een verzonnen eenheid. Het is geen verhouding die in de natuur voorkomt, zoals pi bijvoorbeeld. Men had van alles kunnen verzinnen en er een willekeurige naam aan kunnen geven.

Het schijnt dat de graad afkomstig is uit het oude Babylon en afgeleid is van hun zestigtallige systeem. (Een zestigtallig talsysteem heeft 60 verschillende cijfers in tegenstelling tot de 10 van ons. Heb je zin die uit je hoofd te leren?) Dit zestigtallige systeem heeft zijn sporen nagelaten. Uren en minuten zijn onderverdeeld in 60 delen. En een graad is onderverdeeld in 60 minuten (jazeker, zo worden graden onderverdeeld).

En echt waar, 360 graden is een mooi aantal graden om te gebruiken. Zo wordt een cirkel in meer gehele delen onderverdeeld dan wanneer er gekozen was voor 100 of 1000 graden. Het getal 360 is deelbaar door 2, 3, 4, 5, 6, 8, 9, 10, 12, 15, 18, 20, 24, 30, 36, 40, 45, 60, 72, 90, 120 en 180. Vooral deelbaarheid door 3 maakt een groot verschil. Het getal 100 is alleen deelbaar door 2, 4, 5, 10, 20, 25 en 50.

Cirkels

De oppervlakte van een cirkel wordt bepaald door de straal van de cirkel en de waarde van het getal pi.

BELANGRIJK

De formule voor de oppervlakte van een cirkel luidt pi (ongeveer 3,14) maal de straal in het kwadraat:

$A = \pi \cdot r^2$

» Bepaal de oppervlakte van een cirkelvormige schijf met een diameter van 50 meter.

Eerst moet je de straal bepalen. De straal is de helft van de diameter, dus dat is 25 meter.

$A = \pi \cdot r^2 = \pi \cdot 25^2 = (3{,}14) \cdot 625 = 1962{,}5$ vierkante meter.

Opgepompt: formules om volumes te bepalen

Oppervlakte is een tweedimensionale figuur of representatie. Het is een plat vlak. Volume is driedimensionaal. Het heeft diepte, in tegenstelling tot je vorige vriendje of vriendinnetje. Om het volume te bepalen, meet je de lengte, de breedte en de diepte.

Om het volume te bepalen, tel je hoeveel blokken (denk aan suikerklontjes) je in een voorwerp kunt passen. Deze blokken kunnen bijvoorbeeld zijden hebben van elk 1 cm, of elk een decimeter, of wat je maar wilt. En o ja, volume meet je in kubieke cm (cc), kubieke decimeter (liter), kubieke meter of kubieke wat dan ook.

Prutsen met prisma's

De term *prisma* ken je wellicht uit de optica, maar in de wiskunde is het een driedimensionaal lichaam, waarvan het volume eenvoudig te bepalen is. Het boven- en ondervlak van een prisma hebben precies dezelfde afmetingen. De afstand tussen het boven- en ondervlak is hetzelfde, waar je die ook opmeet, zolang je maar loodrecht tussen de vlakken meet.

BELANGRIJK

De formule die het volume geeft, $V = l \cdot b \cdot h$, zegt dat het volume gelijk is aan het product van de lengte, l, de breedte, b, en de hoogte, h.

» Bepaal de inhoud van een doos die 4 decimeter lang is, 3 decimeter breed en 9 decimeter hoog.

$V = l \cdot b \cdot h = 4 \cdot 3 \cdot 9 = 108$ kubieke decimeter.

Dat is dus 108 liter. Er passen dus 108 pakken melk in de doos.

» Je koopt een tuinhuisje van 12 kubieke meter. Wat zijn de afmetingen dan (hoe groot is het huisje)?

Er is natuurlijk een oneindig aantal mogelijkheden waarop je drie getallen kunt vermenigvuldigen zodat ze samen 12 geven. Bekijk alleen enkele gehele en gebroken getallen. Probeer je voor de geest te halen hoe het huisje er met deze afmetingen uit zou zien.

$12 = 1 \cdot 1 \cdot 12$ (1 meter lang, 1 meter breed en 12 meter hoog!)

$12 = 2 \cdot 1 \cdot 6$ (2 meter lang, 1 meter breed en 6 meter hoog)

$12 = 2 \cdot 3 \cdot 2$ (2 meter lang, 3 meter breed, 2 meter hoog)

$12 = 2 \cdot (1{,}5) \cdot 4$ (2 meter lang, 1,5 meter breed en 4 meter hoog)

$12 = 1{,}5 \cdot (1{,}5) \cdot 5\frac{1}{3}$ (1,5 meter lang, 1,5 meter breed en $5\frac{1}{3}$ meter hoog)

Welk huisje lijkt je het handigst? Hoe groot ben je zelf? Kan de hark wel recht overeind in het huisje staan?

Zinderende cilinders

Cilinders waren de favoriete vorm van mijn broer toen hij bij de marine zat en ergens midden op de oceaan op een vliegdekschip verbleef. Zoals het een goede zus betaamt, stuurde ik hem elke keer grote blikken met chocoladekoekjes erin. Stel je voor, elke paar weken zo'n hele stapel chocoladekoekjes die jouw kant op komt vliegen. Hij was de populairste matroos aan boord!

BELANGRIJK

De formule die het volume van een van een cilinder geeft, luidt $V = \pi r^2 h$. De inhoud is gelijk aan pi maal de straal (de helft van de diameter) in het kwadraat maal de hoogte.

Een cilinder is een massieve figuur met een cirkel als grondvlak. Een blikje tonijn, een vat olie, een blik doperwten, een rol toiletpapier en een fust bier hebben allemaal de vorm van een cilinder. De boven- en onderkant zijn cirkels en de hoogte van de cilinder is de afstand tussen de cirkels.

De formule waarmee je de inhoud van een cilinder bepaalt, lijkt wel op die waarmee je de inhoud van een prisma bepaalt, omdat je de oppervlakte van het grondvlak vermenigvuldigt met de hoogte.

» **Prisma:** $V = l \cdot b \cdot h$.

Met de formule $l \cdot b$ bepaal je de oppervlakte van het grondvlak: de hoogte is h.

» **Cilinder:** $V = \pi r^2 h$.

Met de formule πr^2 bepaal je de oppervlakte van het cirkelvormige grondvlak: de hoogte is h.

Om de inhoud van een cilinder te bepalen heb je de straal van het onder- en bovenvlak nodig en de hoogte.

Deze formule vertelt je hoeveel kubusjes er in een cilinder passen, alsof je suikerklontjes in een rond blik probeert te passen. Je moet ze dan alleen een beetje afsnijden.

Voor het volume van een cilinder worden vaak vloeibare inhoudsmaten gebruikt, zoals liters of milliliters, maar kubieke inhoudsmaten komen ook voor. Een liter is gelijk aan een kubieke decimeter en een milliliter is gelijk aan een kubieke centimeter (ook wel cc genoemd). Het volume geeft aan hoeveel standaardkubusjes er in de figuur zouden passen. Het volgende voorbeeld is in kubieke decimeter en liters weergegeven, dat zijn dus kubusjes met een ribbe van 1 decimeter (= 10 centimeter).

» Je wilt graag weten hoe hoog je opblaasbare zwembad kan zijn als het een straal van 30 decimeter heeft en een bepaald aantal kubieke decimeter water kan bevatten.

Los de formule op voor de hoogte, h:

$V = \pi r^2 h$.

Deel links en rechts door πr^2:

$$\frac{V}{\pi r^2} = \frac{\pi r^2 h}{\pi r^2}$$

$$\frac{V}{\pi r^2} = h.$$

De hoogte is gelijk aan het volume gedeeld door het product van π en de straal in het kwadraat.

Vul de 30 decimeter in voor *r*.

$$h = \frac{V}{900\pi}$$

Als je zwembad 10.000 liter kan bevatten, dan wordt de hoogte:

$h = \frac{10.000}{900\pi} = \frac{100}{9\pi} \approx \frac{100}{28{,}27} \approx 3{,}54$ decimeter diep. Je kunt gaan pootjebaden.

Als je zwembad 20.000 liter kan bevatten, dan wordt de hoogte:

$h = \frac{20.000}{900\pi} = \frac{200}{9\pi} \approx \frac{200}{28{,}27} \approx 7{,}08$ decimeter diep.

Als je zwembad 30.000 liter kan bevatten, dan wordt de hoogte:

$h = \frac{30.000}{900\pi} = \frac{300}{9\pi} \approx \frac{300}{28{,}27} \approx 10{,}61$ decimeter diep.

Als je zwembad 50.000 liter kan bevatten, dan wordt de hoogte:

$h = \frac{50.000}{900\pi} = \frac{500}{9\pi} \approx \frac{500}{28{,}27} \approx 17{,}68$ decimeter diep.

Je ziet dat er een hoop water voor nodig is om het niveau in het zwembad te laten stijgen.

Een piramide opmeten

Een piramide is eenvoudig te beschrijven want iedereen weet hoe een piramide eruitziet. Technisch gezien is een piramide een voorwerp met een grondvlak (onder) en driehoeken die vanaf iedere zijde van het grondvlak omhoog steken en samenkomen in een punt.

De piramides in Egypte hebben een vierkant als grondvlak en aan elke kant een even grote driehoek: tenminste, zo waren ze ooit. De top van veel piramides is geërodeerd door de invloeden van wind en zand zodat de driehoeken niet meer samenkomen in een punt. Het grondvlak van een piramide kan trouwens ook een gelijkzijdige driehoek (alle zijden zijn even lang) zijn, een vierkant, een regelmatige vijfhoek (vijf zijden, allemaal even lang) enzovoort.

BELANGRIJK

De inhoud van een piramide wordt gegeven door een derde van de oppervlakte van het grondvlak maal de hoogte:

$$V = \frac{1}{3}(\text{oppervlakte grondvlak}) \cdot h$$

Het volume van een piramide bepalen is niet zo moeilijk. Het is dus de moeite waard de formules voor het bepalen van oppervlakten goed te kennen. Bekijk de paragraaf 'Uitgespreid: formules om oppervlakten te bepalen' daarom nog eens om je geheugen op te te frissen, ofschoon de formules voor vierkanten en driehoeken ook in de volgende formules voorkomen:

» **Vierkant grondvlak:** $V = \frac{1}{3} z^2 \cdot h$

» **Gelijkzijdige driehoek als grondvlak:** $V = \frac{1}{3} \times \frac{\sqrt{3}\, z^2 h}{4} = \frac{\sqrt{3}\, z^2 h}{12}$

Het eerste voorbeeld is een historische uitdaging:

» Bepaal de oorspronkelijke inhoud van de Piramide van Cheops (ook wel de Grote Piramide van Gizeh genoemd). De Piramide van Cheops had oorspronkelijk een vierkant grondvlak met zijden die elk 230 meter lang waren. De hoogte bedroeg 146 meter.

$V = \frac{1}{3} z^2 \cdot h = \frac{1}{3} (230)^2 \cdot 146 = 2.574.467$ kubieke meter.

» Misschien vind je het makkelijker de inhoud van een piramidevormige tent te bepalen met zijden van elk 2 meter en een hoogte van 3 meter.

$V = \frac{1}{3} z^2 \cdot h = \frac{1}{3} (2)^2 \cdot 3 = 4$ kubieke meter.

Zelfs dat is nog vrij groot! Een kubieke meter is gelijk aan 1000 liter, dus er passen 4000 pakken melk in je tent!

Kijken naar kegels

BELANGRIJK

De formule voor het volume van een kegel luidt $\frac{1}{3}$ maal pi maal de straal in het kwadraat maal de hoogte:

$$V = \frac{1}{3} \pi \cdot r^2 \cdot h$$

De formule voor de inhoud van een kegel zou je bekend voor moeten komen om twee redenen. Ten eerste komt er de factor $\frac{1}{3}$ in voor, net als bij de inhoud van een piramide. De factor van $\frac{1}{3}$ is gebruikelijk voor alle figuren die samenkomen in een punt. Verder zou de factor $\pi r^2 h$ je bekend moeten voorkomen, want dat is de formule voor de inhoud van een cilinder. Je kunt een kegel dus zien als een cilinder waar een stuk van afgedraaid is. Het bekende hoorntje van een ijsje heeft de vorm van een kegel, of de oranje verkeerspylonen.

De volgende twee voorbeelden ben je misschien wel eens in de praktijk tegengekomen:

» Wat is de inhoud van een kegelvormige tent met een diameter van 6 meter en een hoogte 7 meter?

Als de diameter 6 meter bedraagt, dan is de straal dus 3 meter.

$V = \frac{1}{3} \pi \cdot r^2 \cdot h = \frac{1}{3} \pi (3)^2 \cdot 7 = 21\pi \approx 66$ kubieke meter.

» Hoeveel ijs gaat er in een hoorntje met een doorsnede van 5 cm en een lengte van 15 cm? (Het ijs dat boven het hoorntje uitsteekt tellen we nu niet mee. Dat komt later.)

$V = \frac{1}{3} \pi \cdot r^2 \cdot h = \frac{1}{3} \pi (2,5)^2 \cdot 15 = 31,25\pi \approx 98$ kubieke centimeter ijs.

Rollen met bollen

BELANGRIJK

De formule die het volume van een bol geeft, luidt $\frac{4}{3}$ maal pi maal de straal tot de derde macht:

$$V = \frac{4}{3}\pi \cdot r^3$$

Een bol is een veelvoorkomende vorm. Voetballen en tennisballen, knikkers en wereldbollen, allemaal zijn ze bolvormig. Zoals je ziet uit de formule, heb je maar één afmeting nodig om het volume van een bol te bepalen: de straal, oftewel de afstand van het middelpunt van de bol tot de buitenkant.

Het volume van een bol bepalen kan van pas komen wanneer je een tank helium koopt of een ijsje.

» Wat is het volume van een bal die een diameter heeft van 18 centimeter?

  Een diameter van 18 centimeter betekent een straal van 9 centimeter.

  $V = \frac{4}{3}\pi \cdot r^3 = \frac{4}{3}\pi\, 9^3 = 972\pi \approx 3052$ kubieke centimeter.

» Terug naar het ijshoorntje. Als de opening van het hoorntje 5 centimeter is, kun je er zeker een ijsbolletje opleggen met een diameter van 6 centimeter. Het is niet erg dat het bolletje groter is, als je maar snel genoeg likt.

  Wat is het volume van een bolletje met een diameter van 6 centimeter?

  $V = \frac{4}{3}\pi \cdot r^3 = \frac{4}{3}\pi\, 3^3 = 36\pi \approx 113$ kubieke centimeter.

Meters maken met afstandsformules

Je zit al een paar dagen op een langzame boot naar China en wilt weten hoe ver je nu bent. Of je wilt uitrekenen hoe lang het duurt om naar het huis van je grootmoeder te rijden om daar te dineren. Of misschien wil je weten hoe hard de trein rijdt als je in 12 uur van Amsterdam naar Rome reist. Het antwoord op deze vragen vind je met behulp van formules die de afstand berekenen door snelheid te vermenigvuldigen met tijd.

Hoe snel en hoe ver?

BELANGRIJK

De formule $s = v \cdot t$ vertelt je dat de afgelegde afstand s gelijk is aan de snelheid, v (van het Engelse 'velocity'), waarmee je reist maal de tijd, t, die je onderweg bent.

Je kunt de formule zo aanpassen dat je kunt berekenen hoe lang het duurt om ergens naartoe te rijden (naar je grootmoeder bijvoorbeeld) als je oplost voor de tijd, t, door links en rechts door de snelheid, v, te delen. Nu zegt de formule dat de reistijd gelijk is aan de totale afgelegde afstand gedeeld door de snelheid.

Je kunt de afstand naar het huis van je oma en de snelheid waarmee je reist invullen om uit te rekenen hoeveel tijd je nodig hebt.

Je moet dan wel rekening houden met een aantal belangrijke factoren. Wat is de maximumsnelheid? Is het druk op de weg?

Als je wilt weten hoe snel een trein rijdt op het 1460 kilometer lange traject van Amsterdam naar Rome als die er 12 uur over doet, los je de formule die het verband geeft tussen afstand, snelheid en tijd op voor de snelheid. Nu deel je links en rechts door t, oftewel door de tijd.

Je kunt nu de afstand (aantal kilometer) delen door de tijd (12 uur) om de snelheid te vinden. Dat is een verdraaid snelle trein! (Al reken ik het maar even snel in mijn hoofd uit.)

Deze eenvoudige formule stelt je in staat de afgelegde afstand uit te rekenen, of de tijd die je nodig hebt voor een reis, of de snelheid waarmee je reist. Je moet alleen een beetje oppassen met de *snelheid*. Als je zegt dat je 400 kilometer hebt afgelegd in 4 uur, zou je de formule kunnen toepassen en zeggen dat als $400 = v \cdot 4$, $v = 100$, oftewel dat je 100 kilometer per uur reed. In de praktijk weet je echter dat je niet de *hele tijd* 100 kilometer per uur reed. Je moest eerst bij 0 beginnen en accelereren en je moest ook weer afremmen om te stoppen. En onderweg ben je ook vast ergens gestopt om wat te eten. In de praktijk is de snelheid een gemiddelde snelheid.

De volgende opgaven gebruiken wel de formule voor de afgelegde afstand, maar dan opgelost voor snelheid en tijd, en niet voor afstand. Zo zie je hoe veelzijdig één kleine formule kan zijn.

» Wat is de gemiddelde snelheid van een vliegtuigje dat 2000 kilometer aflegt in 4,8 uur?

$s = v \cdot t$

$2000 = v \cdot 4{,}8$

$v = \frac{2000}{4{,}8} = 416\frac{2}{3}$ kilometer per uur.

» Hoe lang doe je over een bedevaart van Antwerpen naar Santiago de Compostella in Portugal (te voet natuurlijk) als je per dag gemiddeld 12 kilometer kunt afleggen? De afstand tussen de 2 steden bedraagt ongeveer 1980 kilometer.

$s = v \cdot t$

$1980 = 12 \cdot t$

$t = \frac{1980}{12} = 165$ dagen.

Dat is bijna $\frac{1}{2}$ jaar. Met de auto ben je er in minder dan 24 uur.

Al zeilend op de oceaan

Je kijkt naar een film waarin John Wayne de kapitein van een schip speelt. (Zeg niet dat je John Wayne niet kent. Hij is een oorlogsheld: hij won meerdere oorlogen, en hij won ze meerdere keren.) Hoe dan ook, in de film kan het schip maar met een snelheid van een bepaald aantal knopen varen. (Een knoop is een zeemijl per uur.)

Een mijl op zee is iets anders als een mijl op het land. Deze formules helpen je de waarden om te rekenen:

1 zeemijl = 1,15 mijl = 1,85 kilometer

1 knoop = 1,85 kilometer per uur

TIP

De eerste relatie geeft je het verband tussen twee lengte-eenheden. De tweede relatie geeft je het verband tussen twee eenheden om snelheid in uit te drukken.

Wanneer je de volgende keer naar een film over zeilschepen zit te kijken, heb je misschien enig idee waar ze het over hebben met al hun interessant zeemansjargon.

» Hoe ver heeft een vogel gevlogen als hij 16 zeemijl heeft afgelegd?

Schrijf de opgave als een verhouding en pas kruislings vermenigvuldigen toe.

$$\frac{1 \text{ zeemijl}}{16 \text{ zeemijl}} = \frac{1{,}85 \text{ kilometer}}{x \text{ kilometer}}$$

x kilometer = 16 · 1,85 = 29,6 kilometer.

» Hoe snel reist John Wayne als zijn schip 14 knopen vaart?

Dit klinkt misschien moeilijker, maar dat is het niet. Je rekent knopen eenvoudig om in kilometer per uur, want beide zijn eenheden van snelheid.

$$\frac{1 \text{ knoop}}{14 \text{ knopen}} = \frac{1{,}85 \text{ kilometer per uur}}{x \text{ kilometer per uur}}$$

x kilometer per uur = 14 · (1,85) = 25,9 kilometer per uur.

(Misschien is het makkelijk te onthouden dat de snelheid in kilometer per uur 'bijna' 2 keer zoveel is als in knopen.) In hoofdstuk 18 komen we meer opgaven over afstanden tegen.

Rentes en percentages uitrekenen

Percentages horen bij een modern vocabulaire. Een of meer van de volgende zinsneden hoor je waarschijnlijk dagelijks:

» De kans op regen is 40%.

» De AEX index is met 2% gestegen.

» Je hebt 99% van de vragen uit de test correct beantwoord.

» Door je lengte behoor je tot de 20% van langste mensen van het land.

Een procent (Latijn voor 'per honderd') geeft een breuk aan als een gelijkwaardige breuk waarbij er 100 in de noemer staat. Het percentage is het getal dat dan in de teller van de breuk staat: hoeveel van de 100.

» $80\% = \frac{80}{100} = 0{,}80$

» $16\frac{1}{2}\% = \frac{16{,}5}{100} = 0{,}165$

$2\% = \frac{2}{100} = 0{,}02$

In de formules die hierna volgen, maak je gebruik van procenten en percentages. Verander de percentages in decimale getallen zodat je ze gemakkelijker kunt vermenigvuldigen en delen. Om dat te doen verschuif je de decimaalkomma twee plaatsen naar links. Als er geen decimaalkomma staat, dan betekent dat dat die rechts van het getal hoort te staan.

Formules om samengestelde rente te berekenen

Uitrekenen hoeveel rente je moet betalen of hoeveel rente je verdiend hebt, is gemakkelijk met de formules in deze paragraaf.

Enkelvoudige rente berekenen

Enkelvoudige rente is het bedrag dat je verdient aan rente die niet samengesteld is. Enkelvoudige rente wordt ook gebruikt om de rente te berekenen die je moet betalen wanneer je iets op afbetaling hebt gekocht. Enkelvoudige rente is gewoon een percentage van een totaalbedrag. Het wordt alleen berekend over het beginbedrag en niet over een eventueel veranderend totaalbedrag, bijvoorbeeld wanneer de investering toeneemt. Om te profiteren van een toenemend saldo, maak je gebruik van samengestelde rente.

BELANGRIJK

Het bedrag aan enkelvoudige rente is gelijk aan de hoofdsom, P (het beginbedrag), maal het rentepercentage (r), maal de hoeveelheid verstreken tijd (t).

De formule om enkelvoudige rente te berekenen luidt:

$$R = Prt.$$

» Welk bedrag aan enkelvoudige rente ontvang je als je € 10.000 voor $3\frac{1}{2}$ jaar wegzet tegen een rentepercentage van $2\frac{1}{2}$ %?

$R = Prt$

$R = 10.000 \cdot (0{,}025) \cdot 3{,}5 = 875$

De rente bedraagt € 875.

» Je koopt een televisie en betaalt 'op afbetaling'. De winkel rekent je een enkelvoudige rente van 12%. Je telt dit bedrag op bij de prijs van de televisie en betaalt dit hele bedrag 'comfortabel' terug in 24 maandelijkse termijnen. 24 maanden is gelijk aan 2 jaar, dus $t = 2$. De televisie kost € 600, dus hoeveel betaal je 'comfortabel' per maand?

$R = 600 \cdot (0{,}12) \cdot 2 = 144$

Het rentebedrag is € 144. Tel dat op bij de prijs van de televisie en de totale kosten bedragen € 744. Deel dat door 24 en de termijnbedragen zijn $\frac{744}{24} = 31$: dat is dus € 31 per termijn. Wat een geweldige aanbieding.

Samengestelde rente

Samengestelde rente gebruik je om te bepalen hoeveel geld er na een bepaalde tijd op je spaarrekening staat. *Samengestelde rente* wordt samengesteld genoemd omdat de rente die je ontvangt bij het beginbedrag wordt opgeteld voordat de rente opnieuw berekend wordt. Dit wordt populair ook wel 'rente op rente' genoemd. Het aantal keer per jaar dat de rente wordt bijgeschreven is afhankelijk van je spaarrekening, maar veel spaarbanken schrijven de rente elk kwartaal bij, oftewel vier keer per jaar.

Door de verdiende rente op je rekening te laten staan verdien je meer geld, omdat de rente de volgende keer over een hoger bedrag wordt berekend.

De formule om samengestelde rente te berekenen luidt:

$$B = P\left(1 + \frac{r}{n}\right)^{nt}.$$

Het totaalbedrag op de rekening is gelijk aan de hoofdsom (P, het beginbedrag) maal de som van 1 plus het rentepercentage gedeeld door het aantal bijschrijvingen per jaar, samen verheven tot een macht die gelijk is aan het aantal bijschrijvingen per jaar maal het aantal jaar. (Wauw!)

» Hoe groot is het bedrag op een spaarrekening die begon met € 5000 en tegen een jaarlijkse rente van 6% nu 14 jaar uitstaat, waarbij de rente elk kwartaal wordt bijgeschreven.

De *hoofdsom* is € 5000: het *rentepercentage* is 6%, oftewel 0,06: het *aantal* keer per jaar dat er rente bijgeschreven wordt is 4: de *tijd* in jaar is 14.

$$B = 5000\left(1 + \frac{0,06}{4}\right)^{4 \cdot 14}$$

Werk zorgvuldig van binnen naar buiten. Deel de 0,06 door 4 en tel het resultaat op bij de 1. Vermenigvuldig tegelijkertijd de 4 en de 14 in de exponent om die eenvoudiger te maken.

$$B = 5000(1{,}015)^{56}$$

Nu moet je volgens de volgorde van bewerkingen eerst machtsverheffen.

$$B = 5000(2{,}30196) = 11.509{,}82$$

Het geldbedrag is meer dan verdubbeld. Vergelijk dit bedrag met wat je over dezelfde hoofdsom verdiend had aan enkelvoudige rente. Door de formule voor enkelvoudige rente te gebruiken, kom je aan $R = Prt = 5000(0{,}06)(14) =$ € 4200. Tel de rente op bij de oorspronkelijke € 5000 en je krijgt een totaalbedrag van € 9200. Dat is meer dan € 2000 minder dan het bedrag dat je verdient via samengestelde rente.

Bekijk een nog dramatischer voorbeeld van de kracht van samengestelde rente:

» Stel dat je een brief krijgt van de bankier van de West-Indische Compagnie. Ze vertellen je dat een van je voorvaderen vlak na Columbus naar Amerika kwam en daar 1 dollar stortte bij hun bank, waarna de arme ziel op weg terug naar huis omkwam op de oceaan. Zijn ene dollar heeft al die tijd uitgestaan tegen rente van $3\frac{1}{2}$% per jaar, die elk kwartaal werd bijgeschreven. De bank vindt het vervelend dat de rekeninghouder zijn jaarlijkse kosten niet betaalt: ze willen deze kosten, die tegenwoordig 25 dollar per jaar bedragen, graag met terugwerkende kracht innen. Zou je deze rekening opeisen?

  Op het eerste gezicht zeg je misschien: 'Nee zeker niet! Dan moet ik een hoop bijleggen.' Dan haal je je trouwe vriend de zakrekenmachine tevoorschijn en voert de volgende berekening uit. Als je voorvader 5 jaar (1497) na Columbus (arriveerde in 1492) aankwam en je de brief in 2002 ontving, over wat voor bedrag hebben we het dan?

  De hoofdsom bedraagt \$1: de rentevoet bedraagt $3\frac{1}{2}$% per jaar en de rente wordt elk kwartaal bijgeschreven. Het geld staat al 510 jaar uit, maar dat betekent ook dat er voor 510 jaar aan onkosten van \$25 per jaar betaald moeten worden.

  $B = 1\left(1 + \frac{0,035}{4}\right)^{4 \cdot 510} = 1(1,00875)^{2040} = 52.292.254,90$

  Dat is meer dan 52 miljoen dollar met een eerste storting van slechts 1 dollar.

  Trek er nu de onkosten vanaf: $25 \cdot 510 = 12.750$: die 13 duizend dollar zijn geen probleem. Ga voor het grote geld!

WAARSCHIJNLIJKHEID EN VERJAARDAGEN

TECHNISCHE INFO

Een interessant verschijnsel kan verklaard worden met waarschijnlijkheidstheorie. Wanneer je in een kamer met 24 mensen bent, is de kans dat er 2 van hen op dezelfde dag jarig zijn groter dan 50%. Als er nog meer mensen aanwezig zijn, is de kans op 2 dezelfde verjaardagen nog groter. Denk daar maar eens over na: 365 of 366 verjaardagen om uit te kiezen en toch zijn er maar 24 mensen voor nodig om de kans dat er 2 op dezelfde dag jarig zijn groter te laten zijn dan dat er geen 2 gelijke verjaardagen voorkomen.

De wiskundige tak die zich bezighoudt met de waarschijnlijkheidsleer ontstond door een gokkwestie. Een professioneel gokker en bovendien vriend van Blaise Pascal, een Frans wiskundige uit de 17e eeuw, vroeg Pascal waarom een bepaalde worp dobbelstenen zo vaak voorkwam en hij vroeg hem ook hoe de pot bij een afgebroken wedstrijd dobbelen het beste verdeeld kon worden. Pascal en de wiskundige Pierre de Fermat schreven elkaar over en weer brieven over dit onderwerp en stichtten daarmee de waarschijnlijkheidsleer.

Belastingen en kortingen nader bekeken

Door gebruik te maken van percentages kun je berekenen wat de belasting (btw) is die je moet betalen en wat de korting is die je krijgt.

- **Totale prijs** = brutoprijs van artikel × (1 + belastingpercentage als decimaal getal).
- **Afgeprijsde prijs** = oorspronkelijke prijs × (1 – kortingspercentage als decimaal getal).
- **Oorspronkelijke prijs** = afgeprijsde prijs ÷ (1 – kortingspercentage als decimaal getal).

Elke consument wordt geconfronteerd met de belasting die hij op de gekochte waar moet betalen en elke consument hoopt ook dat hij dingen in de uitverkoop kan kopen. Het is de moeite waard om een verstandige consument te zijn. Bekijk de volgende voorbeelden maar eens.

- Er geldt een korting van 8% op de nieuwe auto van € 24.000 die je wilt kopen. Hoe duur is de auto dan met die korting? Vergeet niet de 19% btw erbij te tellen.

  Afgeprijsde prijs = 24.000 × (1 – 0,08) = 24.000 × 0,92 = € 22.080

  Totale prijs = brutoprijs van artikel × (1 + percentage btw als decimaal)

  Totale prijs = 22.080 × (1 + 0,19) = € 26.275

- De schoenen die je kocht waren 40% afgeprijsd en daar bovenop kreeg je nog een korting van 15%. Wat was de oorspronkelijke prijs als je er nu € 68 voor hebt betaald?

  $\text{Oorspronkelijke prijs} = \frac{\text{afgeprijsde prijs}}{1 - \text{kortingspercentage}}$ als decimaal

  $\text{'Eerste afgeprijsde prijs'} = \frac{68}{(1 - 0{,}15)} = \frac{68}{0{,}85} = € 80$

  $\text{Oorspronkelijke prijs} = \frac{80}{(1 - 0{,}40)} = \frac{80}{0{,}60} = € 133{,}33$

  De korting van 40% gevolgd door een korting van 15% is niet hetzelfde als een korting van 55%. Met een korting van 55% zouden de schoenen slechts € 60 hebben gekost.

Werken met combinaties en permutaties

Combinaties en permutaties zijn manieren en formules om dingen te tellen. Je denkt nu misschien dat je tellen zo langzamerhand wel onder de knie hebt, maar zou je in de volgende voorbeelden echt het aantal manieren willen tellen?

- Op hoeveel verschillende manieren kun je je volgende vakantie in Amerika plannen als je 3 verschillende staten wilt bezoeken?
- Op hoeveel verschillende manieren kun je de letters van het woord *varen* herschikken, en hoeveel van die mogelijkheden vormen weer een nieuw woord?

  Op hoeveel verschillende manieren kun je uit 45 getallen er 6 kiezen, en zou het mogelijk zijn op elk van die manieren € 1 in te zetten zodat je zeker de lotto wint?

Je zou kunnen beginnen met lijstjes te maken om het antwoord op de voorgaande vragen te vinden, maar je zou al snel ontmoedigd raken door het grote aantal mogelijkheden. Geen nood, de algebra helpt je hier uit de brand met een aantal handige formules om de mogelijkheden te tellen, die combinaties en permutaties genoemd worden.

TECHNISCHE INFO

GOOGOL

Een googol is een heel groot getal. De naam is bedacht door een negenjarige jongen die gevraagd werd een naam te verzinnen voor een heel groot getal. Een googol is een 1 gevolgd door 100 nullen. Het is 10^{100}. Er wordt verondersteld dat dit getal groter is dan het aantal elektronen in het universum. Een googol is iets groter dan 69!. (Dat is dus 69 faculteit en geen uitroep van opwinding.) Als je een wetenschappelijke rekenmachine bij de hand hebt, probeer dan eens 69! in te toetsen: en dan 70!. De meeste rekenmachines kunnen 69! nog net aan, maar geven een foutmelding bij 70!. Een googol kunnen de meeste rekenmachines niet aan. Een googolplex is zelfs een nog groter getal. Dat is 10 tot de macht googol, 10^{googol}.

Countdown met faculteiten

De belangrijkste bewerking die je uitvoert bij het berekenen van combinaties en permutaties is de *faculteit*. Dit is echt een leuke bewerking. Je hebt er slechts 1 getal voor nodig. Het symbool dat gebruikt wordt voor deze bewerking is het uitroepteken: '!'. Als ik schrijf '6!', dan bedoel ik dus niet: 'Wauw, 6!' Of misschien toch als mijn hond 6 puppies kreeg. Maar in een wiskundige context heeft het uitroepteken een specifieke betekenis.

$$6! = 6 \cdot 5 \cdot 4 \cdot 3 \cdot 2 \cdot 1 = 720$$

$$4! = 4 \cdot 3 \cdot 2 \cdot 1 = 24$$

$$7! = 7 \cdot 6 \cdot 5 \cdot 4 \cdot 3 \cdot 2 \cdot 1 = 5040$$

BELANGRIJK

De faculteit van een natuurlijk getal is het getal dat je vindt door het gehele getal te vermenigvuldigen met alle telgetallen die kleiner zijn. De telgetallen zijn 1, 2, 3, 4 enzovoort.

$$n! = n \cdot (n-1)(n-2)(n-3)...$$

De faculteit werkt alleen wanneer n een natuurlijk getal is: dat betekent dat je getallen als 0, 1, 2, 3, 4,... kunt gebruiken. Een verassing is misschien de waarde van 0!. Probeer het maar op je rekenmachine. Je zult vinden dat $0! = 1$.

Reken maar op combinaties

Een combinatie vertelt je hoeveel manieren er zijn om enkele dingen te kiezen uit een groep. Het maakt niet uit hoeveel je er kiest, van 1 tot de hele groep.

» Bereken op hoeveel manieren je 3 Amerikaanse staten kunt kiezen.

» Bereken op hoeveel manieren je 6 getallen kunt kiezen uit 45 mogelijkheden.

» Bereken op hoeveel manieren je 8 astronauten kunt uitkiezen uit 40 kandidaten.

Combinaties vertellen je niet hoe ieder van deze mogelijkheden eruitziet, maar ze vertellen hoeveel manieren er zijn. Als je ze allemaal hebt gevonden, hoef je niet meer verder te zoeken naar andere combinaties.

BELANGRIJK

Het aantal *Combinaties* van *m* dingen die je kunt kiezen uit een totaal aantal dingen van *n*, is:

$$C_n^m = \frac{n!}{m!(n-m)!}$$

De klein gedrukte variabelen bij de *C* vertellen je twee dingen. De onderste *n* geeft aan hoeveel dingen er in totaal beschikbaar zijn. De bovenste *m* vertelt je hoeveel er gekozen worden uit het totaal aantal mogelijkheden. Om het aantal combinaties uit te rekenen moet je *n* faculteit delen door *m* faculteit maal het verschil van *n* en *m* faculteit.

Deze voorbeelden laten zien hoe je vraagstukken oplost waarbij je mogelijkheden moet tellen, door gebruik te maken van de formule voor combinaties.

» Bepaal het aantal manieren waarop je 3 staten uit een totaal van 50 kunt kiezen.

Het totaal aantal dingen, *n*, is 50. Het aantal dat je wilt kiezen uit die 50, *m*, is 3.

$$C^3_{50} = \frac{50!}{3!(50-3)!}$$

Hiervoor heb je een rekenmachine nodig, maar:

$$C^3_{50} = \frac{50!}{3!(50-3)!} = \frac{50!}{3!47!} = 19.600.$$

Er zijn 19.600 verschillende vakanties mogelijk als je 3 staten uitkiest. Ik zal ze even opnoemen.

Alabama, Alaska en Arizona; Alabama, Alaska en Arkansas: Alabama, ..., oké, zo is het wel genoeg.

Je ziet al snel wat voor een heidens karwei dit wordt. En je houdt nog niet eens rekening met de volgorde waarin je de staten bezoekt. Dan zou je nog eens 6 keer zoveel mogelijkheden hebben en dat worden *permutaties* genoemd.

» Op hoeveel manieren kun je 6 getallen kiezen uit 45 mogelijkheden?

$$C^6_{45} = \frac{45!}{6!(45-6)!} = \frac{45!}{6!39!} = 8.145.060$$

Dat lijkt me iets te veel om voor elke mogelijke combinatie een lot uit de lotto te kopen, als de machines die al allemaal zouden kunnen afdrukken.

» Op hoeveel manieren kun je 8 astronauten uitkiezen uit 40 kandidaten?

$$C^8_{40} = \frac{40!}{8!(40-8)!} = \frac{40!}{8!32!} = 76.904.685$$

Deze getallen zijn allemaal nogal groot. Wat dacht je van een voorbeeld waarin ze wat redelijker zijn?

» Op hoeveel manieren kun je 2 boeken kiezen uit een totaal van 7 die op de plank staan?

$C^2_7 = \frac{7!}{2!(7-2)!} = \frac{7!}{2!5!} = \frac{5040}{240} = 21$

Oké, dat lijkt er meer op. Je kunt kiezen uit *Max Havelaar* en *Nooit meer slapen*, of *Max Havelaar* en *De komst van Joachim Stiller* enzovoort.

Alles op volgorde met permutaties

Permutaties zijn net zo iets als combinaties. Het belangrijkste verschil is dat bij permutaties de *volgorde* wel van belang is. Als je op je vakantie in Amerika de staten Alaska, Arizona en Alabama bezoekt, dan zijn er zes verschillende manieren om dat te doen.

Alaska, Arizona, Alabama

Alaska, Alabama, Arizona

Arizona, Alaska, Alabama

Arizona, Alabama, Alaska

Alabama, Arizona, Alaska

Alabama, Alaska, Arizona

Net als met combinaties vertelt het *aantal* permutaties je niet hoe elk van hen eruitziet, maar je weet wel wanneer je kunt stoppen met je lijstje.

BELANGRIJK

Het aantal permutaties van *m* dingen gekozen uit een totaal van *n* dingen, is:

$$P^m_n = \frac{n!}{(n-m)!}$$

De kleine lettertjes bij de *P* vertellen je twee dingen. Onderaan geeft de *n* aan hoeveel dingen er in totaal beschikbaar zijn. De *m* bovenaan vertelt je hoeveel dingen je kiest uit het aantal beschikbare dingen. Voor deze berekening moet je *n* faculteit delen door het verschil van *n* en *m* faculteit.

Je ziet dat het enige verschil tussen deze formule en de formule voor het aantal combinaties is dat de $m!$ hier ontbreekt in de noemer. Dit zorgt ervoor dat de noemer een kleiner getal wordt, waardoor de uitkomst een groter getal wordt. Wanneer je specifiek let op de volgorde van de dingen, zijn er meer mogelijkheden.

Hier zijn een paar voorbeelden om mogelijke permutaties te tellen.

» Op hoeveel manieren kun je 2 boeken kiezen uit de 7 die er op de plank staan, als de volgorde van belang is (welke je eerst leest en welke daarna)?

$P^2_7 = \frac{7!}{(7-2)!} = \frac{7!}{5!} = 42$ manieren om de boeken te lezen.

» Hoeveel verschillende manieren zijn er om de letters van het woord 'varen' op te schrijven? En hoeveel daarvan vormen er weer een nieuw woord?

Het woord heeft 5 letters en ze worden telkens alle 5 gebruikt.

$P^5_5 = \frac{5!}{(5-5)!} = \frac{5!}{0!} = \frac{120}{1} = 120$ verschillende manieren.

Ik denk niet dat ik ze hier alle 120 ga opschrijven, maar er zijn wel andere woorden die je kunt vormen met de letters van VAREN: RAVEN, ERVAN, ... Dat was het misschien wel zo'n beetje.

Je eigen formules formuleren

Een formule is gewoon een vergelijking of relatie, waarvan wordt aangenomen dat ze waar is en die veel gebruikt wordt. In dit hoofdstuk ben je een aantal van de meest gebruikte formules tegengekomen. Maar het aantal formules in de wereld is onbeperkt. Je kunt je eigen formules verzinnen en die toepassen.

De principes om je eigen formules op te schrijven zijn:

1. **Ken letters toe aan de variabelen die getallen voorstellen in de situatie.**
2. **Schrijf uitdrukkingen op door bewerkingen en vergelijkingen van de variabelen te gebruiken.**
3. **Test de nauwkeurigheid van de formule.** Daarna kun je deze telkens weer gebruiken.

Hier volgt een voorbeeld van een formule die nog nooit eerder is gebruikt (althans niet door mij).

Je maakt een planning voor een bruiloftsreceptie en in de feestzaal staan rechthoekige tafels waar 8 mensen aan kunnen zitten, ronde tafels voor 6 personen en vierkante tafels voor 4 personen. Je wilt een formule opstellen om uit te rekenen hoeveel mensen je kwijt kunt met al deze verschillende tafels.

1. **Ken letters toe.**

   Laat P het totaal aantal personen voorstellen die aan tafel kunnen zitten: stel dat r het aantal rechthoekige tafels weergeeft, c het aantal ronde (cirkelvormige) tafels en v het aantal vierkante tafels.

2. **Schrijf een uitdrukking op.**

   Het aantal tafels van elke soort moet je vermenigvuldigen met het aantal personen dat eraan kan plaatsnemen. Die producten tel je dan allemaal op.

   $P = 8r + 6c + 4v$

3. **Test de formule.**

   Als je ervoor kiest 5 rechthoekige, 10 ronde en 7 vierkante tafels op te stellen, dan kun je zoveel mensen kwijt:

   $P = 8(5) + 6(10) + 4(7) = 40 + 60 + 28 = 128$ personen.

De verschillende soorten tafels geven je wat meer mogelijkheden de 'interessantere' mensen kwijt te kunnen.

IN DIT HOOFDSTUK

- **Algemene tips om vraagstukken op te lossen**
- **In de mix met vraagstukken over mengsels**
- **Afstand bewaren met vraagstukken over afstand**
- **Gebruikmaken van rechthoekige driehoeken**
- **In een cirkel om het probleem heen draaien**

Hoofdstuk 18 Vraagstukken oplossen

Sommige wiskundestudenten vinden vraagstukken, dus opgaven die in de vorm van een verhaaltje zijn gesteld, erg vervelend. Hoewel de algebra met haar symbolen, regels en methoden de sleutel vormt tot de hogere wiskunde en tot de logica, geven vraagstukken je daarentegen een directer begrip van de wereld om je heen. Ik geef toe dat sommige vraagstukken meer lijken op flauwe raadseltjes en daarom kom ik hier ook niet aanzetten met opgaven zoals: 'Als Mariëtte 3 keer zou oud is als Lisa en Lisa 5 jaar ouder is dan Sophie, ...' Wat maakt dat nou uit? En je komt in dit hoofdstuk ook geen vraagstukken tegen over opeenvolgende natuurlijk getallen. Dit soort opgaven gaan meestal in de trant van: 'Zoek 3 opeenvolgende even getallen die samen gelijk zijn aan 102.' Even tussen haakjes, het antwoord daarop is trouwens 32, 34 en 36. Dit soort opgaven geven je een gevoel voor het op een logische manier zoeken naar oplossingen, maar hier wil ik je overtuigen van het nut van dit soort opgaven, dus laat ik de raadseltjes maar weg.

Wiskunde stelt je in staat om problemen op te lossen (niet dat ze je van die luidruchtige buurman afhelpt, sorry), zoals hoe je een som geld eerlijk verdeelt, of hoe je alle meubels in een kamer kunt passen. In dit hoofdstuk maak je kennis met wat praktische toepassingen van de wiskunde.

Vraagstukken aanpakken

Wanneer je vraagstukken wilt oplossen is het niet altijd direct duidelijk welke vergelijking je moet gebruiken of hoe alle ingrediënten met elkaar in verband staan. Soms moet je eerst een strategie bedenken voordat je begint. Als je maar een begin hebt, dan komt de rest vaak ook wel. Je zult niet bij elk vraagstuk alle tips uit de volgende lijst nodig hebben, maar gebruik er zo veel mogelijk om je taak te vereenvoudigen.

- » Teken een figuur. Die hoeft er niet heel mooi of artistiek uit te zien. Veel mensen hebben baat bij een visuele weergave van een probleem en daarom kan een figuur vaak helpen.
- » Ken een variabele toe aan de vraag *hoeveel* of *het aantal*. Je kunt in het begin meerdere variabelen gebruiken en het probleem later herleiden tot slechts één variabele. Onthoud dat een variabele alleen een *getal* kan voorstellen en niet een persoon, een plaats of een ding.
- » Als je meer dan 1 variabele hebt gebruikt, ga dan terug en vervang de extra variabelen door bekende relaties te gebruiken. Als je een vergelijking wilt oplossen, gaat het er altijd om 1 variabele op te lossen. Vaak kun je alle variabelen herschrijven in termen van die ene variabele. Als a bijvoorbeeld het aantal koekjes van Ernie voorstelt en b het aantal koekjes van Bert, maar je weet dat Ernie 4 koekjes meer heeft dan Bert, dan kun je a ook schrijven als $b + 4$.
- » Kijk naar het einde van de vraagstelling in het vraagstuk. Dit geeft je vaak belangrijke informatie over wat er nu eigenlijk gevraagd wordt en wat de variabele zou moeten voorstellen. En het kan je ook een aanwijzing geven welke formule je moet gebruiken, als je tenminste een formule moet toepassen.
- » Vertaal de woorden in een vergelijking. Vervang:
  - *en, meer dan, groter dan* door het plusteken;
  - *minder dan, te weinig, verminderd met* door het minteken;
  - *van, keer zo veel* door het maalteken;
  - *dubbel* door 2×;
  - *gedeeld door* door het deelteken;
  - *de helft van* door ½ ×;
  - het werkwoord (zoals *is* of *zijn*) door het gelijkteken.
- » Gebruik een standaardformule als de opgave zich daarvoor leent. In de spiekbrief voor in het boek vind je een aantal veelgebruikte formules of blader even naar hoofdstuk 17 voor gedetailleerde informatie.
- » Teken een figuur met potjes als je een vraagstuk over mengsels tegenkomt. Schrijf op elk potje de *kwantiteit* (hoeveelheid) maal de *kwaliteit*. De kwaliteit is de sterkte van de oplossing, het rentepercentage of de prijs per kilo van het item.

Na deze aanpak ben je klaar om de vergelijking op te lossen. Vergeet niet te controleren of je antwoord geen onzin is en of het getal klopt. Vraag jezelf altijd af of de uitkomst in de betreffende situatie realistisch is.

Werken met omtrek, oppervlakte en volume

Vraagstukken over omtrek, oppervlakte en volume behoren tot de meest praktische vraagstukken. In het dagelijks leven kom je deze grootheden heel regelmatig tegen. Misschien wil je ooit een hek om je tuin zetten en zul je moeten uitvinden hoe groot de omtrek van je tuin is om te weten hoeveel materiaal je moet aanschaffen. Misschien betekent gezinsuitbreiding op een dag dat je een kamer aan je huis wilt bijbouwen (of een hondenhok). Je kunt dan een oppervlakteformule gebruiken om uit te vinden hoeveel ruimte die nieuwe kamer in beslag zal nemen. Om het cadeau voor de tachtigste verjaardag van je tante Caroline in te pakken moet je misschien de inhoud van de beschikbare standaarddozen berekenen, om er vervolgens achter te komen dat je voor dat heel speciale cadeau je eigen doos zult moeten maken. Gelukkig zijn er voor al dit soort situaties standaardformules en in dit hoofdstuk komen die aan bod.

De omtrek onderzoeken

De *omtrek* is de afstand rond de buitenkant van een oppervlak of gebied. De omtrek heb je nodig wanneer je een hek om je tuin wilt zetten of wanneer je een kamer wilt voorzien van plinten.

BELANGRIJK

De manier om de omtrek (O) van een willekeurige vorm te vinden is door de lengten van alle zijden op te tellen. Om de omtrek van een rechthoek te bepalen tel je twee keer de lengte (l) en twee keer de breedte (b) op. De formule voor de omtrek van een rechthoek luidt:

$$O = 2l + 2b$$

Om de oppervlakte (A) van een rechthoek te bepalen vermenigvuldig je de lengte met de breedte.

$$A = l \cdot b$$

» Paul wil een hek plaatsen rondom zijn nieuwe rechthoekige tuin die aan een rivier grenst. Voor de zijde die aan de rivier ligt, heeft hij geen hek nodig, maar wel voor de drie overige zijden. Paul wil graag dat de lengte van zijn tuin 2 keer zo groot is als de breedte en dat de tuin een oppervlakte heeft van 80.000 vierkante meter. Wat zijn dan de afmetingen van zijn tuin en hoeveel hekwerk heeft hij nodig?

Als eerste moet je naar de oppervlakte kijken. De formule voor de oppervlakte van een rechthoek luidt $A = l \cdot b$. De oppervlakte moet 80.000 vierkante meter bedragen, dus $80.000 = l \cdot b$.

Er zijn hier 2 variabelen. Om de vergelijking zodanig te veranderen dat er nog maar 1 variabele staat, gebruik je de informatie uit het vraagstuk die je vertelt dat de lengte van de tuin 2 keer zo groot moet zijn als de breedte. Dat wil zeggen dat $l = 2b$. Vervang de l door $2b$ in de formule voor de oppervlakte zodat je vindt dat $80.000 = 2b \cdot b$, oftewel dat $80.000 = 2b^2$. Los de vergelijking nu op voor b.

Deel eerst links en rechts door 2; $40.000 = b^2$.

Neem vervolgens links en rechts de vierkantswortel: $b = 200$.

De breedte bedraagt dus 200. De lengte is 2 keer zo groot dus dat is 400.

De 3 zijden waarvoor hekwerk nodig is, zijn 200 + 400 + 200, dus heeft Paul 800 meter hekwerk nodig.

» Janine heeft een wandeltocht uitgezet in de vorm van een grote driehoek. Je begint in een van de hoeken en loopt langs de eerste zijde naar de tweede hoek, dan langs de tweede zijde naar de derde hoek en ten slotte langs de derde zijde terug naar het eerste hoekpunt. De eerste zijde van het pad is 3 kilometer korter dan 4 maal de lengte van de laatste zijde. De tweede zijde is 2 kilometer korter dan 3 maal de lengte van de laatste zijde. Als de hele tocht 11 kilometer lang is, hoe lang is dan elk van de zijden?

BELANGRIJK

De omtrek van het pad is $O = a + b + c$, waarin a, b en c de lengten van de drie zijden voorstellen.

Teken een driehoek en noem de eerste zijde a, de tweede b en de derde c. De totale lengte van de tocht bedraagt 11 kilometer, dus $a + b + c = 11$. Dat zijn te veel letters. Omdat de eerste twee zijden vergeleken worden met de lengte van de derde zijde, c, kun je de lengten van de eerste 2 zijden uitdrukken in die van de derde zijde.

De eerste zijde, a, is 3 kleiner dan 4 maal de lengte van de laatste zijde. Omdat de lengte van de laatste zijde c is, kun je dus zeggen dat $a = 4c - 3$.

De tweede zijde, b, is 2 kleiner dan 3 keer de lengte van de laatste zijde. Dat wordt dus $3c - 2$.

Nu kun je in de vergelijking die de lengte van de tocht beschrijft, substitueren voor a en b door hun equivalente lengten uitgedrukt in c in te vullen:

$a + b + c = 11$, dus $(4c - 3) + (3c - 2) + c = 11$

$8c - 5 = 11$

$8c = 16$

$c = 2$

De laatste zijde is dus 2 kilometer: de eerste zijde is dan $4c - 3 = 8 - 3 = 5$ kilometer en de tweede zijde is dan $3c - 2 = 6 - 2 = 4$ kilometer. Alles bij elkaar opgeteld is dat $5 + 4 + 2 = 11$ kilometer. Dat klopt dus!

Oppervlakte opmeten

Een oppervlakte is een bepaald afgebakend gebied of oppervlak met een bepaalde vorm en afmeting. Bij vraagstukken over oppervlakte kun je die bepalen als je de vorm van het oppervlak kent, omdat er zoveel handige formules zijn die je kunt toepassen.

» Peter en Suzanne willen hun schuur uitbouwen. Nu ziet die eruit als een rechthoek met een oppervlakte van 120 vierkante meter. Als ze de schuur 4 meter langer en 5 meter breder maken, heeft de nieuwe schuur een oppervlakte van 240 vierkante meter. Wat zijn de afmetingen van de schuur nu en wat zijn de afmetingen als de verbouwing af is?

Teken een rechthoek en noem de korte zijden b en de lange zijden l. De oppervlakte van de rechthoek is $A = l \cdot b$, dus in dit geval geldt er dat $120 = l \cdot b$.

De lengte neemt toe met 4 meter en de breedte met 5 meter, dus de veranderingen kun je weergeven als $l + 4$ en $b + 5$.

Voor de oorspronkelijke schuur geldt dat $120 = l \cdot b$, dus kun je oplossen voor l en dat substitueren in de nieuwe vergelijking.

$l = \frac{120}{b}$

$\left(\frac{120}{b}\right) + 4\,(b + 5) = 240$

Vermenigvuldig het linkerlid uit, bijvoorbeeld met de papegaaienbek (zie hoofdstuk 10).

$120 + \frac{600}{b} + 4b + 20 = 240$

$\frac{600}{b} + 4b = 100$

Om dit op te lossen vermenigvuldig je beide zijden met b.

$600 + 4b^2 = 100b$

Nu heb je een kwadratische vergelijking die je op kunt lossen.

$4b^2 - 100b + 600 = 0$

Deel alle termen door 4 om de getallen wat kleiner te maken.

$b^2 - 25b + 150 = 0$

Ontbind de kwadratische uitdrukking in factoren.

$(b - 15)(b - 10) = 0$

Stel nu elk van de factoren gelijk aan 0, $b - 15 = 0$ of $b - 10 = 0$, waardoor je als oplossingen vindt:

$b = 15$ of $b = 10$

Als $b = 15$, dan geldt er dat $l = \frac{120}{15} = 8$: de breedte wordt 5 meter groter en de lengte wordt 4 meter groter, zodat de nieuwe afmetingen 20 bij 12 worden.

Als $b = 10$, dan geldt er dat $l = \frac{120}{10} = 12$: de breedte wordt 5 meter groter en de lengte wordt 4 meter groter, zodat de nieuwe afmetingen 15 bij 16 worden.

Technisch gezien kloppen beide oplossingen. Ze kloppen allebei als je het niet erg vindt dat de breedte groter is dan de lengte. In het geval dat $b = 15$ is de breedte 15 en de lengte 8. Als je vasthoudt aan de gewoonte dat de lengte groter is dan de breedte dan klopt alleen de tweede oplossing: oorspronkelijke afmetingen van 10 bij 12 en nieuwe afmetingen van 15 bij 16.

» Een speeltuin is 100 bij 30 meter groot. Hoeveel groter wordt de oppervlakte als er rond de hele speeltuin een pad van 200 centimeter breed wordt aangelegd?

Teken een rechthoek waarvan de lange zijden iets meer dan 3 keer zolang zijn als de korte zijden om de speeltuin van 100 bij 30 meter weer te geven. Teken hier omheen nog een rechthoek en geef de rand tussen de twee rechthoeken aan als 2 meter.

Waarom 2 meter? Omdat 200 centimeter gelijk is aan 2 meter en je dezelfde eenheden wilt gebruiken. Vermijd altijd het door elkaar heen gebruiken van eenheden.

Wat is de toename in oppervlakte?

Nieuwe oppervlakte – oude oppervlakte = verschil

De nieuwe oppervlakte vind je door bij zowel de lengte als de breedte tweemaal de breedte van het pad op te tellen:

$A = (100 + 4)(30 + 4)$

De oorspronkelijke oppervlakte vind je door de lengte en de breedte te vermenigvuldigen:

$A = (100)(30)$

Nieuwe oppervlakte – oude oppervlakte =
$(100 + 4)(30 + 4) - (100)(30) = (104)(34) - (100)(30) = 3536 - 3000 = 536$ vierkante meter.

De oppervlakte neemt met 536 vierkante meter toe.

BELANGRIJK

Als je een oppervlakte uitrekent, vind je een antwoord in vierkante meter, mijl, centimeter enzovoort; de vierkante versie van de eenheid die je gebruikt voor de lengte.

Geef een beetje inhoud aan je werk

Een oppervlakte is een platte afmeting. Een oppervlakte kun je weergeven op een vloer of op een sportveld, in twee dimensies. Volume, oftewel inhoud, voegt daar een derde dimensie aan toe zoals figuur 18.1 laat zien. Denk aan een zaal van 10 bij 12 meter waarvan het plafond 8 meter hoog is. Je hebt het dan over een oppervlakte van 10 bij 12 meter, oftewel 120 vierkante meter, en met de hoogte erbij krijg je een inhoud van 10 maal 12 maal 8 is 960 kubieke meter. De inhoud wordt gemeten in kubieke meeteenheden. De hoeveelheid gas in een ballon wordt uitgedrukt in kubieke meeteenheden. De hoeveelheid beton die nodig is om een trottoir aan te leggen, wordt uitgedrukt in kubieke meeteenheden.

TECHNISCHE INFO

Een kubus ziet eruit als een doos waarvan de lengte, breedte en hoogte hetzelfde zijn. Denk bijvoorbeeld aan een dobbelsteen.

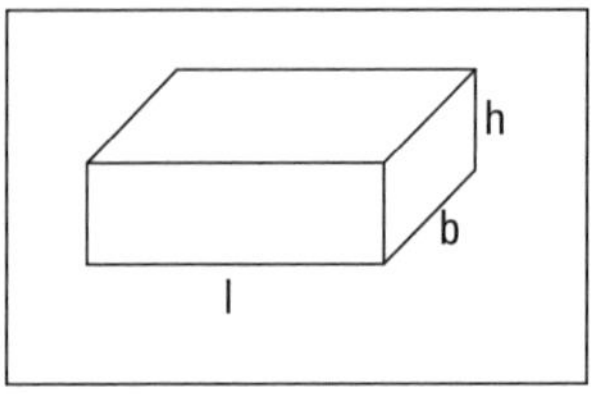

FIGUUR 18.1: De inhoud wordt gegeven door lengte breedte en hoogte te vermenigvuldigen.

» Tante Corrie kreeg een flinke korting op die heerlijke chocoladetoffees. Omdat jij haar favoriete nichtje bent, wil ze alle toffees naar je opsturen. De toffees zaten in een plastic zak, maar ze wil ze opsturen in een doos. De toffees nemen een volume in van 900 kubieke centimeter. Als de bodem van de doos waarin ze de toffees wil versturen 9 bij 9 centimeter is, hoe hoog moet de doos dan zijn zodat alle toffees erin passen?

BELANGRIJK

Het volume van een prisma (een doos) vind je door de lengte, de breedte en de hoogte met elkaar te vermenigvuldigen: $V = l \cdot b \cdot h$.

In dit geval heeft de bodem van de doos de vorm van een vierkant met zijden van 9 cm, dus door dat in te vullen vind je: $V = 9 \cdot 9 \cdot h = 81h$.

Omdat de toffees een volume van 900 kubieke centimeter innemen, wordt de formule $900 = 81h$.

Om op te lossen voor h deel je links en rechts door 81 zodat je het volgende vindt: $\frac{900}{81} = h$, oftewel $h = 11\frac{1}{9}$ centimeter.

Een piramide bouwen

Piramiden zijn zeer herkenbare geometrische figuren. Als kind hoor en lees je al over de piramiden in Egypte. De vorm van een piramide vind je terug in van alles en nog wat, van tenten en meditatieruimten tot figuur 18.2. Als je een piramidevormige tent hebt, kun je de inhoud ervan uitrekenen om te zien of je er met je drie vrienden wel in past. Je wilt tenslotte wel wat ruimte om adem te kunnen halen.

FIGUUR 18.2: Sommige mensen geloven dat piramiden beschermende krachten bezitten.

BELANGRIJK

De formule die de inhoud van een piramide met een vierkant grondvlak geeft, luidt $V = \frac{1}{3}x^2 \cdot h$. De x^2 geeft de oppervlakte van het grondvlak weer. In woorden, het volume van een piramide is gelijk aan $\frac{1}{3}$ maal de oppervlakte van het grondvlak maal de hoogte.

De Piramide van Cheops is opgebouwd uit grote blokken kalksteen. Men schat dat er 2,3 miljoen blokken kalksteen in verwerkt zijn. Oorspronkelijk had de piramide een grondvlak van 227 bij 227 meter en was ze 144 meter hoog, maar door het zand en de wind is ze in de loop der tijd enigszins geërodeerd. Doe even alsof de piramide nog haar oorspronkelijke afmetingen heeft. Als de stenen blokken kubusvormig zijn, wat zijn dan de afmetingen van deze kubussen?

» Je hoeft maar 1 afmeting te bepalen, namelijk die van de ribbe van de kubus, dus die zullen we x noemen.

Bepaal eerst de inhoud van de Piramide van Cheops in kubieke meter:

$V = \frac{1}{3} 227^2 \cdot 144 = 2.473.392$ kubieke meter.

Als elk blok een afmeting van 1 bij 1 meter zou hebben, zouden er iets minder dan 2,5 miljoen blokken steen zijn. Volgens de schatting zijn het er iets minder, namelijk 2,3 miljoen. Elke steen heeft dus een volume van:

$2.473392 \div 2.300.000 \approx 1{,}0754$

Dat betekent dat ieder blok een inhoud heeft van iets meer dan een kubieke meter. Om de afmeting van een zijde te bepalen gebruik je de formule voor de inhoud van een kubus, $V = z^3$. In dit geval hadden we de zijde van een blok x genoemd.

Dus als $V = 1{,}0754 = x^3$, dan geeft dat $x = \sqrt[3]{1{,}0754} \approx 1{,}025$.

Elk blok kalksteen zou dus een zijde van iets meer dan een meter hebben gehad. Beeld je eens zo'n groot blok steen in, met zijden die langer zijn dan een duimstok (het is bekend dat sommige stenen zelfs nog groter zijn). En stel je dan eens voor hoe ze deze stenen naar het topje van de piramide tilden.

Een rondje om Jupiter

Als je wilt weten hoeveel lucht je uit je longen moet persen om een ballon van 20 centimeter op te blazen, moet je weten hoeveel kubieke centimeter lucht dat is, hoeveel kracht daarvoor nodig is, en dat soort ingewikkelde dingen. En dan nog, vind je dat echt interessant om te weten? Je blaast gewoon totdat de ballon vol is. Maar misschien wil je wel weten hoeveel ballonnen je nodig hebt om het net te vullen voor het verjaardagsfeestje van je 5-jaar oude dochter.

Het voorbeeld dat ik je hier laat zien, gaat over veel grotere bollen, namelijk over een paar planeten, maar ik zal mijn best doen je met beide benen op de grond te houden. Figuur 18.3 laat een bol zien.

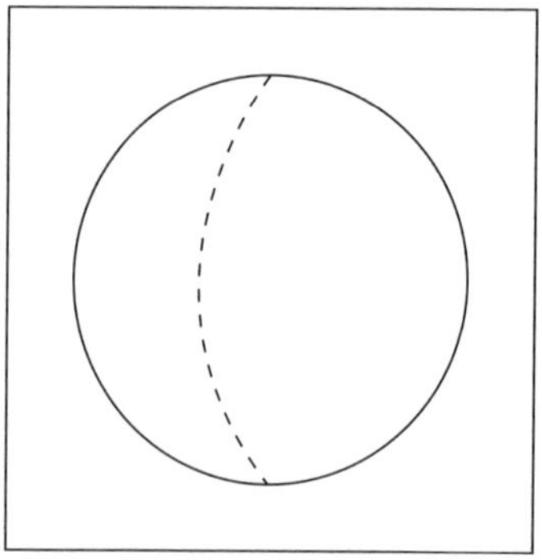

FIGUUR 18.3: Voetballen, wereldbollen en sommige sinaasappels hebben de vorm van een bol.

GEORGE DANTZIG

TECHNISCHE INFO

George Dantzig werd geboren in 1914. Als student kwam hij op een dag te laat voor de les over statistiek. Snel schreef hij de twee opgaven die op het bord stonden over, ervan uitgaande dat dat de huiswerkopgaven waren. Hij maakte zijn huiswerk en leverde de opgaven in. De opgewonden professor vertelde hem vervolgens dat hij twee bekende en tot dan toe onopgeloste problemen in de statistiek had opgelost!

Later werd Dantzig nog beroemder toen hij tijdens de Tweede Wereldoorlog ingehuurd werd door de Amerikaanse luchtmacht om een efficiënte manier te bedenken om wapens, manschappen en materieel te verdelen over de verschillende fronten. Hij ontwikkelde het 'lineair programmeren', een proces dat sindsdien voor tal van andere toepassingen is gebruikt.

» De diameter van Jupiter bedraagt ongeveer 141.824 kilometer en de diameter van de aarde bedraagt ongeveer 12.672 kilometer. Hoeveel keer zou de aarde in Jupiter passen?

De inhoud van een bol (ga ervan uit dat ze beide vrijwel bolvormig zijn) kun je bepalen met de formule $V = \frac{4}{3}\pi \cdot r^3$, dus alles wat je moet weten is de straal van Jupiter en die van de aarde. De straal vind je door de diameter door 2 te delen, zodat de straal van de aarde ongeveer 6336 kilometer is en de straal van Jupiter ongeveer 70.912 kilometer.

Aantal aardbollen in Jupiter = Volume Jupiter ÷ Volume aarde

Aantal $= \frac{4}{3}\pi\, 70.912^3 \div \frac{4}{3}\pi\, 6336^3$

$= 70.912^3 \div 6336^3$

≈ 1400

Er zouden 1400 aardbollen in Jupiter passen. Zo krijg je een beter beeld van de grootte van Jupiter!

Rollende cilinders

Een cilinder heeft cirkels als grond- en bovenvlak. De hoogte is de loodrechte afstand tussen het grond- en bovenvlak. Wanneer we het over cilinders hebben, mag je ervan uitgaan dat het grond- en bovenvlak precies recht boven elkaar liggen, zoals figuur 18.4 laat zien. De cilinder is niet scheef of krom.

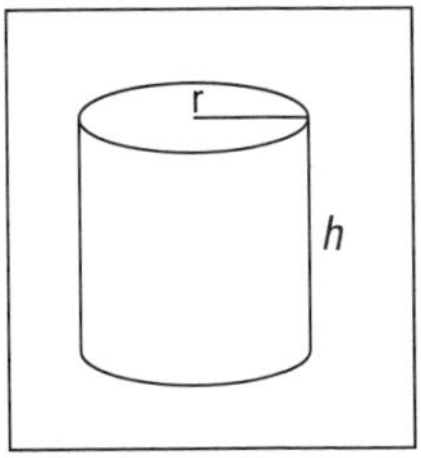

FIGUUR 18.4: Een rollende staaf is een cilinder, net als een blik soep of een blikje cola.

» Toen een bedrijf dat soepen maakt, besloot de blikken 3 centimeter langer te maken, nam de inhoud met 27π kubieke centimeter toe (dat is ongeveer 85 kubieke centimeter). Wat waren de afmetingen van het blik voor en na de vergroting?

Op het eerste gezicht lijkt het alsof je niet genoeg informatie hebt om de vraag te beantwoorden. Maar het verband tussen de afmetingen en de inhoud van een cilinder zorgen ervoor dat dit vraagstuk helemaal oplosbaar is.

De inhoud van een cilinder wordt gegeven door $V = \pi r^2 h$. πr^2 is de oppervlakte van het cirkelvormige grondvlak en h is de hoogte.

De vergelijking die je hier nodig hebt ziet er precies zo uit als je het in woorden zegt:

De hoogte van de cilinder wordt vergroot met 3 centimeter:
$\pi r^2 (h + 3) = V$.

Het oorspronkelijke volume neemt toe met 27π: $\pi r^2 h + 27\pi = V$

$\pi r^2 (h + 3) = \pi r^2 h + 27\pi$

Werk in het linkerlid de haakjes weg.

$\pi r^2 h + 3\pi r^2 = \pi r^2 h + 27\pi$

Trek links en rechts $\pi r^2 h$ af.

$3\pi r^2 = 27\pi$

Deel beide zijden door 3π.

$r^2 = 9$

De straal is 3 centimeter.

$r = 3$

De hoogte kan in feite elke willekeurige waarde zijn. Je kunt elke willekeurige waarde invullen voor h, zolang r maar gelijk is aan 3 om een waar argument te creëren, zoals $\pi = \pi$ of $0 = 0$. Dit betekent dus dat wanneer de straal 3 centimeter is en de hoogte met 3 centimeter toeneemt, de resulterende inhoudstoename altijd even groot is, onafhankelijk van de hoogte van het blik.

Mengsels samenstellen

Vraagstukken over mengsels komen in veel verschillende vormen voor. Er zijn heel traditionele vraagstukken over het mengen van twee oplossingen, zoals water en antivries. Er zijn vraagstukken waarin je in plaats van vloeistoffen vaste ingrediënten mengt, zoals in een kom salade. Weer een ander type vraagstuk gaat over het combineren van verschillende investeringen met verschillende rentepercentages. Ik heb hier al dit soort problemen bij elkaar genomen, omdat je ze allemaal op dezelfde manier oplost.

Een tekening maken kan helpen bij het oplossen van vraagstukken over mengsels. Hetzelfde plaatje werkt voor alle soorten problemen, of het nu over vloeistoffen, vaste ingrediënten of investeringen gaat. Figuur 18.5 laat drie potjes met een bepaalde inhoud zien: de eerste twee opgeteld geven de derde (het mengsel). Van elk van de potjes wordt aangegeven wat de 'kwaliteit' en de 'kwantiteit' van de inhoud is. Deze twee dingen worden met elkaar vermenigvuldigd voordat ze opgeteld worden. De *kwaliteit* is de sterkte van de antivriesoplossing, of het percentage van de rente, of de prijs van het ingrediënt. De *kwantiteit* is de hoeveelheid. In elk vraagstuk over mengsels kun je hetzelfde plaatje met potjes gebruiken, of je kunt ze vervangen door schalen of dozen. Dat maakt niet uit: je wilt alleen duidelijk maken hoe het mengsel ontstaat uit de onderdelen.

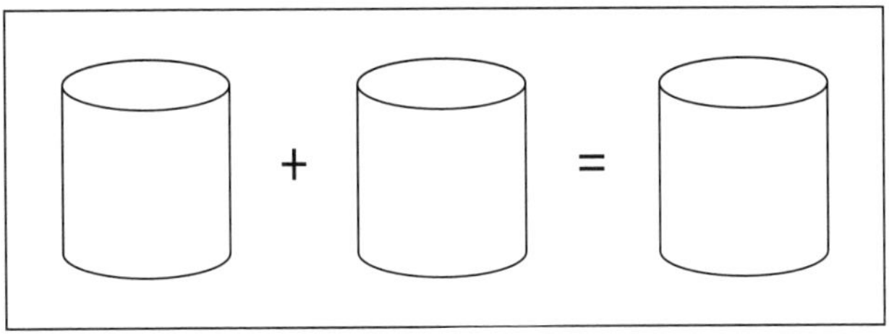

FIGUUR 18.5: Een voorstelling met potjes kan helpen bij het maken van vraagstukken over mengsels.

Oplossingen mengen

Het bekendste vraagstuk over oplossingen gaat over het oplossen van antivries in water. Speciaal voor de autorijders onder ons presenteer ik hier dus een vraagstuk over water en antivries. Je kunt ook een vraagstuk over mijn favoriete drankje oplossen: chocolademelk. Wanneer je twee oplossingen mengt, middelen de sterktes van de twee oplossing uit.

» Hoeveel liter antivries van 80% moet je toevoegen aan 8 liter antivries van 20% om een mengsel antivries van 60% te krijgen?

Schrijf eerst op wat er in elk van de potjes zit. Op het eerste potje schrijf je boven 80% en onder x. (Ik weet immers nog niet hoeveel liter ik nodig heb.) Op het tweede potje schrijf je boven 20% en onder 8 liter. Op het derde potje, waar het uiteindelijke mengsel in zit, schrijf je boven 60% en onder $x + 8$ liter. Om het vraagstuk op te lossen vermenigvuldig je elke 'kwaliteit', dus de procentuele sterkte van de antivries, met zijn 'kwantiteit', de hoeveelheid dus, en schrijf je alles op in een vergelijking.

$80\% \times x$ liter $+ 20\% \times 8$ liter $= 60\% \times (x + 8)$ liter

$0{,}8x + 0{,}2(8) = 0{,}6(x + 8)$

$0{,}8x + 1{,}6 = 0{,}6x + 4{,}8$

Trek links en rechts $0{,}6x$ af en vervolgens nog eens 1,6 en je vindt:

$0{,}2x = 3{,}2$

$x = 16$ liter antivries van 80% moet worden toegevoegd.

» Hoeveel melk en hoeveel chocoladesiroop moet je bij elkaar mengen om een glas van 12 centiliter te vullen met chocolademelk die uit 30% siroop bestaat?

Het percentage geeft aan hoeveel procent chocoladesiroop er in het drankje zit, dus de siroop alleen bevat 100% en de melk alleen bevat 0%. Laat x het aantal centiliter melk voorstellen.

Op het eerste potje schrijf je boven 0% chocoladesiroop en daaronder x centiliter. Op het tweede potje schrijf je bovenaan 100% en daaronder $12 - x$ centiliter. Je wilt natuurlijk niet dat het glas overloopt en de chocoladesiroop neemt ook volume in, dus moet je de hoeveelheid chocoladesiroop aftrekken van de 12 centiliter. Op het derde potje moet bovenaan staan 30% chocoladesiroop en daaronder 12 centiliter.

$0\% \times x \text{ cl} + 100\% \times (12 - x) \text{ cl} = 30\% \times 12 \text{ cl}$

$0 + 1(12 - v) = 0{,}3(12)$

$12 - x = 3{,}6$

$x = 8{,}4$ centiliter melk heb je nodig; daarbij voeg je de 3,6 centiliter chocoladesiroop.

De regels om vloeistoffen op te tellen tot mengsels kun je gebruiken voor saladedressings, cocktails en andere dingen die je lekker kunt opslurpen.

Mengsels van vaste stoffen

Er zijn ook veel gevallen waarin je vaste stoffen mengt: wanneer je de ingrediënten mengt om een cake te maken, of de ingrediënten voor een lekkere salade. Deze paragraaf gaat over het mengen van vaste stoffen in een wiskundige context.

Koop je wel eens een doosje gemengde noten? Ik pik de cashewnoten er altijd uit. Vraag je je ook wel eens af waarom er zo weinig van je favoriete noten in zitten en zo veel pinda's? Sommige noten zijn nu eenmaal duurder dan andere en sommige zijn nu eenmaal populairder. De notenboer houdt rekening met al deze factoren wanneer hij de verhouding van het mengsel samenstelt, zodat de noten zowel betaalbaar als lekker zijn.

» Hoeveel pond cashewnoten à € 5,50 per pond moet je mengen met 3 pond pinda's à € 2,00 per pond, om een mengsel van € 3,00 per pond te maken? (De volgende keer dat je weer een groot feest geeft, kun je deze formule wellicht gebruiken.)

Je kunt hier weer gebruikmaken van de potjes. Laat x het aantal pond cashewnoten voorstellen. De kwaliteit is de prijs van de noten en de kwantiteit is het aantal pond. Op het eerste potje komt bovenaan dus € 5,50 te staan en daaronder komt x te staan. Het tweede potje heeft bovenaan € 2,00 staan en daaronder 3 pond. Op het derde potje, waar het mengsel in zit, staat bovenaan € 3,00 en daaronder staat $x + 3$.

$5{,}50x + 2{,}00(3) = 3{,}00(x + 3)$

$5{,}50x + 6{,}00 = 3{,}00x + 9{,}00$

Trek links en rechts $3{,}00x$ af en trek daarna nog eens 6,00 af en je krijgt $2{,}50x = 3{,}00$.

$x = \frac{3{,}00}{2{,}50} = 1{,}2$ pond cashewnoten moet je mengen met de 3 pond pinda's om een mengsel van 4,2 pond te maken dat € 3,00 per pond kost.

Investeringen en rentepercentages onderzoeken

Je kunt je spaargeld storten op een veilige spaarrekening en één vaste rente ontvangen. Je kunt ook investeren in risicovollere ondernemingen en een hogere rente ontvangen, maar daarbij het risico lopen je geld kwijt te raken. De meeste financiële adviseurs zullen je aanraden je risico te spreiden, dat wil zeggen een beetje geld in te leggen in elk van de soorten investeringen om zo te profiteren van de goede punten van elk van de investeringsmogelijkheden.

Om dit soort problemen te vereenvoudigen gebruik je de formule voor enkelvoudige rente (financiële instellingen zullen in de praktijk meestal de formule voor samengestelde rente gebruiken). Enkelvoudige rente berekent alleen de rente op het beginbedrag. Samengestelde rente berekent de rente op een veranderend geldbedrag, namelijk op een bedrag dat door rentebijschrijving periodiek toeneemt.

» Mandy had vorig jaar € 20.000 te investeren. Een gedeelte van haar geld investeerde ze tegen een rente van $3\frac{1}{2}\%$ en de rest tegen een rente van 8%. In totaal ontving Mandy € 970 aan rente. Hoeveel investeerde Mandy tegen elk van de rentepercentages?

Gebruik weer de verschillende potjes. Stel dat x het geldbedrag geïnvesteerd tegen $3\frac{1}{2}\%$ voorstelt. Op het eerste potje staat dan bovenaan $3\frac{1}{2}\%$ en daaronder x. Op het tweede potje staat bovenaan 8% en daaronder staat $20.000 - x$. Op het derde potje, waarin de investeringsmix zit, staat € 970 in het midden. Dat is het resultaat van het vermenigvuldigen van het rentepercentage van de mix met het totale bedrag van € 20.000. Het rentepercentage van de mix hoef je niet te weten, alleen wat het resultaat is.

$3\frac{1}{2}\%(x) + 8\%(20.000 - x) = 970$

$0{,}035(x) + 0{,}08(20.000 - x) = 970$

$0{,}035x + 1600 - 0{,}08x = 970$

Trek links en rechts 1600 af en vereenvoudig het linkerlid.

$-0{,}045x = -630$

$x = 14.000$; dat wil zeggen dat € 14.000 werd geïnvesteerd tegen $3\frac{1}{2}\%$ en de overige € 6000 tegen 8%.

» Magda wil ieder jaar alleen de rente op haar inleg opnemen. Ze legt eenmalig geld in op de spaarrekening en laat het daar staan: ze neemt alleen de renteopbrengsten op. Elk jaar wil ze € 10.000 kunnen opnemen en uitgeven. Als ze $\frac{2}{3}$ deel van haar geld wegzet tegen 5% en de rest tegen een rente van 7%, hoeveel moet ze dan tegen elk van de rentepercentages inleggen om de gewenste € 10.000 te verdienen?

Stel dat x het bedrag is dat Magda moet inleggen. Op het eerste potje staat bovenaan 5% en daaronder staat $\frac{2}{3}x$. Op het tweede potje staat bovenaan 7% en daaronder staat $\frac{1}{3}x$. Op het derde potje, het mengsel, staat in het midden € 10.000: dit is resultaat van het 'gemengde' rentepercentage en het totale geïnvesteerde bedrag.

$5\% \times (\frac{2}{3}x) + 7\% \times (\frac{1}{3}x) = 10.000$

$0{,}05\left(\frac{2}{3}x\right) + 0{,}07\left(\frac{1}{3}x\right) = 10.000$

Verander de decimale getallen in breuken en vermenigvuldig.

$\frac{1}{30}x + \frac{7}{300}x = 10.000$

Zoek een gemeenschappelijke noemer en tel de coëfficiënten van x bij elkaar op.

$\frac{17}{300}x = 10.000$

Deel beide zijden door $\frac{17}{300}$.

$x = 176.470{,}59$

Magda heeft meer dan € 176.000 nodig om te investeren. Twee derde $\left(\frac{2}{3}\right)$ deel daarvan, zo'n € 117.647, moet geïnvesteerd worden tegen een rente van 5% en de rest, zo'n € 58.824 tegen 7%.

Even over geld

Iedereen heeft het graag over geld. Iedereen heeft er iets mee. Het is een zegen en tegelijkertijd een vloek. Wanneer je geld en algebra combineert, gaat het om het aantal munten en papiergeld en hun waarde. In andere gevallen waarin geld een rol speelt, kan het gaan om toegangsprijzen, prijzen van verschillende pizza's in een bestelling, of van andere goederen met verschillende prijzen.

Leren omgaan met munten

In deze paragraaf zal ik het voor het gemak weer hebben over oude Nederlandse munten, omdat die van die leuke namen hebben, zoals stuivers, dubbeltjes en kwartjes.

» Achter de balie van een bank hebben ze 5 keer zoveel kwartjes als dubbeltjes, 3 stuivers meer dan dubbeltjes, en 2 centen minder dan 9 maal het aantal dubbeltjes. Als er 15,03 gulden aan muntgeld aanwezig is, hoeveel kwartjes zijn er dan?

De potjes werken hier ook. Er worden er hier 4 opgeteld: kwartjes, dubbeltjes, stuivers en centen. De kwaliteit is hier de waarde van elk van de munten. We tellen hier in het aantal dubbeltjes, dus laten we het aantal dubbeltjes weergeven als x en het aantal andere munten daarin omrekenen.

Het eerste potje bevat de dubbeltjes. Schrijf er bovenaan 0,10 op en daaronder x. In het tweede potje zitten de kwartjes: schrijf er bovenaan 0,25 op en daaronder $5x$. In het derde potje zitten de stuivers: je schrijft er dus bovenaan 0,05 op en daaronder $x + 3$. Het vierde potje bevat de centen: schrijf er bovenaan 0,01 op en daaronder $9x - 2$. Op het potje met het mengsel rechts staat in het midden 15,03 gulden.

$0{,}10(x) + 0{,}25(5x) + 0{,}05(x + 3) + 0{,}01(9x - 2) = 15{,}03$

$0{,}10x + 1{,}25x + 0{,}05x + 0{,}15 + 0{,}09x - 0{,}02 = 15{,}03$

$1{,}49x + 0{,}13 = 15{,}03$; door het linkerlid te vereenvoudigen.

$1{,}49x = 14{,}90$; door links en rechts 0,13 af te trekken.

$x = 10$

Omdat x het aantal dubbeltjes voorstelt, zijn er 10 dubbeltjes: 5 keer zoveel kwartjes, dus 50 kwartjes; 3 stuivers meer, dus 13 stuivers; en 2 centen minder dan 9 maal het aantal dubbeltjes, dus 88 centen. De vraag was hoeveel kwartjes er zijn. Er waren 50 kwartjes; de andere antwoorden kun je gebruiken om te controleren of alles klopt.

Nog meer handel

Vraagstukken waarin je een mix van verschillende tarieven moet bepalen, komen in veel verschillende vormen voor. Typisch gaan deze vragen over de kaartjesverkoop bij een museum of bij de bioscoop. Hier behandel ik twee van zulke vraagstukken.

» De inkomsten van een pretpark bedroegen vandaag € 27.500. De entreeprijs bedraagt € 15 voor volwassenen en € 5 voor kinderen. Als het totaal aantal betalende bezoekers die dag 3500 was, hoeveel van hen waren dan kind?

Noem het aantal kinderen dat die dag naar het pretpark kwam x. Vermenigvuldig de prijs van een kinderkaartje met het aantal kinderen ($5x$) en tel dat resultaat op bij de prijs van een volwassenenkaartje (15) maal het aantal volwassenen ($3500 - x$) en stel de uitkomst gelijk aan de totale opbrengst van € 27.500.

$5x + 15(3500 - x) = 27.500$

$5x + 52.500 - 15x = 27.500$

$52.500 - 10x = 27.500$

$-10x = -25.000$

$x = 2500$

Er waren die dag 2500 kinderen die elk € 5 betaalde en 1000 volwassenen die elk € 15 betaalde.

» Een winkelier deed deze week de schoenen in de uitverkoop. Voor speciaal geselecteerde schoenen betaalde je slechts € 40, € 60, of € 70 per paar. De winkelier verkocht tweemaal zoveel schoenen van € 60 als van € 70 en 5 keer zoveel schoenen van € 40 als van € 60. In totaal ontving hij € 7080 voor de schoenen die hij in de uitverkoop verkocht. Hoeveel paar schoenen verkocht hij in elk van de prijscategorieën?

Stel dat x het aantal schoenparen van € 70 voorstelt. Er is nu niet 1 item waar alle andere mee vergeleken worden, maar je zult zien dat deze keuze voorkomt dat je straks breuken krijgt. Natuurlijk *kun* je x ook het aantal van een van de andere schoenparen laten voorstellen. Ik heb alleen de gemakkelijkste keuze gemaakt.

Als x het aantal schoenparen van € 70 voorstelt, dan is tweemaal dat aantal gelijk aan $2x$, het aantal schoenparen van € 60. 5 keer het aantal schoenparen van € 60 is dan $5(2x) = 10x$, het aantal schoenparen van € 40.

Op het eerste *potje* staat dus x en € 70, op het tweede staat $2x$ en € 60 en op het derde staat $10x$ en € 40. De som van de producten is gelijk aan € 7080.

$70(x) + 60(2x) + 40(10x) = 7080$

$70x + 120x + 400x = 7080$

$590x = 7080$

$x = 12$; hij verkocht 12 paar schoenen van € 70, 2(12) = 24 paar schoenen van € 60 en 10(12) = 120 paar schoenen van € 40.

TECHNISCHE INFO

SPELEN MET GEMIDDELDEN

Wanneer iemand je om het gemiddelde cijfer of de gemiddelde hoogte vraagt, ga je er gewoonlijk van uit dat het gaat om het gemiddelde waarbij je alle cijfers of alle hoogten optelt en dan deelt door het aantal dingen dat je optelde. Dit noem je inderdaad het *gemiddelde*.

Maar er worden in de statistiek meer manieren gebruikt om antwoord te geven op de vraag: 'Wat is normaal? Wat is de verwachting?' De andere 2 begrippen die hiervoor gebruikt worden zijn de mediaan en de modus. De *mediaan* is de waarde die in het midden staat als je alle getallen op een rijtje zet van de kleinste tot de grootste. De *modus* is de meest voorkomende waarde.

Bekijk de volgende getallen: 1, 2, 2, 3, 4, 4, 4, 4, 7. Het gemiddelde is $31 \div 9 = 3\frac{4}{9}$; de mediaan is het middelste getal, dus 4. De modus is het meest voorkomende getal, ook 4 dus. Al deze begrippen vertellen iets over de verdeling van de getallen en worden in verschillende situaties gebruikt. Soms kan het zo zijn dat de ene je een beter beeld geeft van 'wat je kunt verwachten' dan de andere.

Afstanden afleggen

Je gaat wel eens op reis, ik ga wel eens op reis, iedereen gaat nu eenmaal wel eens op reis en er komt een punt waar iedereen zich afvraagt: 'Zijn we er al?' De wiskunde kan die vraag niet voor je beantwoorden, maar kan je wel helpen in te schatten hoe lang het duurt tot je er bent. Waar dat dan ook is.

De formule voor afstand, $s = vt$, zegt dat de afgelegde afstand (s) gelijk is aan de snelheid (v van 'velocity') maal de tijd (t) die je nodig hebt om van het startpunt naar de bestemming te komen. Je kunt deze formule en variaties daarop gebruiken om te bepalen hoe ver, hoe lang en hoe snel je reist. In deze paragraaf zijn de vraagstukken onderverdeeld in vraagstukken waarbij je afstand plus afstand optelt en vraagstukken waarbij je afstand gelijkstelt aan afstand. De methoden om ze op te lossen vertonen een aantal overeenkomsten. Vraagstukken over *afstand plus afstand* komen voor wanneer twee voorwerpen van elkaar weg of juist naar elkaar toe bewegen en wanneer je gebruik kunt maken van de som van hun afgelegde afstanden. Vraagstukken waarbij je *afstand gelijkstelt aan afstand* komen voor wanneer twee voorwerpen in dezelfde richting bewegen, met hetzelfde begin- en eindpunt: ze bewegen alleen met verschillende snelheden of doen er niet even lang over.

Afstand plus afstand uitrekenen

In een van de twee basisvraagstukken over afstanden legt het ene voorwerp een bepaalde afstand af en het tweede voorwerp een andere afstand: die afstanden worden vervolgens bij elkaar opgeteld. Het vraagstuk kan bijvoorbeeld over twee kinderen met walkietalkies gaan, waarbij ze steeds verder van elkaar weglopen om te zien hoe ver ze moeten lopen voordat ze het contact verliezen. Of het kan gaan over twee auto's die vanuit verschillende steden over dezelfde weg naar elkaar toe rijden, waarbij je dan moet uitrekenen waar ze elkaar tegenkomen.

» Harrie en Yvonne zijn verliefd en hebben afgesproken elkaar in Parijs te ontmoeten om daar te trouwen. Om 12:00 uur nam Yvonne de trein in zuidelijke richting naar Parijs. 2 uur later stapte Harrie ook in een trein, die noordwaarts richting Parijs reed met een snelheid die 20 kilometer per uur hoger was dan de trein waarin Yvonne zat. Om 12:00 uur waren ze 1100 kilometer uit elkaar. Om 21:00 uur arriveerden ze allebei in Parijs. Hoe snel ging ieder van hen gemiddeld?

Afstand van Yvonne tot Parijs + afstand van Harrie tot Parijs = 1100

Snelheid × Tijd + Snelheid × Tijd = 1100

Laat v de snelheid van de trein van Yvonne voorstellen. De trein van Harrie reed 20 kilometer per uur (km/u) sneller dan die van Yvonne, dus Harrie reisde met een snelheid van $v + 20$.

Laat t de tijd voorstellen die Yvonne nodig had voor de reis. De trein van Harrie vertrok 2 uur later dan die van Yvonne, dus Harrie heeft $t - 2$ uur in de trein gezeten.

$v \cdot t + (v + 20)(t - 2) = 1100$

De trein van Yvonne deed er 9 uur over en die van Harrie deed er $t - 2$, oftewel 7 uur over. Substitueer deze waarden in de vergelijking:

$v \cdot 9 + (v + 20) \cdot 7 = 1100.$

Werk de haakjes in de tweede term van het linkerlid weg door de 7 uit te vermenigvuldigen:

$9v + 7v + 140 = 1100.$

Neem de twee termen in v samen.

$16v = 960$

Deel links en rechts door 16.

$v = 60$. Yvonne reist met een gemiddelde snelheid van 60 km/u: Harrie reist met een gemiddelde snelheid van $v + 20$, oftewel 80 km/u.

Afstand gelijk aan afstand uitrekenen

In een ander veelvoorkomend soort vraagstuk stel je de ene afstand *gelijk* aan de andere. De ene persoon die de andere probeert in te halen, of een politieauto die een hardrijder probeert te achterhalen, dat zijn typische problemen waarin de afstanden gelijk zijn maar de snelheden en de tijden verschillend.

» Thijs vertrok om 7:00 uur op de fiets naar zijn werk en fietste met een gemiddelde snelheid van 20 kilometer per uur (km/u). Om 7:15 uur merkte Jasmijn dat Thijs zijn broodtrommel vergeten was en ze stapte in haar auto en reed hem achterna met een gemiddelde snelheid van 40 km/uur. Hoelang deed Jasmijn erover om Thijs in te halen?

In dit geval zijn de twee afgelegde afstanden hetzelfde:

Afstand gefietst door Thijs = Afstand gereden door Jasmijn, en snelheid Thijs × tijd Thijs = snelheid Jasmijn × tijd Jasmijn

Stel dat *t* de tijd voorstelt die Thijs gefietst heeft. Omdat Jasmijn pas 15 minuten later vertrok, is haar reistijd gelijk aan $t - \frac{1}{4}$. Vervang de 15 minuten door $\frac{1}{4}$ uur omdat de snelheden in kilometer per *uur* zijn gegeven.

$20 \text{ km/u} \times t = 40 \text{ km/u} \times \left(t - \frac{1}{4}\right)$

$20 \cdot t = 40\left(t - \frac{1}{4}\right)$

$20 \cdot t = 40t - 10$

$-20t = -10$

$t = \frac{1}{2}$ Het duurde een halfuur vanaf het moment dat Thijs vertrok voordat Jasmijn hem had ingehaald: ze haalde hem dus in om 7:30 uur.

Gebruikmaken van rechthoekige driehoeken

Al sinds Pythagoras ontdekte hoe wonderbaarlijk rechthoekige driehoeken en het verband tussen hun zijden zijn, heeft de mensheid er ontelbare toepassingen voor bedacht. De stelling van Pythagoras zegt dat het verband tussen de twee kortste zijden, a en b, van een rechthoekige driehoek en de hypotenusa, c (de langste zijde, tegenover de rechte hoek), $a^2 + b^2 = c^2$ luidt.

Hoogte opmeten

De hoogte van veel voorwerpen kun je bepalen door gebruik te maken van de formules voor rechthoekige driehoeken. Je kunt de hoogte van een gebouw of een boom bijvoorbeeld bepalen door te kijken naar de schaduw ervan. Je kunt de hoogte van een vlaggenmast uitrekenen of van een luchtballon. Om de hoogte van voorwerpen buiten te bepalen moet je er natuurlijk wel van uitgaan dat die voorwerpen een rechte hoek met de grond maken. Hoewel dat misschien niet altijd *helemaal* het geval is, is het voor praktische doeleinden meestal wel dicht genoeg in de buurt.

» Tom speelt met zijn nieuwe vlieger. Wanneer Tom het touw 80 meter heeft uitgerold, staat Daan recht onder de vlieger, op 20 meter afstand van Tom. Hoe hoog is de vlieger? In figuur 18.6 zie je een plaatje van de situatie.

In dit vraagstuk bevindt het uitgerolde touw zich onder een hoek; het touw vormt de hypotenusa van een rechthoekige driehoek. De afstand van Tom tot Daan is de onderste zijde van de rechthoekige driehoek. In dit vraagstuk stel ik die onderste zijde voor als a en de lengte van het touw stel ik voor als c.

$a^2 + b^2 = c^2$

$20^2 + b^2 = 80^2$

$400 + b^2 = 6400$

$b^2 = 6000$

$b = \sqrt{6000} \approx 77{,}46$ meter hoog in de lucht

» De vlieger van Tom is boven in een boom vast komen te zitten. De boom werpt een 12 meter lange schaduw op de grond. Tom heeft een duimstok bij zich (dat is handig) die hij rechtop op de grond zet: de duimstok heeft een schaduw die 75 cm lang is. Tom wil weten of hij genoeg heeft aan een ladder om zijn vlieger terug te krijgen, of dat hij daar een helikopter voor nodig heeft. Door de hoogte van de boom uit te rekenen kan hij dat bepalen.

FIGUUR 18.6: Vliegers en hoogtes.

Er worden nu 2 rechthoekige driehoeken gevormd. De ene wordt gevormd door de boom, zijn schaduw en de denkbeeldige lijn van de top van de boom tot het uiteinde van de schaduw. De andere rechthoekige driehoek wordt gevormd door de duimstok, de schaduw ervan en de denkbeeldige lijn van de top van de duimstok tot het uiteinde van de schaduw. De 2 rechthoekige driehoeken zijn gelijkvormig omdat de zon onder dezelfde hoek op de boom en op de duimstok valt. Schrijf dit vraagstuk daarom op als een verhouding van de 2 schaduwen, namelijk de 2 zijden a, en de 2 hoogten, namelijk de 2 zijden b.

(schaduw boom) ÷ (hoogte boom) = (schaduw duimstok) ÷ (hoogte duimstok)

Laat x de hoogte van de boom voorstellen, aangezien dat de enige waarde is die je nog niet weet.

$$\frac{12 \text{ meter}}{x} = \frac{0{,}75 \text{ meter}}{1 \text{ meter}}$$

$\frac{12}{x} = \frac{3}{4}$

$12 \cdot 4 = 3 \cdot x$ door kruislings te vermenigvuldigen.

$48 = 3x$

$x = 16$, dus de boom is 16 meter hoog. Tom kan zijn vlieger beter vergeten.

Afstanden op een oppervlak oplossen

Soms kun je een rechthoekige driehoek gebruiken om een afstand te bepalen die niet zo gemakkelijk op te meten is. Dat kan bijvoorbeeld voorkomen wanneer je de afstand over een ravijn, een meer of een moeras wilt weten.

» Een dorp wil een brug bouwen over het plaatselijke meer zodat het gemakkelijker wordt om naar de grote stad te rijden. De stad ligt precies ten oosten van het dorp, aan de andere kant van het meer. Als je vanuit het dorp recht naar het zuiden rijdt, kom je na $1\frac{1}{3}$ kilometer op een kruising van waaruit er een weg naar de stad gaat. Vanaf die kruising is het precies $1\frac{2}{3}$ kilometer naar de stad. Hoe lang moet de brug worden?

Misschien is het wat lastig hierin een rechthoekige driehoek te herkennen, maar er is er wel degelijk een. De brug is de ene zijde en de weg in zuidelijke richting naar de kruising is de andere zijde. De weg van de kruising naar de grote stad is de schuine zijde, oftewel de hypotenusa.

$a^2 + b^2 = c^2$

Stel dat a de lengte van de brug is.

$a^2 + (1\frac{1}{3})^2 = (1\frac{2}{3})^2$

$a^2 + \frac{16}{9} = \frac{25}{9}$

$a^2 = \frac{9}{9} = 1$

Dat betekent dat a dus 1 kilometer is. Als ze een brug van 1 kilometer lang bouwen, hoeven ze dus niet meer die 3 kilometer om het meer heen te rijden. Dat lijkt me wat aan de dure kant.

» 2 vliegtuigen verlaten tegelijkertijd het vliegveld. Het ene vliegt met onbekende snelheid noordwaarts en het andere vliegt met 400 kilometer per uur oostwaarts. Na 3 uur zijn de vliegtuigen 1500 kilometer van elkaar verwijderd. Hoe snel vliegt het vliegtuig dat in noordelijke richting vertrok?

Er wordt een rechthoekige driehoek gevormd waarvan de zijden in noordelijke en oostelijke richting liggen. De hypotenusa is de afstand die de vliegtuigen van elkaar verwijderd zijn.

$a^2 + b^2 = c^2$

Stel dat a de afstand is die het vliegtuig dat naar het noorden vliegt na 3 uur heeft afgelegd. De b stelt dan de afstand voor die het vliegtuig dat naar het oosten vliegt na 3 uur heeft afgelegd: dat is dus 1200 kilometer, want $s = vt$ en het vliegtuig vloog 3 uur lang met 400 km/u. De c stelt de afstand tussen de 2 vliegtuigen voor, 1500 kilometer dus.

$a^2 + 1200^2 = 1500^2$

$a^2 = 1500^2 - 1200^2$

$a^2 = 810.000$

$a = 900$

Omdat a de *afstand* afgelegd in 3 uur voorstelt, kan de snelheid bepaald worden met $s = vt$.

$900 = v \cdot 3$

$v = 300$ kilometer per uur.

Rondgaan in cirkels

Zoals figuur 18.7 laat zien, is de cirkel een mooie efficiënte vorm, hoewel het gebruik ervan niet altijd handig is. Cirkels sluiten niet goed op elkaar aan. Er blijven altijd gaten over tussen de cirkels, waardoor het geen handige vorm is voor een tuin of een sportveld of andere ruimten die je met elkaar moet delen. Ondanks dit probleem zijn cirkels toch erg handig en komen ze voor in vraagstukken over oppervlakte: cirkelvormige tapijten, racebanen, velden en zwembaden.

Je kunt de oppervlakte van een cirkel uitrekenen als je weet hoe groot de straal of de diameter is.

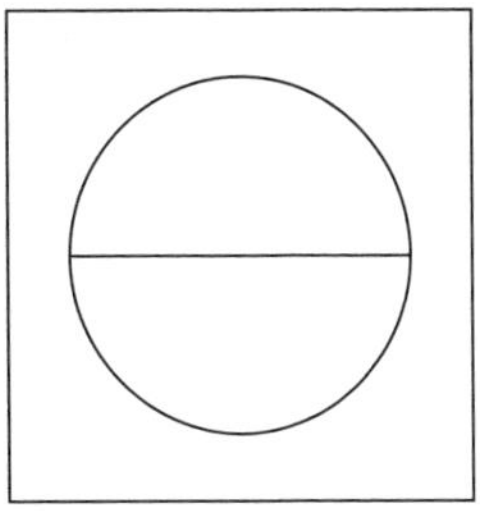

FIGUUR 18.7: De diameter is de langste afstand van de ene kant van een cirkel naar de andere kant.

» André kocht voor in de tuin een zwembad met een diameter van 6 meter in plaats van een met een diameter van 4 meter. Hoeveel oppervlakte is hij nu meer kwijt in zijn tuin?

De oppervlakte van een cirkel wordt gegeven door: $A = \pi r^2$.

De straal van een cirkel is gelijk aan de helft van de diameter, dus een zwembad met een diameter van 6 meter heeft een straal van 3 meter en een zwembad met een diameter van 4 meter heeft een straal van 2 meter.

Verschil in oppervlakte = Oppervlakte grote zwembad – Oppervlakte kleine zwembad

Verschil = $\pi(3)^2 - \pi(2)^2 = 9\pi - 4\pi = 5\pi \approx 15{,}7$ vierkante meter

» Als je een bepaalde lengte aan hekwerk hebt, kun je een grotere oppervlakte omheinen in een cirkel dan in welke andere vorm dan ook. Om dit aan te tonen wordt er in dit voorbeeld gevraagd hoeveel groter een cirkelvormige tuin is dan een rechthoekige tuin, als ze allebei omheind worden door een hek van 314 meter.

De oppervlakte van een cirkel wordt gegeven door $A = \pi r^2$ en de oppervlakte van een vierkant is $A = z^2$. Het lijkt erop dat dit een eenvoudig probleem wordt, want je hoeft alleen het verschil tussen de twee waarden te bepalen.

Verschil = Oppervlakte cirkel – Oppervlakte vierkant

De uitdaging hier is de waarden voor de straal van de cirkel, r, en de zijde van het vierkant, z, te vinden. Deze waarden worden niet gegeven. Je weet alleen wat de afstand rond de buitenkant, de *omtrek*, is en voor ieder van de figuren is er een formule voor de omtrek.

De omtrek van een cirkel wordt gegeven door de formule $O = 2\pi r$ en de formule voor de omtrek van een vierkant luidt $O = 4z$.

Als de omtrek van de cirkel 314 bedraagt, dan geldt er dat $314 = 2\pi r$, oftewel dat $r = \frac{314}{2\pi} \approx 50$.

De oppervlakte van de cirkel is dus $A = \pi 50^2 = 2500\pi \approx 7854$ vierkante meter.

De omtrek van het vierkant is gewoon 4 keer de lengte van een zijde.

Omdat de omtrek van het vierkant 314 bedraagt, geldt er dat $314 = 4 \cdot z$, oftewel dat $z = 78{,}5$.

Dit betekent dat de oppervlakte van het vierkant $A = 78{,}5^2 = 6162{,}25$ bedraagt.

Verschil = 7854 – 6162,25 = 1691,75 vierkante meter. Er gaat dus nogal wat extra oppervlakte in een cirkel dan in een vierkant.

Een van de doelstellingen van dit hoofdstuk is je te voorzien van enkele voorbeelden uit de praktijk, problemen die je kunt oplossen door gebruik te maken van de wiskunde. Misschien heb je jezelf herkend in een van de situaties. Of misschien kun je je juist niet voorstellen dat je ooit in zulke situaties verzeild raakt. In ieder geval hoop ik dat je de methoden kunt gebruiken om vraagstukken als deze op te zetten en op te lossen.

IN DIT HOOFDSTUK

Hoofdstuk 19
Wiskunde zichtbaar maken: grafieken

Een plaatje zegt meer dan duizend woorden. Dit geldt in het bijzonder voor de wiskunde. Plaatjes en grafieken geven je direct een indruk van wat er gebeurt in een bepaalde situatie of hoe een vergelijking er in de ruimte uitziet. Een *grafiek* is een tekening die in een tweedimensionaal vlak, bijvoorbeeld een vel ruitjespapier, een bewerking of een vergelijking laat zien. Een grafiek zorgt ervoor dat je de karakteristieken van een wiskundige vergelijking in één oogopslag ziet. De tekst die je nodig hebt om te beschrijven wat je in een grafiek ziet kan daarentegen lang en gecompliceerd zijn.

Veel mensen zijn wel bekend met staafdiagrammen, waarin de rechthoeken rechtop naast elkaar staan, vaak om testuitslagen weer te geven. Taartdiagrammen (een cirkel met taartpunten van verschillende grootte erin getekend) zijn handig voor fracties die opgeteld één geheel weergeven, bijvoorbeeld een bepaalde som geld die aan verschillende doelen is uitgegeven. En lijngrafieken zijn handig om de ups en downs van beurskoersen weer te geven, of om een bepaalde activiteit als functie van de tijd weer te geven.

Wiskundige grafieken zijn uniek omdat ze verbanden laten zien die je kunt gebruiken om een bepaalde situatie weer te geven: een lijn kan de afschrijving van goederen weergeven: parabolen kunnen de dagelijkse temperatuur weergeven: of een platte curve in de vorm van een S die het aantal mensen met griep weergeeft. Deze en andere modellen zijn handig om te laten zien wat er aan de hand is en om te voorspellen wat er in de toekomst kan gebeuren.

Bij de grafieken horen wiskundige vergelijkingen. De vergelijkingen kunnen met bepaalde bewerkingen en technieken gebruikt worden om het toekomstig verloop van een bepaald probleem te voorspellen, om bepaalde trends naar de toekomst te extrapoleren.

Grafieken zijn goed

Bekijk in de volgende voorbeelden de drie manieren om hetzelfde uit te drukken: in woorden, in een wiskundige vergelijking en in een grafiek.

- Alle getalparen die opgeteld gelijk zijn aan 10.
- $x + y = 10$.
- De grafiek in figuur 19.1.

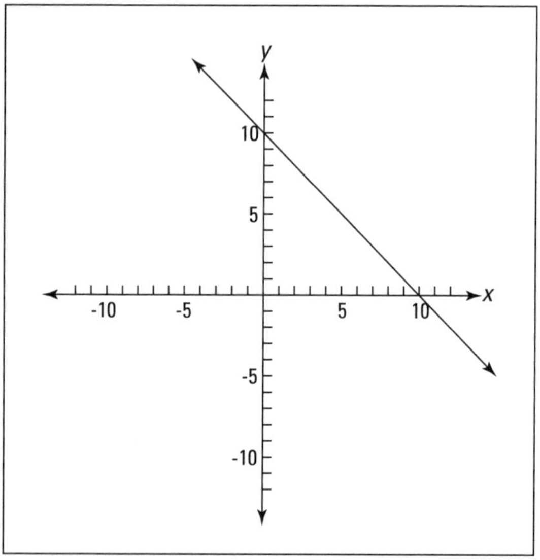

FIGUUR 19.1: Alle mogelijkheden die voldoen aan $x + y = 10$.

En nog een keer:

- Alle getalparen die je krijgt als je een getal kiest en het andere getal gelijk stelt aan het eerste getal in het kwadraat verminderd met het eerste getal.
- $y = x^2 - x$.
- De volgende grafiek (zie figuur 19.2).

De wiskundige vergelijking beschrijft de situatie op een preciezere manier dan de onhandige beschrijving in woorden. Maar de grafiek geeft je een beter beeld van waar het over gaat dan zowel de beschrijving in woorden als de vergelijking.

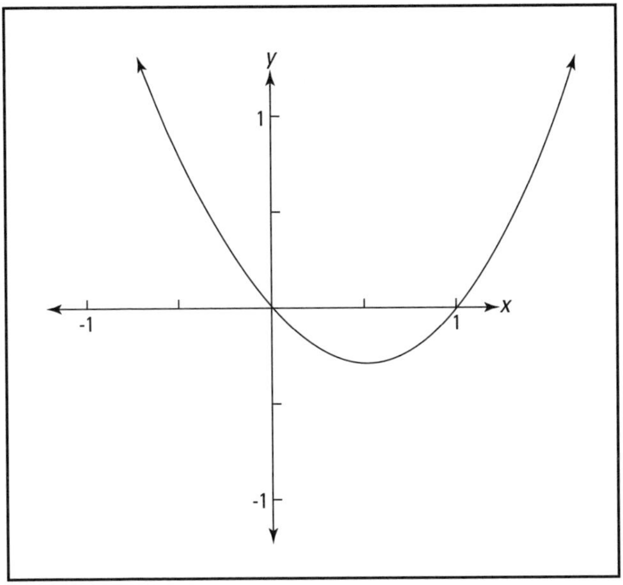

FIGUUR 19.2: Alle mogelijkheden die voldoen aan $y = x^2 - x$.

Spelen met grafieken

Je kent ze vast wel, spotprenten in de krant die een zakenman laten zien die bezorgd naar een grafiek aan de muur wijst: meestal is de beurs dan net flink ingezakt. Deze spotprenten zijn niet alleen vermakelijk, ze laten ook goed zien waarom grafieken zo nuttig zijn. Een grafiek laat in één opslag zien wat de hoogste en de laagste waarden zijn. Ze geven informatie over bepaalde trends, patronen en wat de huidige status is. Ook is het handig om twee grafieken in dezelfde figuur te tekenen zodat je twee dingen direct kunt vergelijken.

In haar eenvoudigste vorm is een grafiek in de algebra getekend in een *assenstelsel*, twee lijnen die elkaar onder een rechte hoek kruisen zodat er vier secties, ook wel *kwadranten* genoemd, ontstaan. Het vlak dat door dit assenstelsel opgespannen wordt heet *coördinatenvlak*. De twee lijnen worden de *assen* genoemd en worden meestal gemarkeerd met gehele getallen (positieve en negatieve gehele getallen en nul). De positieve getallen lopen omhoog op de verticale as en naar rechts op de horizontale as. Figuur 19.3 toont een assenstelsel. De lijn die van links naar rechts loopt, de horizontale lijn, is de *x-as* en de verticale lijn die van beneden naar boven loopt, is de *y-as*.

De assen zijn voorzien van kleine merktekentjes. Ze zijn uniform verdeeld over de as (net als de tijd tussen twee merktekens op een klok telkens even lang is) en meestal staan er getallen bij, van negatief naar positief als je van links naar rechts gaat en als je van beneden naar boven gaat. In het midden, waar de twee assen bij elkaar komen, staat de nul.

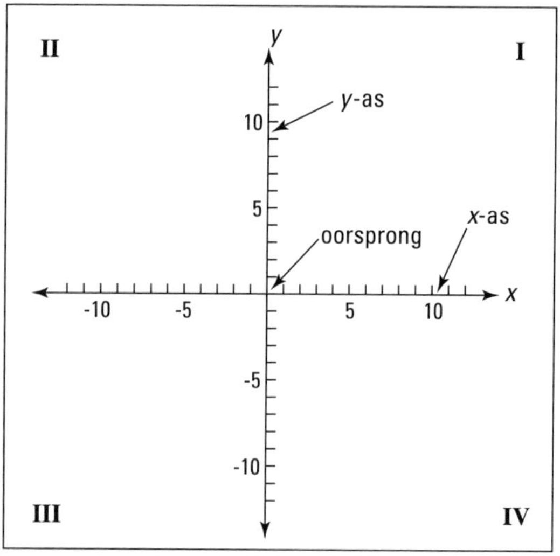

FIGUUR 19.3: Een assenstelsel met de *x*-as, de *y*-as en het punt in het midden, de oorsprong.

De vier kwadranten worden genummerd met de Romeinse cijfers I, II, III en IV, waarbij er rechtsboven wordt begonnen en dan tegen de richting van de klok in wordt gegaan. De reden hiervoor is eenvoudig: het is gewoon een traditie. Tabel 19.1 illustreert de verschillende kwadranten, hun namen en waar ze zich bevinden.

Een punt maken

Het vinden van een punt in een grafiek gaat op dezelfde manier als het lokaliseren van de stad Sintra in Portugal op een wegenkaart: die ligt in G7. Je beweegt je vinger over de kaart zodat die recht onder de G wijst en precies rechts van de 7. Grafieken maken in de wiskunde gaat iets anders, omdat de letters zijn vervangen door getallen en omdat je begint in het midden bij de oorsprong.

Een *punt* is een stip op een stuk papier of op het schoolbord en geeft een positie of een plaats aan ten opzichte van een assenstelsel, de horizontale en verticale lijnen. De coördinaten van een punt vertellen je waar dat punt zich bevindt in het stelsel.

Naast de assen van een assenstelsel staan meestal gehele getallen, maar het kunnen ook rationale getallen zijn, zolang ze maar even ver van elkaar afliggen, zoals de afstand van een kwart tussen $\frac{1}{4}$, $\frac{1}{2}$ en $\frac{3}{4}$.

De punten die je in het assenstelsel zet, hoeven geen gehele getallen te zijn en hoeven ook niet samen te vallen met de assen. Ze kunnen ook in de ruimten tussen de lijnen liggen. Zo kunnen ze elk willekeurig getal voorstellen. De punten in de open ruimten liggen ongeveer op de juiste plek. Je kunt in een grafiek wel aflezen dat een punt tussen 2 en 3 ligt, maar het wordt al moeilijker om te bepalen of het punt op 2,5 of 2,6 ligt.

Getalparen ordenen, oftewel coördinaten coördineren

Om een punt in een assenstelsel te kunnen zetten moet je weten waar dat punt precies hoort te staan. Hier komen de geordende paren om de hoek kijken.

TECHNISCHE INFO

Een *geordend paar*, ook wel een *koppel* genoemd, is een set van twee getallen die de *coördinaten* genoemd worden. De getalparen worden tussen haakjes geschreven met een komma ertussenin. Enkele voorbeelden zijn: (2, 3), (−1, 4) en (5, 0). Er is afgesproken dat de volgorde van notatie van belang is: het eerste getal, de *x-coördinaat*, geeft de positie van een punt langs de *x*-as weer (dus hoe ver naar links of naar rechts ten opzichte van de oorsprong) en het tweede getal, de *y-coördinaat*, geeft de positie van een punt langs de *y*-as aan (dus hoe ver naar boven of naar beneden ten opzichte van de oorsprong). Het punt dat beschreven wordt door het geordende paar (3, 2) ligt bijvoorbeeld drie posities naar rechts ten opzichte van de oorsprong en van daaruit twee posities omhoog. In figuur 19.4 is zo een aantal geordende paren aangegeven in een assenstelsel.

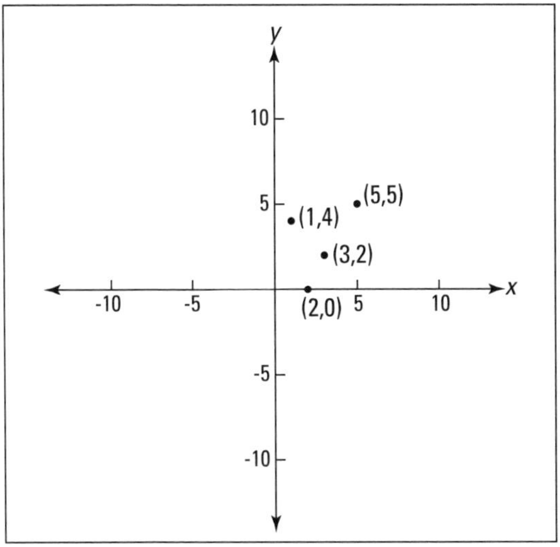

FIGUUR 19.4: Coördinaten en hun punten in een assenstelsel.

Alles begint bij de *oorsprong*, het kruispunt van de twee assen. Het geordende paar dat de oorsprong aangeeft is (0, 0). De getallen van dit paar vertellen je dat het punt niet naar links of rechts en ook niet omhoog of omlaag ligt. De positie is precies bij het uitgangspunt.

BELANGRIJK

Merk op dat het punt (2, 0) precies op de *x*-as ligt. Als een van de coördinaten van een geordend paar gelijk is aan 0, dan ligt het bijbehorende punt op een van de twee assen.

Tabel 19.1 geeft de namen van de verschillende kwadranten aan, hun posities in het coördinatenvlak en de eigenschappen van coördinaatpunten in de verschillende kwadranten.

TABEL 19.1 Kwadranten

Kwadrant	Positie	Coördinaten	Hoe te tekenen
Kwadrant I	Rechtsboven	positief, positief	Ga naar rechts en omhoog.
Kwadrant II	Linksboven	negatief, positief	Ga naar links en omhoog.
Kwadrant III	Linksonder	negatief, negatief	Ga naar links en omlaag.
Kwadrant IV	Rechtsonder	positief, negatief	Ga naar rechts en omlaag.
	As rechts	positief, 0	Ga naar rechts en blijf op de *x*-as.
	As links	negatief, 0	Ga naar links en blijf op de *x*-as.
	As boven	0, positief	Ga naar boven en blijf op de *y*-as.
	As onder	0, negatief	Ga naar beneden en blijf op de *y*-as.

Het feitelijke tekenen van een grafiek bestaat uit het zetten van stippen in het assenstelsel op de posities van de punten. Soms staan de punten heel eenzaam in het assenstelsel, zoals in een kinderboek waarin je de punten moet verbinden. Wanneer de stippen met elkaar verbonden worden, ontstaan er soms lijnen, U-vormige krommes of zelfs nog spannendere figuren. Dat hangt allemaal af van de vergelijking waar de punten vandaan komen.

Punten uitzetten in een assenstelsel

Om een punt in een assenstelsel te zetten kijk je naar de coördinaten; de getallen tussen de haakjes. Het eerste getal vertelt je waarheen je moet bewegen in horizontale richting. Zet je potlood op de oorsprong en beweeg naar rechts als het eerste getal positief is: beweeg naar links als het eerste getal negatief is. Vervolgens beweeg je je potlood vanuit die positie naar boven of naar beneden: naar boven als het tweede getal positief is en naar beneden als het tweede getal negatief is.

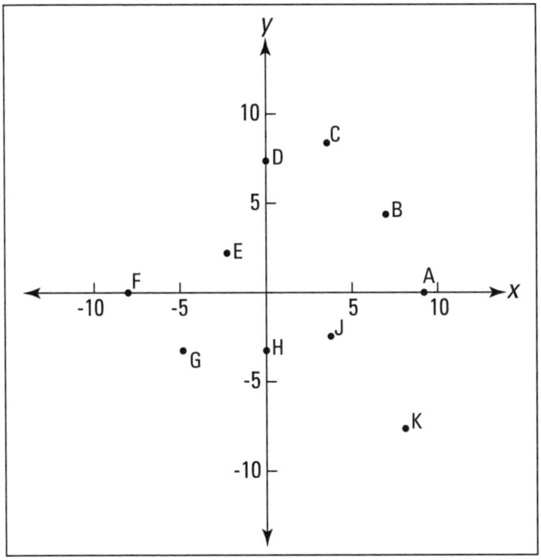

FIGUUR 19.5: De punten A tot en met K uitgezet in een assenstelsel.

De volgende punten zijn uitgezet in figuur 19.5. Je kunt de punten herkennen aan de letters die erbij staan.

A: (9,0)	B: (7,4)	C: (3,8)	D: (0,7)	E: (-2,2)
F: (-8,0)	G: (-5,-3)	H: (0,-3)	J: (3,-2)	K: (8,-7)

Een lijn uitzetten in een assenstelsel

Een lijn is een van de belangrijkste en nuttigste dingen die je in de wiskunde kunt uitzetten in een assenstelsel. Je kunt ze gebruiken om aan te geven hoe je inkomen fluctueert of hoe de afstand tot een bepaald punt verandert. De lijn kan de afschrijving van machines voorstellen. Lijnen zijn dus erg nuttig en ze zijn nog gemakkelijk te begrijpen ook. Wat wil je nog meer?

Stippen of punten die gewoon hier en daar zijn neergezet zonder dat ze een duidelijke vorm weergeven, hebben meestal maar weinig betekenis. In de wiskunde is het gebruikelijker dat de punten volgens een vergelijking in een assenstelsel uitgezet zijn, zodat er een verband bestaat tussen de punten. Het eenvoudigste patroon is een rechte lijn. Zet alle punten maar op een rijtje!

TECHNISCHE INFO

Een (rechte) *lijn* wordt gevormd door alle punten die voldoen aan een lineaire vergelijking.

Deze punten zijn uitgezet in de grafiek in figuur 19.6: (−2,12), (−1,11), (0,10), (1,9), (2,8), (3,7), (4,6), (5,5), (6,4), (7,3), (8,2), (9,1), (10,0), (11,−1), (12,−2), (13,−3).

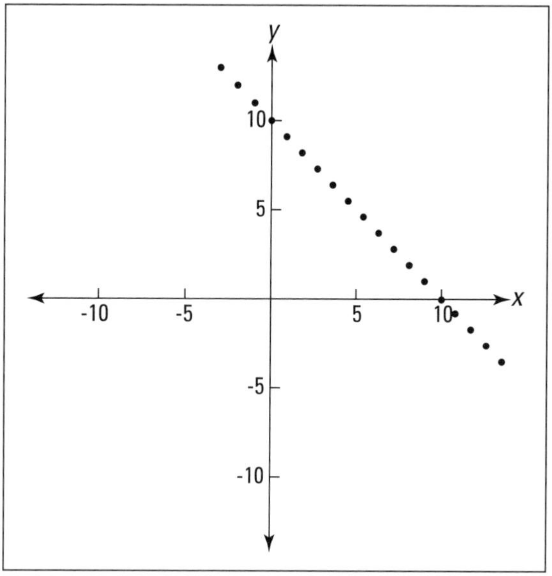

FIGUUR 19.6: Punten op een rij als spreeuwen op een hoogspanningslijn.

In plaats van de miljoenen punten op te schrijven die op dezelfde lijn liggen, kun je een vergelijking opschrijven die het verband tussen de punten weergeeft. In dit geval wordt dat verband gegeven door de vergelijking $x + y = 10$. De coördinaten in ieder paar geven opgeteld 10. Maar wat de grafiek niet laat zien is dat niet alle punten gehele getallen zijn: punten zoals $\left(1\frac{1}{2}, 8\frac{1}{2}\right)$ voldoen ook aan de vergelijking en liggen ook op de lijn. Door alle punten met elkaar te verbinden zodat er een lijn ontstaat, geef je aan dat alle breuken tussen de punten ook voldoen aan de vergelijking.

Deze vergelijking, $x + y = 10$, vertelt je dat elke twee willekeurige waarden die opgeteld gelijk aan 10 zijn, je een punt van de grafiek geven. Hiertoe behoren dus ook breuken, decimale getallen en positieve en negatieve getallen. Wat begon met een groot aantal punten of waarden die voldeden aan de vergelijking, is nu een *oneindig* aantal punten geworden.

Figuur 19.7 laat zien hoe de punten van een grafiek eruitzien als ze verbonden worden door een lijn.

Om een rechte lijn in een assenstelsel uit te zetten heb je maar twee punten nodig. Er is een regel in de geometrie die zegt dat er slechts één lijn is die door twee verschillende punten gaat. Hoewel er maar twee punten nodig zijn om een lijn te definiëren, is het altijd een goed idee om ten minste drie punten uit te zetten om er zeker van te zijn dat je de lijn correct hebt uitgezet.

TIP

Wanneer je een grafiek tekent, is drie veel beter dan twee. Als je één van de twee punten per vergissing op de verkeerde plaats zet, zul je waarschijnlijk niet merken dat de lijn fout is. Als je echter een van de drie punten op de verkeerde plaats zet, zie je waarschijnlijk dat de lijn niet recht is. Drie punten uitzetten is daarom een goede manier om het resultaat te controleren.

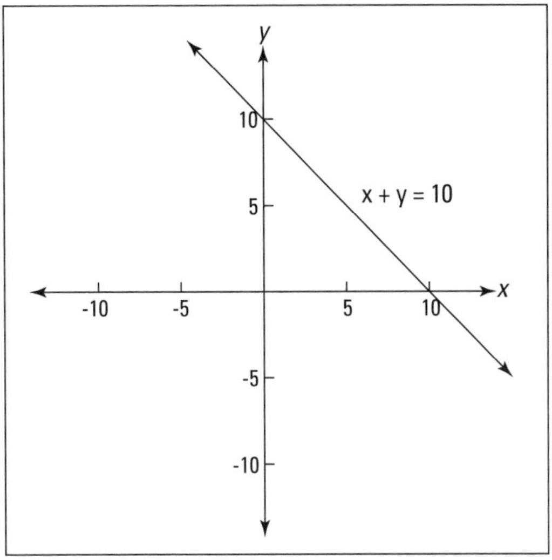

FIGUUR 19.7: Verbind de punten met elkaar en je krijgt een lijn.

De grafiek van een lineaire vergelijking tekenen

TECHNISCHE INFO

Een vergelijking die er getekend uitziet als een rechte lijn wordt *lineair* genoemd. De vergelijking ziet er in de standaardvorm uit als $ax + by = c$, waarin x en y variabelen zijn en a, b en c reële getallen. In de vergelijking komen gewoonlijk een x en/of een y voor, meestal allebei, die alle punten (x, y) aangeven waarvoor de vergelijking waar is. De macht van zowel x als y is één (als de machten hoger of lager waren, zou de grafiek een kromme laten zien).

Wanneer je een rechte lijn uitzet kun je gewoon een paar getalparen zoeken die voldoen aan de vergelijking en die dan met elkaar verbinden. *Verbind de punten met elkaar!*

Hoe ziet de vergelijking van een lijn eruit? Die ziet eruit zoals een van de volgende voorbeelden. Je ziet dat de eerste drie vergelijkingen geschreven zijn in de standaardvorm en de vierde is opgelost voor y. De laatste twee hebben slechts één variabele en geven daardoor een horizontale of verticale lijn aan.

$x + y = 10$ $\qquad$ $2x + 3y = 4$

$-5x + y = 7$ $\qquad$ $y = \frac{1}{2}x + 3$

$x = 3$ $\qquad$ $y = -2$

TECHNISCHE INFO

Wanneer je een vergelijking ziet waarin y gelijk is aan een bepaald getal, dan heb je te maken met een horizontale lijn die door alle punten gaat met die y-waarde. Als je daarentegen een vergelijking tegenkomt waarin x gelijk is aan een getal, dan zijn alle x-waarden gelijk en heb je een verticale lijn. Horizontale lijnen zijn evenwijdig aan de x-as. De vergelijking ervoor ziet eruit als $y = 3$ of $y = -2$. Verticale lijnen zijn evenwijdig aan de y-as. De vergelijking ervoor ziet eruit als $x = 5$ of $x = -11$. Figuur 19.8 laat een grafiek zien voor $y = 4$, waarbij de punten (−4,4), (0,4), (1,4) en (3,4) gebruikt zijn.

Een punt op de lijn $x - y = 3$ vind je door deze stappen te volgen.

1. **Kies een willekeurige waarde voor een van de variabelen, dus voor *x* of voor *y*.**

   Als je x gelijk aan 8 kiest, wordt de vergelijking $x - y = 3$ dus $8 - y = 3$.

2. **Los de waarde van de andere variabele op.**

   Trek links en rechts 8 af: $-y = -5$.

   Vermenigvuldig links en rechts met −1: $y = 5$.

   Hoe een vergelijking eruitziet, kun je veranderen door te vermenigvuldigen met, of te delen door, −1 zonder dat de lijn van de grafiek verandert.

   (In hoofdstuk 12 lees je hoe je lineaire vergelijkingen oplost.)

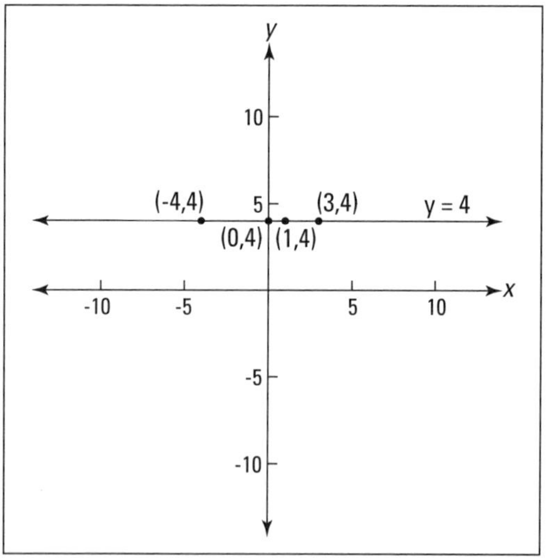

FIGUUR 19.8: Horizontale lijnen zijn evenwijdig aan de x-as.

3. **Schrijf de coördinaten van het punt op als een geordend paar.**

   Je eerste geordende paar is dus (8,5).

Meer paren vind je door andere getallen in te vullen voor x of voor y.

Voor een beetje meer uitdaging gaan we op zoek naar punten die op de lijn $2x + 3y = 12$ liggen. De coëfficiënten (2 en 3) maken deze vergelijking iets lastiger. 1 of 2 punten vind je misschien zo, maar andere punten bepalen kan lastiger worden omdat er breuken in kunnen voorkomen. Een goede aanpak in zo'n geval is eerst op te lossen voor x of voor y en dan pas getallen in te vullen, zoals in de volgende stappen wordt gedaan.

1. **Los de vergelijking op voor een van de variabelen.**

Door in de voorbeeldopgave $2x + 3y = 12$ op te lossen voor y vind je:

$3y = 12 - 2x$

$y = \frac{12 - 2x}{3}$

Door de vermenigvuldigingsfactoren voor de variabelen krijg je breuken.

2. **Kies een waarde voor de andere variabele en los de vergelijking op.**

TIP

Probeer getallen zo te kiezen dat het getal in de teller deelbaar wordt door de noemer, de vermenigvuldigingsfactor van de eerste variabele.

In het voorbeeld is 3 de vermenigvuldigingsfactor voor de y, dus stel dat $x = 3$. Door de vergelijking op te lossen vind je:

$y = \frac{12 - 2 \cdot 3}{3} = 2$

Het punt (3,2) ligt dus op de lijn.

Het lijkt misschien moeilijk om de punten die op de lijn $x = 4$ liggen te vinden, omdat er in de vergelijking alleen een x voorkomt. Maar in feite maakt dat de zaken juist veel gemakkelijker. Voor y kun je elke willekeurige waarde opschrijven, zolang x maar gelijk is aan 4.

Sommige punten die hieraan voldoen zijn (4,9), (4,−2), (4,0), (4;3,16), (4,−11) en (4,4).

BELANGRIJK

Je ziet dat het eerste getal *altijd* 4 is. Het punt (4,9) is niet hetzelfde als (9,4). Onthoud dat de volgorde van belang is in een geordend paar.

Door deze punten uit te zetten in een grafiek vind je een mooie verticale lijn, zoals figuur 19.9 laat zien. Als alle y-waarden hetzelfde waren geweest, dan had je een – je raadt het al – horizontale lijn gevonden.

Snijpunten met de assen zoeken

Het *snijpunt* van een lijn met de x- of de y-as is gedefinieerd als het punt waar een lijn die as kruist. Een snijpunt met de x-as wordt meestal een *nulpunt* genoemd. Behalve wanneer een lijn horizontaal of verticaal is, kruist een rechte lijn zowel de x- als de y-as en heeft hij dus twee snijpunten met de assen. Horizontale lijnen hebben alleen een snijpunt met de y-as en verticale lijnen hebben alleen een snijpunt met de x-as. De uitzonderingen hierop worden gevormd door de gevallen waarin de horizontale lijn samenvalt met de x-as of wanneer de verticale lijn samenvalt met de y-as.

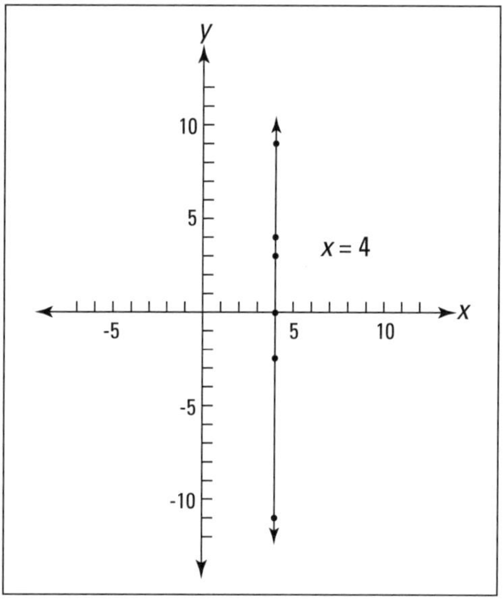

FIGUUR 19.9: Wanneer alle *x*-coördinaten hetzelfde zijn, krijg je een verticale lijn.

Snijpunten kun je snel en gemakkelijk bepalen en zijn erg handig bij het tekenen van een grafiek. Dit komt doordat een van de coördinaten van het snijpunt met een as gelijk is aan nul. En in vergelijkingen zorgen nullen ervoor dat het aantal termen, en dus de hoeveelheid werk die je moet doen, gereduceerd wordt. Maak er dus zo veel mogelijk gebruik van.

BELANGRIJK

Het nulpunt is het punt waar een lijn de *x*-as kruist. Om dit punt te vinden stel je de *y* in de vergelijking gelijk aan nul en los je op voor *x*.

» Om het nulpunt van de vergelijking $4x - 7y = 8$ te vinden, stel je $y = 0$ in de vergelijking.

  Dan geldt er dat $4x - 0 = 8$ en dus dat $4x = 8$, zodat $x = 2$.

  Het nulpunt, het snijpunt met de *x*-as, van de lijn is (0, 2): bij dit punt kruist de lijn de *x*-as.

BELANGRIJK

Het snijpunt van een lijn met de *y*-as is het punt waar de lijn de *y*-as kruist. Om dit punt te vinden stel je *x* in de vergelijking gelijk aan nul en los je op voor *y*.

» Bepaal het snijpunt met de *y*-as voor de lijn $3x - 7y = 28$.

  Stel in de vergelijking $x = 0$.

  Dan geldt er dat $0 - 7y = 28$ en dus dat $-7y = 28$, oftewel dat $y = -4$.

  Het snijpunt van de lijn met de *y*-as is (0, –4).

Als je je grafiek zorgvuldig tekent en de snijpunten met de *x*- en de *y*-as niet verwisselt, heb je aan deze 2 punten genoeg om een rechte lijn uit te zetten.

De helling overwinnen

De *helling* is een getal dat de steilheid en de richting van een lijn beschrijft. De helling is een positief getal als de lijn van links naar rechts omhooggaat. De helling is een negatief getal als de lijn van links naar rechts omlaaggaat. Hoe steiler de lijn is, des te groter is de absolute waarde van de helling (des te verder ligt het getal van nul). De helling wordt soms ook aangeduid als de *richtingscoëfficiënt*.

Als je de helling van een lijn van tevoren weet, is het gemakkelijker de lijn uit te zetten. Je kunt dan een punt op de lijn zoeken en de helling gebruiken om de lijn te tekenen. Een lijn met een helling van 6 gaat steil omhoog. Als je weet of de lijn omhoog- of omlaaggaat, informatie die je verkrijgt uit de waarde voor de helling, is het gemakkelijker de grafiek juist te tekenen.

De waarde van de helling is van belang wanneer de lijn uitgedrukt is in de vorm van een vergelijking en je die moet gebruiken om dingen te modelleren. In vergelijkingen die de kosten van het een of het ander voorstellen, wordt de waarde van de helling bijvoorbeeld de *marginale kosten* genoemd. In vergelijkingen die de afschrijving van goederen beschrijven, wordt de helling de *jaarlijkse afschrijving* genoemd. Figuur 19.10 toont een aantal lijnen met de waarde voor hun helling. Voor het gemak gaan alle lijnen door de oorsprong.

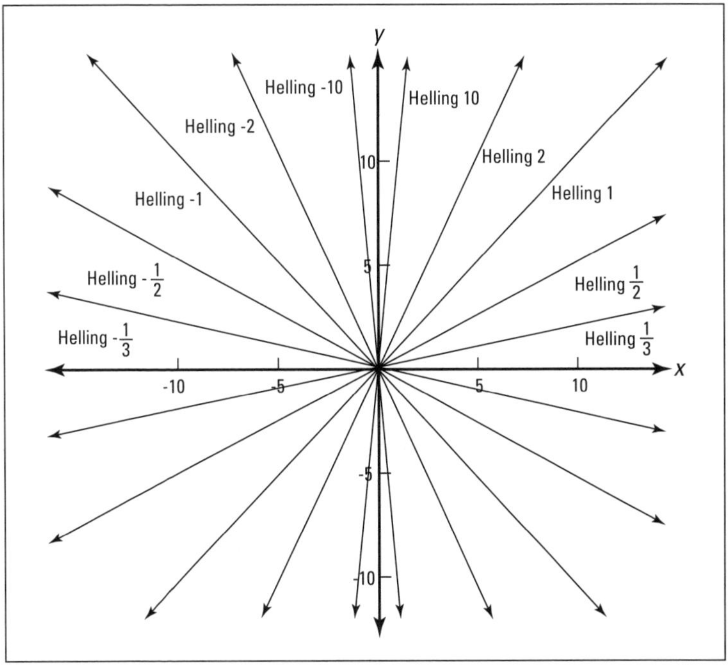

FIGUUR 19.10: Kies maar een lijn en kijk wat de helling is.

En hoe zit het met een horizontale lijn, een lijn die noch omhoog noch omlaag gaat? Een horizontale lijn heeft een helling van nul. Een verticale lijn heeft geen helling: de helling is *niet gedefinieerd.*

Een manier om de helling te bepalen is door die te schrijven als een breuk en dan *hoogte gedeeld door lengte* uit te rekenen. Als de helling $\frac{3}{2}$ is, betekent dat dat de lijn voor iedere twee eenheden lengte langs de x-as, drie eenheden hoogte langs de y-as heeft. Een helling van $-\frac{1}{8}$ geeft aan dat de lijn voor iedere acht eenheden horizontaal (langs de x-as), één eenheid omlaaggaat (*negatieve hoogte*) langs de y-as.

De helling bepalen

BELANGRIJK

Als je twee punten op een rechte lijn kent, kun je de helling van de lijn bepalen.

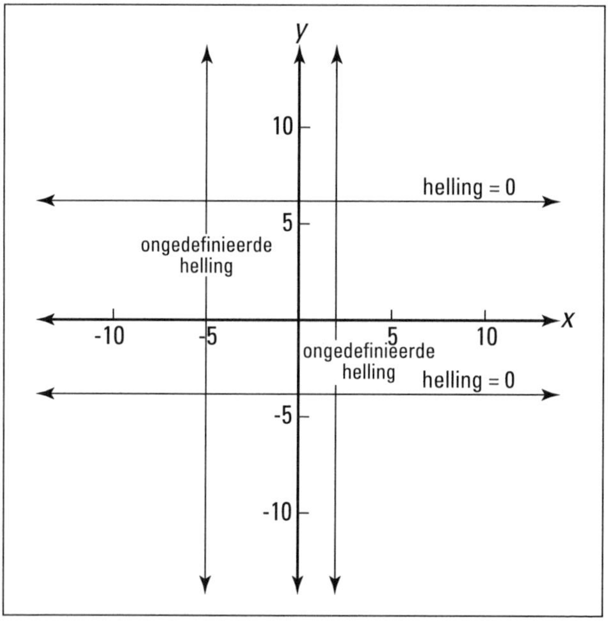

FIGUUR 19.11: Horizontale lijnen hebben een helling van nul en verticale lijnen hebben een ongedefinieerde helling.

De helling van een lijn, die we zullen aanduiden met een kleine letter m, kun je bepalen met de coördinaten van twee punten op die lijn, (x_1, y_1) en (x_2, y_2). De subscripts geven hier aan welke de coördinaten zijn van het eerste punt en welke van het tweede. Het maakt niet uit welke je eerste noemt en welke tweede: je kunt ze definiëren zoals je zelf wilt. Het is echter wel handig ze één en twee te noemen zodat je niet in de war raakt.

$$m = \frac{y_2 - y_1}{x_2 - x_1}$$

Als je de coördinaten omgekeerd van elkaar zou aftrekken, kom je op dezelfde waarde voor de helling uit.

$$m = \frac{y_1 - y_2}{x_1 - x_2}$$

Je mag de coördinaten alleen niet door elkaar halen en (x_1 − y_2) gedeeld door (x_2 − y_1) uitrekenen.

Met de volgende voorbeelden kun je dit allemaal uitproberen.

» Bepaal de helling van de lijn die door de punten (3,4) en (2,10) gaat.

Laat (3,4) gelijk zijn aan (x_1, y_1) en (2,10) aan (x_2, y_2).

Substitueer de waarden in de formule.

$$m = \frac{y2 - y1}{x2 - x1} = \frac{10 - 4}{2 - 3}$$

Werk verder uit: $m = \frac{6}{-1} = -6$.

Dit is een tamelijk steile lijn die van links naar rechts omlaaggaat.

» Bepaal de helling van de lijn die door de punten (4,2) en (–6,2) gaat.

Laat (4,2) gelijk zijn aan (x_1, y_1) en (–6,2) aan (x_2, y_2).

Substitueer de waarden in de formule:

$$m = \frac{y_2 - y_1}{x_2 - x_1} = \frac{2 - 2}{-6 - 4}$$

Werk verder uit: $\frac{m = 0}{-10 = 0}$.

Deze twee punten liggen allebei 2 eenheden boven de *x*-as en vormen 1 horizontale lijn. Daarom is de helling gelijk aan 0.

» Bepaal de helling van de lijn die door de punten (2,4) en (2,–6) gaat.

Laat (2,4) gelijk zijn aan (x_1, y_1) en (2,–6) aan (x_2, y_2).

Substitueer de waarden in de formule:

$$m = \frac{y_2 - y_1}{x_2 - x_1} = \frac{-6 - 4}{2 - 2}$$

Werk verder uit: $m = \frac{-10}{0}$

Oeps! Je kunt helemaal niet delen door 0. Zo'n getal bestaat niet. De helling bestaat niet, oftewel ze is *niet gedefinieerd*. Deze twee punten liggen op een verticale lijn.

PAS OP

Pas op voor de volgende twee veel gemaakte fouten bij het bepalen van de helling:

» Zorg ervoor dat je het verschil van de *y*-waarden bovenaan in de breuk zet. Een veelvoorkomende fout is het verschil van de *x*-waarden in de teller te zetten.

Zorg ervoor dat je de getallen in dezelfde volgorde van elkaar aftrekt. Maak een keuze welk punt je het eerste noemt en welk het tweede. Neem vervolgens de tweede *y* min de eerste *y* en de tweede *x* min de eerste *x*. Voer de bewerking boven uit in dezelfde volgorde als de bewerking onder.

Snijpunten en helling combineren

Een vergelijking die een enkele lijn beschrijft, kan vele vormen aannemen. Net zoals je in een formule voor verschillende variabelen kunt oplossen, zo kun je in de vergelijking voor een lijn oplossen voor elk van de variabelen. Deze informatie kan je helpen de punten te vinden die je nodig hebt om een lijn in een grafiek uit te zetten of om de helling te vinden.

Een veelgebruikte en populaire manier om de vergelijking voor een lijn uit te drukken is een vorm waarin de helling en het snijpunt met de y-as gemakkelijk herkenbaar zijn. Wanneer de vergelijking voor een lijn geschreven is als $6x + 3y = 5$, kun je punten vinden door getallen in te vullen voor x of voor y en vervolgens op te lossen voor de andere coördinaat. Door de methoden voor het oplossen van lineaire vergelijkingen (zie hoofdstuk 12) te gebruiken kan dezelfde vergelijking geschreven worden als $y = -2x + \frac{5}{3}$, zodat je direct kunt zien dat de helling gelijk is aan -2 en dat de lijn de y-as kruist (het snijpunt met de y-as) bij het punt $\left(\frac{5}{3}\right)$.

BELANGRIJK

Waar x en y punten op de lijn voorstellen, is m de helling en b het snijpunt met de y-as. Een populaire vorm om de vergelijking voor een lijn weer te geven, is:

$$y = mx + b$$

De vergelijkingen hierna zijn allemaal in deze vorm geschreven. De coëfficiënt voor de x is de helling van de lijn en de constante is het snijpunt met de y-as.

- $y = 2x + 3$: de helling is 2 en het snijpunt met de y-as is (0,3).
- $y = \frac{1}{3}x - 2$: de helling is $\frac{1}{3}$ en het snijpunt met de y-as is (0,–2).
- $y = 7$: de helling is 0 en het snijpunt met de y-as is (0,7). Je kunt deze vergelijking ook lezen als $y = 0 \cdot x + 7$.

Een lijn uitdrukken als $y = mx + b$

Als de vergelijking voor een lijn nog niet in de vorm $y = mx + b$ staat, kun je dat bewerkstelligen door op te lossen voor y. De volgende stappen laten zien hoe je dat doet.

Schrijf de vergelijking $5x - 2y = 10$ in de vorm $y = mx + b$.

1. **Isoleer de term in *y* aan de linkerkant.**

   Trek links en rechts $5x$ af zodat de term in y alleen komt te staan: $-2y = -5x + 10$.

2. **Los op voor *y*.**

   Deel links en rechts door –2 en vereenvoudig de twee termen in het rechterlid.

   $\frac{-2y}{-2} = \frac{(-5x + 10)}{-2}$

   $y = \frac{-5x}{-2} + \frac{10}{-2}$

   $y = \frac{5}{2}x - 5$

De helling is $\frac{5}{2}$ en het snijpunt met de *y*-as is (0,–5).

$y = mx + b$ uitzetten in een assenstelsel

Een voordeel van een vergelijking in de vorm $y = mx + b$ is dat het uitzetten ervan in een assenstelsel eenvoudig en snel gaat, zoals het volgende voorbeeld laat zien.

» Zet de lijn $y = \frac{3}{2}x + 1$ uit in een assenstelsel.

De helling van de lijn is $\frac{3}{2}$ en het snijpunt met de *y*-as is het punt (0,1). Teken eerst het snijpunt met de *y*-as (zie figuur 19.12).

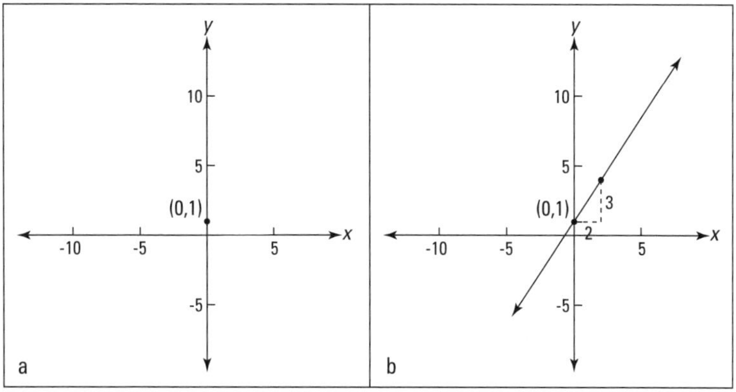

FIGUUR 19.12: Het snijpunt met de *y*-as is bepaald; gebruik hoogte gedeeld door lengte om een tweede punt te vinden.

» Gebruik vervolgens de methode *hoogte gedeeld door lengte* om zo met behulp van de helling de hokjes te tellen naar een ander punt op de lijn. Doe eerst de lengte, dat wil zeggen, beweeg in horizontale richting. In dit voorbeeld beweeg je vanuit het punt (0,1) 2 eenheden (hokjes) naar rechts. Doe vanuit dat punt de hoogte, dat wil zeggen, beweeg 3 eenheden omhoog. Als het goed is, kom je nu uit bij het punt (2,4).

» Het is net alsof je op zoek gaat naar de schat: 'Twee stappen in oostelijke richting: drie stappen in noordelijke richting: graven maar!' Alleen moet je in plaats van te graven een punt zetten op deze plek en dit punt verbinden met het beginpunt, het snijpunt met de *y*-as. In de rechtertekening van figuur 19.12 zie je hoe het moet.

» Dit is een makkelijke en snelle manier om een lijn uit te zetten in een assenstelsel.

» Teken de lijn $y = -3x + 2$.

Teken eerst het snijpunt met de *y*-as (0,2).

Beschouw de helling –3 als een breuk, namelijk $\frac{-3}{1}$. Zo heb je een *lengte* van 1. De *hoogte* is eigenlijk geen hoogte in dit geval. De 3 is negatief dus is het een diepte. Verbind het snijpunt met de *y*-as (0,2) met het punt dat je vindt door 1 eenheid naar rechts en 3 eenheden omlaag te bewegen, waardoor je in het punt (1,–1) hoort uit te komen.

Figuur 19.13 toont de lijn $y = -3x + 2$, die een helling van -3 heeft.

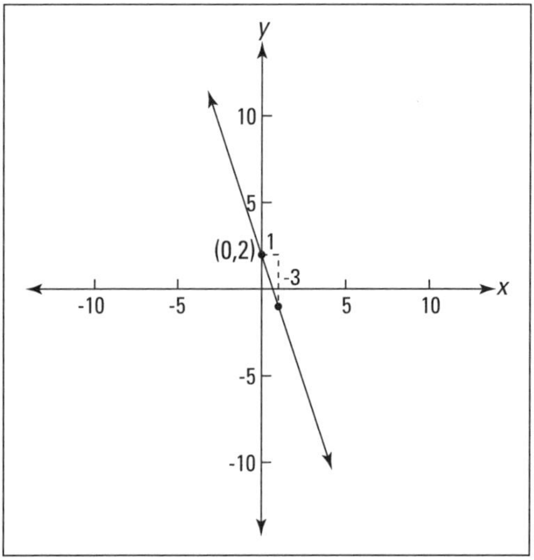

FIGUUR 19.13: De grafiek $y = -3x + 2$ uitgezet in een assenstelsel.

Evenwijdige en loodrechte lijnen uitzetten

De helling van een lijn geeft je informatie over een bepaalde eigenschap van die lijn. Het vertelt je of de lijn steil is of juist niet en of de lijn van links naar rechts omhoog- of omlaagloopt. Bovendien kan de helling van een lijn je vertellen of twee lijnen evenwijdig aan elkaar liggen of loodrecht op elkaar staan. Figuur 19.14 toont twee evenwijdige en twee loodrechte lijnen.

Evenwijdige lijnen snijden elkaar nooit. Ze liggen altijd op dezelfde afstand van elkaar en hebben geen enkel punt gemeen. Ze hebben dezelfde helling. Een ander woord voor evenwijdig is *parallel*.

Loodrechte lijnen vormen een hoek van 90 graden (een rechte hoek) in het punt waar ze elkaar kruisen. De waarden voor de hellingen van twee loodrechte lijnen zijn de *negatieve inverse* van elkaar. De x- en de y-as zijn bijvoorbeeld 2 loodrechte lijnen.

BELANGRIJK

Twee getallen zijn de *inverse* van elkaar wanneer hun product gelijk is aan 1. De getallen $\frac{3}{4}$ en $\frac{4}{3}$ zijn de inverse van elkaar: er wordt ook wel gezegd dat ze omgekeerd of reciproque zijn. Twee getallen zijn de *negatieve inverse* van elkaar als hun product gelijk is aan -1. De getallen $\frac{3}{4}$ en $\frac{-4}{3}$ zijn de negatieve inverse van elkaar: ze zijn omgekeerd en tegengesteld.

BELANGRIJK

Wanneer de lijn l_1 een helling heeft van m_1 en de lijn l_2 een helling van m_2, dan staan de 2 lijnen loodrecht op elkaar als er geldt dat $m_1 = \frac{-1}{m_2}$.

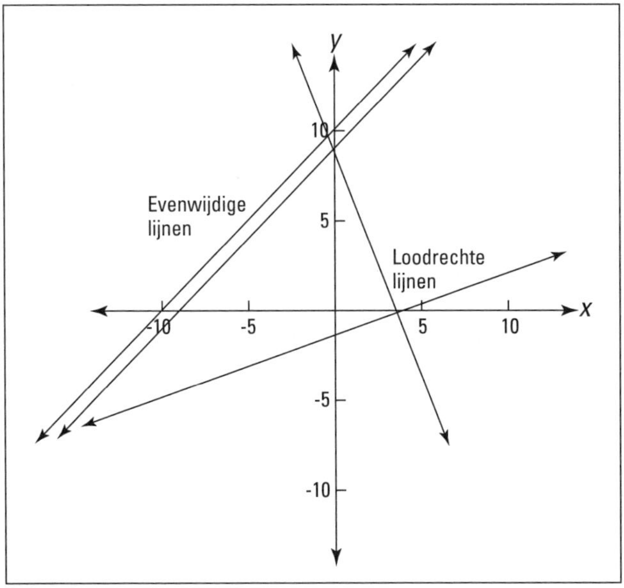

FIGUUR 19.14: Evenwijdige lijnen zijn net een spoorweg, loodrechte lijnen snijden elkaar onder een rechte hoek.

De volgende voorbeelden laten zien hoe je kunt bepalen of twee lijnen loodrecht of evenwijdig zijn door te kijken naar de waarden voor hun helling.

- De lijn $y = 3x + 2$ is evenwijdig aan de lijn $y = 3x - 7$ want ze hebben allebei een helling van 3.
- De lijn $y = -\frac{1}{4}x + 3$ is evenwijdig aan de lijn $y = -\frac{1}{4}x + 1$ want ze hebben allebei een helling van $-\frac{1}{4}$.
- De lijn $3x + 2y = 8$ is evenwijdig aan de lijn $6x + 4y = 7$ want ze hebben allebei een helling van $-\frac{2}{3}$. Schrijf de lijnen allebei in de vorm $y = mx + b$ om dit te zien.

  $3x + 2y = 8$ kan geschreven worden als $2y = -3x + 8$, oftewel $y = -\frac{2}{3}x + 4$.

  $6x + 4y = 7$ kan geschreven worden als $4y = -6x + 7$, oftewel $y = -\frac{2}{3}x + \frac{7}{4}$.
- De lijn $y = \frac{3}{4}x + 5$ staat loodrecht op de lijn $y = -\frac{4}{3}x + 6$ omdat hun hellingen omgekeerd en tegengesteld zijn aan elkaar.
- De lijn $y = -3x + 4$ staat loodrecht op de lijn $y = \frac{1}{3}x - 8$ omdat hun hellingen omgekeerd en tegengesteld zijn aan elkaar.

Snijdende lijnen

Wanneer twee rechte lijnen elkaar snijden, dat wil zeggen elkaar kruisen, dan doen ze dat precies één keer en nooit meer dan eens. Het punt waar ze elkaar kruisen heet het *snijpunt* en dat is ook het enige punt dat de twee lijnen gemeen hebben. Als je de lijnen zorgvuldig uitzet, kun je het snijpunt redelijk nauwkeurig bepalen.

Het punt (5,1) is het snijpunt van de twee lijnen $x + y = 6$ en $2x - y = 9$, omdat deze coördinaten voldoen aan allebei de vergelijkingen:

1. **Als je de waarden $x = 5$ en $y = 1$ invult in de vergelijking $x + y = 6$, dan krijg je $5 + 1 = 6$ en dat is waar.**
2. **Als je de waarden $x = 5$ en $y = 1$ invult in de vergelijking $2x - y = 9$, dan krijg je $2 \cdot 5 - 1 = 9$ en dat is ook waar.**
3. **Dit is het enige punt waarvoor beide vergelijkingen tegelijkertijd waar zijn.**

Het snijpunt grafisch bepalen

Door lijnen zorgvuldig uit te zetten kun je het snijpunt bepalen. Het enige probleem is dat je het verkeerde antwoord kunt vinden wanneer je grafiek zelfs maar een beetje onnauwkeurig is. Bovendien is het moeilijk te bepalen wat het snijpunt precies is als er een breuk in voorkomt. De volgende voorbeelden helpen je hier een beetje wijs uit te worden.

» Bepaal het snijpunt van de lijnen $3x - y = 5$ en $x + y = -1$.

Kijk naar de lijnen van de grafieken in figuur 19.15.

Het lijkt erop dat de lijnen elkaar kruisen bij het punt (1,–2). Substitueer deze coördinaten in de twee vergelijkingen om te controleren of dit klopt.

De coördinaten substitueren in $3x - y = 5$ geeft $3 \cdot 1 - (-2) = 3 + 2 = 5$: dat is waar.

De coördinaten substitueren in $x + y = -1$ geeft $1 + (-2) = -1$: dat is ook waar.

Lijnen uitzetten in een grafiek is een onnauwkeurige manier om het snijpunt te bepalen. Je moet erg zorgvuldig te werk gaan bij het tekenen van de punten en de lijnen.

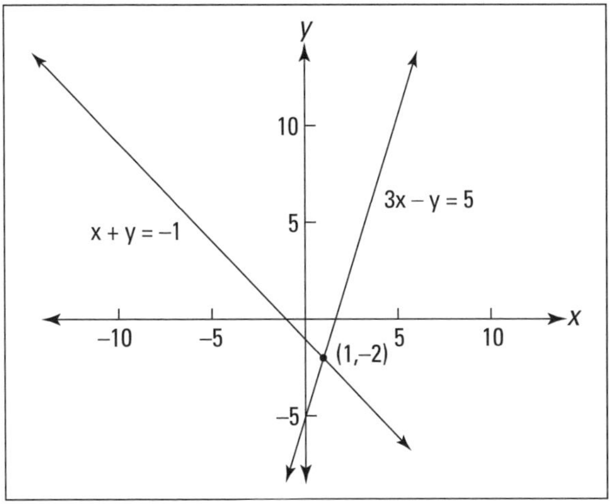

FIGUUR 19.15: Het snijpunt van de 2 lijnen is het punt (1,–2).

Substitueren om het snijpunt te bepalen

Een andere manier om het snijpunt te bepalen is door een methode te gebruiken die *substitutie* wordt genoemd; je *substitueert* de waarde voor y uit de ene vergelijking in de andere vergelijking en lost die op voor x. Omdat je op zoek bent naar het punt waar x en y hetzelfde zijn voor allebei de lijnen, want daar kruisen ze elkaar, kun je de vergelijking schrijven als $y = y$. Dat betekent dat de y van de ene lijn gelijk is aan de y van de andere lijn. Vervang de twee y's door waar ze gelijk aan zijn volgens elk van de vergelijkingen en los vervolgens op voor x.

Bepaal het snijpunt van de lijnen $3x - y = 5$ en $x + y = -1$. (Dit is dezelfde opgave als die uit de vorige paragraaf, waar we de oplossing bepaalden door de lijnen uit te zetten in een assenstelsel.)

1. **Schrijf elk van de vergelijkingen in de vorm $y = mx + b$, waardoor je beide vergelijkingen feitelijk oplost voor y.**

   $3x - y = 5$ kan geschreven worden als $y = 3x - 5$.

   $x + y = -1$ kan geschreven worden als $y = -x - 1$.

   De lijnen zijn niet evenwijdig aan elkaar want hun hellingen zijn verschillend, dus er is ergens een punt waar de 2 lijnen elkaar kruisen.

2. **Stel de 2 y-waarden gelijk aan elkaar en los op voor x.**

   $y = 3x - 5$ en $y = -x - 1$.

   Substitueer de y in de eerste vergelijking door hetgeen waar y volgens de tweede vergelijking gelijk aan is:

   $3x - 5 = -x - 1$.

3. Los de waarde voor x op.

Tel links en rechts x op en tel vervolgens 5 op.

$3x + x - 5 + 5 = -x + x - 1 + 5$

$4x = 4$

$x = 1$

Vul die $x = 1$ in in één van de twee vergelijkingen om te vinden dat $y = -2$. Het snijpunt van de twee lijnen is $(1,-2)$.

Zo kun je het snijpunt vinden zonder de twee lijnen zelfs maar te tekenen. Als de lijnen evenwijdig zijn aan elkaar, is dat direct duidelijk omdat hun hellingen dan gelijk zijn. Als dat zo is, kun je meteen stoppen: er is dan geen oplossing. Ook als de twee vergelijkingen dezelfde lijn beschrijven, is dat snel duidelijk: als je de twee vergelijkingen allebei schrijft in de vorm $y = mx + b$, zullen ze precies hetzelfde luiden.

In de bocht met parabolen

Een *parabool* is een mooie kromme in de vorm van een U. Je vindt een parabool als je een kwadratische vergelijking gelijk stelt aan y en uitzet tegen een assenstelsel. Denk aan een zware staalkabel die tussen de twee steunpunten van een hangbrug hangt: de mooie U-vormige kromme die ontstaat is een parabool. De reflectoren die je vindt in de koplampen van een auto hebben een paraboolvorm. De goudgele M van McDonald's heeft de vorm van twee parabolen. Het feit dat je zoveel parabolen tegenkomt om je heen, wijst erop dat de eigenschappen die ervoor zorgen dat parabolen ontstaan van nature veel voorkomen. Wiskundigen zijn in staat deze verschijnselen te vatten in algebraïsche vergelijkingen.

Parabolen hebben een hoogste *of* een laagste punt, dat de *top* wordt genoemd. De kromme is links en rechts lager dan de top voor een bergparabool en links en rechts hoger dan de top voor een dalparabool.

Experimenteren met de standaardparabool

Mijn favoriete naam voor een parabool die beschreven wordt door de vergelijking $y = x^2$ is de *standaardparabool*. Figuur 19.16 toont een grafiek van deze formule. Deze vergelijking vertelt je dat de y-coördinaat van elk punt op de parabool het kwadraat is van de x-coördinaat. Je ziet dat het niet uitmaakt of x positief of negatief is omdat y het kwadraat ervan is en dus altijd positief is.

De top van de parabool in figuur 19.16 ligt bij de oorsprong, $(0,0)$, en de parabool kromt links en rechts omhoog. Je kunt deze dalparabool steiler of juist minder steil maken door de x^2 te vermenigvuldigen met bepaalde getallen. Als je vermenigvuldigt met getallen groter dan één dan wordt de parabool steiler. Vermenigvuldig je met getallen tussen nul en één, dan wordt de parabool juist minder steil, zoals figuur 19.17 laat zien. Door de parabool steiler of juist minder steil te maken, kun je hem gebruiken voor verschillende toepassingen. Minder steile parabolen lijken meer op de reflectoren in koplampen. Steilere parabolen zouden kunnen dienen als een model voor de tijd die je nodig hebt een bepaalde afstand te zwemmen als functie van je leeftijd.

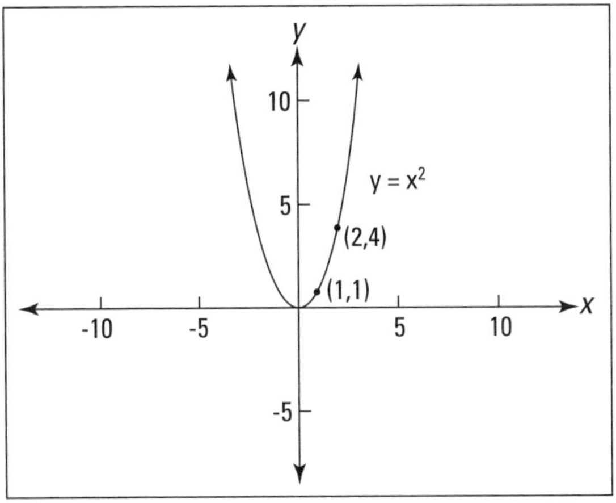

FIGUUR 19.16: De eenvoudigste parabool, $y = x^2$.

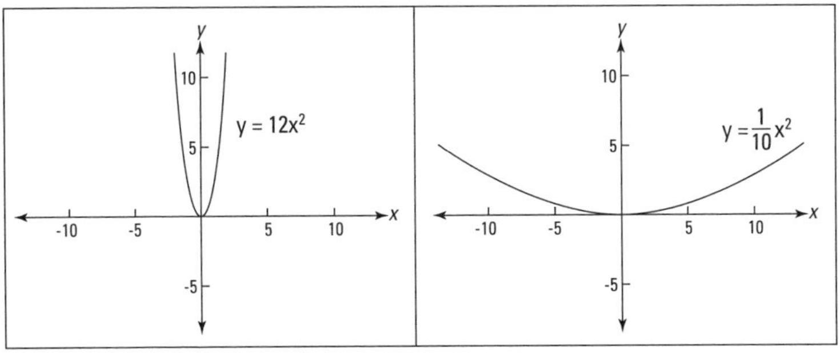

FIGUUR 19.17: Een steilere en een minder steile parabool.

Je kunt de parabool naar beneden laten weglopen door x^2 te vermenigvuldigen met een negatief getal. Zo'n bergparabool kun je dan weer steiler of minder steil maken dan de standaardparabool door te vermenigvuldigen met een groter of een kleiner negatief getal.

De top op een as plaatsen

De standaardparabool $y = x^2$ kan heen en weer geschoven worden: naar links, rechts, boven of onder, waardoor je de top ergens anders op een van de assen plaatst zonder de vorm ervan te veranderen.

Wanneer je de standaardvergelijking verandert door een getal op te tellen bij de x^2, zoals $y = x^2 + 3$, $y = x^2 + 8$, $y = x^2 - 5$ of $y = x^2 - 1$, dan verschuift de parabool omhoog en omlaag langs de y-as. Je ziet dat je ook negatieve getallen kunt optellen. Door de parabool op deze manier te manipuleren kun je ervoor zorgen dat hij een bepaalde situatie juist modelleert. Niet alles begint nu eenmaal bij 0. Figuur 19.18 toont een aantal verschillende parabolen, waarvan er slechts 1 begint bij 0.

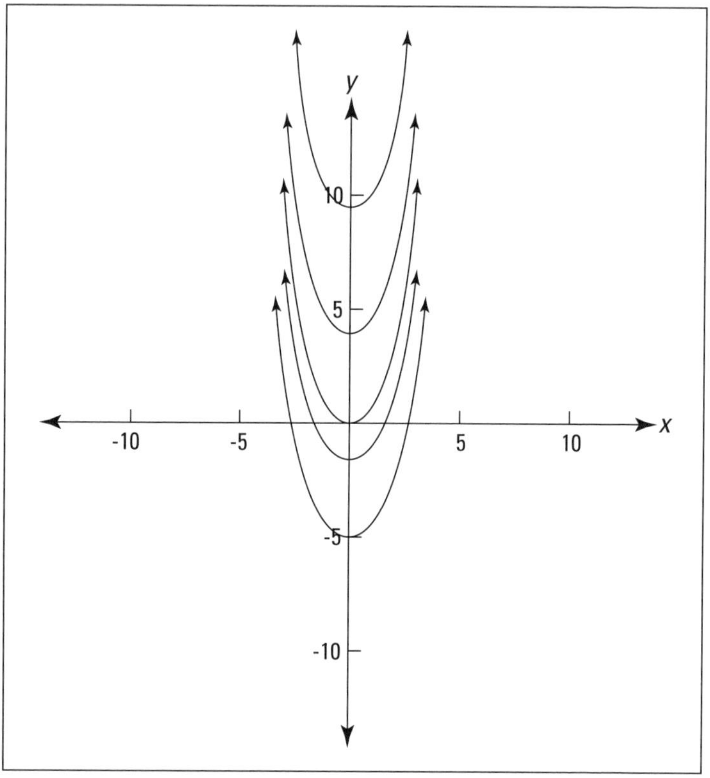

FIGUUR 19.18: Verschillende parabolen als lepels in de la.

Wanneer je de vergelijking voor een standaardparabool verandert door eerst een getal op te tellen bij de x en dan te kwadrateren, zoals $y = (x + 3)^2$, $y = (x + 8)^2$, $y = (x - 5)^2$ of $y = (x - 1)^2$, dan verschuif je de standaardparabool naar links of naar rechts. Als je een +3 gebruikt, zoals in de vergelijking $y = (x + 3)^2$, dan verschuift de parabool naar *links* en als je een −3 gebruikt, zoals in de vergelijking $y = (x - 3)^2$, dan verschuift de parabool naar *rechts*. Misschien had je het tegenovergestelde verwacht, maar zo werkt het nu eenmaal. In figuur 19.19 zie je een aantal horizontaal verschoven parabolen.

Verschuiven en vermenigvuldigen

Je kunt de bewerkingen die nodig zijn om de steilheid van een parabool te veranderen en om de top ervan te verschuiven ook combineren. Zo kun je de standaardparabool helemaal aan je wensen aanpassen.

De vergelijking die je nodig hebt om een bepaalde situatie te modelleren vereist wellicht een hele steile parabool, omdat de veranderingen snel plaatsvinden en wellicht moet het beginpunt op acht meter liggen en niet bij nul. Door de parabool te verschuiven en zijn vorm te veranderen, kun je hem beter laten aansluiten bij de informatie die je wilt laten zien.

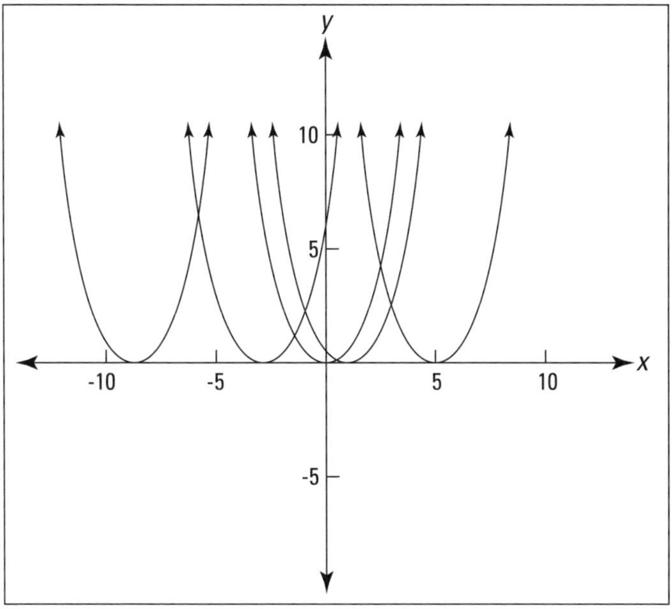

FIGUUR 19.19: Mooie parabolen op een rijtje.

De volgende vergelijkingen en hun grafieken zijn getekend in figuur 19.20.

$y = 3x^2 - 2$: de 3 die vermenigvuldigd wordt met de x geeft een steilere dalparabool en de -2 verschuift de top omlaag naar $(0,-2)$.

$y = \frac{1}{4}x^2 + 1$ geeft een minder steile parabool waarvan de top verschoven is naar $(0,1)$.

$y = -5x^2 + 3$ geeft een steile bergparabool waarvan de top verschoven is naar $(0,3)$.

$y = 2(x - 1)^2$ geeft een steilere dalparabool waarvan de top verschoven is naar $(1,0)$.

$y = -\frac{1}{3}(x + 4)^2$ geeft een vlakkere bergparabool waarvan de top naar links is verschoven naar $(-4,0)$.

$y = -\frac{1}{20}x^2 + 5$ geeft een vlakkere bergparabool waarvan de top verschoven is naar $(0,5)$.

De algemene vorm van een parabool formuleren

In zijn meest algemene vorm, die rekening houdt met alle mogelijke verschuivingen en vervormingen, ziet de vergelijking voor een parabool eruit als:

$$y = a(x - h)^2 + k$$

Dit is de standaardmanier om de vergelijking voor een parabool op te schrijven, zodat je alle informatie kunt vinden die je nodig hebt om de parabool in een grafiek uit te zetten. Als de vergelijking in deze vorm is geschreven, vertellen de waarden voor *a*, *h* en *k* het hele verhaal. Zij geven aan wat de verschillen zijn tussen deze parabool en de standaardparabool.

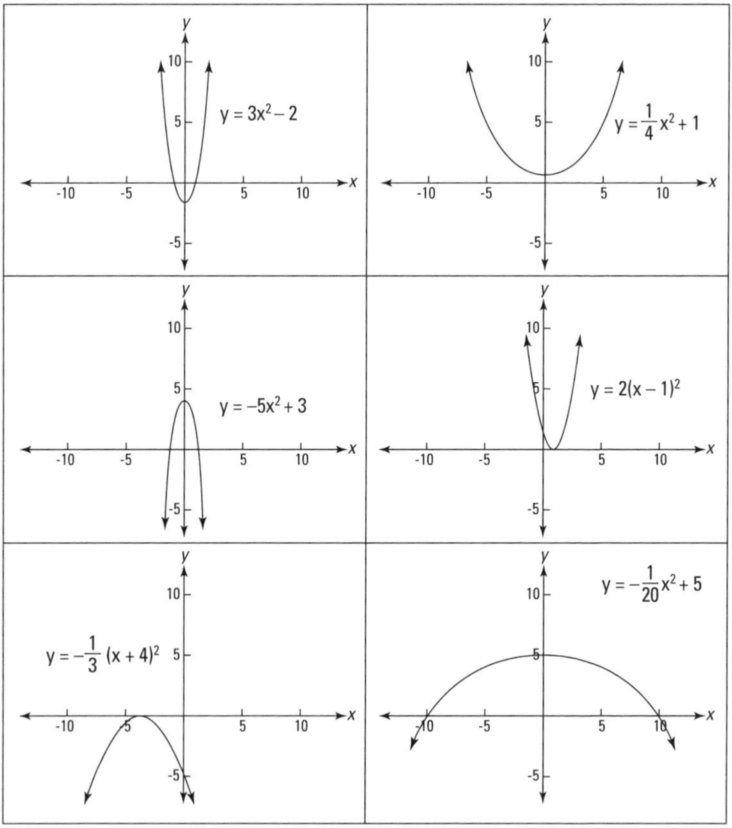

FIGUUR 19.20: Parade der parabolen.

» De factor *a* maakt de parabool steiler of juist minder steil. Bovendien heb je een dalparabool als *a* positief is en een bergparabool als *a* negatief is.

» De h vertelt je hoever de parabool naar links of naar rechts verschuift ($+h$ gaat naar links; $-h$ gaat naar rechts).

De k vertelt je hoever de top van de parabool omhoog of omlaag verschuift.

De volgende voorbeelden laten zien hoe dit allemaal samengaat. Begin met de waarden voor h en k, die je de coördinaten van de top van de parabool geven. Bekijk dan hoe steil of hoe vlak de parabool is en of je te maken hebt met een berg- of een dalparabool.

» $y = (x - 3)^2 + 2$

De top van deze parabool ligt 3 eenheden rechts van de oorsprong en 2 eenheden omhoog, dus dat is bij (3,2). De a is positief dus het is een dalparabool, zoals figuur 19.21 laat zien.

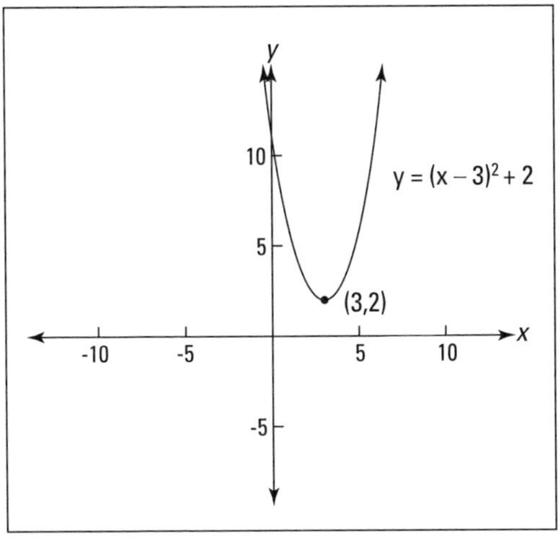

FIGUUR 19.21: De parabool $y = (x - 3)^2 + 2$.

» $y = -\frac{1}{4}(x + 1)^2 + 3$

De top van deze parabool ligt 1 eenheid links van de oorsprong en 3 eenheden omhoog. Het is een bergparabool die minder steil is, zoals getekend in figuur 19.22.

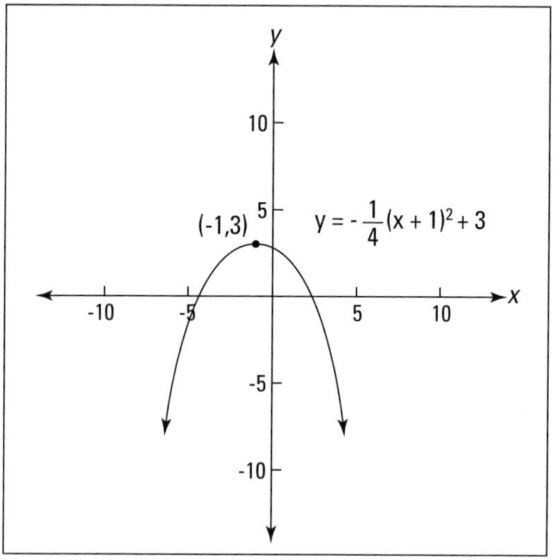

FIGUUR 19.22: De parabool $y = -\frac{1}{4}(x + 1)^2 + 3$.

5 Het deel van de tientallen

IN DIT DEEL . . .

De tien meest gemaakte fouten, tien manieren om een kwadratische vergelijking te ontbinden in factoren, tien regels voor deelbaarheid, tien stappen om een vraagstuk op te lossen, de Tien Geboden. Oeps! Hoe komt die laatste daar nu bij?

Het deel van de tientallen voorziet je van een aantal snelle, beknopte verwijzingen die ervoor zorgen dat je alles op een rijtje hebt zodat je weer verder kunt.

IN DIT HOOFDSTUK

Het dubbelproduct vergeten

Haakjes correct wegwerken

Een term aftrekken is hetzelfde als een negatieve term

Exponenten met hetzelfde grondtal vermenigvuldigen

Breuken vereenvoudigen

Hoofdstuk 20
De tien meest gemaakte fouten

De wiskunde wordt overal ter wereld beoefend: bijna iedereen die verdergaat dan de basisschool komt terecht in de wiskundeles en door het grote aantal mensen dat bezig is met de wiskunde, worden er ook veel fouten gemaakt. Hier en daar een obscuur regeltje vergeten of de ene regel verwarren met de andere is gauw gebeurd. Maar sommige fouten treden op omdat ze een eenvoudigere weg naar het antwoord lijken te bieden. Niet correct, maar wel gemakkelijker, de weg van de minste weerstand. Meestal gebeurt dit wanneer een regel ingaat tegen je natuurlijke gevoel. De meeste wiskundige regels zien er wel logisch uit, dus die zijn niet zo moeilijk te onthouden. Maar sommige lijken wat tegenstrijdig te zijn.

De meeste fouten komen voor bij het uitwerken van uitdrukkingen en bewerkingen: haakjes wegwerken, tweetermen kwadrateren, breuken herschrijven of machtsverheffen. Ook worden er veel fouten gemaakt bij het werken met negatieve getallen. Kijk dus uit voor dat soort negatieve sferen.

Het dubbelproduct vergeten

Een gekwadrateerde tweeterm heeft een uitkomst die bestaat uit drie termen. De term die vaak vergeten wordt is de middelste term, het dubbelproduct: het gedeelte dat ontstaat door het vermenigvuldigen van de *eerste* term van de eerste tweeterm met de *laatste* term van de tweede tweeterm en omgekeerd. Vaak worden alleen de eerste en de laatste termen van ieder van de tweetermen met elkaar vermenigvuldigd en wordt het dubbelproduct gewoon vergeten.

Goed: $(a + b)^2 = a^2 + 2ab + b^2$

Fout: $(a + b)^2 \neq a^2 + b^2$

Sla hoofdstuk 8 er nog eens op na voor meer informatie over het kwadrateren van tweetermen.

Haakjes wegwerken

Als er een minteken of een getal buiten haakjes staat en je de haakjes wilt wegwerken, ontstaan er problemen als je vergeet dat je de waarde buiten haakjes moet vermenigvuldigen met *elk van de termen* binnen de haakjes. Het gaat fout als je niet alle termen binnen de haakjes vermenigvuldigt.

Goed: $x - 2(y + z - w) = x - 2y - 2z + 2w$

Fout: $x - 2(y + z - w) \neq x - 2y + z - w$

Haakjes wegwerken wordt uitvoerig besproken in hoofdstuk 8.

Breuken splitsen

Breuken splitsen in verschillende kleinere delen is geen probleem zolang je er maar voor zorgt dat elk deel bestaat uit een term uit de teller (boven) en de gehele noemer (onder). De noemer kun je niet splitsen.

Goed: $\frac{x+y}{a+b} = \frac{x}{a+b} + \frac{y}{a+b}$

Fout: $\frac{x+y}{a+b} \neq \frac{x}{a} + \frac{y}{b}$

In hoofdstuk 3 lees je hoe je met breuken moet werken.

Wortels splitsen

Als er onder het wortelteken een uitdrukking staat waarin waarden met elkaar vermenigvuldigd of door elkaar gedeeld worden, dan kun je de wortel splitsen in meerdere, met elkaar vermenigvuldigde of door elkaar gedeelde, wortels. Als er onder het wortelteken opgeteld of afgetrokken wordt, kun je de wortel niet splitsen.

Goed: $\sqrt{a^2 \cdot b^2} = \sqrt{a^2} \cdot \sqrt{b^2}$

Fout: $\sqrt{a^2 + b^2} \neq \sqrt{a^2} + \sqrt{b^2}$

Meer informatie over wortels vind je in hoofdstuk 4.

Volgorde van bewerkingen

De volgorde van bewerkingen zegt dat je eerst moet machtsverheffen voordat je optelt of aftrekt. Een minteken voor een term valt in dezelfde categorie als aftrekken. Als je het negatieve voorteken ook wilt machtsverheffen, zet het dan binnen haakjes samen met de rest van de waarde.

Goed: $-3^2 = -9$

Goed: $(-3)^2 = 9$

Fout: $-3^2 \neq 9$

De volgorde van bewerkingen komt uitgebreid aan bod in hoofdstuk 5.

Breuken in de exponent

Een breuk in de exponent geeft aan dat het grondtal wordt verheven tot de macht in de teller van de breuk en dat je tevens de n-de machtswortel moet trekken uit het grondtal, waarbij n het getal in de noemer van de breuk is. Onthoud dat je $\sqrt{x}$ kunt schrijven als $\sqrt{x} = x^{1/2}$. Een breuk in de exponent geeft aan dat je te maken hebt met een wortel. De 2 staat hier onderaan in de breuk: de macht van wortel wordt altijd aangegeven door de noemer van de breuk.

Goed: $\sqrt[5]{x^3} = x^{3/5}$

Fout: $\sqrt[5]{x^3} \neq x^{5/3}$

Lees hoofdstuk 4 voor meer informatie over breuken in de exponent.

Grondtallen vermenigvuldigen

Wanneer je getallen met elkaar vermenigvuldigt die bestaan uit een exponent in hetzelfde grondtal, dan tel je de *exponenten* bij elkaar op en laat je het grondtal onveranderd. De grondtallen worden nooit met elkaar vermenigvuldigd.

Goed: $2^3 \cdot 2^4 = 2^7$

Fout: $2^3 \cdot 2^4 \neq 4^7$

Blader terug naar hoofdstuk 4 om meer te lezen over het vermenigvuldigen van getallen met exponenten.

De macht van een macht

Om een getal met een exponent te verheffen tot een andere macht *vermenigvuldig* je de machten met elkaar, zodat je de term in zijn geheel tot een andere macht verheft. De exponent zelf moet je niet machtsverheffen: je verheft het grondtal tot een macht en niet de exponent.

Goed: $(x^2)^4 = x^8$

Fout: $(x^2)^4 \neq x^{16}$

Meer over machten vind je in hoofdstuk 4.

Vereenvoudigen

Wanneer je een breuk vereenvoudigt die een teller heeft bestaande uit meerdere termen gescheiden door plus- of mintekens, dan moet je *alle termen* in de teller en in de noemer vermenigvuldigen met (of delen door) de factor die je gebruikt om te vereenvoudigen.

Goed: $\frac{(4 + 6x)}{4} = \frac{(2 + 3x)}{2}$

Fout: $\frac{(4 + 6x)}{4} \neq \frac{(2 + 6x)}{2}$

Blader terug naar hoofdstuk 3 als je meer wilt lezen over breuken.

Negatieve exponenten

Wanneer je een breuk wilt veranderen in een uitdrukking met een negatieve exponent, dan krijgt elke factor die in de noemer stond een negatieve exponent.

Goed: $\frac{1}{2ab^2} = 2^{-1}a^{-1}b^{-2}$

Fout: $\frac{1}{2ab^2} \neq 2a^{-1}b^{-2}$

Meer informatie over negatieve exponenten vind je in hoofdstuk 4.

IN DIT HOOFDSTUK

- Twee termen ontbinden in factoren
- En nu drie termen
- Uitdrukkingen veranderen zodat ze op een kwadratische uitdrukking lijken
- Vier of meer termen aanpakken

Hoofdstuk 21

Tien manieren om een polynoom te ontbinden in factoren

Afhankelijk van het aantal termen en hoe ze eruitzien, zijn er veel manieren om een polynoom, een veelterm, te ontbinden in factoren. Daarom is het vaak handig een lijstje met mogelijkheden te hebben die je gewoon kunt afgaan als je moet ontbinden in factoren. Als een polynoom uit slechts twee termen bestaat (een tweeterm dus), zijn er slechts vier mogelijke manieren om hem te ontbinden in factoren. Als geen van deze methoden werkt, dan kan de polynoom niet ontbonden worden. De methoden die in dit hoofdstuk aan bod komen, zijn de meest gebruikte methoden om te ontbinden in factoren en voor de meeste opgaven zul je hier voldoende aan hebben.

Twee termen met een GGD

Zoek in een uitdrukking met twee termen naar een of meerdere dingen die de termen gemeenschappelijk hebben. Haal die grootste gemeenschappelijke factor dan buiten haakjes en schrijf het resultaat als het product van die GGD en de termen waaruit de GGD is weg gedeeld. Dus:

$$ab + ac = a(b + c)$$

Het verschil van twee kwadraten

Wanneer een uitdrukking bestaat uit twee door een minteken gescheiden termen die beide een perfect kwadraat zijn, dan kun je de uitdrukking ontbinden in het verschil en de som van de vierkantswortels van de termen:

$$a^2 - b^2 = (a + b)(a - b)$$

Het verschil van twee derdemachtstermen

Als je twee perfecte derdemachten gescheiden door een minteken tegenkomt, kun je ze op deze manier ontbinden als het product van een tweeterm en een drieterm:

$$a^3 - b^3 = (a - b)(a^2 + ab + b^2)$$

De som van twee derdemachten

Uitdrukkingen die bestaan uit twee perfecte derdemachten met een plusteken ertussen kunnen op de volgende manier ontbonden worden in het product van een tweeterm en een drieterm:

$$a^3 + b^3 = (a + b)(a^2 - ab + b^2)$$

Drie termen met een GGD

Als je een uitdrukking met drie termen tegenkomt, kijk dan of er iets is dat ze alledrie gemeenschappelijk hebben. Je kunt die gemeenschappelijke factor dan buiten haakjes halen. Binnen de haakjes schrijf je dan de drie termen op waaruit je de GGD hebt weg gedeeld.

$$ab + ac + ad = a(b + c + d)$$

Een drieterm ontbinden in factoren

Wanneer een kwadratische uitdrukking bestaat uit drie termen en bovendien van de vorm $ax^2 + bx + c$ is, kijk dan of je de uitdrukking kunt ontbinden in het product van twee tweetermen. (Fris je geheugen op in hoofdstuk 10 en hoofdstuk 14.)

$$ax^2 + bx + c = (dx + e)(fx + g)$$

De x is hier de variabele. De a, b en de c zijn reële getallen die niet gelijk aan nul zijn. De d, e, f en de g zijn reële getallen in de ontbonden vorm van de uitdrukking. De $a = d \cdot f$ en de $c = e \cdot g$.

Herschrijven zodat het op een kwadratische uitdrukking lijkt

Kom je een uitdrukking met drie termen van de vorm $ax^{2n} + bx^n + c$ tegen, schrijf de vergelijking dan eerst als een soortgelijke kwadratische (tweedegraads) vergelijking zoals $ax^2 + bx + c$. Vervolgens probeer je de vergelijking te ontbinden in het product van twee tweetermen.

De a, b en de c zijn reële getallen die niet gelijk zijn aan 0. De n is een telgetal, 1, 2, 3 enzovoort, zodat de eerste exponent altijd een geheel getal is dat 2 keer zo groot is als de tweede exponent. In hoofdstuk 11 en hoofdstuk 14 vind je meer informatie over deze methode.

Vier of meer termen met een GGD

Wanneer je een uitdrukking met vier of meer termen tegenkomt, zoek dan eerst een grootste gemeenschappelijke deler (of delers). Als je inderdaad een GGD vindt, haal die dan buiten haakjes en schrijf het resultaat als het product van die GGD en de oorspronkelijke termen waaruit de GGD is weg gedeeld. Dus:

$$ab + ac + ad + ae = a(b + c + d + e)$$

Vier of meer termen gelijkmatig gegroepeerd

Wanneer je uitdrukkingen tegenkomt met vier, zes, acht of een ander even aantal termen, probeer de termen dan te groeperen in even grote groepen die elk hun eigen grootste gemeenschappelijke deler hebben. In de nieuw gevormde termen kun je dan weer zoeken naar een GGD. Bijvoorbeeld:

$$ax + ay + bx + by + cx + cy =$$

$$a(x + y) + b(x + y) + c(x + y) =$$

$$(x + y)(a + b + c)$$

Ga naar hoofdstuk 11 voor meer details over het groeperen van termen.

Vier of meer termen ongelijk gegroepeerd

Wanneer een uitdrukking bestaat uit vier of meer termen en je geen manier vindt om ze in even grote groepen te verdelen die elk een eigen GGD hebben, kijk dan of je groepen van ongelijke grootte kunt vormen die ontbonden kunnen worden in perfecte kwadraten of derdemachtstermen.

Probeer de nieuwe groepen te ontbinden in factoren door de regels voor het ontbinden van het verschil van kwadraten of het verschil of de som van derdemachtstermen toe te passen. Deze regels zijn eerder in dit hoofdstuk en in hoofdstuk 11 besproken.

$$x^2 - a^2 + 2ab - b^2 = x^2 - (a^2 - 2ab + b^2) = x^2 - (a - b)^2$$

$$[x - (a - b)][x + (a - b)]$$

IN DIT HOOFDSTUK

Weten wanneer een getal deelbaar is

Regels voor deelbaarheid

Hoofdstuk 22

Tien keer deelbaarheid

Regels voor deelbaarheid geven aan wanneer het ene getal deelbaar is door het andere getal. Deze regels zijn handig bij het vereenvoudigen van breuken en bij het bepalen of iedereen in een groep wel hetzelfde aantal snoepjes uit een zak krijgt. Een getal dat voldoet aan alle in dit hoofdstuk genoemde regels is 3960. Dit is het kleinste getal dat deelbaar is door alle hier genoemde getallen.

BELANGRIJK

Als ik de term *deelbaar* gebruik, dan bedoel ik dat de uitkomst van de deling een *geheel getal* is en dat er geen rest overblijft.

Deelbaar door 2

Een getal is deelbaar door 2 als het laatste cijfer van dat getal 0, 2, 4, 6 of 8 is:

- 1234 is deelbaar door 2 omdat het laatste cijfer 4 is.
- 2345 is niet deelbaar door 2 omdat het laatste cijfer 5 is.
- 3960 is deelbaar door 2 omdat het laatste cijfer 0 is.

Deelbaar door 3

Een getal is deelbaar door 3 als de som van de cijfers van het getal deelbaar is door 3:

- » 1234 is niet deelbaar door 3 want 1 + 2 + 3 + 4 = 10.
- » 3345 is deelbaar door 3 want de som van de cijfers van het getal bedraagt 15.
- » 120.000.000.000.000 is deelbaar door 3 want de som van de cijfers is 3.
- » 3960 is deelbaar door 3 omdat de som van de cijfers gelijk is aan 18.

Deelbaar door 4

Een getal is deelbaar door 4 als de laatste twee cijfers in het getal een getal vormen dat deelbaar is door 4:

- » 1234 is niet deelbaar door 4 omdat 34 niet deelbaar is door 4.
- » 121.212 is deelbaar door 4 omdat 12 deelbaar is door 4.
- » 444.444.444.444.414 is niet deelbaar door 4 omdat 14 niet deelbaar is door 4.
- » 3960 is deelbaar door 4 omdat 60 deelbaar is door 4.

Deelbaar door 5

Een getal is deelbaar door 5 als het laatste cijfer 0 of 5 is:

- » 12.345 is deelbaar door 5 omdat het laatste cijfer 5 is.
- » 555.552 is niet deelbaar door 5 omdat het laatste cijfer 2 is.
- » 342.000.460 is deelbaar door 5 omdat het laatste cijfer 0 is.
- » 3960 is deelbaar door 5 omdat het laatste cijfer 0 is.

Deelbaar door 6

Een getal is deelbaar door 6 als het zowel deelbaar is door 2 als door 3. Dat betekent dat het laatste getal 0, 2, 4, 6 of 8 moet zijn en dat de som van de cijfers deelbaar door 3 moet zijn:

- » 3.000.000 is deelbaar door 6 omdat het laatste cijfer 0 is en de som van de cijfers gelijk is aan 3.

- 111.111.102 is deelbaar door 6 omdat het laatste cijfer 2 is en de som van de cijfers 9 is.
- 666.666.010 is niet deelbaar door 6 omdat de som van de cijfers 37 is.
- 3960 is deelbaar door 6 omdat het laatste cijfer 0 is en de som van de cijfers 18 is.

Deelbaar door 8

Een getal is deelbaar door 8 als de laatste drie cijfers een getal vormen dat deelbaar is door 8:

- 5.005.808 is deelbaar door 8 omdat 808 deelbaar is door 8.
- 888.888.111 is niet deelbaar door 8 omdat 111 niet deelbaar is door 8.
- 3960 is deelbaar door 8 omdat 960 deelbaar is door 8.

Deelbaar door 9

Een getal is deelbaar door 9 als de som van de cijfers waaruit het getal bestaat deelbaar is door 9:

- 123.111 is deelbaar door 9 want de som van de cijfers is gelijk aan 9.
- 111.111 is niet deelbaar door 9 want de som van de cijfers is gelijk aan 6.
- 108.000 is deelbaar door 9 want de som van de cijfers is gelijk aan 9.
- 3960 is deelbaar door 9 want de som van de cijfers is gelijk aan 18.

Deelbaar door 10

Een getal is deelbaar door 10 als het laatste cijfer een 0 is:

- 111.110 is deelbaar door 10.
- 100.000.003 is niet deelbaar door 10.
- 3960 is deelbaar door 10 want het laatste cijfer is een 0.

Deelbaar door 11

Een getal is deelbaar door 11 als de sommen van de alternerende cijfers een verschil vertonen van 0, 11, 22, 33 of een ander 2-cijferig veelvoud van 11. Stel dat je een getal van 6 cijfers hebt: tel het eerste, derde en vijfde cijfer bij elkaar op. Tel vervolgens het tweede, vierde en zesde cijfer bij elkaar op. Trek nu de twee resultaten van elkaar af en als het verschil een veelvoud is van 11, dan is het oorspronkelijke getal deelbaar door 11. Ik zeg niet dat je deze tip dagelijks zult gebruiken, ik zeg alleen dat de regel klopt.

- 146.322 is deelbaar door 11 omdat de alternerende cijfers 1, 6 en 2 opgeteld 9 zijn en de alternerende cijfers 4, 3 en 2 opgeteld ook 9 zijn. Het verschil van 9 en 9 is 0.
- 818.290 is deelbaar door 11 omdat de alternerende cijfers opgeteld 25 en 3 geven en het verschil daarvan 22 is.
- 3960 is deelbaar door 11 omdat de alternerende cijfers opgeteld tweemaal 9 als resultaat geven, zodat het verschil gelijk is aan 0.

Deelbaar door 12

Een getal is deelbaar door 12 als de laatste twee cijfers een getal vormen dat deelbaar is door 4 en als de som van de cijfers deelbaar is door 3:

- 333.216 is deelbaar door 12 omdat 16 deelbaar is door 4 en de som van de cijfers gelijk is aan 18: en 18 is deelbaar door 3.
- 2.000.010.000 is deelbaar door 12 omdat 00 deelbaar is door 4 en de som van de cijfers gelijk is aan 3.
- 3960 is deelbaar door 12 omdat 60 deelbaar is door 4 en de som van de cijfers gelijk is aan 18.

IN DIT HOOFDSTUK

- De juiste formule vinden
- Welke variabele te kiezen?
- De onbekende oplossen en het antwoord controleren
- Het verhaal vertellen in getallen en bewerkingen

Hoofdstuk 23

Tien tips om vraagstukken op te lossen

Elk vraagstuk is uniek. Net zoals er geen twee vingerafdrukken hetzelfde zijn, zo is ook elk wiskundig vraagstuk weer anders. Maar hoe uniek vingerafdrukken en wiskundige vraagstukken ook zijn, er zijn wel degelijk overeenkomsten en gemeenschappelijke patronen in te herkennen. Door goed op deze gelijkenissen en patronen te letten, krijg je al snel wat handigheid in het oplossen van dit soort vraagstukken. De lijst met tips om wiskundige vraagstellingen op te lossen die ik in dit hoofdstuk presenteer, helpt je deze gelijkenissen te ontdekken. Gebruik zoveel of zo weinig van deze tips als je wilt bij de vraagstukken die je tegenkomt.

Teken een plaatje

Veel mensen reageren positief op visuele impulsen. Teken een plaatje van de situatie in het vraagstuk: dat hoeft helemaal niet zo uitgebreid of verzorgd te zijn. Schrijf bij het plaatje de getallen of de informatie die bij de situatie horen. Het plaatje vul je dan verder aan of verander je naargelang je de vergelijking voor het probleem opstelt.

Maak een lijstje

Probeer een paar antwoorden. Als de vraag bijvoorbeeld is hoeveel van een groep van 100 mensen kinderen zijn, maak dan een lijstje waarin je een paar antwoorden uitprobeert: 90 + 10, 80 + 20 enzovoort. Soms stuit je zomaar op de oplossing bij het maken van zo'n lijstje en dan kun je vanaf het antwoord terugwerken om een systematische oplossing voor de vergelijking te bepalen. Zelfs als je het antwoord zo niet vindt, dan krijg je misschien toch een gevoel voor wat de oplossing wel zou kunnen zijn. Je kunt in ieder geval een idee krijgen van hoe groot of hoe klein de waarde is die je zoekt.

Gebruik variabelen om getallen voor te stellen

Stel getallen voor door variabelen (letters). Een variabele kan bijvoorbeeld staan voor de lengte van een schip of voor het aantal personen, maar niet voor de boot zelf of voor een bepaald persoon. Probeer de letters zo te kiezen dat je gemakkelijk onthoudt waar ze voor staan. Je kunt de letter k bijvoorbeeld gebruiken om de lengte van Kees voor te stellen: maar het heeft geen zin Kees zelf voor te stellen als de k.

Van vraagstuk naar vergelijking

Je kunt hints uit de vraagstelling gebruiken om een vergelijking op te stellen door woorden te vertalen in wiskundige symbolen. In het algemeen kun je woorden als *en* of *meer dan* vervangen door een plusteken en woorden als *minder dan* of *kleiner dan* door een minteken. Vervang het woord *tweemaal* door $2x$ en de woorden *zijn*, *heeft*, *is* en andere werkwoorden door het gelijkteken.

Vaak kun je een vergelijking in dezelfde volgorde opschrijven als de sleutelwoorden in het vraagstuk. Bijvoorbeeld:

> Olaf heeft 6 boeken meer dan tweemaal het aantal boeken van Laura.

Je kunt dit schrijven als $O = 6 + 2L$ waarin O het aantal boeken van Olaf voorstelt en L het aantal boeken van Laura. Meer informatie over hoe je een vraagstuk vertaalt in een wiskundige vergelijking vind je in hoofdstuk 18.

Kijk naar de laatste zin

Kijk naar de laatste zin van het vraagstuk. Deze zin vertelt je meestal wat de variabele moet voorstellen. De laatste zin vertelt je soms ook of je een standaardformule moet gebruiken voor bijvoorbeeld de oppervlakte, de afstand, de rente of de inhoud. Bijvoorbeeld:

> Els en Michel deden mee aan een hardloopwedstrijd. Els was 2 minuten sneller dan Michel, maar zij liep ook 1 kilometer minder dan Michel. Als ze met dezelfde snelheid renden en als de totale afstand die ze aflegden gelijk was aan 9 kilometer (van beiden opgeteld), hoe lang deden ze er dan over?

Kijk even naar al deze woorden. Ga dan naar de laatste zin en dan zelfs naar de laatste zinsnede van de laatste zin. Daar staat dat er gevraagd wordt naar de hoeveelheid tijd die ervoor nodig was. De laatste zin suggereert dat je de formule $s = vt$ moet gebruiken: afstand is gelijk aan snelheid maal tijd.

Zoek een formule

Gebruik waar mogelijk een formule als je vergelijking of als onderdeel van je vergelijking. Bij het opstellen van een verband is het handig uit te gaan van bekende formules. Maak een lijstje met standaardformules en houd dat achter de hand. (Je kunt bijvoorbeeld de Spiekbrief voor in dit boek daarvoor gebruiken.) Onthoud waar de variabelen in deze formules voor staan.

Vereenvoudig door te substitueren

Ga op zoek naar variabelen waartussen een verband bestaat en probeer de ene variabele uit te drukken in de andere variabele. Als de ene zijde van een driehoek bijvoorbeeld twee keer zo lang is als de andere zijde, dan kun je de twee zijden beter schrijven als x en $2x$ dan als x en y.

Los een vergelijking op

Vertaal het vraagstuk in een vergelijking die de situatie en de verbanden uit het probleem weergeeft. Los de vergelijking zorgvuldig op waarbij je je moet houden aan de regels die voor de algebra gelden.

Controleer of het antwoord realistisch is

Wanneer je een antwoord hebt gevonden, controleer dan of het een realistische uitkomst is in de context van het vraagstuk. Als het vraagstuk gaat over de lengte van een bepaald persoon en je een antwoord van 12 meter vindt, dan heb je waarschijnlijk ergens een fout gemaakt. Dat wil niet zeggen dat een realistisch antwoord automatisch goed is, maar het is wel de eerste snelle check dat het niet juist is.

Controleer het antwoord in detail

Als je je ervan overtuigd hebt dat het antwoord realistisch is, controleer dan de algebra. Je doet dat door het gevonden antwoord in te vullen in de oorspronkelijke vergelijking en hem te controleren. Als dat in orde is, bekijk dan of het antwoord klopt in het in woorden geschreven probleem, om te zien of het in overeenstemming is met alle in het vraagstuk genoemde verbanden.

Verklarende woordenlijst

absolute waarde: bewerking die je vertelt hoe ver een getal van 0 afligt.

afronden: een waarde benaderen door een aantal decimalen weg te laten, bijvoorbeeld door 14,9 weer te geven als 15.

assenstelsel: twee lijnen die elkaar onder een rechte hoek kruisen zodat er vier secties, ook wel kwadranten genoemd, ontstaan.

associatieve eigenschap: karakteristieke eigenschap van optellen en vermenigvuldigen, waardoor je de manier van groeperen kunt veranderen zonder dat de uitkomst verandert.

bergparabool: parabool met maximale waarde; de coëfficiënt van de kwadratische term is negatief.

bewerking: wiskundige operatie zoals optellen, aftrekken, vermenigvuldigen of delen, die op een of meer waarden wordt uitgevoerd.

binaire bewerking: proces waarin twee waarden nodig zijn om een derde waarde te genereren.

breuk: waarde die geschreven wordt als een teller (boven het streepje) gedeeld door een noemer (onder het streepje). De noemer geeft aan uit hoeveel delen één geheel bestaat.

coëfficiënt: getal dat vermenigvuldigd wordt met een variabele.

combinaties: methode die het aantal manieren telt waarop een bepaald aantal voorwerpen gekozen kan worden uit een gegeven set.

commutatieve eigenschap: karakteristieke eigenschap van optellen en vermenigvuldigen, waardoor je de volgorde waarin je getallen optelt of vermenigvuldigt kunt veranderen zonder dat de uitkomst verandert.

constante: variabele of getal in een uitdrukking waarvan de waarde niet verandert.

coördinaat: deel van een geordend paar dat de positie van een punt op een coördinatenvlak aangeeft.

coördinatenvlak: vlak dat opgespannen wordt door twee onderling loodrechte lijnen met gelijkmatig verdeelde merktekens, die assen genoemd worden.

cijfer: getallen zijn opgebouwd uit de cijfers 0 tot en met 9.

dalparabool: parabool met minimale waarde; de coëfficiënt van de kwadratische term is positief.

decimaal: 1. een breuk met een ongeschreven noemer van 10, die wordt aangegeven door middel van de decimaalkomma. **2.** bijvoeglijk naamwoord dat een talsysteem aanduidt dat onderverdeeld is in stappen van tien.

deelbaar: als een geheel getal gedeeld kan worden door een ander geheel getal zonder dat er een rest overblijft, dan is het deelbaar.

derdemachtswortel: getal dat je drie keer met zichzelf moet vermenigvuldigen om het gegeven getal terug te vinden. De derdemachtswortel van 8 is bijvoorbeeld 2, want als je 2 drie keer met zichzelf vermenigvuldigt, vind je 8.

diameter: langst mogelijke afstand van de ene kant van een cirkel naar de andere kant.

distributieve eigenschap: karakteristieke eigenschap van vermenigvuldigen en optellen waarvan je gebruikmaakt bij het wegwerken van haakjes. Elk van de termen binnen de haakjes vermenigvuldig je met de term buiten de haakjes zonder dat de waarde van de uitdrukking verandert.

drieterm: uitdrukking bestaande uit drie termen. De drie termen worden van elkaar gescheiden door optellen of aftrekken.

dubbele wortel: oplossing van een vergelijking die **twee** keer voorkomt omdat de bijbehorende factor **twee** keer voorkomt. In de vergelijking $(y - 2)(y - 2) = 0$ is $y = 2$ bijvoorbeeld een dubbele wortel of oplossing. In $(y - 2)(y - 2)(x + 3) = 0$ is $y = 2$ nog steeds een dubbele wortel.

dubbelproduct: gedeelte van het resultaat van het vermenigvuldigen van **twee** tweetermen, dat lineair is in de variabele. In de vergelijking $(x + 1)(x + 2) = x^2 + 3x + 2$ wordt $3x$ het dubbelproduct genoemd.

echte breuk: breuk waarvan de waarde kleiner is dan 1. De teller is altijd kleiner dan de noemer.

eenvoudigste vorm: toestand waarin de teller en de noemer van een breuk niet deelbaar zijn door hetzelfde getal. De breuk kan niet verder vereenvoudigd worden. Een breuk met een teller van 12 en een noemer van 25 staat in de eenvoudigste vorm.

evenwijdige lijnen: lijnen die elkaar nooit snijden en die altijd even ver van elkaar af liggen. Ook wel *parallelle* lijnen genoemd.

exponent: ook wel macht genoemd. Kleiner gedrukt getal dat rechtsboven het grondtal staat en dat aangeeft hoeveel keer het grondtal met zichzelf vermenigvuldigd wordt.

factor: een van de waarden in een vermenigvuldiging.

faculteit: bewerking waarin een geheel getal vermenigvuldigd wordt met alle telgetallen die kleiner zijn dan dat getal.

formule: regel of methode die algemeen aangenomen is en die vaak gebruikt wordt.

gehele getallen: alle natuurlijke getallen en hun tegengestelden.

gelijkwaardige breuken: breuken die gelijk zijn aan elkaar, hoewel ze toch verschillende getallen in de teller en de noemer kunnen hebben.

gemeenschappelijke noemer: dezelfde waarde in de noemer (onder) van twee of meer breuken.

gemengd getal: onechte breuk geschreven als een geheel getal en een breuk.

geordend paar: twee binnen haakjes geschreven waarden die door een komma gescheiden worden en die de positie van een punt in een coördinatenvlak aangeven.

graad van een hoek: de grootte van een hoek wordt aangegeven in graden tussen 1 en 360.

graad van een uitdrukking: hoogst voorkomende macht in een uitdrukking.

grafiek: een uitdrukking weergegeven als een lijn of een kromme in een vlak.

groeperingsymbool: haakjes, vierkante haakjes of accolades die invloed hebben op de volgorde waarin de bewerkingen in een uitdrukking uitgevoerd moeten worden. Termen en bewerkingen binnen de haakjes moet je als eerste uitvoeren.

grondtal: getal dat meerdere malen met zichzelf vermenigvuldigd wordt in een exponentiële uitdrukking.

grootste gemeenschappelijke deler: (GGD) grootst mogelijke waarde waardoor alle termen in een uitdrukking met twee of meer termen deelbaar zijn.

helling: waarde die aangeeft hoe steil een lijn is en of de lijn stijgt of daalt.

hypotenusa: langste zijde van een rechthoekige driehoek.

integer: veelgebruikte Engelse term voor een geheel getal.

inverse: ook wel *reciproque* of *omgekeerde* genoemd. Als het product van twee getallen 1 is, dan zijn de twee getallen de inverse waarde van elkaar. De inverse van een getal is een breuk met dat getal in de noemer en een 1 in de teller.

irrationaal getal: getal dat niet exact als breuk geschreven kan worden. De decimaal is oneindig en laat geen herhalend patroon zien.

kubus: driedimensionale massieve figuur met zes vierkante vlakken.

kubische uitdrukking: uitdrukking waarin de hoogst voorkomende macht drie is. Ook wel derdemachtsuitdrukking genoemd.

kwadraat: waarde met een exponent van 2. Een perfect kwadraat is het resultaat van het vermenigvuldigen van een geheel getal met zichzelf.

kwadrant: één van de vier gebieden in een coördinatenvlak opgespannen door de x-as en de y-as.

kwadratische uitdrukking: uitdrukking of vergelijking waarin de hoogst voorkomende macht 2 is. Daarom ook wel *tweedegraads* genoemd. De graad is 2.

lineair: bijvoeglijk naamwoord dat aangeeft dat de hoogste macht van een variabele die in een uitdrukking of vergelijking voorkomt 1 is. Constante termen kunnen ook hogere machten hebben. De vergelijking $x + y = 4$ is bijvoorbeeld lineair.

loodrechte lijnen: lijnen die elkaar snijden onder een hoek van 90 graden.

lijn: alle punten in een coördinatenvlak die voldoen aan een lineaire vergelijking.

macht: waarde van de exponent die aangeeft hoeveel keer het grondtal met zichzelf vermenigvuldigd wordt.

negatief getal: een waarde kleiner dan nul; gewoonlijk geschreven met een minteken.

negatieve inverse: twee getallen waarvan de ene negatief is en de andere positief, en die vermenigvuldigd met elkaar –1 opleveren.

natuurlijke getallen: alle gehele getallen beginnend bij 0. Zonder de 0 wordt deze verzameling ook wel *telgetallen* genoemd.

noemer: onderste getal in een breuk.

nul stellen van factoren: als een van de factoren in een vermenigvuldiging gelijk is aan 0, dan is de uitkomst altijd 0, onafhankelijk van de waarde van de andere factoren. Met deze eigenschap kun je vergelijkingen oplossen nadat je ze hebt ontbonden in factoren.

nulpunt: punt waar een lijn of kromme de x-as snijdt en y-coördinaat dus gelijk is aan 0.

omtrek: lengte rondom een vlakke figuur of een bepaald gebied.

oneindig: zonder einde; ontelbaar.

ongelijkheid: verband tussen 2 waarden die niet gelijk zijn.

ontbinden in factoren: een wiskundige uitdrukking herschrijven als een product van factoren.

ontbinden in priemfactoren: bepalen van de priemgetallen die met elkaar vermenigvuldigd een bepaald samengesteld getal opleveren.

oorsprong: punt waar de x- en de y-as van een assenstelsel elkaar snijden.

oplossen: uitvinden voor welk getal een bepaalde variabele staat in een opgave.

oplossing van een vergelijking: waarde van een variabele waarvoor de vergelijking waar is.

oppervlakte: grootte van een bepaald gebied in een vlak.

parabool: kromme die ontstaat door het uitzetten van een kwadratische (tweedegraads)uitdrukking in een grafiek.

percentage: breuken met een noemer van 100. Het percentage is het getal in de teller: hoeveel van de 100.

permutatie: methode die het aantal geordende manieren telt om een bepaald aantal voorwerpen te kiezen uit een gegeven set.

pi (p): letter uit het Griekse alfabet die verwijst naar de verhouding tussen de omtrek en de diameter van een cirkel. De waarde van het getal pi is ongeveer gelijk aan 3,14 of $\frac{22}{7}$.

polynoom: uitdrukking met 1 of meer termen. Ook wel *veelterm* genoemd.

positief getal: getal groter dan 0.

priemgetal: geheel getal groter dan 1 dat alleen deelbaar is door 1 en door zichzelf.

product: uitkomst van een vermenigvuldiging.

quotiënt: uitkomst van een deling.

rationaal getal: positieve of negatieve waarde die als breuk geschreven kan worden; geschreven als decimaal getal heeft het een eindige of een zich herhalende decimaal.

rechthoek: vlakke figuur met vier zijden en allemaal rechte hoeken. Tegenover elkaar liggende zijden zijn even lang.

reciproque: inverse, oftewel omgekeerde waarde van een getal. Het product van een getal en zijn reciproque waarde is altijd 1.

relatief priem: twee getallen die geen gemeenschappelijke factoren hebben behalve het getal 1 worden relatief priem genoemd.

rechte hoek: hoek van 90 graden.

rechthoekige driehoek: driezijdige vlakke figuur met een rechte (90 graden) hoek.

rest: waarde die overblijft wanneer het ene getal door het andere gedeeld wordt.

samengesteld getal: geheel getal groter dan 1 dat geen priemgetal is. Ook wel *composiet* getal genoemd.

snijpunt: punt waar twee lijnen elkaar kruisen of waar een lijn de x- of y-as kruist.

som: uitkomst van een optelling.

stelling van Pythagoras: formule die betrekking heeft op een rechthoekige driehoek en zegt dat de hypotenusa (c) in het kwadraat gelijk is aan de som van de overige twee zijden (a en b) in het kwadraat: $a^2 + b^2 = c^2$.

straal: afstand van het middelpunt van een cirkel naar de rand; de straal is de helft van de diameter.

substitutie: wiskundige methode waarbij een waarde wordt vervangen door iets gelijkwaardigs.

tegengestelde: getal dat op het voorteken (plus of min) na gelijk is aan het gegeven getal. Als de som van twee getallen nul is, dan zijn de getallen *tegengesteld* aan elkaar.

tekenverloop: diagram waarin de nulpunten van een uitdrukking zijn getekend en waarin is aangegeven of de uitdrukking positief of negatief is tussen de nulpunten.

teller: bovenste waarde in een breuk.

term: constanten, getallen, en/of variabelen die met elkaar vermenigvuldigd of door elkaar gedeeld worden. Termen worden van elkaar gescheiden door optellen en aftrekken.

tweeterm: twee termen gescheiden door een plus- of minteken. Soms ook *binomium* genoemd.

uitdrukking: combinatie van waarden (variabelen, getallen en constanten) en bewerkingen.

variabele: letter die een onbekend getal voorstelt. Meestal probeer je in een wiskundige opgave op te lossen voor de variabele.

veelvoud: een getal dat deelbaar is door een bepaalde factor. De getallen 14 en 21 zijn bijvoorbeeld veelvouden van 7.

vereenvoudigen: 1. proces waarbij een gemeenschappelijke factor wordt weg gedeeld uit zowel de teller als de noemer van een breuk, waardoor een gelijkwaardige breuk ontstaat. **2.** alle gelijksoortige termen in een uitdrukking samennemen en de uitdrukking zo in haar eenvoudigste vorm schrijven.

vergelijking: wiskundige bewering met een gelijkteken die zegt dat twee waarden gelijk zijn aan elkaar.

verhouding: breuk of vergelijking met twee gelijkwaardige breuken die gebruikt wordt om aan te geven hoe bepaalde grootheden zich tot elkaar verhouden. Zo geldt bijvoorbeeld dat 1 staat tot 2 is als 3 staat tot 6 (ook geschreven als 1:2 = 3:6 of $\frac{1}{2} = \frac{3}{6}$).

verschil: uitkomst die je vindt door twee waarden van elkaar af te trekken.

vierkant: vlakke vierzijdige figuur waarvan alle zijden even lang zijn en elkaar snijden onder een rechte hoek.

vierkantswortel: positief getal dat vermenigvuldigd met zichzelf een gegeven positief getal oplevert. Hoewel zowel 5 als −5 vermenigvuldigd met zichzelf 25 oplevert, is er afgesproken dat alleen 5 de vierkantswortel van 25 genoemd wordt.

volume: ook wel *inhoud*. Maat voor de hoeveelheid ruimte binnen een driedimensionale figuur.

voorteken: symbool dat aangeeft of een waarde positief (+) of negatief (−) is.

waarde: het equivalent van een uitdrukking of een variabele uitgedrukt in getallen.

wetenschappelijke notatie: standaardmethode om heel grote en heel kleine getallen te schrijven als het product van een getal tussen 1 en 10 en een macht van 10.

wortel: 1, waarde die wanneer die een aantal maal met zichzelf vermenigvuldigd wordt, het gegeven getal oplevert. Zo is de derdemachtswortel van 27 gelijk aan 3 omdat je 27 vindt als je 3 driemaal met zichzelf vermenigvuldigt. **2,** oplossing van een veeltermvergelijking.

wortelsymbool (√): symbool dat worteltrekken aangeeft.

Index

H

I

J

K

L

M

P

Q

R

S

T

U

V

W

X

Y